西安交通大学 本科"十四五"规划教材

 普通高等教育力学类"十四五"系列教材

材料力学（第2版）

主编　文　毅　殷　民　凌　伟

西安交通大学出版社

内容简介

本书在2014版《材料力学》(2014年2月由西安交通大学出版社出版)的基础上修订而成,涵盖了材料力学课程的基本内容,主要包括:绪论、拉伸与压缩、扭转、弯曲内力、弯曲应力、弯曲变形、应力状态分析、强度理论、组合变形、能量法、超静定系统、动载荷、疲劳强度、压杆稳定性、连接件的强度、截面图形的几何性质等。全书注重理论联系工程实际,注重培养学生分析、解决实际问题的能力,激发学生的创新精神。

本书可作为高等院校的力学、航天航空、土木、机械、能源动力、材料、化工、水利、海洋、船舶、电气及相关本科专业的教材,适用于60~80学时的教学,亦可作为上述专业的函授、大专、高职和电大的教材,以及广大科技工作者的力学参考书。

图书在版编目(CIP)数据

材料力学/文毅,殷民,凌伟主编.—2版.—西安:西安交通大学出版社,2020.7(2024.1重印)
ISBN 978-7-5693-1471-7

Ⅰ.①材… Ⅱ.①文… ②殷… ③凌… Ⅲ.①材料力学-高等学校-教材 Ⅳ.①TB301

中国版本图书馆 CIP 数据核字(2019)第 291803 号

书　　名	材料力学(第2版)
主　　编	文　毅　殷　民　凌　伟
责任编辑	田　华
出版发行	西安交通大学出版社 (西安市兴庆南路1号　邮政编码710048)
网　　址	http://www.xjtupress.com
电　　话	(029)82668357　82667874(市场营销中心) (029)82668315(总编办)
传　　真	(029)82668280
印　　刷	陕西博文印务有限责任公司
开　　本	787 mm×1092 mm　1/16　印张 18.25　字数 437千字
版次印次	2020年7月第2版　2024年1月第3次印刷
书　　号	ISBN 978-7-5693-1471-7
定　　价	48.00元

如发现印装质量问题,请与本社市场营销中心联系。
订购热线:(029)82665248　(029)82667874
投稿热线:(029)82664954　QQ:190293088
读者信箱:190293088@qq.com

版权所有　侵权必究

前 言

《材料力学》自 2014 年 2 月由西安交通大学出版社出版以来,经过多次重印,累计发行了 7000 多册,在广大师生的使用过程中得到了广泛的好评,读者也提出了一些很好的改进意见和建议。因此,编者对一些内容不尽合理、文字叙述不准确、排版错误之处进行了细致的修订。一些主要调整如下:

(1) 增添了"材料力学主要符号表"和"中英文名称对照";
(2) 对部分例题增加了讨论部分,利于读者提升分析问题的能力;
(3) 调整了书中个别物理量的符号,以符合最新的规范和习惯用法;
(4) 将书中的例题和习题进行了再次验算和校对,更改了错误的参考答案。

《材料力学》(第 2 版)由西安交通大学航天航空学院力学中心的文毅、殷民、凌伟编写完成。在第 1 版的基础上,文毅负责修订了第 2、3、12、13、14 章和附录 A,殷民负责修订了第 4、5、6 章及习题答案,添加了"材料力学主要符号表"和"中英文名称对照",凌伟负责修订了第 1、7、8、9、10、11、15 章,全书最终由殷民负责统稿工作。

由于编者的水平有限,疏漏和不妥之处在所难免,敬请广大读者批评指正。

编 者
2019 年 11 月于西安交通大学

第1版前言

本教材是多学时材料力学教材,适用于60~80学时的机械、能源、动力、材料、力学和土木工程等专业,中少学时材料力学教学可略去部分内容使用。

随着教学改革的不断深入,国民经济建设对工程技术的要求越来越精细、越来越多样化,特别是互联网的发展对传统信息传播方式产生了前所未有的冲击,高等教育的教育理念和教学模式随之发生了历史性的改变;与此同时,学时减少和教学要求提高的矛盾日益突出。本教材力求充分反映近年来材料力学教学研究与改革的最新成果,在基本概念的阐述上突出重点,基本理论的推导上简明扼要;注重理论联系工程实际,注意培养学生的科学思维方法;着重提高学生分析、解决实际问题的能力,激发学生的创新精神;便于学生自学和在网络上查询相关信息。

本教材在各章应力公式建立中适当引入有限元计算结果加以验证,使学生能够较早地接受现代强度设计的最新思维方法和工具;各章注意精选适合不同层次学生要求的典型例题、讨论题、思考题和配套习题;有些例题给出了不同解法,有些例题在求解后给出讨论,给教师在组织教学、安排课堂讨论时提供方便,为学生自主学习和深入思考留下较大的空间。书中带有 * 号的内容可根据不同专业和学时由教师灵活选用。

本教材由西安交通大学力学教学中心凌伟、文毅、殷民编写。凌伟编写第1、7、8、9、10、11、15章;文毅编写第2、3、12、13、14章和附录A;殷民编写第4、5、6章。全书由凌伟负责统稿。

本教材反映了西安交通大学力学教学中心多年来材料力学的教学改革成果和很多教师长期积累的教学经验。教材编写过程中,参考了西安交通大学和兄弟院校已经公开出版的许多教材和书籍,并从中引用了部分习题、例题和插图。在此特向有关作者和在西安交通大学力学教学中心任教的教师以及前辈们表示崇高的敬意和衷心的感谢。

限于编者的水平,教材难免有疏漏和不妥之处,敬请读者批评指正。

编 者
2013.11

材料力学主要符号表

分类	符号	名称	国际单位
外力	F	集中力	N 或 kN
	G	重量	N 或 kN
	q	分布力集度	N/m 或 kN/m
	p	压力(内压)	Pa 或 MPa
	M_e、M_0	外力偶矩	N·m 或 kN·m
	m	分布力偶矩	N·m/m 或 kN·m/m
	F_R(或 F_{Ax}、F_{Ay})	约束反力(或 A 点约束反力)	N 或 kN
	F_{bs}	挤压力	
内力	F_N	轴力	N 或 kN
	F_S	剪力	
	M	弯矩	N·m 或 kN·m
	T	扭矩	
	F_N^0、M^0、T^0	单位力引起的内力	N 或 kN、N·m 或 kN·m
应力	σ(或 σ_x、σ_y、σ_z)	正应力	Pa 或 MPa
	τ(或 τ_{xy}、τ_{yz}、τ_{zx})	切应力	
	σ_1、σ_2、σ_3	主应力	
	σ_{max}、σ_{min}(或 τ_{max}、τ_{min})	最大、最小正(切)应力	
	τ_{12}、τ_{23}、τ_{13}、τ_m	极限切应力、均方根切应力	
	σ_m、σ_a	平均应力、应力幅	
	σ_{-1} 或 τ_{-1}	对称循环下的疲劳极限或持久极限	
	σ_r 或 τ_r	循环特征为 r 时的疲劳极限或持久极限	
	$\sigma^{构}$	构件的持久极限	
	σ_r(σ_{r1}、σ_{r2}、σ_{r3}、σ_{r4})	相当应力(四个强度理论)	
	σ_{rM}	莫尔强度理论相当应力	
	σ_t 或 σ^+、σ_c 或 σ^-	拉、压应力	
	σ_{st}、σ_d	静应力、动应力	
	σ_{cr}	临界应力	
	σ_{bs}	挤压应力	
	σ_x、σ_r、σ_t	轴向、径向、环向应力	

续表

分类	符号	名称	国际单位
应变	ε（或 ε_x、ε_y、ε_z）	线应变	—
	γ	切应变	rad
	ε_1、ε_2、ε_3	主应变	—
	ε_e、ε_p	弹性、塑性应变	—
	θ	体积应变	—
位移	v、θ	挠度、转角	mm 或 m、rad
	φ、Φ	扭转角、单位长度扭转角	rad 或°、rad/m 或°/m
	Δ	广义位移	mm 或 rad
	δ_{ij}	单位力引起的位移	mm 或 m
	Δ_{st}、Δ_d	静位移、动位移	mm 或 m
	$[v]$、$[\theta]$、$[\Phi]$	许用挠度、许用转角、许用单位长度扭转角	mm 或 m、rad、rad/m 或°/m
截面特性	A、A_s、A_{bs}	面积、剪切面积、挤压面积	mm² 或 m²
	V	体积	mm³ 或 m³
	S_y、S_z	静矩	mm³ 或 m³
	I_y、I_z、I_p、I_{yz}	惯性矩、极惯性矩、惯性积	mm⁴ 或 m⁴
	W_p、W_y、W_z	抗扭截面模量、抗弯截面模量	mm³ 或 m³
	b、h	截面宽度、高度	mm 或 m
	D 或 d、R 或 r	直径、半径	
	L 或 l、t 或 δ、e	长度、厚度、偏心距	
	ρ、i（或 i_y、i_z）	曲率半径、惯性半径	mm 或 m
材料特性	σ^0	极限应力	Pa 或 MPa
	σ_p、σ_e、σ_s、σ_b	比例极限、弹性极限、屈服极限、强度极限	
	$\sigma_{0.2}$	名义屈服极限	
	$[\sigma]$、$[\tau]$、$[\sigma_{bs}]$	许用应力、许用挤压应力	
	$[\sigma_t]$ 或 $[\sigma^+]$、$[\sigma_c]$ 或 $[\sigma^-]$	许用拉应力、许用压应力	
	E、G	弹性模量、切变模量	Pa 或 GPa
	μ	泊松比	—
	δ、ψ	延伸率、断面收缩率	—
	ρ、γ	密度、重量密度	kg/m³、N/m³
	a_K	冲击韧度	J/m²
	K_t	理论应力集中因数	—
	K_σ 或 K_τ	有效应力集中因数	—
	ε_σ 或 ε_τ	尺寸因数	—
	β	表面质量因数	—
	ψ_σ 或 ψ_τ	非对称循环敏感因数	—
	α	线膨胀因数	K⁻¹

续表

分类	符号	名称	国际单位
其他	P	功率	W 或 kW
	n	转速	r/min
	W、U	外力功、变形能	J
	V、T	势能、动能	J
	u	应变比能	J/m³
	u_V、u_φ	体积膨胀比能、形状改变比能	J/m³
	W^*、U^*	虚功、虚变形能	J
	Δ^*、θ^*	虚位移、虚变形	mm 或 rad
	λ、μ	柔度(长细比)、长度因数	—
	n、n_{st}	安全因数、稳定安全因数	—
	K_d	动荷因数	—
	v、a、g	速度、加速度、重力加速度	m/s、m/s²、m/s²
	ω、α	角速度、角加速度	rad/s、rad/s²
	N	循环次数或疲劳寿命	—
	N_0	循环基数	—
	r	循环特征	—

目 录

第 1 章 绪论 ··· (1)
    1.1 材料力学的任务 ·· (1)
    1.2 变形固体的基本假设 ·· (2)
    1.3 内力和应力 ·· (2)
    1.4 位移、变形与应变 ··· (4)
    1.5 杆件变形的基本形式 ·· (5)
    思考题 ·· (6)

第 2 章 轴向拉伸与压缩 ·· (7)
    2.1 概述 ·· (7)
    2.2 轴向拉压的内力、应力与强度条件 ··· (8)
    2.3 轴向拉压的变形 ··· (13)
    2.4 材料拉压的力学性质 ··· (17)
    2.5 拉压超静定问题 ··· (22)
    2.6 圣维南原理、应力集中、安全因数 ·· (28)
    思考题 ··· (31)
    习题 ·· (32)

第 3 章 扭转 ·· (41)
    3.1 概述 ·· (41)
    3.2 外力偶矩、扭矩和扭矩图 ·· (41)
    3.3 圆轴扭转的应力 ··· (43)
    3.4 圆轴扭转的强度条件 ··· (46)
    3.5 圆轴扭转破坏分析 ·· (48)
    3.6 圆轴扭转的变形与刚度条件 ·· (49)
    3.7 非圆截面杆和薄壁杆扭转 ·· (52)
    思考题 ··· (56)
    习题 ·· (57)

第 4 章 弯曲内力 ··· (60)
    4.1 概述 ·· (60)
    4.2 梁的剪力与弯矩、剪力图与弯矩图 ·· (62)

 4.3 弯矩、剪力与载荷之间的微分-积分关系 ……………………………………… (65)
 4.4 刚架与曲杆的弯曲内力 ………………………………………………………… (68)
 思考题 ……………………………………………………………………………………… (70)
 习题 ………………………………………………………………………………………… (70)

第 5 章 弯曲应力 …………………………………………………………………………… (73)
 5.1 概述 ……………………………………………………………………………… (73)
 5.2 弯曲正应力 ……………………………………………………………………… (73)
 5.3 弯曲正应力强度计算 …………………………………………………………… (76)
 5.4 弯曲切应力及其强度条件 ……………………………………………………… (81)
 5.5 提高弯曲强度的措施 …………………………………………………………… (85)
 *5.6 剪切中心（弯曲中心）简介 …………………………………………………… (88)
 思考题 ……………………………………………………………………………………… (90)
 习题 ………………………………………………………………………………………… (91)

第 6 章 弯曲变形 …………………………………………………………………………… (96)
 6.1 概述 ……………………………………………………………………………… (96)
 6.2 直接积分法 ……………………………………………………………………… (97)
 6.3 查表叠加法 ……………………………………………………………………… (99)
 6.4 梁的刚度条件和提高弯曲刚度的措施 ………………………………………… (103)
 6.5 变形比较法求解超静定梁 ……………………………………………………… (104)
 思考题 ……………………………………………………………………………………… (106)
 习题 ………………………………………………………………………………………… (107)

第 7 章 应力状态分析 ……………………………………………………………………… (110)
 7.1 应力状态的概念 ………………………………………………………………… (110)
 7.2 二向应力状态分析——公式解析法 …………………………………………… (112)
 7.3 二向应力状态分析——图解解析法 …………………………………………… (114)
 7.4 典型的三向应力状态 …………………………………………………………… (118)
 7.5 广义胡克定律 …………………………………………………………………… (120)
 7.6 平面应力状态下的应变分析 …………………………………………………… (122)
 思考题 ……………………………………………………………………………………… (124)
 习题 ………………………………………………………………………………………… (126)

第 8 章 强度理论 …………………………………………………………………………… (130)
 8.1 强度理论的概念 ………………………………………………………………… (130)
 8.2 常用强度理论 …………………………………………………………………… (131)
 8.3 其它强度理论简介 ……………………………………………………………… (132)
 8.4 强度理论的应用 ………………………………………………………………… (133)

思考题 ·· (137)
　　习题 ·· (138)

第9章　组合变形 ··· (139)
9.1　概述 ·· (139)
9.2　斜弯曲 ·· (140)
9.3　拉压与弯曲 ··· (143)
9.4　弯曲与扭转 ··· (147)
　　思考题 ·· (151)
　　习题 ·· (152)

第10章　能量法计算位移 ·· (156)
10.1　外力功与变形能 ··· (156)
10.2　虚功原理与单位载荷法 ··· (160)
10.3　图形互乘法 ··· (166)
10.4　克拉珀龙定理与互等定理 ·· (169)
　　思考题 ·· (172)
　　习题 ·· (174)

第11章　超静定系统 ·· (178)
11.1　静定基与相当系统 ·· (178)
11.2　力法正则方程 ·· (180)
11.3　结构的对称性及其利用 ··· (187)
　　思考题 ·· (192)
　　习题 ·· (193)

第12章　动载荷 ·· (197)
12.1　概述 ··· (197)
12.2　惯性力问题 ··· (197)
12.3　冲击应力与变形 ··· (201)
12.4　提高构件动强度的措施 ··· (208)
　　思考题 ·· (209)
　　习题 ·· (210)

第13章　疲劳强度 ·· (214)
13.1　疲劳破坏的概念 ··· (214)
13.2　交变应力及其循环特征 ··· (216)
13.3　材料的疲劳极限 ··· (216)
13.4　对称循环下构件的疲劳极限 ·· (218)

13.5 非对称循环下构件的疲劳极限 ·································· (219)
  13.6 构件的疲劳强度条件 ······································· (221)
 *13.7 构件的疲劳寿命估算简介 ··································· (222)
  13.8 提高构件疲劳强度的措施 ··································· (223)
  思考题 ·· (224)
  习题 ·· (225)

第 14 章 压杆的稳定性 ··· (226)
  14.1 概述 ·· (226)
  14.2 细长压杆的临界力 ·· (228)
  14.3 压杆的临界应力 ·· (233)
  14.4 压杆稳定性的校核 ·· (236)
  14.5 提高压杆稳定性的措施 ···································· (240)
  思考题 ·· (241)
  习题 ·· (242)

第 15 章 连接件的强度 ··· (247)
  15.1 连接件的实用算法 ·· (247)
  15.2 实用算法应用 ·· (250)
  思考题 ·· (252)
  习题 ·· (252)

附录 A 截面图形的几何性质 ····································· (255)
  A.1 静矩和形心 ·· (255)
  A.2 惯性矩和惯性积 ·· (256)
  A.3 平行移轴公式 ·· (258)
  A.4 转轴公式、主惯轴与主惯矩 ································ (259)
  思考题 ·· (261)
  习题 ·· (262)

附录 B 简单载荷下梁的变形表 ··································· (264)

附录 C 型钢表 ··· (266)

中英文名称对照 ··· (268)

部分习题参考答案 ··· (273)

参考文献 ·· (280)

第1章 绪 论

1.1 材料力学的任务

力学是研究力对物体作用效应的科学。力对物体的效应有两种:一种是引起物体运动状态变化的**外效应**,另一种是引起物体变形的**内效应**。理论力学研究力的外效应,即物体平衡和运动的规律,材料力学研究力的内效应,即物体变形和破坏的规律。

工程中广泛使用的各种机器、机械与结构都是由许多零部件组成的,对这些零部件进行力学分析时,通常需要单独分离出来加以研究,分离出来的研究对象统称为**构件**。构件工作时,一般都受到载荷的作用。为确保构件能够正常工作,要求构件具有一定**承载能力**,承载能力包括以下三个主要方面。

1) **强度**　构件承载时,不应该发生断裂或显著的永久变形。例如:江河的大坝在水压力下不允许发生破坏,桥梁在车辆通行时不应该发生断裂,飞机起飞、降落时起落架不应折断,螺栓的螺纹受撞击时不应发生过大的永久变形使螺栓失效,等等。因此,构件必须具有足够抵抗破坏的能力,该能力称为**强度**。

2) **刚度**　有些构件虽然不发生破坏,也不发生显著的永久变形,但是由于变形超过允许的限度,也会导致机器设备不能正常工作。例如:摇臂钻床工作时,若立柱和摇臂变形过大,将会影响工件的加工精度;转轴变形过大会引起轴承不均匀磨损;等等。因此,对于这类构件必须具有足够抵抗变形的能力,该能力称为**刚度**。

3) **稳定性**　细长受压构件例如内燃机中的挺杆、千斤顶中的螺杆、厂房结构中的立柱等,当压力较小时,构件能保持原有的直线平衡形式。若压力增大至某一数值时,会突然变弯,使结构不能正常工作,这种现象称为**丧失稳定**。因此,对于这类细长受压构件,必须具有始终保持原有平衡形式的能力,该能力称为**稳定性**。

在设计构件时,不仅要求构件具有足够的承载能力,还必须考虑节约材料、减轻自重、方便使用、降低成本等要求,以保证构件既安全适用又经济合理。材料力学通过研究构件在外力作用下的变形和破坏规律,为构件的合理设计提供基本理论和计算方法,并为学习后续课程如机械设计、结构力学、弹性力学、复合材料力学等专业课程提供必要的理论基础。

构件的承载能力与所使用材料的力学性质有关,而这些力学性质必须通过实验来测定。此外,某些较复杂的问题也需借助于实验来解决。因此,实验研究和理论分析都是完成材料力学的任务必不可少的手段,学习材料力学要注意避免重理论轻实验的倾向。

除了直接测定实验结果外,有些材料力学问题还可以通过数值计算的方法加以研究和解决。近年来随着有限元等多种数值计算方法的发展,采用数值模拟方法往往能收到事半功倍的效果,在学习材料力学的过程中,初步了解和尝试一些数值计算方法会对以后的深入研究和提高大有裨益。

材料力学与机械、土木、水利、化工、材料、航空航天等许多工程技术都有密切联系,是这些工程技术重要的理论基础。学习材料力学必须注意关注其工程背景和应用条件,从模型简化合理、公式简明易用、计算精度要求等各方面满足工程需要,符合工程实际。

1.2 变形固体的基本假设

在理论力学中,由于物体的微小变形对其平衡和运动状态影响很小,为了使研究得到简化,略去了物体的变形,而将其抽象为刚体。材料力学研究构件的强度、刚度和稳定性问题,变形成为主要因素,因此必须把构件当作可变形固体。变形固体的材料和性质是多种多样的,为了简化计算,通常略去一些次要因素,将它们抽象为理想化的力学模型。变形固体的模型主要有以下四个基本假设。

1) **均匀性假设** 均匀性假设认为物体是由同一均匀材料组成的,其各部分的力学性质相同,且不随坐标位置而变。这样就可以从构件中取出任一微小部分进行分析和试验,其结果适用于整个物体。

2) **连续性假设** 连续性假设认为组成变形固体的物质毫无间隙地充满了它的整个几何空间,而且变形后仍保持这种连续性。这样物体的一切物理量都可用坐标的连续函数来表示,便于进行微分和积分计算。

3) **各向同性假设** 各向同性假设认为物体在各个方向具有相同的物理性质,这样的物体力学性质不随方向而变,具备这种性质的材料称为**各向同性材料**。

实际上,从微观角度观察,工程材料内部都有不同程度的空隙和非均匀性,组成金属的单个晶粒,其力学性质也具有明显的方向性,但由于这些空隙和晶粒的尺寸远远小于构件的宏观尺寸,且排列是随机无序的,所以从统计学的观点,在宏观上可以认为构件材料的性质是均匀、连续和各向同性的。实践证明,在工程计算要求的精度范围内,上述假设可以得到满意的结果。此外,对于某些具有方向性的材料,如木材、玻璃钢等,应用上述假设,有时也能得到较满意的近似解。

4) **小变形假设** 构件在外力作用下将产生变形。对于大多数工程材料,当外力不超过一定限度时,去除外力即卸载后,构件将恢复原有的形状和尺寸,材料的这种性质称为**弹性**,随着外力卸载而消失的变形称为**弹性变形**。当外力过大时,去除外力后,变形只能部分消失而残留下一部分永久变形,材料的这种性质称为**塑性**,残留的变形称为**塑性变形**。

为保证构件正常工作,工程上一般不允许构件发生塑性变形。对于大多数工程材料,如金属、木材和混凝土等,其弹性变形与构件原始尺寸相比非常微小,因此在力学分析中,认为构件的变形与构件尺寸相比属高阶小量,可以忽略因变形引起的尺寸变化而足够精确,这样的简化称为小变形假设。有了小变形假设,在研究平衡问题或计算面积时,仍按构件的原始尺寸进行计算,可以大大降低分析的难度和减少计算工作量。

1.3 内力和应力

1.3.1 内力与截面法

作用于构件上的载荷和支反力统称为**外力**。构件不受外力时,固体内部各部分之间存在着相互作用力,使构件维持一定的形状。当构件受到外力作用而变形时,其内部各部分之间的相互作用力发生了改变。这种因外力作用而引起构件内各部分之间相互作用力的改变量,称为**附加内力**,简称为**内力**。构件的变形与内力一般随外力的增加而增大,当内力达到某一限度时,构件就会破坏,即内力与构件的强度和变形都是密切相关的。

为了显示内力并确定其大小,可采用下述方法。

图 1-1(a) 所示构件在外力作用下处于平衡状态。欲求 m—m 截面上的内力,可假想将构件沿 m—m 截面切开,分为 Ⅰ、Ⅱ 两部分,如图 1-1(b)、(c) 所示。任取其中一部分,例如 Ⅰ 为研究对象,此时 Ⅱ 给 Ⅰ 的内力,根据连续性假设,沿 m—m 截面连续分布。这种分布力的合力(可以是力或力偶)即为该截面的内力;根据部分 Ⅰ 的静力学平衡条件就可以确定 m—m 截面上的内力值;同样,如以 Ⅱ 为研究对象,也可以求出 Ⅰ 作用给 Ⅱ 的内力;根据作用力与反作用力定律,作用在 Ⅰ、Ⅱ 两部分的内力大小相等,方向相反,即内力总是成对出现,且等值反向。为了统一内力与变形之间的关系,材料力学对内力的正负号另外规定了一套新的符号规则,称为**外法线规则**,后续各章将详细讨论。

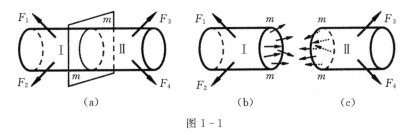

图 1-1

上述这种显示和确定内力的方法称为**截面法**。它是材料力学中研究内力的基本方法,原理上与理论力学中的分离体平衡方法一致,其步骤可归纳为:一截为二,任取其一;平衡求解,注意正负。

1.3.2 应力

截面法只能确定构件截面上分布内力的合力,但不能确定内力在截面上的分布情况。为了分析构件的强度,还必须引入内力分布集度即**应力**的概念。

1) 正应力与切应力 用 n—n 截面从受力构件中取分离体如图 1-2(a) 所示,在 n—n 截面上任一点 k 处,取一微元面积 dA,dA 上的内力可以认为是均匀分布的,设其合力为微元力 dF,则 k 点的**全应力**为

$$p = \frac{dF}{dA} \tag{1-1}$$

全应力是个矢量,其方向与 dF 的方向一致,如图 1-2(b) 所示。通常把 dF 分解为垂直于截面(平行于截面法线)的微元力 dF_N 和平行于截面(垂直于截面法线)的微元力 dF_S,则定义该点的**正应力**和**切应力**分别为

$$\sigma = \frac{dF_N}{dA}, \quad \tau = \frac{dF_S}{dA} \tag{1-2}$$

显然正应力和切应力也可以看作是全应力 p 沿截面法线和切线的分解,即

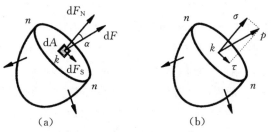

图 1-2

$$\sigma = p\cos\alpha, \quad \tau = p\sin\alpha \tag{1-3}$$

式中:α 为截面法线与 dF 的夹角。应力的单位是 Pa(帕),常用单位为 MPa,1 MPa = 1 N/mm²。

2) **单向应力与纯剪切应力** 由上述定义可知,构件上一点的正应力和切应力不仅与该点所处的位置有关,同时还与该点所处的截面方位有关。为了全面描述一点的受力情况,通常围绕该点截取一个无限小的微元正六面体,称为**单元体**,用单元体六个面的应力表示该点的受力情况。由于单元体的任意两个平行截面相距无限小,根据作用力与反作用力定律,两个平行截面的应力一定是大小相等、方向相反的。

单元体受力最基本的形式有两种:一种是只在一对相互平行的截面上承受正应力,如图 1-3(a)所示,称为单向受力或**单向应力**;另一种是只在两对平行截面上承受切应力,如图 1-3(b)所示,称为**纯剪切应力**。单元体的一般受力,都是这两种受力形式的组合。

3) **切应力互等定理** 对处于纯剪切状态的单元体(图 1-4(a)),左、右两面的切应力应等值反向,用 τ 表示,上、下两面的切应力也应等值反向,用 τ′ 表示。由单元体的受力对 z 轴的合力矩为零,有

$$\tau \mathrm{d}y\mathrm{d}z \cdot \mathrm{d}x - \tau' \mathrm{d}x\mathrm{d}z \cdot \mathrm{d}y = 0, \quad \tau = \tau' \tag{1-4}$$

即在单元体互相垂直的截面上,垂直于截面交线的切应力必成对存在、大小相等,方向则均指向或都背离此截面交线。这个结论称为**切应力互等定理**。可以证明,对于图 1-4(b)所示的单元体,此定理仍然适用,因此具有普遍意义。

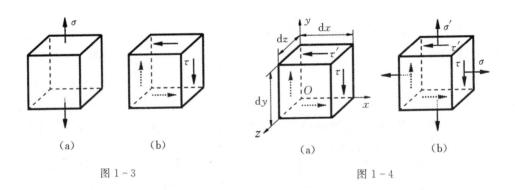

图 1-3　　　　　　　　　　　图 1-4

1.4　位移、变形与应变

1.4.1　位移的概念

在外力作用下,构件各部分空间位置的变化量统称为位移。例如图 1-5 所示的杆,在载荷 F 作用下,A 点移至 A′,则称 AA′ 为该点的**线位移**;同时,A 点所在杆端平面(或线段)旋转了一个角度 θ_A,称为该面(或线段)的**角位移**。构件各点的位移,一般由两部分组成:一部分是构件作刚体平动或转动所产生的位移,称为**刚体位移**;另一部分是构件内各点之间作相对运动所产生的位移,称为**变形位移**。材料力学主要讨论由变形引起的位移。

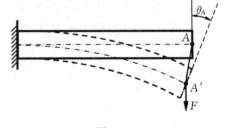

图 1-5

1.4.2 变形与应变

构件的变形包括几何形状和尺寸的改变。为了研究构件的变形,设想将其分割成无数多个单元体,整个构件的变形可看成是这些单元体变形累积的结果。图 1-6(a)是从构件中取出的一个单元体,其变形可用棱边长度的改变和棱边所夹直角的改变来描述。设棱边 AB 的原长为无限小的 $\mathrm{d}x$,设变形后在 x 方向长度的改变量为微元的 $\mathrm{d}u$(图 1-6(b)),则 AB 在 x 方向的**线应变**(也称**正应变**)为

$$\varepsilon_x = \frac{\mathrm{d}u}{\mathrm{d}x} \tag{1-5}$$

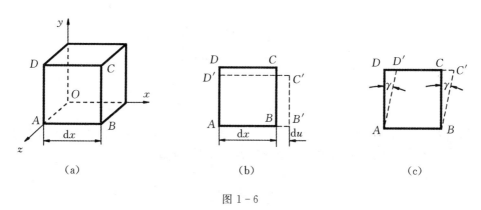

图 1-6

用类似的方法,还可确定 A 点沿另外两个方向的线应变 ε_y、ε_z。

单元体变形时,除了棱边的长度改变外,棱边所夹直角也将发生改变。图 1-6(c)所示直角的改变量 γ 称为 A 点在 Oxy 平面内的**切应变**(或称**角应变**)。线应变 ε 和切应变 γ 都是量纲为 1 的量,γ 的单位是 rad(弧度)。

1.4.3 应力与应变的关系·胡克定律

对于常用的工程材料,大量试验结果表明:若应力不超过一定的限度,对于只承受单向正应力或只承受纯剪切应力的单元体,正应力 σ 与线应变 ε 及切应力 τ 与切应变 γ 之间存在着简单的正比关系,即

$$\sigma = E\varepsilon, \quad \tau = G\gamma \tag{1-6}$$

式中:比例常数 E、G 分别称为材料的**拉压弹性模量**(简称**弹性模量**)和**切变模量**(又称为**剪切弹性模量**),式(1-6)分别称为**拉压胡克定律**和**剪切胡克定律**。弹性模量和切变模量均属材料的力学性能,其值由试验确定。

1.5 杆件变形的基本形式

实际构件的几何形状多种多样,材料力学主要研究杆类构件。杆的几何特征是纵向(长度方向)尺寸远大于横向(垂直于长度方向)尺寸,工程中的轴、梁、柱均属于杆。轴线为直线的杆称为**直杆**,轴线为曲线的杆称为**曲杆**,等截面的直杆简称**等直杆**,横截面形状不同、大小不等的杆称为**变截面杆**。材料力学的计算公式一般是在等直杆基础上建立起来的,但对曲率很小的曲杆和横截面缓慢变化的变截面杆也可推广应用。

杆件的变形与外力有关,最基本的变形形式有下列四种:拉伸及压缩、弯曲、扭转、剪切,分别如图 1-7(a)—(e)所示。

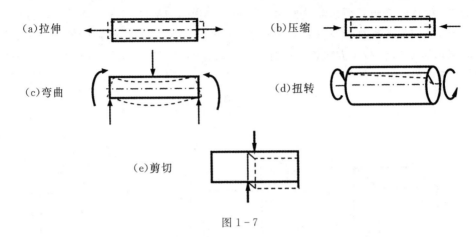

图 1-7

杆件其它复杂的变形都可看成是上述几种基本变形的组合。在以后的各章中,先分别讨论杆件在某一基本变形下的问题,然后再综合研究组合变形问题。

思 考 题

1-1 试说明下列各组物理量之间的区别和联系、常用单位和量纲。
(A) 内力与应力; (B) 正应力、切应力与全应力;
(C) 变形与位移; (D) 变形与应变; (E) 应力与压强。

1-2 在小变形条件下刚体静力学中关于平衡的理论,如力和力偶的可传递性原理、力的分解和合成原理,能否用于材料力学?试举例说明。

1-3 图示 A 点处的各单元体中,虚线表示变形后的形状。试指出各单元体切应变的大小。

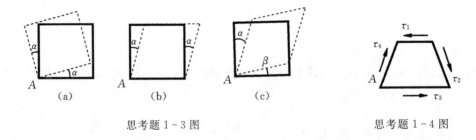

思考题 1-3 图   思考题 1-4 图

1-4 在处于平衡状态的受力构件中,过 A 点取一等腰梯形的微元体,四个面上的切应力如图所示,其切应力是否满足切应力互等定理?并说明理由。

第 2 章　轴向拉伸与压缩

本章提要

本章主要介绍直杆在轴向拉压下强度和刚度问题的理论和计算方法。作为最简单也是重要的基本变形之一,本章建立的强度和刚度的概念以及分析方法对于后续几章的基本变形分析具有示范和指导意义,因而非常重要。对内力符号规则的约定、应力的计算和强度条件的建立、胡克定律描述的变形规律、材料力学性质的论述、超静定问题的概念和求解,都是材料力学最基本也是最重要的概念和方法。

2.1　概　述

在机械设备和工程结构中,常见许多承受拉伸或压缩的杆件,例如图 2-1(a) 所示悬吊结构中的支架杆、图 2-1(b) 所示内燃机的连杆、图 2-1(c) 所示千斤顶的螺杆等。

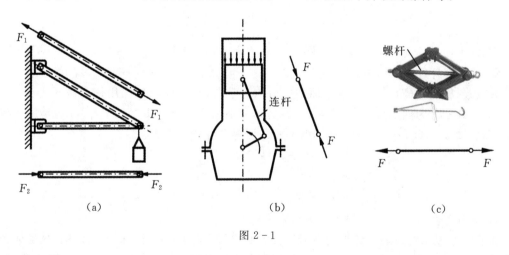

图 2-1

这些承受拉伸或压缩的杆件形状和加载方式各不相同,若将杆件的受力情况进行简化,均可画成图 2-2 所示的计算简图。这类杆件外力作用线与杆轴线重合;杆件沿杆轴线方向伸长或缩短。这种变形形式称为**轴向拉伸**或**轴向压缩**,简称**轴向拉压**。

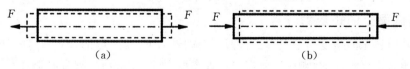

图 2-2

2.2 轴向拉压的内力、应力与强度条件

2.2.1 轴力

为了对承受拉伸或压缩的杆件进行强度计算,首先必须研究杆件横截面上的内力。

以图 2-3(a) 所示的拉伸杆件为例。用截面法将杆件在任一横截面 m—m 处截分为两段,如图 2-3(b) 所示。保留左半段分离体,该截面上分布内力的合力必为一个与杆轴线重合的轴向力 F_N,F_N 称为**轴力**。由平衡条件可知 F_N 方向向右且有 $F_N = F$。如果保留右半段分离体,则必然得到一个与 F_N 大小相等、方向相反的轴力 F_N'。如果按照坐标轴方向判断 F_N 与 F_N' 的正负号,则一个为正,另一个必然为负,这对判断变形十分不利,所以在材料力学中对内力另外建立一套以外法线为判据的符号规则。轴力的符号规则:当轴力 F_N 的方向与截面外法线一致时轴力为正,杆件受拉;反之轴力为负,杆件受压。按照轴力符号规则,F_N 与 F_N' 大小相等、方向相反、符号相同,可不再区分,统一写成 F_N。

图 2-3(b) 所示 m—m 截面上的轴力均为正号。

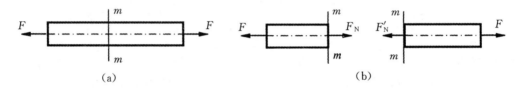

图 2-3

例 2-1 杆件受轴向力作用如图 2-4(a) 所示。已知 $F_1 = 10 \text{ kN}$,$F_2 = 20 \text{ kN}$,$F_3 = 20 \text{ kN}$,试求直杆各段的内力。

解:在 AB、BC、CD 三段内各截面的内力均为常数,在三段内依次用任意截面 1—1、2—2 和 3—3 把杆截分为两部分,研究左半段的平衡,分别用 F_{N1}、F_{N2}、F_{N3} 表示各截面轴力,且都假设为正,如图 2-4(b)、(c)、(d) 所示。由平衡条件得出各段轴力为

$$F_{N1} = -F_1 = -10 \text{ kN}$$
$$F_{N2} = F_2 - F_1 = 20 - 10 = 10 \text{ kN}$$
$$F_{N3} = F_2 + F_3 - F_1 = 20 + 20 - 10 = 30 \text{ kN}$$

其中,F_{N1} 为负表示压力,F_{N2} 和 F_{N3} 为正表示拉力。

工程上常以图线来表示杆件内力沿杆长的变化,以横坐标 x 表示横截面位置,纵坐标表示该截面的内力,这种图线称为**内力图**。在拉压问题中以纵坐标 F_N 表示轴力,称为**轴力图**。直杆 AD 的轴力图如图 2-4(e) 所示。

讨论:① 如果取右半段的分离体作为研究对象,在计算 3—3 截面的轴力时会得到怎样的分离体,轴力的大小和符号如何;② 如果 x 正好等于 1 m、3 m,则截面 B、C 的轴力如何确定?

2.2.2 横截面上的正应力

要解决轴向拉压的强度问题只求出横截面上的轴力 F_N 是不够的,因为杆件的横截面面积显然对承载能力有决定性的影响,这就需要计算横截面的应力。轴力的方向垂直横截面且通过轴线,而截面上各点处应力的合力即为该截面上的内力。由正应力的定义 $\sigma = dF_N/dA$ 可得

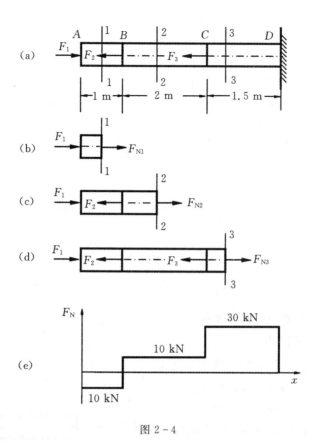

图 2-4

$\sigma dA = dF_N$,dF_N 的合力即积分就是横截面的轴力 F_N,但计算 σdA 的积分(求和)必须知道正应力在横截面的分布函数,为此可以通过观察杆件拉压变形规律探求横截面上应力的分布规律。

图 2-5(a) 所示一等截面直杆,其截面为任意形状。为了观察试验中的变形,在距杆端稍远处侧面上画垂直于轴线的横向线(见图 2-5(a) 中的 ab 和 cd)和平行于轴线的纵向线(见图 2-5(a) 中的 ac 和 bd)。在杆端施加轴向力 F 使直杆发生拉伸变形,可以看到:① 横向线 ab 和 cd 仍为直线,且仍然垂直于轴线,只是分别平行地移至 $a'b'$ 和 $c'd'$;② 纵向线 ac 和 bd 仍为直线,且仍然平行于轴线,只是分别平行地移至 $a'c'$ 和 $b'd'$;③ 横向线和纵向线变形前后始终保持垂直,横截面上不存在切应变。

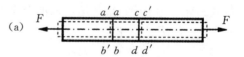
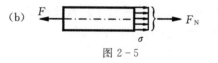

图 2-5

根据实验观察的现象可假设:变形前原为平面的横截面,变形后仍保持为平面且仍垂直于轴线,这就是轴向拉压时的**平面假设**。根据平面假设,可以推断横截面上的变形是均匀的,所以正应力也是均匀分布的,即各点处的正应力相等。由静力学关系可得

$$F_N = \int_A dF_N = \int_A \sigma dA = \sigma \int_A dA = \sigma A$$

$$\sigma = \frac{F_N}{A} \quad (2-1)$$

正应力的符号与轴力相同,即拉应力为正,压应力为负。

式(2-1)是根据正应力在横截面上各点处相等的结论而导出的,因此式(2-1)只适用于载荷作用下引起杆件截面上变形和应力为均匀的情况。对于变截面杆,除去截面突变处附近的应力分布较复杂外,对于其它各横截面,仍可认为应力是均匀分布的,式(2-1)亦可适用。对于载荷作用于局部小区域和杆件几何形状有突变的情况,参见 2.6 节的讨论。

例 2-2 已知例 2-1 中等截面直杆横截面面积 $A=500\,\text{mm}^2$,试计算其横截面上的正应力。

解:由式(2-1),有

$$\sigma_{AB} = \frac{F_{N1}}{A} = \frac{-10 \times 10^3}{500} = -20\,\text{MPa}$$

$$\sigma_{BC} = \frac{F_{N2}}{A} = \frac{10 \times 10^3}{500} = 20\,\text{MPa}$$

$$\sigma_{CD} = \frac{F_{N3}}{A} = \frac{30 \times 10^3}{500} = 60\,\text{MPa}$$

其中,σ_{AB} 为压应力,σ_{BC} 和 σ_{CD} 为拉应力。

2.2.3 斜截面上的应力

上面仅讨论了轴向拉压时杆件横截面上的应力,为全面了解杆件在不同方位截面上的应力情况,还需研究杆件斜截面上的应力。

图 2-6(a)所示一受轴向拉伸的等直杆,设任一斜截面 n—n 与横截面成 α 角,用截面法可以得到 n—n 斜截面上的内力

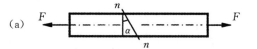

$$F_{N\alpha} = F$$

由于杆内各点的变形是均匀的,因而同一斜截面上的应力也是均匀分布的。设斜截面面积为 A_α,$A_\alpha = A/\cos\alpha$,于是斜截面的全应力

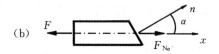

$$p_\alpha = \frac{F_{N\alpha}}{A_\alpha} = \frac{F}{A}\cos\alpha = \sigma\cos\alpha$$

式中:A 为杆的横截面面积,σ 为杆横截面上的正应力。将 p_α 分解为垂直于斜截面的正应力 σ_α 和平行于斜截面的切应力 τ_α,如图 2-6(c)所示,则

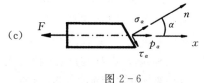

图 2-6

$$\begin{cases} \sigma_\alpha = p_\alpha \cos\alpha = \dfrac{\sigma}{2}(1+\cos 2\alpha) \\ \tau_\alpha = p_\alpha \sin\alpha = \dfrac{\sigma}{2}\sin 2\alpha \end{cases} \quad (2-2)$$

从上式可以看出 σ_α 和 τ_α 都是角度 α 的函数。对于 α 角的符号作以下规定:从 x 正轴逆针向转到 α 截面的外法线 n 时,α 为正值;反之为负。

切应力的正负号规定为:截面外法线顺针向转 $90°$ 后,其方向与切应力相同时,该切应力为正值,如图 2-7(a)所示;反之该切应力为负值,如图 2-7(b)所示。

由式(2-2)可知,当 $\alpha = 0°$ 时, $\sigma_{0°} = \sigma_{max} = \sigma$,即横截面上的正应力是所有斜截面上正应力中的最大值;当 $\alpha = 45°$ 时,τ_α 为极大值,$\tau_{45°} = \tau_{max} = \sigma/2$,$\alpha = -45°$ 时 $\tau_{-45°} = \tau_{min} = -\sigma/2$ 为极小值。

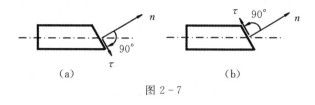

图 2-7

2.2.4 轴向拉压时的强度条件

通过对构件的内力分析并求得外力引起的应力(即工作应力)后,仍不足以判断构件是否安全可靠。构件的强度还和材料能够承受的应力有关。工程上,为保证构件能正常工作,不允许构件破坏,实际工作应力必须小于材料的**极限应力**(或**破坏应力**、**危险应力**)σ^0。

为了保证构件安全可靠地工作并有一定的强度储备,在工程中对材料的破坏应力除以大于1的系数 n,就得到**许用应力**,用 $[\sigma]$ 表示,即

$$[\sigma] = \frac{\sigma^0}{n} \qquad (2-3)$$

式中:n 称为**安全因数**。许用应力为设计构件时各种材料规定的应力最高限度。表2-1列出几种常用材料在常温、静载和一般工作条件下许用应力 $[\sigma]$ 的大约值。

表 2-1 几种常用材料的许用应力的大约值

材 料	许用应力 $[\sigma]$/MPa	
	拉伸	压缩
灰铸铁	31~78	120~150
Q216 钢	140	
Q235 钢	160	
16 锰	240	
45 钢(调质)	190	
铜	30~120	
铝	30~80	
松木(顺纹)	6.9~9.8	9.8~11.7
混凝土	0.1~0.7	0.98~8.8

在工程中,一般构件应满足的强度条件为

$$\sigma \leqslant [\sigma] \qquad (2-4)$$

对于受轴向拉伸或压缩的杆件,因为横截面应力均匀分布,所以其强度条件为

$$\sigma = \frac{F_N}{A} \leqslant [\sigma] \qquad (2-5)$$

运用式(2-5)可解决工程中三个方面强度计算问题:① 强度校核:已知杆件的材料、尺寸及所受载荷,可以用式(2-5)判断杆件的强度是否足够;② 设计截面:已知杆件所受载荷及所用材料,可将式(2-5)变换成 $A \geqslant F_N/[\sigma]$,从而确定杆件的横截面面积;③ 确定许可载荷:已知杆件的材料及尺寸,可按式(2-5)计算杆所承受的最大轴力 $F_N \leqslant A[\sigma]$,从而确定结构能承

受的最大载荷。这三方面的工作可简称为**定性、定形、定载**。

例 2-3 图 2-8(a)所示汽缸的内径 $D = 400\text{ mm}$,汽缸内的工作压强 $p = 1.2\text{ MPa}$,活塞杆直径 $d = 65\text{ mm}$,汽缸盖和汽缸体用 $\phi 20$ 螺栓连接,其外径为 $d_1 = 20\text{ mm}$,内径(螺纹根部直径)为 $d_1' = 18\text{ mm}$。若活塞杆的许用应力为 50 MPa,螺栓的许用应力为 40 MPa,试校核活塞杆的强度并确定所需螺栓的个数 n。

解:1)活塞杆的强度 活塞杆因作用于活塞上的压力而受拉,如图 2-8(b)所示,轴力 F_N 可由汽体压强和活塞面积求得(因活塞杆横截面面积 A 远小于活塞面积 A',故可略去不计)。即

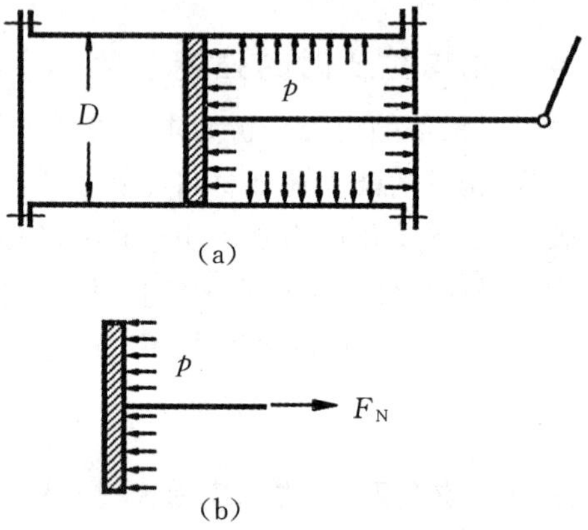

$$F_N = pA' = 1.2 \times \frac{\pi}{4} \times 400^2 \text{ N}$$

由强度条件式(2-5)得活塞杆应力

$$\sigma = \frac{F_N}{A} = \frac{1.2 \times \frac{\pi}{4} \times 400^2}{\frac{\pi}{4} \times 65^2} = 45.4\text{ MPa}$$

图 2-8

活塞杆强度足够。

2)螺栓的个数 设每个螺栓所受的拉力为 F_{N1},n 个螺栓所受的拉力与汽缸盖所受的压力相等,即 $F_{N1} = F_N/n$,螺栓面积应取根部直径最小处计算,由强度条件有

$$\frac{F_{N1}}{A_1'} = \frac{1.2 \times \frac{\pi}{4} \times 400^2}{n \frac{\pi}{4} \times 18^2} \leqslant 40\text{ MPa}$$

由此可得 $n \geqslant 14.8$,故选用 15 个螺栓可满足强度要求。但考虑到加工方便,应选用 16 个螺栓为宜。

讨论:可否打 16 个螺栓孔(加工比较方便)而只安装 15 个螺栓?

例 2-4 图 2-9(a)所示平面桁架结构,1、2 两杆均为钢杆,横截面面积分别为 $A_1 = 300\text{ mm}^2$,$A_2 = 150\text{ mm}^2$,$\alpha = 30°$,$\beta = 45°$,材料的许用应力 $[\sigma] = 160\text{ MPa}$。试求结构许可载荷。

解:1)杆的轴力 用截面法将杆 1 和杆 2 在节点 C 附近截开,并施加轴力 F_{N1} 和 F_{N2},如图 2-9(b)所示。由静力平衡条件可得

$$\sum F_x = 0 \quad -F_{N1}\sin 30° + F_{N2}\sin 45° = 0$$

$$\sum F_y = 0 \quad F_{N1}\cos 30° + F_{N2}\cos 45° - F = 0$$

联立求解可得两杆轴力 F_{N1}、F_{N2} 与 F 的关系为

$$F_{N1} = \frac{2}{1+\sqrt{3}}F, \quad F_{N2} = \frac{\sqrt{2}}{1+\sqrt{3}}F$$

2)确定许可载荷 杆 1 满足强度条件时,其轴力

$$F_{N1} \leqslant [\sigma]A_1 = 160 \times 300 = 48000\text{ N} = 48\text{ kN}$$

满足此条件的载荷

$$F_1 = \frac{1+\sqrt{3}}{2} F_{N1} \leqslant \frac{1+\sqrt{3}}{2} \times 48 = 65.57 \text{ kN}$$

杆2满足强度条件时，其轴力

$$F_{N2} \leqslant [\sigma] A_2 = 160 \times 150 = 24000 \text{ N} = 24 \text{ kN}$$

满足此条件的载荷

$$F_2 = \frac{1+\sqrt{3}}{\sqrt{2}} F_{N2} \leqslant \frac{1+\sqrt{3}}{\sqrt{2}} \times 24 = 46.36 \text{ kN}$$

要保证结构的安全，需要同时满足1、2两杆的强度，故应选取 F_1、F_2 中的较小者，所以许可载荷 $F_{\max} = 46.36$ kN。

讨论：① 在选取上述许可载荷时，杆2的工作应力正好等于许用应力，材料得到充分利用，而杆1则有多余的强度储备。读者可考虑在不增加杆件材料的前提下，如何通过改变角度 α 提高结构的许可载荷；② 求结构的许可载荷时，若先求出两杆的许可内力 $[F_{N1}] = [\sigma] A_1$ 和 $[F_{N2}] = [\sigma] A_2$，再由平衡方程求得许可载荷 $F_{\max} = [F_{N1}] \cos 30° + [F_{N2}] \cos 45°$，此解法有何错误？

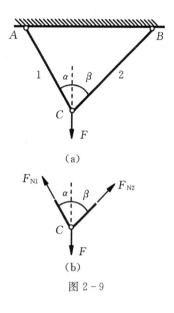

图 2 - 9

2.3 轴向拉压的变形

直杆在轴向拉力作用下，将引起轴向尺寸伸长和横向尺寸缩短；反之，在轴向压力作用下，则引起轴向尺寸缩短和横向尺寸增大。

2.3.1 轴向变形

图 2-10 所示等直杆受轴向拉力 F 作用，杆的轴力为常数 F_N，设杆的原长为 l，横截面面积为 A。变形后杆长由 l 变为 l_1，杆的轴向伸长 $\Delta l = l_1 - l$，胡克(Hooke)最先发现 Δl 与 F_N 成正比、与面积 A 成反比，设比例系数为 $1/E$，则杆的轴向伸长为

$$\Delta l = \frac{F_N l}{EA} \quad (2-6)$$

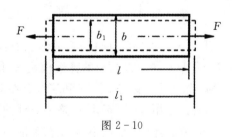

图 2 - 10

上式称为**拉压胡克定律**。式中：E 称为材料**拉压弹性模量**(简称为弹性模量或杨氏模量)，其单位为 MPa 或 GPa，数值随材料而异，并由试验确定；EA 称为杆的截面**抗拉压刚度**，反映了杆件抵抗拉压变形的能力。显然 $F_N \geqslant 0$ 时 $\Delta l \geqslant 0$，表示拉伸时轴线伸长，否则表示缩短。

为了消除杆长对变形计算的影响，取单位长度的伸长量

$$\varepsilon = \frac{\Delta l}{l} \quad (2-7)$$

式中：ε 为**线应变**，$l \to 0$ 时与式(1-5)意义相同。ε 为正值表示拉应变，负值表示压应变。

将横截面上的应力计算公式(2-1)和式(2-7)代入式(2-6)可得

$$\sigma = E\varepsilon \quad (2-8)$$

上式是拉压胡克定律式(2-6)的又一表达形式。

2.3.2 横向变形

杆件拉压时除了发生纵向(轴向)的伸长或缩短变形外,还会发生横向变形。若杆件变形前的横向尺寸为 b,受轴向拉压后变为 b_1,杆的横向变形为 $\Delta b = b_1 - b$,则横向线应变为

$$\varepsilon' = \frac{\Delta b}{b} = \frac{b_1 - b}{b}$$

试验表明:纵向变形 $\Delta l \geqslant 0$ 时 $\Delta b \leqslant 0$。在弹性范围内,杆件的横向应变和轴向应变的关系为

$$\varepsilon' = -\mu\varepsilon \tag{2-9}$$

式中:μ 称为**泊松**(Poisson)**比**(或**横向变形系数**),其值随材料而异,并由试验确定。上式表明 ε' 和 ε 恒为异号。

弹性模量 E 和泊松比 μ 是材料的两个基本弹性常数。表 2-2 给出一些常用材料 E 和 μ 的大约值。

表 2-2 几种常用材料 E 和 μ 的大约值

材 料	E/GPa	μ
钢	190~210	0.25~0.33
灰铸铁	80~150	0.23~0.27
球墨铸铁	160	0.25~0.29
铜及其合金(黄铜、青铜)	74~130	0.31~0.42
锌及强铝	72	0.33
混凝土	14~35	0.16~0.18
玻璃	56	0.25
木材:顺纹 横纹	9~12 0.49	—

例 2-5 图 2-11(a) 所示等截面石柱的顶端承受均布载荷作用,已知石柱的横截面面积 A,单位体积重量 γ 及材料的弹性模量 E。试求石柱的变形。

解:由于石柱受到压力 F 和连续分布载荷(自重)的作用,各横截面上的轴力均不相同,因此不能直接应用式(2-6)计算整个石柱的变形。为此,从石柱中截取 $\mathrm{d}x$ 微段,其受力情况如图 2-11(b) 所示,由于 $\mathrm{d}x$ 微小,以 x 截面的轴力 $F_N(x) = F + \gamma A x$ 作为该微段的轴力,应用式(2-6)求得微段石柱的缩短为

$$\mathrm{d}(\Delta l) = \frac{F_N(x)\mathrm{d}x}{EA} = \frac{(F + \gamma A x)\mathrm{d}x}{EA}$$

沿石柱全长积分,得到整个石柱的缩短变形量为

$$\Delta l = \int_0^l \mathrm{d}(\Delta l) = \int_0^l \frac{F + \gamma A x}{EA}\mathrm{d}x = \frac{Fl}{EA} + \frac{\gamma l^2}{2E}$$

讨论:公式(2-6)适用于等截面、轴力不变的拉压杆件,当杆件的轴力或截面变化时,则需用分段计算变形再求其代数和,或积分计算杆件变形。

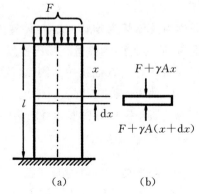

图 2-11

例 2-6 图 2-12(a) 所示支架，AB 和 AC 两杆均为钢杆，弹性模量 $E = 200$ GPa，两杆的横截面面积分别为 $A_1 = 200 \text{ mm}^2$，$A_2 = 250 \text{ mm}^2$，AB 杆长 $l_1 = 2$ m，$\alpha = 30°$，载荷 $F = 10$ kN。试求节点 A 的位移。

解一：在载荷作用下，AB 杆和 AC 杆发生变形，从而引起节点 A 的位移。所以应先求出两杆的内力，并计算其变形，再由两杆变形求节点的位移。

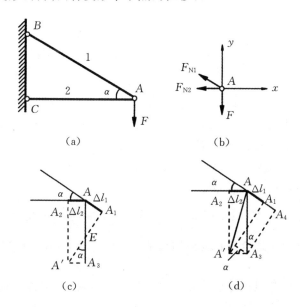

图 2-12

1) 内力计算 以节点 A 为研究对象，设 AB、AC 杆的轴力 F_{N1}、F_{N2} 均为拉力，如图 2-12(b) 所示。由静力平衡方程

$$\sum F_x = 0 \qquad F_{N2} + F_{N1}\cos\alpha = 0$$

$$\sum F_y = 0 \qquad F_{N1}\sin\alpha - F = 0$$

解得两杆的轴力分别为

$$F_{N1} = F/\sin\alpha = 2F = 20 \text{ kN}$$

$$F_{N2} = -F_{N1}\cos\alpha = -17.3 \text{ kN}$$

计算结果表明 AB 杆受拉，AC 杆受压。

2) 变形计算 AB 杆的伸长量

$$\Delta l_1 = \frac{F_{N1}l_1}{E_1 A_1} = \frac{20 \times 10^3 \times 2000}{200 \times 10^3 \times 200} = 1.0 \text{ mm}$$

AC 杆长 1.732 m，轴向缩短量

$$\Delta l_2 = \frac{F_{N2}l_2}{E_2 A_2} = -\frac{17.3 \times 10^3 \times 1730}{200 \times 10^3 \times 250} = -0.6 \text{ mm}$$

由计算结果可以看出两杆的变形量和杆的原长度相比很小，属于小变形。

3) 节点 A 的位移 设想在 A 点将支架拆开，AB 杆伸长后为 A_1B，AC 杆缩短后为 A_2C，如图 2-12(c) 所示。A 点位移后的新位置，是以 B 点为圆心、$\overline{BA_1}$ 为半径所作圆弧，与以 C 点为

圆心，$\overline{CA_2}$ 为半径所作圆弧的交点。因为变形很小，上述两个圆弧可近似用其切线（分别垂直于直线 BA_1 和 CA_2）代替，两条切线的交点 A' 即为节点 A 的新位置，$\overline{AA'}$ 为节点 A 的位移。此法称为**切线法**。

节点 A 的水平位移

$$\Delta_H = \overline{AA_2} = |\Delta l_2| = 0.6 \text{ mm}(\leftarrow)$$

节点 A 的垂直位移

$$\Delta_V = \overline{AA_3} = \overline{AE} + \overline{EA_3} = \frac{\Delta l_1}{\sin\alpha} + \frac{|\Delta l_2|}{\tan\alpha} = \frac{1.0}{\sin 30°} + \frac{0.6}{\tan 30°} = 3.039 \text{ mm}(\downarrow)$$

节点 A 的总位移

$$\overline{AA'} = \sqrt{\Delta_H^2 + \Delta_V^2} = \sqrt{0.6^2 + 3.039^2} = 3.10 \text{ mm}$$

解二：在图 2-12(d) 中，$\Delta_H = \overline{AA_2}$ 为 A 点水平位移，$\Delta_V = \overline{AA_3}$ 为 A 点垂直位移。由图可以看出，将两个位移分量 Δ_H、Δ_V 在杆轴线上投影的和即为该杆的变形。此法称为**位移投影法**。

$$\Delta_H = |\Delta l_2|, \quad \Delta_V \sin\alpha - \Delta_H \cos\alpha = \Delta l_1$$

联立求解上两式可得

$$\Delta_H = |\Delta l_2| = 0.6 \text{ mm}(\leftarrow), \quad \Delta_V = \frac{\Delta l_1}{\sin\alpha} + \frac{|\Delta l_2|}{\tan\alpha} = 3.039 \text{ mm}(\downarrow)$$

可以看出，位移投影法适合于较复杂构形结构的位移计算，其计算精度和解一的切线法完全一样。

讨论：当结构中杆件几何构形比较复杂时，解一的切线法求解位移相当繁琐，当画图不规范时，甚至无法找到节点位移与杆件变形量的关系；而解二的位移投影法则无妨，但是位移投影法的计算量一般较大。对于由多个杆件组成的桁架结构，要求得节点位移，切线法和位移投影法都不是很有效，更简单而有效的方法参见第 10 章中的能量法。

例 2-7 图 2-13(a) 所示一宽度为 b 的薄壁圆环，壁厚为 t，平均直径为 $D(t \ll D)$。圆环的弹性模量为 E，承受均匀内压 p。试求圆环横截面上的应力及其直径的增大值。

解：薄壁圆环在内压作用下将均匀胀大，因此环横截面上作用有拉力 F_N。为了求 F_N，用假想平面沿直径将圆环一分为二，保留上半圆部分进行分析，如图 2-13(b) 所示。半圆环上的内压沿竖直方向的合力和截开截面上的两个拉力 F_N 满足静力平衡条件。于是有

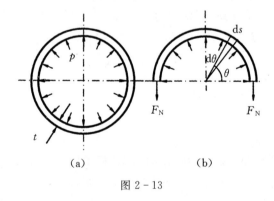

图 2-13

$$2F_N = \int_s pb\sin\theta \, ds = \int_0^\pi pb\sin\theta \frac{D}{2} d\theta = pbD \tag{a}$$

$$F_N = \frac{pbD}{2} \tag{b}$$

由于壁厚 t 远小于直径 D，可以认为环壁内的应力沿壁厚均匀分布，圆环横截面上的应力为

$$\sigma = \frac{F_N}{A} = \frac{pbD}{2bt} = \frac{pD}{2t} \qquad (c)$$

圆环沿周向均匀变形,由胡克定律可得到圆环周向线应变

$$\varepsilon = \frac{\sigma}{E} = \frac{pD}{2Et} \qquad (d)$$

整个圆环的周向伸长为

$$\Delta l = \varepsilon l = \varepsilon \pi D = \frac{\pi p D^2}{2Et} \qquad (e)$$

设圆环的直径 D 增大了 ΔD,圆环的周向伸长可写成

$$\Delta l = \pi(D + \Delta D) - \pi D = \pi \Delta D \qquad (f)$$

比较式(e)与式(f),得到圆环直径的增大量为

$$\Delta D = \frac{pD^2}{2Et} \qquad (g)$$

2.4 材料拉压的力学性质

在讨论拉压杆的强度和变形计算时,涉及到材料的力学性质,如许用应力$[\sigma]$、弹性模量 E、泊松比 μ 等,这些参数都必须通过实验得到。所谓材料的力学性质是指材料在外力作用下表现出的变形和破坏方面的特性,也称为材料的机械性质。材料力学性质的实验种类较多,在常温、静载下的拉伸和压缩试验得到的力学性质最为重要,也是其它力学性质的主要参考。

2.4.1 拉伸和压缩试验的试件

拉伸和压缩试验是研究材料力学性质的常用基本试验。国家标准(GB 6397—86)规定试件应做成一定的形状和尺寸,称为**标准试件**。对于拉伸试验,圆截面和矩形截面的标准试件如图 2-14 所示。在试件中间等直部分取一段长度为 l 的工作长度,称为**标距**。标距 l 与直径 d 或面积 A 有两种比例,即 5 倍试件(短试件)$l = 5d = 5.64\sqrt{A}$ 和 10 倍试件(长试件)$l = 10d = 11.3\sqrt{A}$。

压缩试件通常做成短圆柱或方柱,如图 2-15 所示。为了避免试件在压缩过程中被压弯,一般规定其试件高度 h 与横截面直径 d 或边长 b 的比值为 $1 \sim 3$。

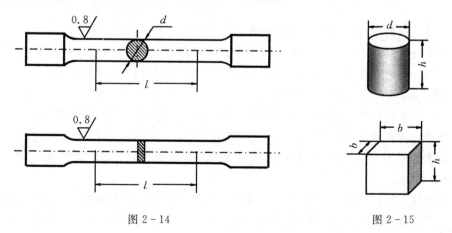

图 2-14　　　　　　　　　　　图 2-15

由于压缩试件的长度与横截面直径或边长的比值较小,试件的两端面与试验机承压平台间的摩擦阻力将阻止横向尺寸的增大,使压缩试件中的应力情况变得较为复杂,因而试件的端部约束润滑状态会对试验结果产生较大影响,所以压缩试验所测定的材料力学性质带有一定的条件性。

拉伸试验在材料试验机上进行,把试件装夹在试验机上,开动试验机使试件受到自零缓慢渐增的拉力 F,于是在试件标距 l 长度内产生相应的变形 Δl,把试验过程中的拉力 F 与对应的变形 Δl 绘制成 $F - \Delta l$ 曲线,称为**拉伸图**。同理,对于压缩试验也可获得**压缩图**。

2.4.2 低碳钢拉伸的力学性质

低碳钢是指碳含量在 0.25% 以下的碳素钢。这类材料在工程上使用广泛,其力学性质具有典型性。图 2-16 为低碳钢的 $F-\Delta l$ 曲线,曲线和试件的几何尺寸相关,为了消除试件尺寸的影响,得到更真实反映材料性质的图线,通常将纵坐标和横坐标分别除以试件原来的截面面积 A 和标距长度 l,得到材料的应力 σ 与应变 ε 的关系曲线,称为 σ-ε **曲线**或**应力-应变图**,如图 2-17 所示。

1) 低碳钢的 σ-ε 曲线的四个阶段

① 弹性阶段。图 2-17 中 σ-ε 曲线的 Oa 段为直线,应力与应变成线性关系,即胡克定律 $\sigma = E\varepsilon$ 成立。a 点对应的应力 σ_p 称为**比例极限**,它是应力与应变成线性关系的最大应力。图中 α 角的正切即直线的斜率为

$$\tan\alpha = \frac{\sigma}{\varepsilon} = E$$

即直线 Oa 的斜率等于材料的弹性模量 E。

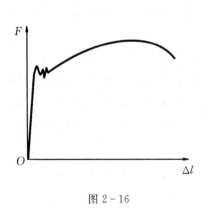

图 2-16

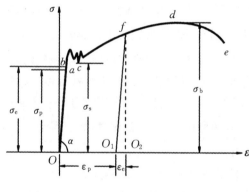

图 2-17

应力超过比例极限以后,曲线呈微弯,但只要不超过 b 点,试件变形仍是弹性的,即卸载后变形能够完全恢复。b 点对应的应力 σ_e 称为**弹性极限**,它是材料只产生弹性变形的最大应力。由于一般材料 a、b 两点相当接近,工程中对比例极限和弹性极限并不严格区分。

② 屈服阶段。当应力超过 b 点增加到某一数值时,σ-ε 曲线上出现一段波动线段,变形显著增长而应力的平均值几乎不变,材料似乎暂时失去抵抗变形的能力,这种现象称为**屈服**(或**流动**)。在屈服阶段内的最高点和最低点分别称为上屈服点和下屈服点,上屈服点所对应的应力值与试验条件相关,下屈服点则比较稳定,标准规定下屈服点 c 所对应的应力 σ_s 称为**屈服极限**(或**流动极限**)。

在屈服阶段,经过抛光的试件表面上可看到与试件轴线成 45° 的条纹,这是由于材料内部晶格之间产生滑移而形成的,称为**滑移线**。因为拉伸时在与杆的轴线成 45° 的斜截面上切应力

值最大,研究表明屈服现象与切应力密切有关。

当应力达到屈服极限时,材料将发生明显的塑性变形。工程中的多数构件产生较大的塑性变形后,就不能正常工作,也称为**强度失效**。因此,屈服极限常作为这类构件是否破坏的强度指标,在工程应用中非常重要,如常用的 Q235 钢就是指其屈服极限为 235 MPa。

③ 强化阶段。超过屈服阶段后,在 σ-ε 曲线上 cd 段,材料又恢复了对变形的抗力,要使它继续变形就必须增加拉力,这种现象称为材料的**强化**。强化阶段 σ-ε 曲线的斜率逐渐减小,这个阶段的曲线斜率称为**切线弹性模量**。σ-ε 曲线的最高点 d 所对应的应力 σ_b 称为**强度极限**,是材料能承受的最大应力,它是衡量材料性能另一个重要的强度指标。

④ 局部变形阶段。应力达到强度极限后,变形就集中在试件某一局部区域内,截面横向尺寸明显缩小,形成**颈缩现象**(图 2-18)。由于颈缩部分的横截面面积迅速减小,使试件继续伸长所需要的拉力也相应降低,最后试件在颈缩处被拉断(图 2-19),断口一般呈现一半凸出、一半凹入的所谓杯口状。

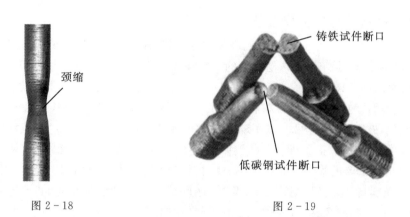

图 2-18   图 2-19

2) 延伸率和断面收缩率 试件拉断后,弹性变形消失,塑性变形仍然保留。试件标距由原长 l 变为 l_1,l_1-l 是残余的伸长量,它与 l 之比的百分率 δ 称为**延伸率**

$$\delta = \frac{l_1 - l}{l} \times 100\% \qquad (2-10)$$

试件断裂时的塑性变形越大,残余伸长 l_1-l 越大,延伸率就越大,因此,延伸率是衡量材料塑性大小的指标。工程上通常将 $\delta \geqslant 5\%$ 的材料称为**塑性材料**,如碳钢、铜、铝合金等;将 $\delta < 5\%$ 的材料称**脆性材料**,如铸铁、玻璃、陶瓷等。低碳钢的 δ 值约为 20%～30%,是典型的塑性材料。

衡量材料塑性的另一指标是**断面收缩率**(或截面收缩率)ψ,即

$$\psi = \frac{A - A_1}{A} \times 100\% \qquad (2-11)$$

式中:A 为试件横截面的初始面积;A_1 为试件被拉断后颈缩处的最小横截面面积。低碳钢的 ψ 值约为 60%～70%。

3) 卸载规律及冷作硬化 在图 2-17 中,当应力超过屈服极限到达 f 点后卸载,则试件的应力、应变将沿着与直线 Oa 近似平行的直线 fO_1 回到 O_1 点,在卸载过程中,应力和应变按直线关系变化的规律,称为材料的**卸载规律**。到达 O_1 点时,试件全部卸载,图中 ε_e 为卸载过程消失的应变,称为**弹性应变**;ε_p 为卸载后余下的应变,称为**塑性应变**。f 点的应变为弹性应变和塑

性应变之和,即

$$\varepsilon = \varepsilon_e + \varepsilon_p$$

若卸载后在短时间内再次加载,则试件的应力、应变将大致沿着卸载时的同一直线 $O_1 f$ 上升到 f 点,然后继续沿着原来的 σ-ε 曲线变化。如果把卸载后重新加载的曲线 $O_1 fde$ 和原来的 σ-ε 曲线相比较,可以看出比例极限有所提高、屈服现象消失而断裂后的残余变形减小,这种现象称为**冷作硬化**。

工程上常利用冷作硬化来提高材料的比例极限,如起重用的钢索和建筑用的钢筋,常用冷拔工艺以提高强度;又如对某些零件进行喷丸处理,使其表面发生塑性变形,形成冷硬层,以提高零件表面的强度。冷作硬化虽然提高了材料的比例极限,但同时降低了材料的塑性,增加了脆性。如零件初加工后,由于冷作硬化使材料变脆,给下一步加工造成困难,且容易产生裂纹,需要经过退火处理,以消除冷作硬化的影响。

归纳低碳钢的拉伸性质,可总结为:四个阶段四极限,两类指标两应变,弹性模量看斜率,冷作硬化颈缩面。

2.4.3 脆性材料拉伸的力学性质

脆性材料的拉伸性质具有许多共性,其特点主要是:变形小,强度低,弹性模量不唯一。

灰铸铁(简称铸铁)是工程中广泛应用的一种材料,其拉伸时的 σ-ε 曲线如图 2-20 所示。图中没有明显的直线部分,即不符合胡克定律,工程上常用 σ-ε 曲线的割线、起始点的切线或某个平均值来代替表示其弹性模量。脆性材料试件拉伸直到断裂变形都不是很明显,没有屈服阶段,也没有颈缩现象,破坏断口如图 2-19 所示。铸铁的延伸率 $\delta < 1\%$,是典型的脆性材料,强度极限 σ_b 是衡量其强度的唯一指标。脆性材料的拉伸强度极限一般很低,不宜用来制作受拉构件。

陶瓷材料也是重要的脆性材料,工程陶瓷材料包括碳化硅、氮化硅及氧化铝等。由于陶瓷材料具有抗压强度高、重量轻、耐高温、耐腐蚀、耐磨损及原料便宜等优点,近年来国内外都展开了大量的研究,许多陶瓷材料已在工程中得到广泛应用。

陶瓷在常温下基本上不出现塑性变形,其延伸率和断面收缩率均近似于零,陶瓷材料的应力-应变曲线如图 2-21 所示,图中还画出一般金属材料的应力-应变曲线(虚线)加以比较。由图可以看出,陶瓷材料的弹性模量一般要比金属大得多。在高温下,陶瓷材料还有良好的抗蠕变性能和一定的塑性。

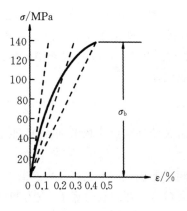

图 2-20

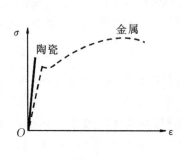

图 2-21

2.4.4 其它塑性材料拉伸的力学性质

图 2-22 是工程中常用几种金属材料的 σ-ε 曲线,其中有些材料如 16Mn 钢和低碳钢的性能相似,有明显的弹性阶段、屈服阶段、强化阶段和颈缩阶段;有些材料如黄铜、铝合金等则没有明显的屈服阶段。这些金属材料有很好的塑性,都是塑性材料。

对于没有明显屈服阶段的塑性材料,通常以产生 0.2% 残余应变时所对应的应力值作为屈服极限,以 $\sigma_{0.2}$ 表示(图 2-23),称为**名义屈服极限**。

碳素钢随其含碳量的增加,屈服极限和强度极限也相应提高,但延伸率随之降低。合金钢、工具钢等高强度钢,其屈服极限较高而塑性较差。应该注意各种钢材的比例加载阶段直线斜率基本不变,表示弹性模量 E 近似为常数。

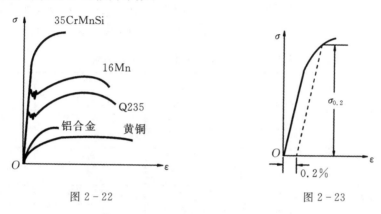

图 2-22   图 2-23

多年来,我国科研工作者和工程技术人员结合本国特有的丰富的稀土资源情况,广泛使用 16Mn 等普通低合金钢和球墨铸铁,这些材料或者相对于低碳钢强度更高、塑性也较好,或者相对于灰铸铁抗拉强度更高、塑性好得多,而生产工艺和成本却具有更好的经济性。

2.4.5 材料压缩的力学性质

低碳钢压缩时的应力-应变曲线如图 2-24 中实线所示,虚线表示拉伸时的 σ-ε 曲线。在屈服阶段以前,两曲线基本重合,即低碳钢压缩时的弹性模量 E 和屈服极限 σ_s 都与拉伸时相近。由于低碳钢的塑性好,在屈服阶段后,试件愈压愈扁,面积越来越大,不会出现断裂,因此不存在抗压强度极限。

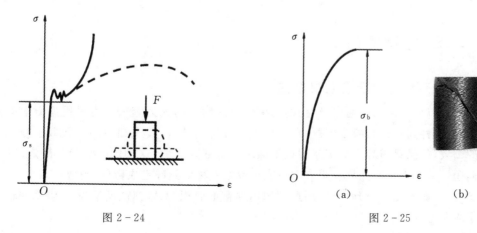

图 2-24   图 2-25

灰铸铁压缩时的 σ-ε 曲线如图 2-25(a) 所示。铸铁压缩时,没有明显的直线部分,也不存在屈服极限。随压力增加,试件略成鼓形,最后在很小变形下突然断裂,破坏断面与横截面大致成 $45°\sim55°$ 倾角,如图 2-25(b) 所示,研究表明灰铸铁的压缩破坏主要与切应力有关。灰铸铁压缩强度极限比拉伸强度极限高大约 $3\sim5$ 倍,是良好的耐压、减震材料。同时由于灰铸铁价格低廉,在工程中得到广泛应用。

其它脆性材料如混凝土、陶瓷、砖石等与灰铸铁类似,抗压强度也远高于抗拉强度,因此,脆性材料的压缩试验比拉伸试验更为重要。

对于材料的压缩实验可简单归纳为:塑性材料不好压,脆性材料强度大。

综上所述,衡量材料力学性能的指标主要有:比例极限 σ_p(或弹性极限 σ_e)、屈服极限 σ_s、强度极限 σ_b、弹性模量 E、延伸率 δ、断面收缩率 ψ 等。对很多金属特别是钢材,这些性能往往还受温度、热处理等条件的影响。表 2-3 中给出了一些常用材料在常温、静载下 σ_s、σ_b 和 δ 的大约数值。

表 2-3 几种常用材料的主要力学性质

材料名称	牌号	σ_s/MPa	σ_b/MPa	δ/%
普通碳素钢	Q235	216~235	373~461	25~27
	Q255	255~275	490~608	19~21
优质碳素钢	35	314	529	20
	45	353	598	16
	50	372	627	14
普通低合金结构钢	Q345	274~343	471~510	19~21
	Q390	333~412	490~549	17~19
低合金钢	09MnV	294	431	22
	16Mn	343	510	21
合金钢	20Cr	539	833	10
	40Cr	784	980	9
	30CrMnSi	882	1078	8
铝合金	LY12	274	412	19
碳素铸钢	ZG270-500	270	500	18
球墨铸铁	QT450-10	—	450	10
灰铸铁	HT150	—	120~175	—

2.5 拉压超静定问题

2.5.1 超静定问题的概念及其解法

在前面各节所讨论的问题中,结构的约束反力或构件的内力等未知力只用静力学平衡方程就能确定,这种问题称为**静定问题**。在工程中常有一些结构,其未知力的个数多于静力平衡方程式的个数,如果只用静力平衡条件将不能求解全部未知力,这种问题称为**超静定问题**(或**静不定问题**),未知力个数和静力平衡方程式个数之差称为**超静定次数**(或阶数)。

例 2-8 图 2-26(a) 所示两端固定杆件,横截面面积为 A,弹性模量为 E。求施加轴向力 F 后各段的内力。

解：设 F_A、F_B 分别为 A、B 两端的约束反力，假设方向均向上，可列出静力平衡方程

$$F_A + F_B = F \tag{a}$$

上式中有两个未知约束力，只有一个平衡方程，是一次超静定问题。因此，除了静力平衡方程外，还需找出一个补充方程。

分析杆件各部分变形的几何关系，由于杆件两端固定，变形后杆的总长度不变，即 $\Delta l = 0$，杆件的总变形为 AC 和 CB 两段变形之和，由此得到

$$\Delta l = \Delta l_1 + \Delta l_2 = 0 \tag{b}$$

式(b)是变形应满足的方程，称为**变形几何方程**（或**变形协调方程**）。方程中没有所要求的未知力，因此需要研究变形和内力之间的关系。在杆 AC 段和 CB 段内分别用 1—1 和 2—2 截面截开，如图 2-26(b)、(c)所示，两段的内力分别为

$$F_{N1} = F_A, \quad F_{N2} = -F_B \tag{c}$$

根据胡克定律得到**物理方程**：

$$\Delta l_1 = \frac{F_{N1} l_1}{EA} = \frac{F_A l_1}{EA}, \quad \Delta l_2 = \frac{F_{N2} l_2}{EA} = -\frac{F_B l_2}{EA} \tag{d}$$

将式(d)代入式(b)，得到**补充方程**：

$$\frac{F_A l_1}{EA} - \frac{F_B l_2}{EA} = 0 \tag{e}$$

联立解(a)、(e)两式并代入式(c)，得

$$F_A = F_{N1} = \frac{F l_2}{l}, \quad F_B = -F_{N2} = \frac{F l_1}{l} \tag{f}$$

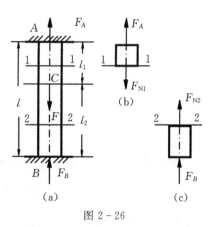

图 2-26

所得 F_A、F_B 均为正值，说明假设方向与实际情况一致。AC 段轴力 F_{N1} 为正值，CB 段轴力 F_{N2} 为负值，故 AC 段变形为伸长，CB 段变形为缩短。

上述求解过程表明：求解超静定问题，除列出静力平衡方程外，还需找出足够数目的补充方程；这些补充方程可由结构各部分变形之间的几何关系与变形和内力之间的物理关系联立求得；将补充方程和静力平衡方程联立求解，即可得出全部未知约束力及内力。

例 2-9 图 2-27(a)所示平面桁架结构中，各杆的弹性模量、横截面面积、长度分别为 E_1、E_2、E_3，A_1、A_2、A_3，l_1、l_2、l_3，试求各杆的内力。

解：1) 静力平衡条件　以节点 A 为研究对象进行受力分析。设节点 A 上的各杆轴力如图 2-27(b)，即 AB 杆和 AD 杆受拉，AC 杆受压，静力平衡方程为

$$\begin{cases} \sum F_x = 0 \quad F_{N2} - F_{N1} \cos 30° = 0 \\ \sum F_y = 0 \quad F_{N1} \sin 30° + F_{N3} - F = 0 \end{cases} \tag{a}$$

三个未知力只有两个平衡方程，是一次超静定问题。

2) 变形几何（协调）条件　设想解除节点 A 约束，杆 1 将沿轴向伸长 Δl_1 到 A_1 点，杆 2 将沿轴向缩短 Δl_2 到 A_2 点，杆 3 将沿轴向伸长 Δl_3 到 A_3 点，由于三个杆件仍须交于一点，用"切线法"分别由 A_1、A_2、A_3 三点作 BA_1、CA_2、DA_3 的垂线，三条垂线交于 A_4 点，即变形后 A 点的位置，如图 2-27(c)所示。再由图中三个杆件变形之间的协调关系得到变形几何方程为

$$\Delta l_3 = \frac{\Delta l_1}{\sin 30°} + \frac{\Delta l_2}{\tan 30°} \tag{b}$$

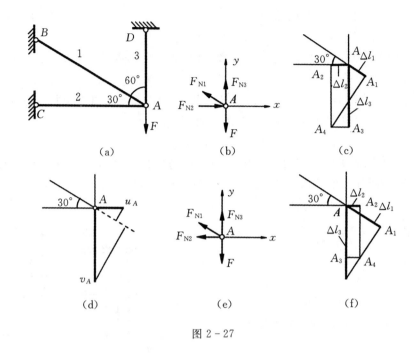

图 2-27

3) **物理条件** 由胡克定律得到物理方程

$$\Delta l_1 = \frac{F_{N1} l_1}{E_1 A_1}, \quad \Delta l_2 = \frac{F_{N2} l_2}{E_2 A_2}, \quad \Delta l_3 = \frac{F_{N3} l_3}{E_3 A_3} \tag{c}$$

4) **联立求解** 将式(c)代入式(b)，得到以轴力表示的补充方程

$$\frac{F_{N3} l_3}{E_3 A_3} = \frac{F_{N1} l_1}{E_1 A_1 \sin 30°} + \frac{F_{N2} l_2}{E_2 A_2 \tan 30°} \tag{d}$$

式(a)和式(d)联立求解可得

$$\begin{cases} F_{N1} = \dfrac{\dfrac{l_3}{E_3 A_3}}{\dfrac{2l_1}{E_1 A_1} + \dfrac{3l_2}{2E_2 A_2} + \dfrac{l_3}{2E_3 A_3}} F \\[2ex] F_{N2} = \dfrac{\dfrac{l_3}{2E_3 A_3}}{\dfrac{2l_1}{E_1 A_1} + \dfrac{3l_2}{2E_2 A_2} + \dfrac{l_3}{2E_3 A_3}} \sqrt{3} F \\[2ex] F_{N3} = \dfrac{\dfrac{2l_1}{E_1 A_1} + \dfrac{3l_2}{2E_2 A_2}}{\dfrac{2l_1}{E_1 A_1} + \dfrac{3l_2}{2E_2 A_2} + \dfrac{l_3}{2E_3 A_3}} F \end{cases} \tag{e}$$

所得结果为正，说明所假设的轴力符号是正确的。

除了用"切线法"，还可以用位移投影法建立变形几何方程。假设节点 A 的水平位移为 u_A，方向向右，垂直位移为 v_A，方向向下。对应于图 2-27(b)假设的各杆轴力的方向，将 u_A、v_A 向每个杆的轴线投影，并求在每个杆轴线上投影的代数和，该和即为该杆的伸长量或缩短量，如图 2-27(d)所示。于是有

$$\Delta l_1 = u_A\cos 30° + v_A\sin 30°, \quad \Delta l_2 = -u_A, \quad \Delta l_3 = v_A \tag{f}$$

将式(f)中后两式代入第一式,并消去 u_A、v_A,可得变形几何方程为

$$\Delta l_3 = \frac{\Delta l_1}{\sin 30°} + \frac{\Delta l_2}{\tan 30°} \tag{g}$$

式(g)和切线法得到结果式(b)完全相同。

由上例结果可以看出,与静定结构相比,在超静定结构中,各杆的内力不仅与载荷和结构的形状相关,而且与各杆之间的相对刚度比有关。一般说来,杆的刚度越大,所受的内力越大。

讨论:① 如果假定 AC 杆也受拉,结构的变形情况发生变化,A 点的受力图及 A 点附近的变形示意图如图 2-27(e)、(f)所示,A 点位移到 A_4 点。变形几何方程成为

$$\Delta l_3 = \frac{\Delta l_1}{\sin 30°} - \frac{\Delta l_2}{\tan 30°}$$

计算过程与上述解法完全相同,结果也相同,只是 AC 杆的内力 F_{N2} 为负值,说明 AC 杆实际受压。在通常假设力的符号时,要注意到变形的可能性,并尽量使内力的符号与变形一致。读者可试举出结构的其它可能的变形形式,与上面两种变形形式进行比较;② 对应于图 2-27(e)假设的各杆轴力的方向,试用位移投影法建立其变形几何方程;③ 如果增大某一杆的刚度,该杆的轴力与应力将如何变化?

2.5.2 装配应力

加工构件时,尺寸上难免有一些微小误差。对于静定结构,这种微小加工误差只能造成结构几何形状的微小变化,不会引起内力。但对于超静定结构,加工误差可能会在装配时引起内力,在装配时产生的应力称为**装配应力**。

图 2-28(a)所示静定结构中,若杆 1 比原设计长度 l 短了 $\delta(\delta \ll l)$,装配后结构形式如虚线所示,在无载荷作用时,杆 1、杆 2 均无应力。但对图 2-28(b)所示超静定结构就有不同的结果,若杆 3 比原设计长度 l 短了 $\delta(\delta \ll l)$,则必须把杆 3 拉长,杆 1、杆 2 压短才能装配(如图中虚线所示)。这样,虽未受到载荷作用,但各杆中已有装配应力存在。在工程上,装配应力的存在,一般是不利的,但有时也可以有意识地利用装配应力以提高结构的承载能力,如在机械制造中的紧配合和土木结构中的预应力钢筋混凝土等。

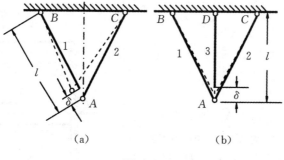

图 2-28

例 2-10 一结构如图 2-29(a)所示。钢杆 1、2、3 的横截面面积均为 $A = 200\,\text{mm}^2$,弹性模量 $E = 200\,\text{GPa}$,长度 $l = 1\,\text{m}$。制造时杆 3 短了 $\Delta = 0.8\,\text{mm}$。试求杆 3 和刚性杆 AB 连接后各杆的内力。

解：1) 静力平衡条件 在装配的过程中,刚性杆 AB 保持直线状态,杆 1、2、3 将有轴向拉伸或压缩。设杆 1、3 受拉,杆 2 受压,杆 AB 受力如图 2-29(b) 所示,列出静力平衡方程

$$\sum F_y = 0 \qquad F_{N1} + F_{N3} = F_{N2}$$

$$\sum M_C = 0 \qquad F_{N1} = F_{N3}$$

2) 变形几何条件 杆 1、2、3 的变形如图 2-29(c) 所示,由图中可以看出:杆 1 伸长 Δl_1 到 A_1 点,杆 2 缩短 Δl_2 到 C_1 点,杆 3 伸长 Δl_3 到 B_1 点,由各杆变形之间的关系得变形几何方程

$$\Delta l_1 + 2\Delta l_2 + \Delta l_3 = \Delta$$

3) 物理条件 由胡克定律得到物理方程为

$$\Delta l_1 = \frac{F_{N1} l}{EA}, \quad \Delta l_2 = \frac{F_{N2} l}{EA}, \quad \Delta l_3 = \frac{F_{N3} l}{EA}$$

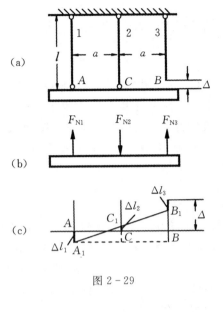

图 2-29

由于 $\Delta \ll l$,上式中杆 3 的长度仍用 l。

4) 联立求解 联立静力平衡方程、变形几何方程和物理方程,解之得

$$F_{N1} = F_{N3} = 5.33 \text{ kN}, \quad F_{N2} = 10.67 \text{ kN}$$

计算结果为正值,说明假设杆的受力正确,即杆 1、3 受拉,杆 2 受压。

讨论：试写出假设三根杆都受拉或都受压时的变形几何条件,并分析计算结果。

2.5.3 温度应力

温度变化将引起物体的热胀冷缩。静定结构各部分可以自由变形,当温度变化时,并不会引起构件的内力。图 2-30(a) 所示一端固定在刚性支承上的等直杆,不计杆的自重,当温度升高时,杆将自由膨胀,杆内没有应力。如把杆的另一端也固定在刚性支承上,当温度升高时,杆的热膨胀受到两端支承的阻碍,即有支反力的作用,从而在杆内产生**温度应力**,如图 2-30(b) 所示。因为支反力不能只用静力平衡方程求得,所以这是超静定问题。设杆长为 l、横截面面积为 A、材料的弹性模量为 E、线膨胀系数为 α,当温度升高 Δt 时,设刚性支承对杆的支反力为 F_A 和 F_B,则平衡方程和轴力为

$$F_A = F_B = -F_N$$

由于杆两端的支座是刚性的,因而杆的总伸长为零,即

$$\Delta l = 0$$

设想将杆的右端的支座解除,则温度升高时杆将自由膨胀 Δl_t,因为支反力 F_B 的作用,又将右端压回到原来的位置,即把杆压短了 Δl_F,如图 2-30(c) 所示,则变形几何方程为

$$\Delta l = \Delta l_t - \Delta l_F = 0$$

由胡克定律和热膨胀规律得到物理方

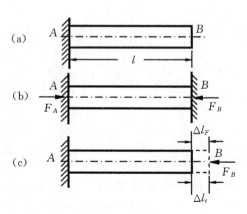

图 2-30

程为

$$\Delta l_F = \frac{F_B l}{EA}, \quad \Delta l_t = \alpha l \Delta t$$

联立求解平衡方程、几何方程及物理方程,得

$$F_A = F_B = \alpha E A \Delta t$$

杆内产生的温度应力为

$$\sigma = \frac{F_N}{A} = -\frac{F_B}{A} = -\alpha E \Delta t$$

负号表示温度升高,$\Delta t \geqslant 0$ 时 $\sigma \leqslant 0$ 为压应力。

设杆的材料为碳钢,$\alpha = 12.5 \times 10^{-6} \ \mathrm{K}^{-1}$,$E = 200 \ \mathrm{GPa}$,温度升高 1℃ 时,杆内的温度应力为 $\sigma = 12.5 \times 10^{-6} \times 200 \times 10^3 \times 1 = 2.5 \ \mathrm{MPa}$。当温度升高较大时,所产生的温度应力非常可观,对构件承载不利。工程中,常采用一些措施来减少和预防温度应力的产生,例如,火车的两段钢轨间预留适当空隙、钢桥桁架和大跨度混凝土桥面一端采用活动铰链支座、在暖气和蒸汽管道中设置伸缩节(图 2-31)等等。

图 2-31

例 2-11 一结构如图 2-32(a)所示。杆 1、3 均为钢材,其横截面面积为 $A_1 = A_3 = 200 \ \mathrm{mm}^2$,弹性模量 $E_1 = E_3 = 200 \ \mathrm{GPa}$,线膨胀系数为 $\alpha_1 = \alpha_3 = 12.5 \times 10^{-6} \ \mathrm{K}^{-1}$;杆 2 为铝材,其横截面面积均为 $A_2 = 300 \ \mathrm{mm}^2$,弹性模量 $E_2 = 70 \ \mathrm{GPa}$,线膨胀系数为 $\alpha_2 = 23 \times 10^{-6} \ \mathrm{K}^{-1}$。三杆长度均为 $l = 1 \ \mathrm{m}$。制造时杆 3 短了 $\Delta = 0.8 \ \mathrm{mm}$。杆 3 和刚性杆 AB 连接后,环境温度升高了 $\Delta t = 40 \ ℃$,作用在刚性杆 AB 上的载荷为 $F = 30 \ \mathrm{kN}$。试求各杆的内力及应力。

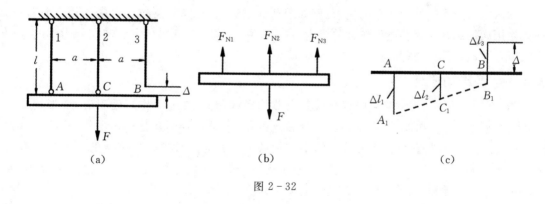

图 2-32

解:1) 静力平衡条件 设杆 1、2、3 皆为受拉杆,刚性杆 AB 受力情况如图 2-32(b)所示,列出静力平衡方程

$$\sum F_y = 0 \quad F_{N1} + F_{N2} + F_{N3} = F, \quad \sum M_C = 0 \quad F_{N1} = F_{N3}$$

2) 变形几何条件 杆 1、2、3 的变形示意图如图 2-32(c)所示,由图中可以看出:杆 1 伸长 Δl_1 到 A_1 点,杆 2 伸长 Δl_2 到 C_1 点,杆 3 伸长 Δl_3 到 B_1 点,由各杆变形之间的关系得变形几何方程:

$$2\Delta l_2 = \Delta l_1 + \Delta l_3 - \Delta$$

3) 物理方程　　由胡克定律和线膨胀定律得到物理方程为

$$\Delta l_1 = \frac{F_{N1}l}{E_1 A_1} + \alpha_1 \Delta t l, \quad \Delta l_2 = \frac{F_{N2}l}{E_2 A_2} + \alpha_2 \Delta t l, \quad \Delta l_3 = \frac{F_{N3}l}{E_3 A_3} + \alpha_3 \Delta t l$$

由于 $\Delta \ll l$，上式中杆 3 的长度仍用 l。

4) 联立求解　　联立静力平衡方程、变形几何方程和物理方程，解之得各杆轴力和应力分别为

$$F_{N1} = F_{N3} = \frac{F + (\alpha_2 - \alpha_1)\Delta t E_2 A_2 + \Delta E_2 A_2 / 2l}{2 + E_2 A_2 / (E_1 A_1)} = 18.7 \text{ kN}$$

$$F_{N2} = F - 2F_{N1} = -7.4 \text{ kN}$$

负号表示杆 1、3 受拉，杆 2 受压。

$$\sigma_1 = \sigma_3 = \frac{F_{N1}}{A_1} = \frac{18.7 \times 10^3}{200 \times 10^{-6}} = 93.5 \text{ MPa}$$

$$\sigma_2 = \frac{F_{N2}}{A_2} = -\frac{7.4 \times 10^3}{300 \times 10^{-6}} = -24.7 \text{ MPa}$$

2.6　圣维南原理、应力集中、安全因数

计算轴向载荷作用下杆截面上的应力时，一般可使用式(2-1)。但是，式(2-1)只适用于在整个横截面上应力分布是均匀的情况。在工程实际中，杆经常有孔、凹槽、缺口、键槽、肩状突起、螺纹、以及其它几何形状的明显变化，这使得横截面上应力分布不再是均匀的。这些几何形状尺寸的变化引起杆的应力在局部区域内明显大于均匀分布的平均应力，这种现象称为**应力集中**，构件几何形状尺寸的变化是产生应力集中的主要因素。

应力集中也可能出现在载荷作用点附近。如果载荷作用于非常小的面积上，则在载荷作用点周围区域会产生非均匀分布的应力。例如载荷通过销钉传递时，支撑销钉的作用面非常小，在该作用面局部区域就会产生较大的应力。应力集中处的应力可通过实验和高等力学的分析方法以及数值计算方法(如有限元法)来确定。

2.6.1　圣维南原理

当拉(压)杆件两端承受集中载荷或其它非均布载荷时，在外力作用处附近，变形较为复杂，应力不再是均匀分布。但是距离加力处较远的区域，轴向变形还是均匀的，在这些区域式(2-1)仍然适用。研究表明：静力等效的不同加载方式只对加载处附近区域的应力分布有影响，离开加载处较远的区域，其应力分布没有显著的差别，这一结论称为**圣维南(Saint-Venant)原理**，此原理已为大量的实验和计算所证实。

如图 2-33(a)所示的矩形截面受拉杆件，左端为集中力 F，右端为合力等于 F 的均布力 $F = qbh$。图 2-33(b)为有限元数值模拟得到的应力分布图。图中左端上下两个角部应力为零，从左向右应力的最大值逐渐减小并趋于均匀(颜色趋于一致)。取距左端 $h/4$、$h/2$、h 处的横截面分别为 1—1、2—2、3—3 截面，三个横截面上的应力分布如图 2-33(c)~(e)所示。应力在 1—1 截面和 2—2 截面上的分布明显不均匀，但在 3—3 截面处则已经基本均匀。因此，对于直杆，只要外力合力的作用线与杆的轴线重合，在离外力作用面稍远处，横截面上的应力均可视为均匀分布。

一般来说，应力分布受到加载方式影响的区域，其长度大致为截面的横向尺寸。根据圣维

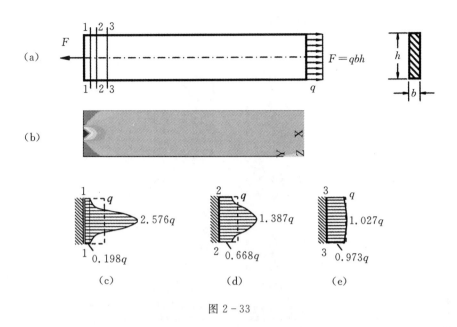

图 2-33

南原理,对于除均布载荷作用的其它加载方式,只要其合力与杆的轴线重合,就可以把它们简化为图 2-2 所示的计算简图,并用式(2-1)计算距外力作用面稍远处的横截面正应力。

2.6.2 应力集中

实验和理论研究表明,在构件形状尺寸发生明显变化的截面上,应力不再均匀分布。

如图 2-34 所示开有圆孔和带有半圆切口的板条,当其受轴向拉伸时,在圆孔和切口附近的局部区域内,应力明显增大,而在离开这一区域稍远处,应力迅速降低并趋于均匀。图 2-35 为开有圆孔和带有半圆切口的板条在受轴向拉伸时应力分布图,图中颜色变化比较大的区域就是应力变化明显的区域,从图中可直观地看到孔边的应力集中现象。

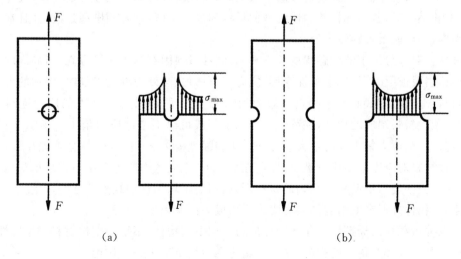

图 2-34

应力集中处的最大应力 σ_{max} 与该截面上平均应力 σ_m 之比,称为**理论应力集中因数**,以 K_t

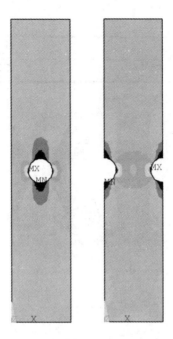

图 2-35

表示，即

$$K_t = \frac{\sigma_{max}}{\sigma_m} \tag{2-12}$$

式中：K_t 为应力的比值，所以量纲为1，且与材料性质无关，只是构件几何形状的函数，反映了杆件在静载荷下应力集中的程度，是一个大于1的因数。

实验表明：构件的截面尺寸改变得越急剧，如切口越尖锐、孔越小，应力集中的程度越严重。应力集中现象的存在，会影响构件的承载能力，设计构件时须特别注意这一点，应尽可能避免尖角、槽和小孔等，若构件相邻两段的截面形状和尺寸不同，则要用圆弧过渡，并且在结构允许的范围内，尽可能增大圆弧半径。

各种材料对应力集中的敏感程度并不相同。塑性材料因有屈服阶段存在，当局部的最大应力 σ_{max} 到达屈服极限时，将发生塑性变形，应力不再增加。当外力继续增加时，增加的力由还未屈服的材料来承担，使截面上这些点的应力相继增大到屈服极限，截面上的应力逐渐趋于平均，因此用塑性材料制成的构件，在静载荷作用下一般可以不考虑应力集中的影响。脆性材料没有屈服阶段，当应力集中处的最大应力 σ_{max} 达到强度极限 σ_b 时，杆件就会首先在该处开裂。所以因脆性材料对应力集中比较敏感，即使在静载下，也应考虑应力集中对构件承载能力的削弱。但是灰铸铁一类组织明显不均匀的材料，其内部的不均匀性和缺陷往往是产生应力集中的主要因素，由构件外形突变引起的应力集中反而成为次要因素，一般可以不予考虑。

对于在冲击载荷或周期性变化的交变应力作用下的构件，不论是塑性材料或是脆性材料，应力集中对其强度都有很大的影响。这一问题将在后续章节进一步讨论。

2.6.3　安全因数

安全因数的选定关系到构件的安全性与经济性，在设计构件时，选择安全因数应该全面、合理地考虑。

对于塑性材料构件,当工作应力达到材料的屈服极限时,就会产生较大的塑性变形而不能正常工作。因此,塑性材料通常以屈服极限 σ_s(或 $\sigma_{0.2}$)为其破坏应力,其许用应力为

$$[\sigma] = \frac{\sigma_s}{n_s} \qquad (2-13)$$

式中:n_s 是按屈服极限规定的安全因数。因为塑性材料的拉伸和压缩的屈服极限相同,故其拉压许用应力也相同。

脆性材料没有屈服极限,以断裂时的强度极限 σ_b 为其破坏应力,许用应力为

$$[\sigma] = \frac{\sigma_b}{n_b} \qquad (2-14)$$

式中:n_b 是按强度极限规定的安全因数。脆性材料拉伸和压缩的强度极限不同,因而许用拉应力和许用压应力也不相同。

确定安全因数时,一般应考虑下列几方面因素:① 载荷计算的准确性;② 简化过程和计算的精确程度;③ 材料的均匀性,塑性材料还是脆性材料;④ 构件的重要性及其使用寿命;⑤ 是否超静定结构;⑥ 是否存在因截面尺寸形状的变化引起的应力集中。此外,还应考虑构件的工作条件、施工或管理水平等许多复杂因素。安全因数太小会使构件的安全得不到充分保证,过大又会造成不必要的材料浪费,增加构件自重,消耗过多的动力等。

机械工程中的静载荷情况下,安全因数的大致范围为 $n_s = 1.5 \sim 2.0$;$n_b = 2.0 \sim 5.0$。

思 考 题

2-1 试述应力公式 $\sigma = \dfrac{F_N}{A}$ 的适用条件。应力超过弹性极限后还能否适用?

2-2 因为拉压杆件纵向截面($\alpha = 90°$)上的正应力等于零,所以垂直于纵向截面方向的线应变也等于零。这样的说法对吗?

2-3 两个拉杆的长度、横截面面积及载荷均相等,仅材料不同,一个是钢质杆,一个是铝质杆。试说明两杆的应力和变形是否相等,当载荷增加时,哪个杆首先破坏?

2-4 何谓弹性与线弹性?胡克定律的适用范围是什么?

2-5 为什么说低碳钢材料经过冷作硬化后,比例极限提高而塑性降低?材料塑性的高低与材料的使用有什么关系?

2-6 杆件受拉压时的最大切应力在45°斜截面上,铸铁压缩破坏和最大切应力有关,但其破坏断面却是 $45° \sim 50°$ 的斜截面,这是为什么?

2-7 铸铁的拉压强度极限不同,因而铸铁的拉压许用应力不同,其拉伸与压缩时的安全因数是否相同?

2-8 下列带有孔或裂缝的拉杆中,应力集中最严重的是哪个杆?(A、B 为穿透孔;C、D 为穿透细裂缝)

2-9 如何判别结构是否是超静定结构?指出下列结构中,哪些是超静定结构。

2-10 一个超静定结构的变形几何方程是否是唯一的?所谓物理方程就是胡克定律吗?

2-11 图(a)和图(b)分别为静定和超静定结构,试用这两个结构来说明为什么超静定结构中杆的内力大小与各杆之间刚度比有关,而静定结构与此无关。若在图(b)的结构中,欲

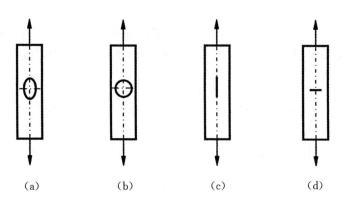

思考题 2-8 图

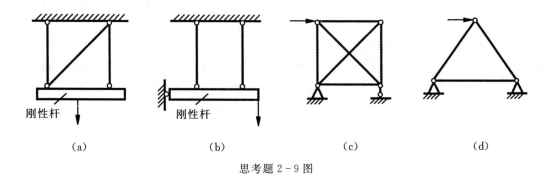

思考题 2-9 图

减小 AD 杆的内力,可以采取哪些方法?

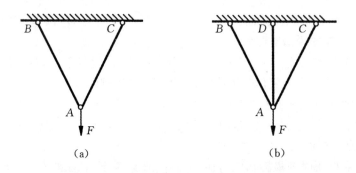

思考题 2-11 图

习 题

2-1 试求图示各杆1—1、2—2、3—3 截面的轴力并画出杆的轴力图。

2-2 图示为螺旋压板夹紧装置。已知螺栓为 M20(螺纹内径 $d = 17.3 \text{ mm}$),许用应力 $[\sigma] = 50 \text{ MPa}$。若工件所受的夹紧力为 2.5 kN,试校核螺栓的强度。

2-3 图示结构,A 处为铰链支承,C 处为滑轮,刚性杆 AB 通过钢丝绳悬挂在滑轮上。已知 $F = 70 \text{ kN}$,钢丝绳的横截面面积 $A = 500 \text{ mm}^2$,许用应力$[\sigma] = 160 \text{ MPa}$。试校核钢丝绳的强度。

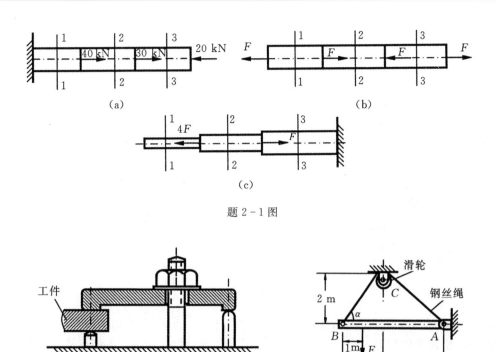

题 2-1 图

题 2-2 图 题 2-3 图

2-4 图示为一手动压力机,在物体 C 上所加的最大压力为 150 kN,已知立柱 A 和螺杆 B 所用材料的许用应力 $[\sigma] = 160$ MPa。(1) 试按强度要求设计立柱 A 的直径 D;(2) 若螺杆 B 的内径 $d = 40$ mm,试校核其强度。

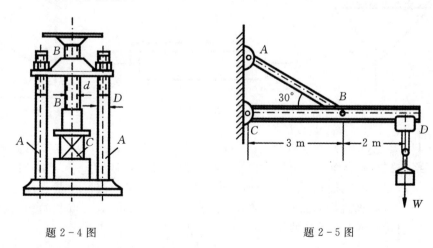

题 2-4 图 题 2-5 图

2-5 一吊车如图所示,最大起吊重量 $W = 20$ kN,斜钢杆 AB 的截面为圆形,$[\sigma] = 160$ MPa。试设计 AB 杆的直径。

2-6 图示吊环最大起吊重量 $W = 900$ kN,$\alpha = 24°$,许用应力 $[\sigma] = 140$ MPa。两斜杆为相同的矩形截面且 $h/b = 3.4$,试设计斜杆的截面尺寸 h 及 b。

2-7 图示链条的直径 $d = 20\text{ mm}$,许用应力 $[\sigma] = 70\text{ MPa}$,拉力 $F = 40\text{ kN}$,试按拉伸强度条件校核链条平直段的强度。

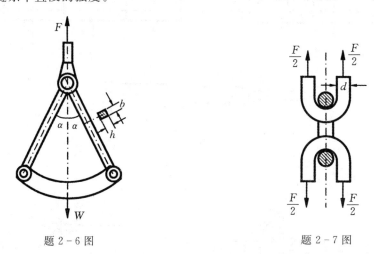

题 2-6 图　　　　　　　题 2-7 图

2-8 图示结构中 AC 为钢杆,横截面面积 $A_1 = 200\text{ mm}^2$,许用应力 $[\sigma]_1 = 160\text{ MPa}$;$BC$ 为铜杆,横截面面积 $A_2 = 300\text{ mm}^2$,许用应力 $[\sigma]_2 = 100\text{ MPa}$。试求许可载荷 $[F]$。

2-9 图示横截面尺寸为 75 mm×75 mm 正方形的木柱,承受轴向压缩。欲使木柱任意截面上的正应力不超过 2.4 MPa,切应力不超过 0.77 MPa,试求其最大载荷 F。

2-10 图示支架,AB 为钢杆,BC 为铸铁杆。已知两杆横截面面积均为 $A = 400\text{ mm}^2$,钢的许用应力 $[\sigma] = 160\text{ MPa}$,铸铁的许用拉应力 $[\sigma^+] = 30\text{ MPa}$,许用压应力 $[\sigma^-] = 90\text{ MPa}$。试求许可载荷 F。如将 AB 改用铸铁杆、BC 改用钢杆,这时许可载荷又为多少?

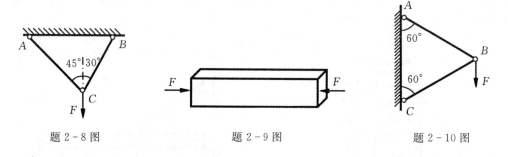

题 2-8 图　　　　　题 2-9 图　　　　　题 2-10 图

2-11 图示拉杆由两段胶合而成,胶合面为 α 斜截面 m—m ($\alpha < 45°$)。其强度由胶合面的胶结强度控制,胶合面的许用拉应力 $[\sigma] = 69\text{ MPa}$,许用切应力 $[\tau] = 40\text{ MPa}$,杆的横截面面积 $A = 1000\text{ mm}^2$。试求:(1) α 角取何值时,拉力 F 达到最大值;(2) 最大拉力 F。

2-12 变截面直杆如图所示,横截面面积 $A_1 = 800\text{ mm}^2$,$A_2 = 400\text{ mm}^2$,材料的弹性模量 $E = 200\text{ GPa}$。试求杆的总伸长。

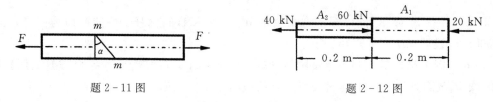

题 2-11 图　　　　　　　题 2-12 图

2-13 图示结构中 AB 杆为刚性杆。杆1和杆2由同一材料制成,已知 $F=40\text{ kN}$,$E=200\text{ GPa}$,$[\sigma]=160\text{ MPa}$。(1) 求两杆所需的面积;(2) 如要求刚性杆 AB 只向下平移,不发生转动,此两杆的横截面面积应为多少?

2-14 图中的M12螺栓内径 $d_1=10.1\text{ mm}$,螺栓拧紧后,在其计算长度 $l=80\text{ mm}$ 内产生的伸长量为 $\Delta l=0.03\text{ mm}$。已知钢的弹性模量 $E=210\text{ GPa}$,试求螺栓内的应力及螺栓的预紧力。

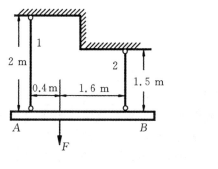

题 2-13 图

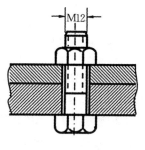

题 2-14 图

2-15 图示圆台形变截面杆受轴向拉力 F 作用,已知弹性模量 E,试求此杆的伸长。

2-16 长度为 l、横截面面积为 A 的等截面直杆被悬吊,其材料的单位体积重量为 γ,弹性模量为 E。(1) 试求杆横截面上的应力及杆的伸长;(2) 若杆材料的破坏应力为 σ^0,杆的长度最长不能超过多少?

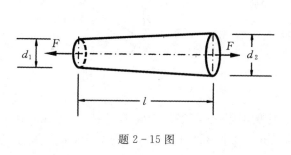

题 2-15 图　　　　　　　　题 2-16 图

2-17 图示一简单托架,AB 杆为直径 $d=20\text{ mm}$ 的圆截面钢杆,BC 杆为8号槽钢,两杆的弹性模量均为 $E=200\text{ GPa}$。已知 $F=60\text{ kN}$,试求 B 点的位移。

*2-18 图示边长为 a 的正方形结构,各杆材料相同,且横截面面积相等。已知杆材料的 E 和杆的横截面面积 A,试求 A、C 两点之间的相对位移。

*2-19 图示桁架由三根钢杆组成,各杆的横截面面积均为 $A=300\text{ mm}^2$,弹性模量 $E=200\text{ GPa}$,$F=15\text{ kN}$。试求 C 点的垂直及水平位移。

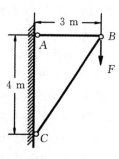

题 2-17 图

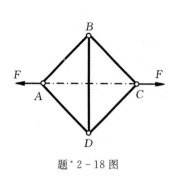

题*2-18图

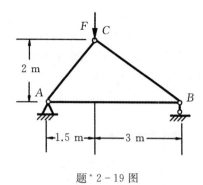

题*2-19图

2-20 图示横梁 ABCD 为刚体，横截面面积为 $80\ \text{mm}^2$ 的钢索绕过无摩擦的滑轮。设 $F = 20\ \text{kN}$，钢索的 $E = 177\ \text{GPa}$。试求钢索内的应力和 C 点的垂直位移（图中长度单位为 mm）。

2-21 如图所示，两杆 AB 和 BC 两端均为铰支，且在 B 处承受 $F = 200\ \text{kN}$ 铅垂力作用。两杆的材料皆为结构钢，屈服极限 $\sigma_s = 200\ \text{MPa}$，拉伸和压缩时的安全系数分别是 2 和 3.5，弹性模量 $E = 200\ \text{GPa}$。试求两杆的最小横截面面积以及 B 点的水平和铅垂位移。

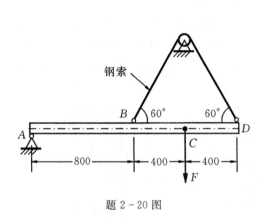

题 2-20 图

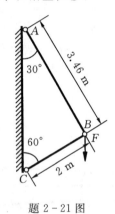

题 2-21 图

2-22 一拉伸钢试件，$E = 200\ \text{GPa}$，比例极限 $\sigma_p = 200\ \text{MPa}$，直径 $d = 10\ \text{mm}$，在标距 $l = 100\ \text{mm}$ 长度上测得伸长量 $\Delta l = 0.05\ \text{mm}$。试求该试件沿轴线方向的线应变 ε、所受拉力 F 及横截面上的应力 σ。

2-23 某拉伸试验机的结构示意图如图所示。设试验机的 CD 杆与试件 AB 材料均为低碳钢，其 $\sigma_p = 200\ \text{MPa}$，$\sigma_s = 240\ \text{MPa}$，$\sigma_b = 400\ \text{MPa}$。试验机最大拉力为 $100\ \text{kN}$。试求：

(1) 若设计时取试验机的安全因数 $n = 2$，则 CD 杆的横截面面积应为多少？
(2) 用这一试验机作拉断试验时，试件的直径最大可达多大？
(3) 若试件直径 $d = 10\ \text{mm}$，欲测弹性模量 E，则所加载荷最大不能超过多少？

2-24 一低碳钢拉伸试件，在试验前测得试件的直径 $d = 10\ \text{mm}$，标距长度 $l = 50\ \text{mm}$，试件拉断后测得颈缩处的直径 $d_1 = 6.2\ \text{mm}$，标距长度 $l_1 = 58.3\ \text{mm}$。试件的拉伸图如图所示，图中屈服阶段最高点 a 相应的载荷 $F_a = 22\ \text{kN}$，最低点 b 相应的载荷 $F_b = 19.6\ \text{kN}$，拉伸图最高点 c 相应的载荷 $F_c = 33.8\ \text{kN}$。试求材料的屈服极限、强度极限、延伸率及断面收缩率。

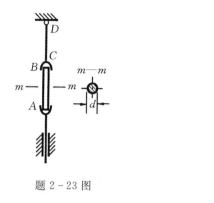

题 2-23 图

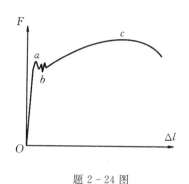

题 2-24 图

2-25 弹性模量 $E = 200\,\text{GPa}$ 的试件,其应力-应变曲线如图所示,A 点为屈服点,屈服极限 $\sigma_s = 240\,\text{MPa}$。当拉伸到 B 点时,在试件的标距中测得纵向线应变为 3×10^{-3}。试求从 B 点卸载到应力为 $140\,\text{MPa}$ 时,标距内的纵向线应变 ε。

2-26 两端固定的等截面直杆如图所示,横截面面积为 A,弹性模量为 E。试求受力后,杆两端的支反力。

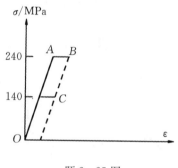

题 2-25 图

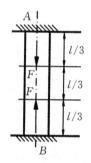

题 2-26 图

2-27 图示结构 AB 为刚性杆,杆 1 和杆 2 为长度相等的钢杆,$E = 200\,\text{GPa}$,许用应力 $[\sigma] = 160\,\text{MPa}$,两杆横截面面积均为 $A = 300\,\text{mm}^2$。已知 $F = 50\,\text{kN}$,试校核 1、2 两杆的强度。

2-28 图示结构,刚性杆 AB 左端铰支,右端 B 点与 CB 杆和 DB 杆铰接。CB、DB 杆的刚度均为 EA,试求各杆的内力。

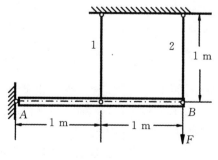

题 2-27 图

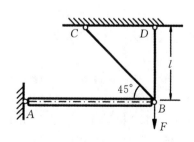

题 2-28 图

2-29 图示支架中的三根杆件材料相同,三杆的横截面面积均为 A,试求各杆的轴力。

2-30 两刚性横梁 AB 和 CD 相距 200 mm,杆 1、2 弹性模量 $E_1=E_2=200$ GPa。(1) 如将长度为 200.2 mm,截面积 $A=600$ mm^2 的铜杆 3 安装在图示位置,$E_3=100$ GPa。试求所需的拉力 F 为多少?(2) 如杆 3 安装好后将力 F 去掉,这时各杆的应力将为多少?

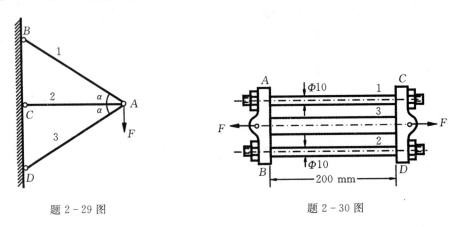

题 2-29 图 题 2-30 图

2-31 如图所示结构,材料、横截面面积、长度均相同的 3 根杆铰接于 A 点,求各杆的内力。

2-32 如图所示桁架中各杆的材料和横截面面积均相同,试计算各杆的轴力。

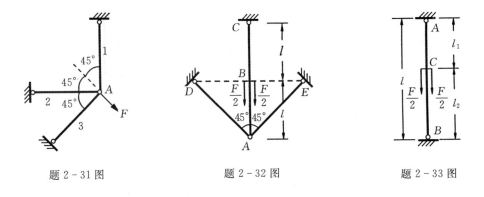

题 2-31 图 题 2-32 图 题 2-33 图

2-33 图示一钢丝绳沿铅垂方向绷紧在 A、B 之间,加载前绳中有预应力 $\sigma_0=100$ MPa。已知绳长 $l=1.0$ m,横截面面积 $A=100$ mm^2,钢丝绳的许用应力 $[\sigma]=160$ MPa,材料的弹性模量 $E=200$ GPa。若在 $l_1=0.4$ m 的 C 点处施加向下的载荷 F。试求:(1) 钢丝保持绷紧状态的许可载荷及 C 点位移;(2) 如要提高许可载荷,施力点应取在何处?这时许可载荷提高多少?

2-34 一结构如图所示。刚性杆吊在材料相同的钢杆 1、2 上,两杆横截面面积比为 $A_1:A_2=2$,弹性模量 $E=200$ GPa。制造时杆 1 短了 $\delta=0.1$ mm。杆 1 和刚性杆连接后,再加载荷 $F=120$ kN。已知许用应力 $[\sigma]=160$ MPa,试选择各杆面积。

2-35 刚性板重量为 32 kN,由三根长度均为 4 m 的立柱支承,左右两根为混凝土柱,弹性模量 $E_1=20$ GPa,横截面面积 $A_1=8\times10^4$ mm^2;中间一根为木柱,弹性模量 $E_2=12$ GPa,横截面面积 $A_2=4\times10^4$ mm^2。试求每根立柱所受的压力。

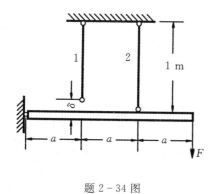

题 2-34 图

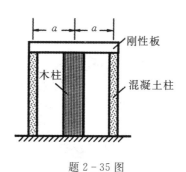

题 2-35 图

2-36 刚性横梁 AB 悬挂于三根平行杆上。$l = 2$ m,$F = 40$ kN,$a = 1.5$ m,$b = 1$ m,$c = 0.25$ m,$\delta = 0.2$ mm,杆 1 由黄铜制成,$A_1 = 2$ cm²,$E_1 = 100$ GPa,$\alpha_1 = 16.5 \times 10^{-6}$ ℃⁻¹;杆 2 和杆 3 由碳钢制成,$A_2 = 1$ cm²,$A_3 = 3$ cm²,$E_2 = E_3 = 200$ GPa,$\alpha_2 = \alpha_3 = 12.5 \times 10^{-6}$ ℃⁻¹。设温度升高 20 ℃,试求各杆的内力。

2-37 如图所示两根材料不同但截面尺寸相同的杆件,同时固定连接于两端的刚性板上,且 $E_1 > E_2$。若使两杆都为均匀拉伸,试求拉力 F 的偏心距 e。

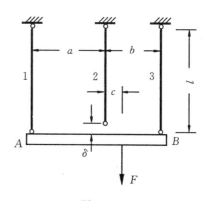

题 2-36 图

2-38 如图所示,长 12 m 的钢轨置于路基上,每两根钢轨间留有间隙 Δ,允许由于温度引起的膨胀。如果温度从 $t_1 = -30$ ℃ 升高到 $t_2 = 20$ ℃ 时两钢轨恰好接触,求两根钢轨间需要留有的间隙 Δ。如果温度升高到 $t_3 = 60$ ℃,在所留间隙下钢轨的压应力是多少?已知钢轨的横截面积 $A = 28$ cm²,弹性模量 $E = 200$ GPa,热膨胀系数 $\alpha = 12 \times 10^{-6}$ ℃⁻¹。

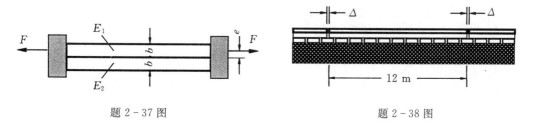

题 2-37 图　　　　　　　　　题 2-38 图

*2-39 钢制薄壁圆环加热到 60 ℃,然后密合地套在温度为 15 ℃ 的铜制薄壁圆环上,如图所示。钢环的壁厚 $t_1 = 1$ mm,铜环的壁厚 $t_2 = 4$ mm。套合时钢环的内径和铜环的外径均为 100 mm。已知钢环和铜环的弹性模量分别为 $E_1 = 200$ GPa,$E_2 = 100$ GPa,热膨胀系数分别为 $\alpha_1 = 12.5 \times 10^{-6}$ K⁻¹,$\alpha_2 = 16.5 \times 10^{-6}$ K⁻¹。试求套合后,温度降至 15 ℃ 时钢环和铜环横截面上的应力。

*2-40 钢螺栓从铜管中穿过,如图所示。螺帽每转一圈沿螺栓轴向移动 $h = 1.5$ mm,螺栓的横截面面积 $A_1 = 150$ mm²,弹性模量 $E_1 = 200$ GPa;铜管的横截面面积 $A_2 = 250$ mm²,

弹性模量 $E_2 = 100\,\text{GPa}$，铜管的长度 $l = 300\,\text{mm}$。试求：(1) 螺帽转 1/4 圈后，螺栓与铜管中应力；(2) 螺帽转 1/4 圈后，结构的温度升高 $100\,^\circ\text{C}$，螺栓与铜管中应力的变化。已知钢的热膨胀系数 $\alpha_1 = 12.5 \times 10^{-6}\,\text{K}^{-1}$，铜的热膨胀系数 $\alpha_2 = 16.5 \times 10^{-6}\,\text{K}^{-1}$。

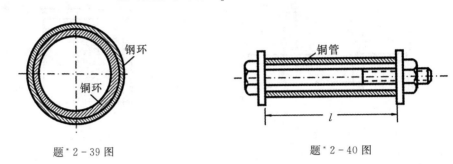

题* 2-39 图 题* 2-40 图

第 3 章 扭 转

本章提要

本章主要讨论圆轴扭转时的应力-强度和变形-刚度问题,并简要介绍非圆截面杆和薄壁杆扭转的主要结果。作为工程中广泛使用的轴类零件的主要承载方式,扭转应力推导过程对于后续的弯曲分析具有借鉴意义。

3.1 概 述

扭转是杆件的基本变形之一。在工程中经常使用的主要承受扭转变形的杆件是各类轴类零件,所以以扭转变形为主的杆件称为**轴**,例如汽车的方向盘操纵杆(图 3-1(a))和各种传动轴等。这些杆件受力和变形特点:外载荷是一对大小相等,转向相反的力偶 M_e,作用在垂直于杆轴线的平面内,力偶矩的矢量方向与杆的轴线重合;变形主要为横截面绕轴线相对转动(图 3-1(b))。由于圆轴与其它截面形状相比具有最好的强度和刚度,所以常用的轴绝大多数都是圆轴。圆轴的几何形状决定了研究扭转问题采用柱坐标系比较方便。

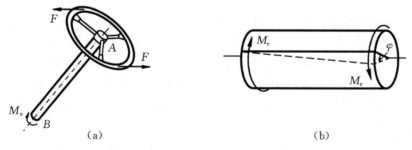

图 3-1

在工程实际中,单纯发生扭转变形的杆件不是很多,如齿轮轴、汽轮机主轴及车床主轴等除承受扭转变形外,还有弯曲等变形,这类组合变形问题将在第 9 章中讨论。

3.2 外力偶矩、扭矩和扭矩图

3.2.1 功率、转速与外力偶矩间的关系

在研究扭转的应力和变形之前,首先要确定作用在杆件上的外力偶和横截面上的内力。对传动轴通常只知道转速和所传递的功率,因此必须导出功率、转速与外力偶矩间的关系。设轴

所传递的功率为 $P(\text{kW})$，扭转外力偶矩为 $M_e(\text{N}\cdot\text{m})$，轴的转速为 $n(\text{r/min})$，轴的角速度为 $\omega = 2\pi n/60(1/\text{s})$。由理论力学动力学知识可知 $P = M_e\omega$ 即

$$M_e = \frac{P}{\omega} = \frac{60P}{2\pi n}$$

简单换算可得

$$M_e = 9549\frac{P}{n}\ (\text{N}\cdot\text{m}) \qquad (3-1)$$

上式根据不同的精度要求可近似取为

$$M_e \approx 9.5\frac{P}{n} \approx 10\frac{P}{n}\ (\text{kN}\cdot\text{m})$$

3.2.2 扭矩和扭矩图

确定了外力偶矩之后，便可用截面法研究横截面上的内力。图 3-2(a) 所示圆轴 AB 在外力偶作用下处于平衡状态，为求其内力，可用截面法。假想在任意横截面 m—m 处将轴分为 Ⅰ、Ⅱ 两段。取左半段 Ⅰ 为研究对象（图 3-2(b)），为保持平衡，m—m 截面上的分布内力必组成一个力偶 T，它是右半段 Ⅱ 对左半段 Ⅰ 作用的力偶。由平衡条件

$$\sum M_x = 0, \quad T - M_e = 0$$

得

$$T = M_e$$

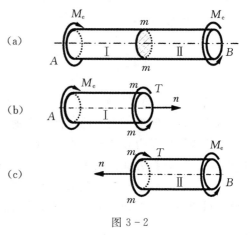

图 3-2

T 是横截面上的内力偶矩，称为**扭矩**。如取右半段 Ⅱ 为研究对象（图 3-2(c)），则求得 m—m 截面的扭矩将与上述扭矩大小相等，转向相反。为了使无论用左半段分离体 Ⅰ 或右半段分离体 Ⅱ 求出同一截面上的扭矩不仅数值相等，而且正负号一致，对扭矩 T 的符号采用外法线准则约定如下：按右手螺旋法则将扭矩用矢量表示，其扭矩矢量方向与外法线方向一致时为正扭矩，反之为负扭矩。按此约定，图 3-2(b)、(c) 所示扭矩均为正值。

若作用在轴上的外力偶多于两个，可用图线来表示各个横截面上扭矩沿轴线的变化（类似于拉压时的轴力变化）。以横轴表示横截面的位置，纵轴表示相应截面的扭矩，这种曲线称为**扭矩图**（类似于拉压时的轴力图）。

例 3-1 图 3-3(a) 所示传动轴，已知转速 $n = 300\ \text{r/min}$，功率由主动轮 C 输入，$P_C = 100\ \text{kW}$，通过从动轮 A、B、D 输出，$P_A = 40\ \text{kW}$，$P_B = 25\ \text{kW}$，$P_D = 35\ \text{kW}$，作轴的扭矩图。

解：1）外力偶矩计算 由式(3-1)得

$$M_{eA} = 9549\frac{P_A}{n} = 9549 \times \frac{40}{300} = 1273\ \text{N}\cdot\text{m}$$

同理 $\quad M_{eB} = 796\ \text{N}\cdot\text{m}, \quad M_{eC} = 3183\ \text{N}\cdot\text{m}, \quad M_{eD} = 1114\ \text{N}\cdot\text{m}$

其中，M_{eC} 为输入（主动）力偶矩，与轴转向相同，M_{eA}、M_{eB}、M_{eD} 为输出力偶矩，与轴转向相反（图 3-3(b)）。

2) 扭矩计算　用截面法分别计算 AB、BC、CD 段的扭矩,假设各截面扭矩均为正向,如图 3-6(c) 所示。由平衡条件 $\sum M_x = 0$,可得

$$T_1 = -M_{eA} = -1273 \text{ N·m}, \quad T_2 = -M_{eA} - M_{eB} = -2069 \text{ N·m}, \quad T_3 = M_{eD} = 1114 \text{ N·m}$$

式中:负号表示扭矩的转向与假设相反,也表示此截面上的扭矩为负。

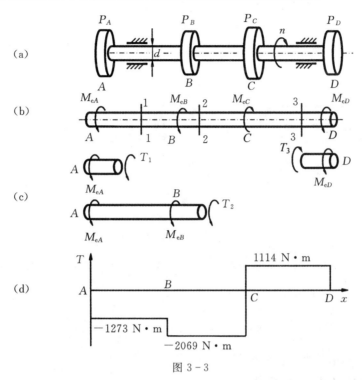

图 3-3

3) 作扭矩图　如图 3-3(d) 所示。从图中可看出,危险截面在扭矩绝对值最大的 BC 段。

讨论:若主动轮 C 位置不变,从动轮 A、B 或 D 的位置可互换,最大扭矩值如何变化?若将主动轮 C 和从动轮 A、B 或 D 互换位置,其结果又如何?这种设计是否合理?

3.3　圆轴扭转的应力

构件在轴向拉压时,横截面上的正应力分布均匀,非常简单,直接从试验观察变形结果即可确定。然而对于圆杆扭转,其横截面上的应力比较复杂,需要经过一番分析推导。

3.3.1　薄壁圆管扭转横截面的应力

图 3-4(a) 所示长度为 l、半径为 R、壁厚为 t ($t \ll D = 2R$) 的薄壁圆管受一对大小相等、方向相反的外力偶 M_e 作用,易知整个圆管的内力扭矩为常数 $T = M_e$。加载前在薄壁圆管外表面画上一些与轴线 x 平行的纵向线和垂直于轴线的周向线,加载后能看到纵向线会产生偏转,但偏转角度 γ 相同;周向线保持形状、间距不变但发生了刚体转动,两端面的相对转动角度为 φ。

取任意横截面如图 3-4(b) 所示。在轴线为 x 的柱坐标下,横截面的正应力 σ 在 x 方向,不会产生与 T 方向相同的力偶矩,结合周向线间距不变的现象,可以推断薄壁圆管扭转时横截面

上没有正应力,即 $\sigma = 0$;在柱坐标下横截面的切应力总可以分解为指向圆心的径向切应力 τ_r 和垂直于半径的切向切应力 τ_ρ,显然径向切应力 τ_r 不会产生与扭矩方向相同的力偶矩 M_x 与之平衡(或等效),考虑薄壁圆管的几何对称性,可以推断所有各点 $\tau_r = 0$;因此薄壁圆管扭转时横截面上只有垂直于半径的切向切应力 τ_ρ。因为薄壁圆管壁厚很薄(不妨理解为壁厚无限小),τ_ρ 沿壁厚方向可近似为不变的常数,再考虑圆管的几何对称性,圆周上任意位置的切应力也应为常数(τ_ρ 不因角度 θ 的改变而变化)。

综合上述分析可知,薄壁圆管扭转时横截面上只有不随位置改变的切向切应力 τ_ρ,记为 τ,如图 3-4(c)所示。

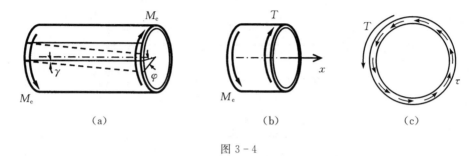

图 3-4

根据平衡条件,切应力合成的力偶应该等于截面扭矩,即 $\mathrm{d}T = R\mathrm{d}F_s = R\tau\mathrm{d}A$,$T = \int_A \tau R\mathrm{d}A$,柱坐标下 $\mathrm{d}A = tR\mathrm{d}\theta$,于是可得

$$T = \int_0^{2\pi} \tau t R^2 \mathrm{d}\theta = 2\pi t R^2 \tau, \quad \tau = \frac{T}{2\pi t R^2} = \frac{T}{2A_0 t} \tag{3-2}$$

式中:$A_0 = \pi R^2$ 为薄壁圆管包围的面积。

3.3.2 圆轴扭转横截面的应力

1) 变形观察与假设　　对厚壁或者实心圆轴,可以看作是许多薄壁圆管紧紧套在一起共同承载外力偶矩 M_e,如图 3-5 所示。其中每一个薄壁圆管的半径为 ρ,壁厚为无限小的 $\mathrm{d}\rho$,设每一个薄壁圆管承受的扭矩为 $\mathrm{d}T$,产生的切应力随薄壁圆管的半径而变化,即 $\tau = \tau(\rho)$ 是半径 ρ 的函数,所有 $\mathrm{d}T$ 的求和(积分)即为整个截面的扭矩 T。由式(3-2)可知

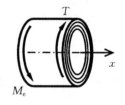

图 3-5

$$\mathrm{d}T = 2\pi\rho^2\tau(\rho)\mathrm{d}\rho, \quad T = \int_\rho 2\pi\rho^2\tau(\rho)\mathrm{d}\rho \tag{3-3}$$

上式中包含有 $\tau = \tau(\rho)$ 的未知函数,本质上是一个超静定问题,需要通过变形几何关系和物理方程找到补充方程。

从图 3-4 的薄壁圆管扭转变形已经看到:① 每个薄壁圆管扭转时并没有轴向位移,所以厚壁圆轴扭转时横截面也可以保持平面;② 每个纵向线扭转后都倾斜同一角度 γ,由纵向线与圆周线所组成直角变形后减小了 γ,即产生了切应变。

根据上述的表面变形现象观察,可以假设:圆轴的横截面在扭转变形后仍保持为平面;所有薄壁圆管绕着轴线转动的角度 φ 相同,即半径线仍保持为直线。这一假设称为**平面截面假设**(简称**平面假设**)。

由平面假设可知，等直圆轴扭转变形时横截面像刚性平面一样绕轴线作相对转动。

由上述现象及假设可以得到下列推论：扭转时横截面上无正应力，只有切应力，而且切应力垂直于半径。这一结论已被精确的弹性理论所证实，也与实验结果一致。

2) 扭转切应力公式推导　取一长度为 dx 的微段扭转圆轴，如图 3-6(a) 所示。微段两端面的扭转角为 $d\varphi$，最外层的薄壁圆管上纵向线相对原来位置转动角度为 γ_R，则轴线 ab 的端点 b 转过的弧长为 $\gamma_R dx = Rd\varphi$，根据平面假设，在小变形条件下，半径为 ρ 的薄壁圆管纵向线将转动 γ_ρ，如图 3-6(b) 所示，即

$$\gamma_\rho dx = \rho d\varphi \tag{3-4}$$

式中：γ_R 和 γ_ρ 分别为横截面上半径为 R 和 ρ 的一点处（即半径为 R 和 ρ 的薄壁圆管）的切应变，所以式

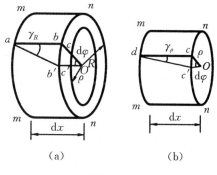

图 3-6

(3-4) 就是圆轴扭转的**变形几何方程**。式(3-4)说明，γ_ρ 与 ρ 成正比，即到圆心距离相等的各点（薄壁圆管）处的切应变相等。对于给定横截面，$d\varphi$ 是常数，与 ρ 无关。

在弹性范围内，切应力与切应变服从剪切胡克定律，由式(1-6)和式(3-4)可得

$$\tau(\rho) = G\gamma_\rho = G\rho \frac{d\varphi}{dx} = G\Phi\rho \tag{3-5}$$

式中：$\Phi = d\varphi/dx$ 称为**单位长度扭转角**。式(3-5)表明，横截面上切应力与半径成正比，方向垂直于半径，实心与空心圆轴的扭转切应力分布如图 3-7 所示。

将式(3-5)代入式(3-3)可得

$$T = \int_\rho 2\pi\rho^3 G\Phi d\rho = G\Phi \int_\rho 2\pi\rho^3 d\rho = G\Phi I_p \tag{3-6}$$

式中：I_p 称为截面的**极惯性矩**，是截面的几何性质。

$$I_p = \int_A \rho^2 dA = \int_\rho 2\pi\rho^3 d\rho \tag{3-7}$$

将式(3-6)代入式(3-5)可得

$$\tau(\rho) = \frac{T}{I_p}\rho \tag{3-8}$$

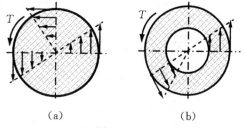

图 3-7

式(3-8)即为圆轴扭转时横截面上的切应力计算公式，对于实心、空心、薄壁圆轴同样适用。当 ρ 等于横截面半径 R 时（即圆截面边缘各点），切应力将达到最大值，即

$$\tau_{max} = \frac{TR}{I_p} = \frac{T}{W_p} \tag{3-9}$$

式中：W_p 称为**抗扭截面系数**

$$W_p = \frac{I_p}{R} \tag{3-10}$$

3) 极惯性矩与抗扭截面系数的计算　设圆轴内、外径分别为 d、D，其比值 $\alpha = d/D$，将其带入式(3-7)、式(3-10)可得

$$I_\mathrm{p} = \int_A \rho^2 \, dA = \int_{d/2}^{D/2} 2\pi\rho^3 \, d\rho = \frac{\pi}{32}(D^4 - d^4) = \frac{\pi D^4}{32}(1 - \alpha^4) \tag{3-11}$$

$$W_\mathrm{p} = \frac{I_\mathrm{p}}{R} = \frac{\pi D^3}{16}(1 - \alpha^4) \tag{3-12}$$

$\alpha = 0$ 即为实心圆轴。I_p 的量纲是长度的四次方，常用单位是 m^4 或 mm^4；W_p 的量纲是长度的三次方，常用单位是 m^3 或 mm^3。

3.4 圆轴扭转的强度条件

为了保证扭转时的强度，必须使最大切应力不超过许用切应力$[\tau]$。在等直圆轴的情况下，杆内各点均处于纯剪切状态，最大切应力 τ_max 发生在 $|T|_\mathrm{max}$ 所在截面的周边各点处，其强度条件为

$$\tau_\mathrm{max} = \frac{|T|_\mathrm{max}}{W_\mathrm{p}} \leqslant [\tau] \tag{3-13}$$

在阶梯轴的情况下，因为各段的 W_p 不同，τ_max 不一定发生在 $|T|_\mathrm{max}$ 所在截面上，必须综合考虑 W_p 及 T 两个因素来确定，其强度条件为

$$\tau_\mathrm{max} = \left|\frac{T}{W_\mathrm{p}}\right|_\mathrm{max} \leqslant [\tau] \tag{3-14}$$

许用切应力$[\tau]$通过试验并考虑安全因数后确定，在静载荷的情况下，它与许用正应力$[\sigma]$的大致关系：对于塑性材料$[\tau] = (0.5 \sim 0.6)[\sigma]$；对于脆性材料$[\tau] = (0.8 \sim 1)[\sigma]$。

例 3-2 薄壁圆管的壁厚为 t，平均直径为 D_0。当 $t \ll D_0$ 时，可以近似认为扭转切应力沿壁厚均匀分布。试用式(3-9)推导薄壁圆管扭转切应力公式并分析其精度。

解：薄壁圆管的内径为 $d = D_0 - t$，外径为 $D = D_0 + t$。利用式(3-9)和式(3-12)，最大切应力为

$$\tau_\mathrm{max} = \frac{TD}{2I_\mathrm{p}} = \frac{TD}{2 \times \frac{\pi}{32}(D^4 - d^4)} = \frac{TD}{\frac{\pi}{16}(D^2 + d^2)(D+d)(D-d)} = \frac{T(D_0+t)}{\frac{\pi}{2}(D_0^2+t^2)D_0 t}$$

令 $\beta = \dfrac{t}{D_0}$，$A_0 = \dfrac{\pi}{4}D_0^2$，则上式可表示为

$$\tau_\mathrm{max} = \frac{T(1+\beta)}{2A_0 t(1+\beta^2)}$$

当 $t \ll D_0$ 时，$\beta \approx 0$，由上式可得薄壁圆管扭转切应力的近似公式为

$$\tau = \frac{T}{2A_0 t} \tag{3-15}$$

上式与式(3-2)完全相同，其计算误差为

$$\delta = \frac{\tau_\mathrm{max} - \tau}{\tau_\mathrm{max}} \times 100\% = \frac{\beta(1-\beta)}{(1+\beta)} \times 100\%$$

由此可见，当 β 越小，即管壁越薄时，计算误差越小，由式(3-15)计算的切应力值越接近于精确值。当 $\beta \leqslant 5\%$ 时，$\delta \leqslant 4.52\%$。因此，在管壁很薄时，近似认为扭转切应力沿壁厚均匀分布是合理的，可使用式(3-15)计算薄壁圆管的切应力。但壁厚过薄的圆管受扭时，会因管壁内存在压应力而使管壁发生折皱(失稳)，以致丧失承载能力(参见3.5节"圆轴扭转破坏分析")。

例 3-3 汽车传动轴 AB 如图 3-8 所示。外径 $D = 90$ mm,壁厚 $t = 2.5$ mm,最大转矩为 $M_e = 1.5$ kN·m,许用切应力 $[\tau] = 60$ MPa。1)校核 AB 轴的强度;2)若改为实心轴,且要求它与空心轴的最大切应力相同,试确定实心轴外径 D_1;3)比较实心轴与空心轴的重量。

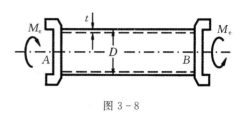

图 3-8

解: 1)强度校核 依题意可知 $T = M_e$

$$\alpha = \frac{d}{D} = \frac{D - 2t}{D} = \frac{90 - 2 \times 2.5}{90} = 0.944$$

由式(3-9)和式(3-12)得

$$\tau_{max} = \frac{T}{W_p} = \frac{16 M_e}{\pi D^3 (1 - \alpha^4)} = \frac{16 \times 1.5 \times 10^3}{\pi \times 90^3 \times 10^{-9} \times (1 - 0.944^4)} = 50.9 \text{ MPa} \leqslant [\tau]$$

所以,空心轴强度足够。

2)设计实心轴直径 D_1 由两轴最大应力相等的条件,可得

$$\tau_{1max} = \frac{T}{W_{p1}} = \frac{16 M_e}{\pi D_1^3} = \tau_{max} = \frac{16 M_e}{\pi D^3 (1 - \alpha^4)}$$

$$D_1^3 = D^3 (1 - \alpha^4), \quad D_1 = D \sqrt[3]{1 - \alpha^4} = 90 \times \sqrt[3]{1 - 0.944^4} = 53.1 \text{ mm}$$

3)两轴的重量比 由于两轴材料和长度相同,所以重量比即为面积比,则

$$\frac{W_1}{W} = \frac{A_1}{A} = \frac{D_1^2}{D^2 (1 - \alpha^2)} = \frac{53.1^2}{90^2 \times (1 - 0.944^2)} = 3.2$$

此空心轴的壁厚与平均直径的比 $\beta = 2.5/87.5 = 1/35 < 5\%$,也可用式(3-15)求得最大切应力为 49.89 MPa,与精确值 τ_{max} 十分接近。

讨论: ① 由计算结果可知,在承载能力相同的条件下,空心圆轴的自重较实心圆轴轻,采用空心轴比较节省材料,这个原因可以从扭转切应力的分布规律(图3-7)得到解释,可总结为空心优于实心;② 考虑到一般轴类构件都要承受交变载荷作用,空心轴的疲劳寿命较短,所以大多数轴还是制作成实心轴(参见第 13 章"疲劳强度")。

例 3-4 一阶梯轴其计算简图如图 3-9(a) 所示,已知 $[\tau] = 60$ MPa,$D_1 = 22$ mm,$D_2 = 18$ mm。求许可的最大外力偶矩 M_e。

解: 1)作扭矩图 如图 3-9(b)所示。

2)强度计算 虽然 BC 段扭矩比 AB 段小,但其直径也比 AB 段小,因此两段轴的强度都必须考虑。

AB 段: $\tau_{max1} = \dfrac{T_1}{W_{p1}} = \dfrac{2 M_e}{\dfrac{\pi D_1^3}{16}} \leqslant [\tau]$

$M_e \leqslant [\tau] \cdot \dfrac{\pi D_1^3}{32} = 60 \times 10^6 \times \dfrac{\pi \times (22 \times 10^{-3})^3}{32}$

$= 62.7$ N·m

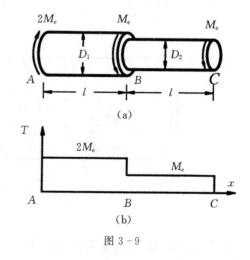

图 3-9

BC 段：$\tau_{\max 2} = \dfrac{T_2}{W_{p2}} = \dfrac{M_e}{\dfrac{\pi D_2^3}{16}} \leqslant [\tau]$

$$M_e \leqslant [\tau] \cdot \dfrac{\pi D_2^3}{16} = 60 \times 10^6 \times \dfrac{\pi \times (18 \times 10^{-3})^3}{16} = 68.7 \,\text{N} \cdot \text{m}$$

故许可外力偶矩 $M_e = 62.7 \,\text{N} \cdot \text{m}$。

3.5 圆轴扭转破坏分析

3.5.1 圆轴扭转破坏现象与危险点的应力状态

圆轴在扭转破坏实验时，低碳钢材料试件的断口沿横截面破坏（图 3-10(a)），铸铁材料试件断口沿与轴线成 45°的螺旋曲面开裂（图 3-10(b)），而竹、木材料的断口则沿纵向开裂（图 3-10(c)）。

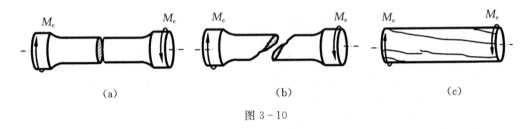

图 3-10

由 3.3 节可知，圆杆扭转时横截面上周边各点处的切应力最大。为了全面了解圆轴扭转的应力情况，深入理解不同材料的不同破坏现象，需要研究这些危险点在任意斜截面上的应力。为此，围绕圆轴表面一点 k 用横截面、通过半径的纵截面以及周向截面截取一单元体 $abcd$ 如图 3-11(a) 所示。根据切应力互等定理，在这单元体左右两个横截面及两个径向纵截面上都有相等的切应力 τ 存在，方向均垂直于半径，如图 3-11(b) 所示。单元体为纯剪切应力状态，其平面图如图 3-11(c) 所示。

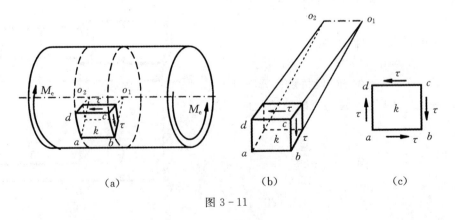

图 3-11

3.5.2 圆轴扭转斜截面应力分析

研究图 3-11(c) 所示的单元体斜截面上的应力，这些斜截面均垂直于圆轴表面，如

图 3-12(a) 所示,其外法线 n 与 x 轴夹角用 α 表示。设斜截面 l—m 的面积为 dA,正应力及切应力分别以 σ_α、τ_α 表示(图 3-12(b))。角度 α、正应力及切应力的正负号规定仍与第 2 章相同。沿截面法向和切向列平衡方程,即

$$\sum F_n = 0 \quad \sigma_\alpha dA + (\tau dA \cos\alpha)\sin\alpha + (\tau dA \sin\alpha)\cos\alpha = 0$$

$$\sum F_t = 0 \quad \tau_\alpha dA - (\tau dA \cos\alpha)\cos\alpha + (\tau dA \sin\alpha)\sin\alpha = 0$$

将上两式整理后得

$$\sigma_\alpha = -\tau \sin 2\alpha, \quad \tau_\alpha = \tau \cos 2\alpha \tag{3-16}$$

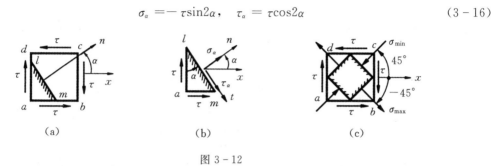

图 3-12

由上式可知 $\sigma_{\max} = \sigma_{-45°} = \tau$,$\sigma_{\min} = \sigma_{45°} = -\tau$;$\tau_{\max} = \tau_{0°} = \tau$,$\tau_{\min} = \tau_{90°} = -\tau$。即最大拉应力和最大压应力分别在 $\alpha = -45°$ 和 $\alpha = 45°$ 的截面上,最大切应力和最小切应力分别在 0° 和 90° 横截面与纵截面上,其绝对值均等于 τ(图 3-12(c))。需要指出,这些结论是纯剪切应力状态的特点,并不限于等直圆杆扭转这一特殊情况。

3.5.3 圆轴扭转破坏分析

斜截面上应力分析表明:最大拉应力和最大压应力分别在和横截面成 ±45° 的斜截面上,最大切应力分别在 0° 和 90° 截面上,其绝对值均等于 τ,如图 3-13 所示。

由于最大切应力发生在横截面上,低碳钢材料试件扭转时,沿横截面被剪断,结合低碳钢的拉伸和压缩性能可以得出结论:低碳钢等塑性材料,其抗剪能力低于抗拉与抗压的能力。灰铸铁材料试件扭转实验时,裂缝首先出现在与最大拉应力相垂直的 45° 斜面上,表明破坏是由最大拉应力引起的,即试件实际上是被拉断的;结合灰

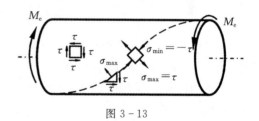

图 3-13

铸铁的拉伸和压缩性能可以得出结论:灰铸铁等脆性材料,抗压能力最强,抗剪能力次之,抗拉能力最差。由于脆性材料的抗拉能力很弱,所以扭转的承载能力较低,可总结为塑性优于脆性。薄壁圆管扭转时如壁厚太薄,会在 45° 压应力方向因失稳而产生皱褶,以致失去承载能力,所以薄壁圆管的壁厚不宜太薄。木杆和竹管等各向异性材料,由于其纵向的抗剪能力远低于横向抗剪能力,故首先在纵向切应力 τ 作用下,沿纵向开裂。

3.6 圆轴扭转的变形与刚度条件

圆轴的扭转变形一般用两截面间的相对扭转角 φ 来度量,对于等截面圆轴,若只在两端受外

力偶作用,由于 T、GI_p 均为常量,由式(3-6)积分即可求得长为 l 的圆轴扭转角的计算公式为

$$\varphi = \frac{Tl}{GI_p} \tag{3-17}$$

式中:φ 的单位为弧度(rad),GI_p 称为截面的**抗扭刚度**,上式也称为**扭转胡克定律**。对于阶梯轴或扭矩分段变化的情况,则应分段计算相对扭转角,再求其代数和,即

$$\varphi = \sum \frac{T_i l_i}{GI_{pi}} \tag{3-18}$$

为了防止因过大的扭转变形而影响机构件的正常工作,有些圆轴的扭转角必须加以限制。工程上,通常限制圆轴单位长度扭转角 Φ,使其不超过某一规定的许用值 $[\Phi]$,即扭转刚度条件为

$$\Phi = \frac{\varphi}{l} = \frac{\mathrm{d}\varphi}{\mathrm{d}x} = \frac{T}{GI_p} (\mathrm{rad/m}) \leqslant [\Phi]$$

工程上通常规定 Φ 的单位为 °/m,故需把上式的弧度换算为度,即

$$\Phi = \frac{T}{GI_p} \times \frac{180}{\pi} \leqslant [\Phi](°/\mathrm{m}) \tag{3-19}$$

许用单位长度扭转角 $[\Phi]$ 根据载荷性质及圆轴的使用要求规定。精密机器轴的 $[\Phi]$ 常取为 $0.25 \sim 0.5$ °/m;一般传动轴则可取 2 °/m 左右,具体数值可查有关机械设计手册。

例 3-5 如已知材料的切变模量 $G = 80$ GPa,$l = 1$ m,试计算例 3-4 中阶梯轴在许可外力偶作用下,AC 两端的相对扭转角。

解:因为 T 和 I_p 沿轴线变化,因此扭转角需分段计算,再求其代数和。由式(3-18)得

$$\varphi_{CA} = \varphi_{BA} + \varphi_{CB} = \frac{T_1 l}{GI_{p1}} + \frac{T_2 l}{GI_{p2}}$$

将 $T_1 = 2T = 2 \times 62.7$ N·m,$T_2 = T = 62.7$ N·m,$I_p = \pi D^4/32$ 代入上式得

$$\varphi_{CA} = \frac{2 \times 62.7 \times 1}{80 \times 10^9 \times \frac{\pi (22 \times 10^{-3})^4}{32}} + \frac{62.7 \times 1}{80 \times 10^9 \times \frac{\pi (18 \times 10^{-3})^4}{32}}$$

$$= 0.0682 + 0.0761 = 0.1443 \text{ rad}$$

扭转角 φ_{CA} 转向与扭矩方向一致。

例 3-6 如已知材料的切变模量 $G = 80$ GPa,许用切应力 $[\tau] = 40$ MPa,$[\Phi] = 0.3$ °/m,试设计例 3-1 中传动轴的直径。

解:由例 3-1 扭矩图(图 3-3(d))可知,最大扭矩发生在 BC 段,$|T|_{\max} = 2069$ N·m,因此,传动轴直径应由 BC 段的强度和刚度条件综合确定。按强度条件式(3-13),有

$$\tau_{\max} = \frac{T_{\max}}{W_p} = \frac{16 T_{\max}}{\pi D^3} \leqslant [\tau]$$

$$D \geqslant \sqrt[3]{\frac{16 T_{\max}}{\pi [\tau]}} = \sqrt[3]{\frac{16 \times 2069}{\pi \times 40 \times 10^6}} = 64.1 \text{ mm}$$

按刚度条件式(3-19),有

$$\Phi = \frac{T_{\max}}{GI_p} \times \frac{180}{\pi} = \frac{32 T_{\max}}{G\pi D^4} \times \frac{180}{\pi} \leqslant [\Phi]$$

$$D \geqslant \sqrt[4]{\frac{32 T_{\max} \times 180}{G[\Phi]\pi^2}} = \sqrt[4]{\frac{32 \times 2069 \times 180}{80 \times 10^9 \times 0.3 \times \pi^2}} = 84.2 \text{ mm}$$

为了同时满足强度和刚度要求,选直径 $D = 84.2$ mm,或考虑加工方便取 $D = 85$ mm。

本题传动轴的直径是由刚度条件控制的,对于轴类构件,特别是精密机械的轴,刚度的要求往往比强度的要求更高。

讨论:① 按等截面的设计方法,AB、BC 段轴的材料显然未能充分发挥作用,改进的方法可采用阶梯轴。试按实心和空心($\alpha = 0.5$)两种方案,设计阶梯轴的外径;② 若要实现等强度($\tau_{max1} = \tau_{max2} = \tau_{max3} = [\tau]$)和等刚度($|\Phi_1| = |\Phi_2| = |\Phi_3| = [\Phi]$)的优化设计,实心和空心阶梯轴的方案是否都能做到?试说明理由。

例 3-7 两端固定的阶梯圆杆如图 3-14(a)。在 B 截面处受一力偶矩 M_e 作用,求约束反力(力偶矩)。

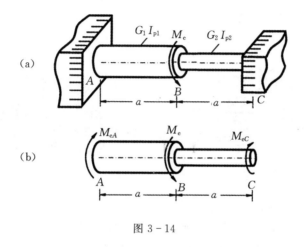

图 3-14

解:1) 静力平衡条件 设 A、C 两端的支反力偶矩分别为 M_{eA}、M_{eC}(图 3-14(b)),则杆的平衡方程为

$$\sum M_x = 0 \quad M_{eA} + M_{eC} - M_e = 0 \tag{a}$$

一个方程包含两个未知量,是一次超静定问题,需要建立一个补充方程。

2) 变形几何条件 由杆两端的约束条件可知,A 和 C 截面的相对扭转角 φ_{AC} 为零,故变形协调条件为

$$\varphi_{AC} = \varphi_{AB} + \varphi_{BC} = 0 \tag{b}$$

3) 物理条件 杆左右两段扭矩分别为 $T_1 = M_{eA}$,$T_2 = -M_{eC}$,由物理条件(式(3-17))得

$$\varphi_{AB} = \frac{T_1 a}{G_1 I_{p1}} = \frac{M_{eA} a}{G_1 I_{p1}} \tag{c}$$

$$\varphi_{BC} = \frac{T_2 a}{G_2 I_{p2}} = -\frac{M_{eC} a}{G_2 I_{p2}} \tag{d}$$

4) 补充方程 将式(c)、式(d)代入式(b),得补充方程

$$\frac{M_{eA} a}{G_1 I_{p1}} - \frac{M_{eC} a}{G_2 I_{p2}} = 0 \tag{e}$$

联立求解式(a)和式(e)得

$$M_{eA} = \frac{G_1 I_{p1}}{G_1 I_{p1} + G_2 I_{p2}} M_e, \quad M_{eC} = \frac{G_2 I_{p2}}{G_1 I_{p1} + G_2 I_{p2}} M_e \tag{f}$$

讨论：① 由上述结果可知,扭转超静定问题的扭矩与轴的刚度比有关,刚度 GI_p 愈大,分配的扭矩愈大,这与拉压超静定问题的特点相同;② 本例还可以解除支座 C,由约束条件 $\varphi_C = 0$ 得到补充方程。

3.7 非圆截面杆和薄壁杆扭转

3.7.1 自由扭转与约束扭转

除圆截面杆扭转外,工程上还可能遇到非圆截面杆件的扭转问题。例如,内燃机、压缩机曲轴的曲柄臂等都有矩形截面杆的扭转问题。由于非圆截面杆不具有轴对称的性质,因此扭转后横截面上除对称轴外,有轴向位移产生,使截面发生**翘曲**(图 3-15(b));横截面上的切应力不再与各点至形心的距离成正比。所以,圆轴扭转的公式不再适用于非圆截面杆。

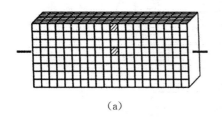
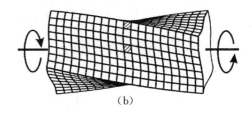

图 3-15

非圆等直截面杆扭转时,如果扭矩为常数且各横截面均可自由翘曲,则各截面翘曲形状完全相同,横截面上将只有切应力而无正应力,这种情况称为**自由扭转**。如果两端面有约束限制(如刚性平面约束),则称为**约束扭转**,这时横截面上将不仅有切应力,还有正应力。精确分析表明,实心截面杆约束扭转时的正应力很小,一般可略去不计。但是,对非圆薄壁截面杆,其约束扭转的正应力往往较大不能忽略。约束扭转问题已超出本课程范围,本节仅简要介绍关于矩形截面杆和非圆薄壁截面杆自由扭转的一些主要结果。

3.7.2 矩形截面杆

根据弹性理论的研究结果,矩形截面杆扭转时,横截面上的切应力分布如图 3-16 所示,图中画出了沿对称轴、对角线和周边的切应力分布情况。截面周边上各点处的切应力与周边平行,这可以从切应力互等定理得到解释:由于杆的侧表面不受力(称为自由表面),垂直于周边的切应力为零,根据切应力互等定理,横截面周边上各点处垂直于周边的切应力分量也必须为零,因此,截面周边上各点的切应力只能平行于周边,角点处的切应力为零。最大切应力 τ_{max} 发生在长边中点处,短边中点处的切应力 τ_1 也比较大;最大切应力和相对扭转角的大小分别为

$$\tau_{max} = \frac{T}{\alpha h b^2} \qquad (3-20)$$

$$\tau_1 = \psi \tau_{max} \qquad (3-21)$$

$$\varphi = \frac{Tl}{G\beta h b^3} \quad (\text{rad}) \qquad (3-22)$$

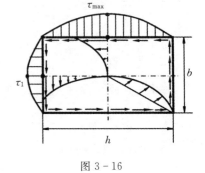

图 3-16

式中:h 和 b 分别代表矩形长边和短边的长度,系数 α、β 和 ψ 与 h/b 有关,其值见表 3-1。

表 3-1 矩形截面杆的扭转系数

h/b	1.00	1.20	1.50	1.75	2.00	2.50	3.00	4.00	5.00	6.00	8.00	10.00	∞
α	0.208	0.219	0.231	0.239	0.246	0.258	0.267	0.282	0.291	0.299	0.307	0.313	0.333
β	0.141	0.166	0.196	0.241	0.229	0.249	0.263	0.281	0.291	0.299	0.307	0.313	0.333
ψ	1.00	0.93	0.86	0.82	0.80	0.77	0.75	0.74	0.74	0.74	0.74	0.74	0.74

由上表可以看出,对于 $h/b>10$ 的狭长矩形截面杆,$\alpha=\beta\approx 1/3$,于是最大切应力和相对扭转角公式分别为

$$\tau_{\max}=\frac{T}{\frac{1}{3}hb^2} \quad (3-23)$$

$$\varphi=\frac{Tl}{G\frac{1}{3}hb^3} \quad (\text{rad}) \quad (3-24)$$

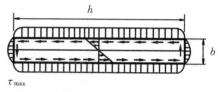

图 3-17

图 3-17 给出了狭长矩形截面杆受扭转时,横截面上周边各点切应力的分布情况,由图可见,沿截面长边各点的切应力分布已趋向均匀,除两端附近外,其余各点的切应力都等于 $\tau_{\max}$。

例 3-8 两根材料、截面积和长度相同的杆,一根为圆形截面,另一根为正方形截面如图 3-18 所示。若作用在杆端的扭转力偶矩 M_e 也相同,试比较这两根杆的最大切应力和扭转角大小。

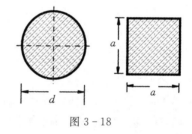

图 3-18

解:由两杆横截面面积相等可得 $a=\sqrt{\pi}d/2$。圆形截面杆的最大切应力和相对扭转角分别为

$$\tau_{c\max}=\frac{16M_e}{\pi d^3},\quad \varphi_c=\frac{32M_e l}{G\pi d^4}$$

根据式(3-20)、式(3-22)和表 3-1,可得正方形截面杆的最大扭转切应力和相对扭转角分别为

$$\tau_{s\max}=\frac{M_e}{\alpha a^3}=\frac{M_e}{0.208a^3},\quad \varphi_s=\frac{M_e l}{G\beta a^4}=\frac{M_e l}{0.141Ga^4}$$

由此可得

$$\frac{\tau_{c\max}}{\tau_{s\max}}=\frac{16\times 0.208}{\pi}\left(\frac{\sqrt{\pi}}{2}\right)^3=0.737,\quad \frac{\varphi_c}{\varphi_s}=\frac{32\times 0.141}{\pi}\left(\frac{\sqrt{\pi}}{2}\right)^4=0.886$$

由上述结果可见,圆形截面杆的扭转强度和刚度均比正方形截面杆好。

讨论:若选用 $h/b=1.5$、2.0 的矩形截面杆,分析其扭转应力和变形,并和正方形杆作比较,会发现 h/b 的值越大,最大切应力越大,即矩形杆更容易发生扭转破坏。这个现象可总结为圆形优于矩形(实际上圆轴扭转的强度和刚度比其它任何形状的杆都要优越)。

3.7.3 闭口薄壁杆

壁厚远小于横截面其它尺寸的杆件称为**薄壁杆**,其横截面壁厚中点的连线称为**中线**,中线为封闭曲线的薄壁杆称为**闭口薄壁杆**,而中线为不封闭的曲线相当于杆件纵向轴线方向有缝

隙的薄壁杆,称为**开口薄壁杆**。

设有一横截面为任意形状、厚度不均匀的闭口薄壁杆件,在两自由端承受一对扭转外力偶矩 M_e 作用,如图 3-19(a) 所示。由于表面不受力(表面自由),根据切应力互等定理,横截面边缘各点处的切应力一定平行于该处的周边切线。另外,由于管壁较薄,可以认为横截面切应力沿壁厚 t 均匀分布,其方向平行于该处中线的切线,如图 3-19(b) 所示。

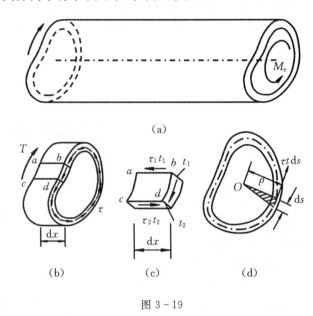

图 3-19

用两个相邻的横截面从杆中截取长度为 dx 的微段,如图 3-19(b) 所示。再用两个任意纵向截面在该微段上截取一部分 $abcd$,如图 3-19(c) 所示。设横截面在 b 处的厚度 t_1,切应力为 τ_1;而在 d 处的厚度 t_2,切应力为 τ_2。根据切应力互等定理,在纵向面 ab 和 cd 上的切应力分别为 τ_1 和 τ_2。由轴向力的平衡方程 $\sum F_x = 0$ 可得 $\tau_1 t_1 dx = \tau_2 t_2 dx$,即

$$\tau_1 t_1 = \tau_2 t_2 = f$$

由于所取的两个纵向截面是任意选取的,故上式表明,在横截面上任意一点,切应力 τ 与壁厚 t 的乘积不变,即 $f = $ 常数,f 称为**切应力流**。为了找出横截面上切应力 τ 与扭矩 T 之间的关系,沿壁厚中线取出长度为 ds 的一段,在该微段上切应力的合内力为 $\tau t ds = f ds = dF_s$,其方向与壁厚中线相切,如图 3-19(d) 所示。

若 dF_s 对横截面平面内的任一点 O 取矩,则整个截面上的内力对 O 点的矩即为截面上的扭矩,于是有

$$T = \int_s (\rho f) ds = f \int_s \rho ds$$

式中:ρ 为 O 点到截面中线的切线的垂直距离,ρds 等于图 3-19(d) 中阴影线三角形面积的 2 倍,所以积分 $\int_s \rho ds$ 为截面中线所围面积的 2 倍。于是,可得

$$T = 2fA_0 = 2\tau t A_0$$

式中:A_0 为截面中线所围面积。上式表明:闭口薄壁杆切应力与扭矩成正比,与 A_0 及壁厚 t 成反比;在杆壁最薄处,切应力最大。即

$$\tau = \frac{T}{2A_0 t}, \quad \tau_{\max} = \frac{T}{2A_0 t_{\min}} \tag{3-25}$$

对于扭矩为常数的等截面、等厚度闭口薄壁杆,利用功能守恒原理,可推导出杆端相对扭转角 φ 的计算公式为

$$\varphi = \frac{Tsl}{4GA_0^2 t} \quad (\text{rad}) \tag{3-26}$$

式中:s 为截面中线的周长;l 为杆长。由于在周长相同的条件下,圆形的面积最大,因此,当具有相同中线长度 s 和壁厚 t 且所用材料相同时,采用圆环薄壁杆可以得到最大的强度和刚度。

3.7.4 开口薄壁杆

工程上还会遇到一些开口薄壁杆,如各种轧制型钢(角钢、槽钢、工字钢)或工字形、T 形、槽形截面等。以角钢为例(图 3-20),开口薄壁杆可看成是由若干狭长矩形所组成的组合截面。根据薄壁杆在自由扭转时的变形情况,可作出如下假设:杆扭转后,横截面周线虽然在杆表面上变成曲线,但在其变形前的平面上的投影形状仍保持不变。当开口薄壁杆沿杆长每隔一定距离有加筋板时,上述假设基本上和实际情况符合。由此可知:扭转时,各矩形之间的夹角不变,即所有矩形的扭转角都相同,等于整个横截面的扭转角。若以 φ 表示整个截面的扭转角,$\varphi_1, \varphi_2, \varphi_3, \cdots, \varphi_i, \cdots, \varphi_n$ 分别表示各个狭长矩形条的扭转角,则

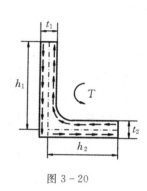

图 3-20

$$\varphi = \varphi_1 = \varphi_2 = \cdots = \varphi_i = \cdots = \varphi_n \tag{a}$$

若以 T 表示整个截面的扭矩,$T_1, T_2, T_3, \cdots, T_i, \cdots, T_n$ 分别表示各个狭长矩形条上的扭矩,则

$$T = T_1 + T_2 + \cdots + T_i + \cdots + T_n \tag{b}$$

由式(3-24)可得

$$\varphi_1 = \frac{T_1 l}{G \frac{1}{3} h_1 b_1^3}, \quad \varphi_2 = \frac{T_2 l}{G \frac{1}{3} h_2 b_2^3}, \cdots, \varphi_i = \frac{T_i l}{G \frac{1}{3} h_i b_i^3}, \cdots, \varphi_n = \frac{T_n l}{G \frac{1}{3} h_n b_n^3} \tag{c}$$

联立求解式(a)、(b)、(c)可得

$$\tau_i = \frac{T t_i}{I_t}, \quad \varphi = \frac{T l}{G I_t} (\text{rad}), \quad I_t = \sum_{i=1}^{n} \frac{1}{3} h_i t_i^3 \tag{3-27}$$

式中:n 为横截面狭长矩形的个数;h_i、t_i 分别为第 i 个狭长矩形的长度和厚度;τ_i 为第 i 个矩形内的最大切应力。由式(3-27)的切应力公式可推知,当 t_i 为最大时,τ_i 达到最大值。故截面上最大切应力 $\tau_{\max}$ 出现在最厚的矩形长边上,且

$$\tau_{\max} = \frac{T t_{\max}}{I_t} \tag{3-28}$$

式中:$t_{\max}$ 为这些矩形中的最大厚度值。为降低应力集中的影响,各狭长矩形之间的连接处应采用圆弧过渡。

对中线为曲线的开口薄壁杆件,计算时可将截面展直,作为狭长矩形截面处理。计算角钢、槽钢、工字钢等开口薄壁杆件的 I_t 时,应对式(3-27)中的 I_t 加以修正。这是因为在这些型钢截面上,各狭长矩形条连接处有圆角,翼缘内侧有斜率,这就增加了杆件的抗扭刚度。具体修正公式请参见相关工程手册。

例 3-9 两受扭薄壁杆,截面如图 3-21 所示。两杆材料相同,尺寸亦相同,平均直径 $D = 40 \text{ mm}$,壁厚 $t = 2 \text{ mm}$。当两杆的扭矩相同时,试求两者最大切应力之比及相对扭转角之比。

解: 闭口圆环 由式(3-25)得

$$\tau'_{max} = \frac{T}{2A_0 t_{min}} = \frac{2T}{\pi D^2 t}$$

开口圆环视为展开边长为 πD 的矩形,由式(3-28)得

$$\tau_{max} = \frac{3T}{hb^2} = \frac{3T}{\pi D t^2}$$

两者应力和变形之比为

$$\frac{\tau_{max}}{\tau'_{max}} = \frac{3}{2} \frac{D}{t} = \frac{3}{2} \times \frac{40}{2} = 30$$

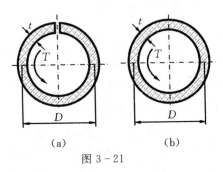

图 3-21

即开口圆环最大切应力是闭口的 30 倍,由此可见,开口薄壁杆的抗扭性能很差,截面产生明显翘曲,这个现象可总结为闭口优于开口。对于受扭构件,应尽量不采用开口薄壁杆。如因结构需要不得不用开口薄壁杆扭转,则应采取局部加强措施,减少截面翘曲,提高扭转强度和刚度。

思 考 题

3-1 在车削工件时,工人在粗加工时通常采用较低的转速,而在精加工时,则采用较高的转速,这是为什么?

3-2 车床变速箱中的齿轮轴,在传递相同的功率时,一般情况下,转速高的轴直径比转速低的轴直径要小,试用扭转理论加以解释。

3-3 等直圆杆受非线弹性、小变形扭转时,横截面上切应变是否仍与半径成正比?切应力能否用公式(3-5)计算?

3-4 两根材料、面积和长度相同的钢杆和钢丝绳,承受相同扭矩时,钢丝绳的扭转变形比钢杆大,试用扭转理论加以解释。

3-5 圆截面杆件受扭转时,平截面和直线半径的变形规律的限制条件是什么?圆锥形等截面直杆受扭时,此规律适用否?横截面上是否有正应力?

3-6 用切应力互等定理论证矩形截面杆受扭转时,横截面上四个角点的切应力为零。

3-7 用钢杆和铝套管牢固结合而成的圆杆,承受扭转变形(两杆扭转角相同),铝套管外半径是钢杆半径的 2 倍。试指出下列图中沿半径 OAB 的六种切应力分布哪些是正确的?并

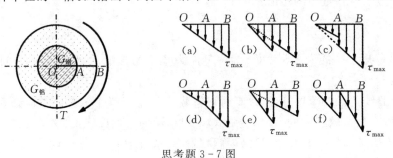

思考题 3-7 图

定性说明理由。

3-8 如果思考题3-7中，改用铝杆和钢套管牢固结合制成一圆杆，承受扭转变形（两杆扭转角相同），钢套管外半径是铝杆半径的2倍。试分析并画出截面上切应力分布图。

3-9 圆杆受扭转力偶M_e作用，若用过直径的水平纵向截面 $ABCD$ 截出杆的一半（图(b)），根据切应力互等定理，在该水平纵截面上有切应力τ'存在，试画出τ'分布规律，并说明这一半圆杆是如何平衡的？

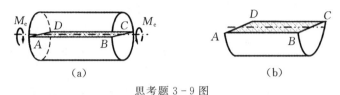

思考题3-9图

3-10 本章总结了等截面直杆扭转的哪四个"优于"？

习 题

3-1 试画出图示各杆的扭矩图，并确定最大扭矩，其中$M_e = 10\ \text{N}\cdot\text{m}$。

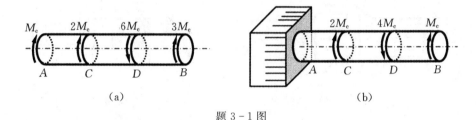

题3-1图

3-2 图示传动轴，转速$n = 100\ \text{r/min}$，B为主动轮，输入功率$100\ \text{kW}$，A、C、D为从动轮，输出功率分别为$50\ \text{kW}$、$30\ \text{kW}$和$20\ \text{kW}$。(1) 试画出轴的扭矩图；(2) 若将A、B轮位置互换，试分析轴的受力是否合理？(3) 若$[\tau] = 60\ \text{MPa}$，试设计轴的直径d。

3-3 图示空心圆轴外径$D = 100\ \text{mm}$，内径$d = 80\ \text{mm}$，已知扭矩$T = 6\ \text{kN}\cdot\text{m}$，$G = 80\ \text{GPa}$，试求：(1) 横截面上$A$点（$\rho = 45\ \text{mm}$）的切应力和切应变；(2) 横截面上最大和最小的切应力；(3) 画出横截面上切应力沿直径的分布图。

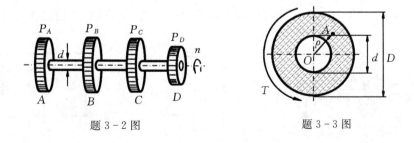

题3-2图　　　　　题3-3图

3-4 截面为空心和实心的两根受扭圆轴，材料、长度和受力情况均相同，空心轴外径为D，内径为d，且$d/D = 0.8$。试求当两轴具有相等强度（$\tau_{\text{实max}} = \tau_{\text{空max}}$）时的重量比和刚度比。

3-5 图示圆杆受集度为 m_0(N·m/m) 的均布扭转力偶矩作用。试画出此杆的扭矩图,并导出 B 截面的扭转角的计算公式。

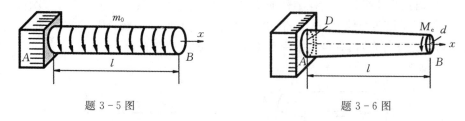

题 3-5 图 　　　　　题 3-6 图

3-6 一圆台形直杆,$D = 1.2d$。试求 B 端的扭转角。如用平均直径按等截面杆计算,将引起多大误差?

3-7 实心轴和空心轴通过牙嵌式离合器连接在一起。已知轴的转速 $n = 98$ r/min,传递功率 $P = 7.35$ kW,材料的许用切应力 $[\tau] = 40$ MPa。试选择实心轴直径 d_1,及内外径比值为 1/2 的空心轴的外径 D_2。

3-8 图示阶梯形圆杆受扭转,已知 $M_{e1} = 1.8$ kN·m,$M_{e2} = 1.2$ kN·m,$l_1 = 750$ mm,$l_2 = 500$ mm,$d_1 = 75$ mm,$d_2 = 50$ mm,$G = 80$ GPa。求 C 截面对 A 截面的相对扭转角和轴的最大单位长度扭转角 $\Phi_{\max}$。

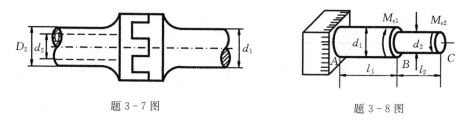

题 3-7 图 　　　　　题 3-8 图

3-9 一钢轴直径 $d = 50$ mm,转速 $n = 120$ r/min,轴的最大切应力等于 60 MPa。(1) 求此时该轴传递的功率;(2) 当转速提高一倍,其余条件不变时,求轴的最大切应力。

3-10 一空心圆轴,外径 $D = 50$ mm,内径 $d = 25$ mm,受扭转力偶矩 $M_e = 1$ kN·m 作用时,测出相距 2 m 的两个横截面的相对扭转角 $\varphi = 2.5°$。(1) 试求材料的切变模量 G;(2) 若外径 $D_1 = 100$ mm,其余条件不变,则相对扭转角是否为 $\varphi/16$?为什么?

3-11 阶梯轴直径分别为 $d_1 = 40$ mm,$d_2 = 70$ mm,轴上装有三个轮盘如图所示,轮 B 输入功率 $P_B = 30$ kW,轮 A 输出功率 $P_A = 13$ kW,轴作匀速转动,转速 $n = 200$ r/min,$[\tau] = 60$ MPa,$G = 80$ GPa,单位长度许用扭转角 $[\Phi] = 2$ °/m,试校核轴的强度与刚度。

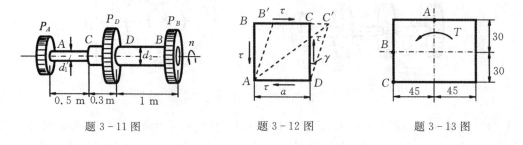

题 3-11 图 　　　题 3-12 图 　　　题 3-13 图

3-12 图示正方形单元体,边长为 a,当受纯剪切时,由试验测得其对角线 AC 的伸长量

为 $a/2000$,若材料的切变模量为 $G=80\,\text{GPa}$,试求切应力 τ。

3-13 一矩形截面杆的截面尺寸如图所示,已知扭矩 $T=3\,\text{kN}\cdot\text{m}$,$G=80\,\text{GPa}$。试求:(1) A、B、C 三点的切应力;(2) 单位长度的扭转角(图中长度单位为 mm)。

3-14 图示 T 形薄壁截面杆,杆长 $l=2\,\text{m}$,材料切变模量 $G=80\,\text{GPa}$,承受扭矩 $T=200\,\text{N}\cdot\text{m}$。试求最大切应力和相对扭转角(图中长度单位为 mm)。

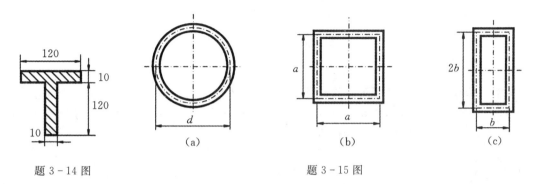

题 3-14 图　　　　　　　　　　题 3-15 图

3-15 如图所示的圆形、正方形、矩形薄壁截面杆,若截面中心线的长度、壁厚、杆长、材料以及所受扭矩均相同,求三杆最大切应力之比和扭转角之比。

3-16 一阶梯形圆截面杆,两端固定后,在 C 处受一扭转力偶矩 M_e。已知 M_e、GI_p 及 a,试求支反力偶矩 M_A 和 M_B。

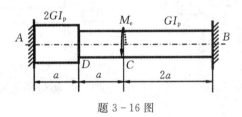

题 3-16 图

3-17 空心杆和实心杆分别固定在 A、B 处,在 C 处均有直径相同的小孔。由于制造误差,两杆的孔不在一条直线上,两者中心线夹角为 α。已知 α、$G_1 I_{p1}$、$G_2 I_{p2}$ 及 l_1、l_2,装配时将孔对准后插入销子。问装配后,杆 1 和杆 2 的扭矩各为多少?

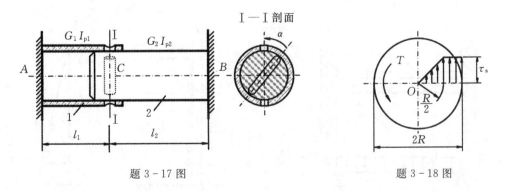

题 3-17 图　　　　　　　　　　题 3-18 图

3-18 一半径为 R 的圆杆,材料的剪切屈服极限为 τ_s。试求当出现图示的应力分布时,杆中的扭矩 T。

第4章 弯曲内力

本章提要

本章讨论梁在平面弯曲下的内力计算,重点是剪力弯矩图的画法以及载荷与剪力弯矩的微分-积分关系。由于后续的弯曲应力和弯曲变形分析都建立在弯曲内力尤其是弯矩计算的基础上,所以本章内容非常重要,是材料力学的重点章节之一。

4.1 概　　述

工程中经常遇到像图4-1所示天车大梁、火车轮轴、房屋大梁、水闸立柱这样的受弯构件。作用于这些杆件上的外力垂直于杆件的轴线,使其原为直线的轴线变形后成为曲线。这种形式

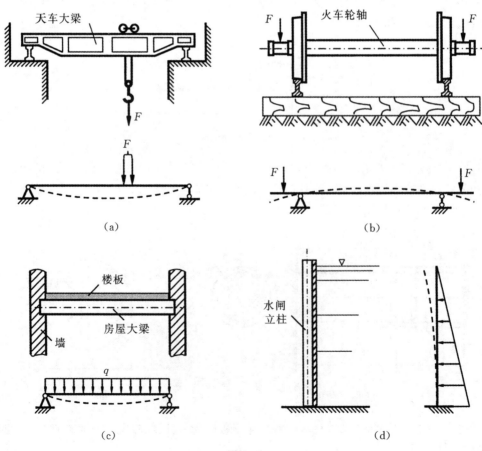

图 4-1

的变形称为**弯曲**,以弯曲变形为主的杆件常称为**梁**。在分析计算时,通常用梁的轴线代替梁,得到计算简图。

在工程中,大多数梁的横截面都有一个对称轴,因而整个杆件有一个由纵向对称轴组成的**纵向对称平面**(图4-2)。若外力都作用在该平面内,梁的轴线将在该平面内弯成一条平面曲线,这种弯曲称为**平面弯曲**。它是最基本也是最常见的弯曲问题。

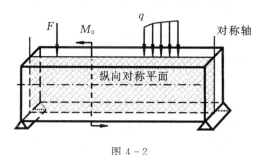

图 4-2

工程中受弯构件的几何形状、支承条件和载荷情况一般都比较复杂,为了便于分析计算,需要根据具体情况,遵循精度足够、简便可行的原则进行简化,建立力学模型。

4.1.1 载荷的简化

梁上的载荷按其作用方式可简化为以下三种类型。

1) 集中力　当横向力在梁上的作用范围远小于梁的跨度时,可将其简化为作用于一点的**集中力**。例如,起重机的辊轮对横梁的压力(图4-1(a))、斜齿轮传给轴的径向力和轴向力(图4-3(a))等。集中力载荷的常用单位是 N 或 kN。

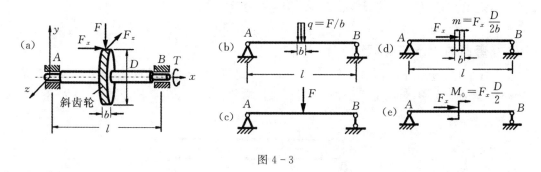

图 4-3

2) 分布载荷　沿梁的全部或部分长度连续分布的横向力称为**线分布载荷**,用单位长度上的力 $q(x)$ 表示,若 $q(x)$ 为常数则称为**均布载荷**,例如楼板传给大梁的自重载荷(图4-1(c))、水坝闸门受到的水压载荷(图4-1(d))等。分布载荷的常用单位是 N/m 或 kN/m。

3) 集中力偶　图4-3(a)所示的斜齿轮,平行于轴线的载荷 F_x 对齿轮轴的作用可将其简化为作用于轴上的一个**集中力偶** M_0 和一个沿轴线方向的力 F_x (图4-3(d)、(e))。集中力偶的常用单位是 N·m 和 kN·m。

4.1.2 支座形式与约束反力

梁的支座按其对位移的约束情况可分为以下三种典型形式。

1) 可动铰支座　如图4-4(a)所示,它限制梁在支承处垂直于支承平面的线位移,因此只有一个垂直方向的支反力 F_y。桥梁中的滚轴支座、机械中滚动轴承都可简化为可动铰支座。

2) 固定铰支座 如图 4-4(b) 所示,它限制梁在支座处沿铅垂平面的任何方向线位移,因此它有两个支反力,即垂直反力 F_y、水平反力 F_x。桥梁下的固定支座、机械中的止推轴承都可简化为固定铰支座。

3) 固定端 如图 4-4(c) 所示,它同时限制梁端截面的线位移和角位移,因此它有三个支反力,即垂直反力 F_y、水平反力 F_x、支反力偶 M_0。水闸立柱的下端支座、机械中的止推长轴承可简化为固定端。

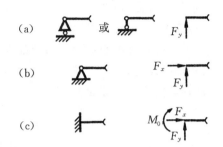

图 4-4

4.1.3 静定梁的典型形式

支座反力可以由静力平衡方程直接确定的梁称为**静定梁**。根据支座的类型和位置,平面弯曲的静定梁可分为三种基本形式:

1) 简支梁 一端固定铰支座、另一端可动铰支座的梁,如图 4-1(a)、(c) 所示。
2) 外伸梁 具有一个或两个外伸部分的简支梁,如图 4-1(b) 所示。
3) 悬臂梁 一端固定、另一端自由的梁,如图 4-1(d) 所示。

上述三种梁都只有三个支反力,由于平面弯曲的外力(包括约束反力)是平面任意力系,有三个独立的平衡方程,所以各支反力均可以由平衡方程确定。如果梁上的支反力数目超过平衡方程个数,则仅靠静力平衡方程不能求解,这样的梁称为**超静定梁**,超静定梁的求解将在第 6 章中讨论。

4.2 梁的剪力与弯矩、剪力图与弯矩图

4.2.1 弯曲内力及符号规则

当梁的外力(包括外载荷和支反力)已知后,便可利用截面法确定其内力。考虑如图 4-5(a) 所示的简支梁,为确定梁的内力,现假想沿横截面 $m-m$ 将梁截开,取左段为研究对象

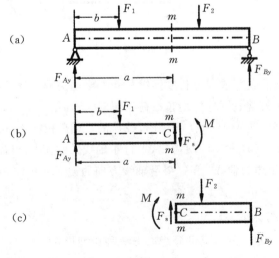

图 4-5

(图 4-5(b))。为了保持左段的平衡，m—m 截面必然存在两个内力分量：平行于截面的力 F_s 和位于荷载平面内的力偶矩 M。内力 F_s 称为**剪力**，内力偶矩 M 称为**弯矩**。根据左段的平衡方程得

$$\sum F_x = 0 \quad F_s = F_{Ay} - F_1$$

$$\sum M_C = 0 \quad M = F_{Ay}a - F_1(a-b)$$

即剪力 F_s 等于左段梁上外力的代数和；弯矩 M 等于左段梁上外力对截面处力矩的代数和。

m—m 截面的内力也可由右段梁的平衡条件求得(图 4-5(c))，这时所得该截面的剪力 F_s 和弯矩 M 将与取左段分离体的结果等值反向。为了使取任意分离体所得同一截面上的内力正负号相同，根据梁的变形，对梁的内力的正负号规定如下。

剪力符号规则：剪力与外法线顺针向旋转 90°方向相同时为正，反之为负；**弯矩符号规则**：使横梁弯曲后，下缘受拉、上缘受压的弯矩为正，反之为负，如图 4-6 所示。按此规定，图 4-5(b)、(c)中的剪力和弯矩均为正号。需要注意，内力的正负号只是一个约定，本质上是对变形的描述，对于弯矩来说，更重要的是必须分清杆件弯曲时哪一侧受拉、哪一侧受压，所谓可以不知道正负，不可不知道拉压[1]。

(a)正剪力　(b)负剪力　(c)正弯矩　(d)负弯矩

图 4-6

4.2.2 剪力方程和弯矩方程与剪力图和弯矩图

一般情况下，梁的横截面上剪力和弯矩随截面位置不同而变化，若将横截面沿轴线的位置用坐标 x 表示，则剪力和弯矩沿轴线的变化可表示为 x 的函数，即

$$F_s = F_s(x), \quad M = M(x)$$

上述关系称为**剪力方程和弯矩方程**。该方程也可用图线表示：即以 x 轴为横坐标轴，F_s 或 M 为纵坐标轴，所画出的 F_s、M 沿轴线变化的图线称为**剪力图和弯矩图**。从 F_s、M 图上可直观地判断最大剪力和最大弯矩所在截面(称为**危险截面**)的位置和大小，这对于解决梁的强度和刚度问题都是必不可少的。

例 4-1 已知图 4-7(a)所示悬臂梁 $M_0 = qa^2$，$F = 2qa$，试列剪力、弯矩方程并作剪力、弯矩图。

解：1) 划分力区　以梁左端 A 为坐标原点，选取坐标系如图 4-7(a)所示。在均布载荷 q、集中力 F、集中力偶 M_0 作用下，梁在 AC、CD、DB 段内受力情况不同，因此内力必须分三段(即三个力区)分别进行分析。

2) 列剪力、弯矩方程　AC 段：在距原点 A 为 x_1 的截面处假想将梁截开，取左段为研究对象，并按正号假设 F_s、M 的方向，如图 4-7(b)所示。由平衡条件得 F_s、M 方程分别为

---

[1] 过去对弯矩正负号的约定不统一，土建类的材料力学约定：横梁上缘受拉(下缘受压)为正弯矩，弯矩图画在受压一侧。现统一弯矩正负号约定为横梁上缘受压(下缘受拉)为正弯矩后，土建类的材料力学为避免弯矩图的画法与过去不同，将弯矩图正向向下，以保证弯矩图仍然画在受拉一侧。

$$F_s(x_1) = -qx_1$$
$$M(x_1) = -\frac{1}{2}qx_1^2 \quad (0 \leqslant x_1 \leqslant a)$$

CD 段：在距 A 点为 x_2 的截面处取分离体，如图 4-7(c) 所示，可得 F_s、M 方程分别为
$$F_s(x_2) = -qa$$
$$M(x_2) = -qa(x_2 - \frac{a}{2}) + M_0$$
$$(a \leqslant x_2 \leqslant 2a)$$

DB 段：同理，在 x_3 截面处取分离体如图 4-7(d) 所示，可得 F_s、M 方程分别为
$$F_s(x_3) = -qa + F$$
$$M(x_3) = -qa(x_3 - \frac{1}{2}a) + M_0 + F(x_3 - 2a)$$
$$(2a \leqslant x_3 \leqslant 3a)$$

3) 作剪力、弯矩图 根据各段的剪力、弯矩方程，求出截面 A、B、C、D 的剪力、弯矩值分别为

$A : (x_1 = 0) \quad F_{sA} = 0, M_A = 0$；

$C^- : (x_1 = a) F_{sC^-} = -qa, M_{C^-} = -\frac{1}{2}qa^2$；

$C^+ : (x_2 = a) F_{sC^+} = -qa, M_{C^+} = \frac{1}{2}qa^2$；

$D^- : (x_2 = 2a) F_{sD^-} = -qa, M_{D^-} = -\frac{1}{2}qa^2$；

$D^+ : (x_3 = 2a) F_{sD^+} = qa, M_{D^+} = -\frac{1}{2}qa^2$；

$B^- : (x_3 = 3a) F_{sB^-} = qa, M_{B^-} = \frac{1}{2}qa^2$；

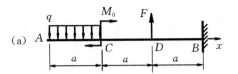
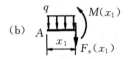
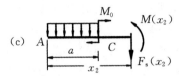
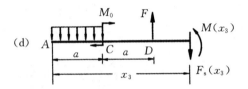
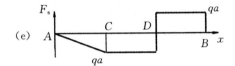
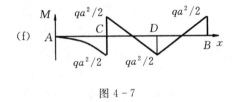

图 4-7

据此可作出剪力、弯矩如图 4-7(e)、(f) 所示。由剪力、弯矩图可知
$$|F_s|_{\max} = qa, \quad |M|_{\max} = \frac{qa^2}{2}$$

讨论：从剪力、弯矩方程和剪力、弯矩图可以看到：① 在截面 C（集中力偶作用点），弯矩不连续，间断值等于集中力偶 M_0；② 在截面 D（集中力作用点），剪力不连续，间断值等于集中力 F；③ 在 AC 区间 $q =$ 常数（向下），剪力方程为线性函数（斜率为负），弯矩方程为二次函数；④ 在 CD、DB 区间 $q = 0$，剪力方程为常数，弯矩方程为线性函数；⑤ 剪力为正的区间，弯矩图的斜率大于 0，剪力为负的区间，弯矩图的斜率小于 0。这些现象说明载荷与剪力弯矩的关系之间存在一些规律，掌握这些规律将有助于准确、快捷地画出剪力、弯矩图。

例 4-2 简支梁受力如图 4-8(a) 所示，试列剪力、弯矩方程，并作剪力图和弯矩图。

解：1) 求支反力 由平衡方程可得
$$F_A = \frac{3ql}{8}, \quad F_B = \frac{ql}{8}$$

2) 分区列 F_s、M 方程 取 AC 截面以左的梁为研究对象（$0 \leqslant x_1 \leqslant l/2$），假设 F_s、M 为正，如图 4-8(b) 所示。由分离体的平衡得

$$F_s(x_1) = F_A - qx_1 = \frac{3ql}{8} - qx_1$$

$$M(x_1) = F_A x_1 - \frac{qx_1^2}{2} = \frac{3qlx_1}{8} - \frac{qx_1^2}{2}$$

在 $x^* = \dfrac{3l}{8}$ 处

$$F_s(x^*) = 0, \quad M(x^*) = M_{\max} = \frac{9ql^2}{128}$$

取 BC 段截面以右的梁为研究对象（$l/2 \leqslant x_2 \leqslant l$），如图 4-8(c) 所示，由平衡条件得

$$F_s(x_2) = -F_B = -\frac{ql}{8}$$

$$M(x_2) = F_B(l - x_2) = \frac{ql}{8}(l - x_2)$$

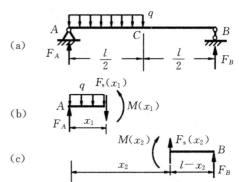

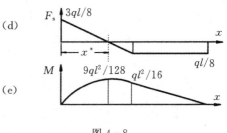

图 4-8

3) 作 F_s、M 图 由剪力方程可知，AC 段剪力是 x 的线性函数，CB 段剪力是常数，由剪力方程确定线段端点的对应值后，可作出剪力图，如图 4-8(d) 所示；由弯矩方程可知，CB 段弯矩图是直线，确定 C、B 两点弯矩值便可作出。AC 段弯矩图是抛物线，确定 A、C 两点和抛物线顶点的弯矩值后，就可作出弯矩图，如图 4-8(e) 所示。由剪力、弯矩图可知

$$|F_s|_{\max} = \frac{3ql}{8}, \quad |M|_{\max} = \frac{9ql^2}{128}$$

讨论：此例题除了具有与例 4-1 同样的规律，还可以看到在剪力为 0 的点，弯矩具有极值。

4.3 弯矩、剪力与载荷之间的微分-积分关系

如图 4-9(a) 所示的任意梁，受分布载荷 $q = q(x)$ 作用。取梁左端为坐标轴 x 的原点，$q(x)$ 向下。用横坐标分别为 x 和 $x + \mathrm{d}x$ 的两个横截面从梁中取出微段分离体，如图 4-9(b) 所示。

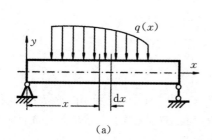
(a)

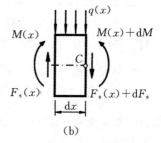
(b)

图 4-9

设 x 截面上的内力为 $F_s(x)$、$M(x)$，则在 $x+dx$ 截面上的内力应分别为 $F_s(x)+dF_s$ 和 $M(x)+dM$。由于 dx 为微量，所以作用在微段上的 $q(x)$ 可视为均匀分布。列微段平衡方程

$$\sum F_y = 0 \quad F_s(x) - q(x)dx - [F_s(x) + dF_s] = 0$$

$$\sum M_C = 0 \quad M(x) + dM + q(x)dx\frac{dx}{2} - M(x) - F_s(x)dx = 0$$

上式简化并略去二阶微量 $q(x)dx^2/2$ 得

$$\frac{dF_s(x)}{dx} = -q(x), \quad \frac{dM(x)}{dx} = F_s(x), \quad \frac{d^2M(x)}{dx^2} = \frac{dF_s(x)}{dx} = -q(x) \quad (4-1)$$

以上三式就是直梁的弯矩、剪力和分布载荷之间的微分关系。上式表明：① 剪力图上各点斜率等于该处分布载荷值，分布载荷 q 为 0 的区间，剪力为常数；② 弯矩图上各点斜率等于该处剪力值，剪力为 0 的区间弯矩为常数，剪力为 0 的点，弯矩可能存在极值；③ 载荷对称的梁，q、F 为对称轴的偶函数，由于偶函数的导数为奇函数，所以剪力方程为奇函数，剪力图必为反对称，而弯矩图必为正对称。

将式(4-1)的前两式改写为 $dF_s(x) = -q(x)dx$、$dM(x) = F_s(x)dx$，方程两边同时进行积分可得

$$\begin{cases} \int_A^B dF_s(x) = F_s(x_B) - F_s(x_A) = -\int_A^B q(x)dx, \\ \int_A^B dM(x) = M(x_B) - M(x_A) = \int_A^B F_s(x)dx \end{cases} \quad (4-2)$$

以上二式就是直梁的弯矩、剪力与分布载荷之间的积分关系。上式表明：剪力图上 A、B 两点的差值等于该区间分布载荷的负面积；弯矩图上 A、B 两点的差值等于该区间剪力图的面积。这里要注意的是分布载荷的面积和剪力图的面积都是可以有正、负的（即正的面积相加，负的面积则相减）。

上述这些关系统称为弯矩、剪力与分布载荷之间的微分-积分关系，例 4-1、例 4-2 讨论中观察到的现象都可以从微分-积分关系总结出剪力和弯矩图的规律。对于在集中力作用点剪力图的间断（突跳），可以理解为微段区间上的均匀分布力趋于无限大，所以剪力图的斜率接近于铅垂直线，突跳数值和方向与集中力大小方向相同；相应的该点的 M 图斜率有间断，即弯矩图在该点转折不光滑；在集中力偶作用处，可类似于集中力作用对剪力图的影响理解，弯矩图发生突跳，突跳的数值与集中力偶大小相同。

应该指出，上述微分-积分关系只适用于直梁，并且必须按图 4-9 选取坐标系和规定 $q(x)$、$F_s(x)$、$M(x)$ 的正负号才是正确的。

利用上述这些规律，也可以方便快捷地校核剪力图和弯矩图。

例 4-3 简支梁受力如图 4-10(a) 所示，作剪力图和弯矩图。

解：利用对称性易知支反力 $F_A = F_B = \frac{1}{2}ql$

1) 作剪力图 根据微分-积分关系，A 点有集中力 F_A 向上作用，所以剪力图在 A 点有一个间断，突跳值为从 0 到 $F_A = ql/2$；AB 区间有均布载荷 q 作用，所以该区间的剪力图为直线，斜率等于 $-q$；B 点的剪力值为 F_{sA} 加上该区间分布载荷的面积（向下为负面积）$-ql$，得到 $F_{sB} = -ql/2$；B 点有集中力 F_B 向上作用，所以剪力图在 B 点有一个间断，突跳值为从 $-ql/2$ 到 0。按此顺序画出剪力图如图 4-10(b) 所示，可以看出剪力图左右反对称。

2) 作弯矩图 根据微分-积分关系,A 点没有集中力偶作用,所以弯矩图在 A 点从 0 开始没有间断;AB 区间有均布载荷 q 作用,所以该区间的弯矩图为二次曲线;B 点的弯矩值等于 AB 区间剪力图的面积,因剪力图反对称,面积一半为正、一半为负,其和为 0,所以 B 点弯矩值为 0(由载荷对称、剪力图反对称,弯矩图应该正对称,也能判断 B 点弯矩与 A 点弯矩相等);在中点 C 剪力图为 0,弯矩图有极值,其大小为半个剪力图的面积,即 $M_C = ql^2/8$。按此顺序画出弯矩图如图 4-10(c) 所示,可以看出弯矩图左右正对称。

$$|F_s|_{max} = \frac{1}{2}ql, \quad |M|_{max} = \frac{1}{8}ql^2$$

例 4-4 简支梁受力如图 4-11(a) 所示,作剪力图和弯矩图。

解:由平衡方程得 $F_A = F_B = \dfrac{F}{2}$

1) 作剪力图 根据微分-积分关系,A 点有集中力 F_A 向上作用,所以剪力图在 A 点有一个间断,突跳值为从 0 到 $F_A = F/2$;AC 区间没有分布载荷作用,所以该区间的剪力图为常数 $F/2$(水平直线);C 点有集中力 F 作用,所以剪力图在 C 点有一个间断,突跳值为从 $F/2$ 到 $-F/2$;CB 区间没有分布载荷作用,所以该区间的剪力图为常数 $-F/2$(水平直线);B 点有集中力 $F_B = F/2$ 作用,所以剪力图在 B 点有一个间断,突跳值为从 $-F/2$ 到 0。按此顺序画出剪力图如图 4-11(b) 所示,可以看出剪力图左右反对称。

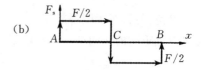

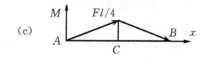

2) 作弯矩图 根据微分-积分关系,A 点弯矩为 0;AC 区间没有分布载荷作用,所以该区间的弯矩图为直线;C 点的弯矩值等于 AC 区间剪力图的面积,即 $M_C = Fl/4$;CB 区间没有分布载荷作用,所以该区间的弯矩图为直线;B 点的弯矩值等于 M_C 加上 CB 区间剪力图的面积(负面积 $-Fl/4$),即 $M_B = 0$。按此顺序画出弯矩图如图 4-11(c) 所示,可以看出弯矩图左右正对称。

剪力和弯矩的最大绝对值分别为

$$|F_s|_{max} = \frac{F}{2}, \quad |M|_{max} = \frac{Fl}{4}$$

例 4-5 外伸梁受力如图 4-12(a) 所示,已知集中力 $F = 20$ kN,集中力偶 $M_0 = 160$ kN·m,均匀分布力 $q = 20$ kN/m,求作 F_s、M 图并确定其最大值。

解:1) 求支反力 由平衡方程可得

$$F_A = 76 \text{ kN}, \quad F_B = 104 \text{ kN}$$

2) 作剪力图 根据微分-积分关系,A 点剪力有间断,突跳值从 0 到 $F_A = 76$ kN;AC 段剪力为常数(水平直线)76 kN;CB 段剪力为直线,其斜率为 $-q = -20$ kN/m,B 点左侧剪力为 $F_{sC} = 76$ kN 加上 CB 段的分布载荷面积(负面积)$-20 \times 8 = -160$ kN,即 $F_{sB} = -84$ kN;B 点

剪力有间断,突跳值为 $F_B = 104$ kN,即从 -84 kN 到 20 kN,所以 B 点右侧剪力为 20 kN;BD 段剪力为常数(水平直线)20 kN;D 点剪力有间断,突跳值为 $F = 20$ kN,即从 20 kN 到 0。按此画出剪力图如图 4-12(b) 所示。

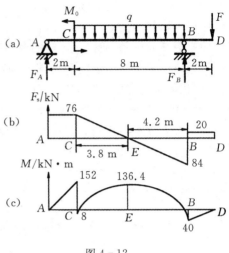

图 4-12

3) 作弯矩图　根据微分-积分关系,A 点弯矩为 0;AC 区间弯矩图为直线,C 点左侧弯矩为 AC 区间剪力图的面积,即 $M_{C^-} = 152$ kN·m;C 点弯矩有间断,突跳值为 $-M_0 = -160$ kN·m,所以 C 点右侧弯矩为 $M_{C^+} = -8$ kN·m;CB 段弯矩为二次曲线,其间在距 C 点 3.8 m 的 E 点处有一极值,M_E 等于 M_{C^+} 加上 CE 段的剪力图面积 $76 \times 3.8/2 = 144.4$ kN·m,即 $M_E = 136.4$ kN·m;M_B 等于 M_E 加上 EB 段的剪力图面积(负面积)$-84 \times 4.2/2 = -176.4$ kN·m,即 $M_B = -40$ kN·m;BD 区间弯矩图为直线,D 点弯矩为 M_B 加上 BD 段剪力图的面积 40 kN·m,即 $M_D = 0$。据此可画出弯矩图如图 4-12(c) 所示。

剪力和弯矩的最大绝对值分别为
$$|F_s|_{\max} = 84 \text{ kN}, |M|_{\max} = 152 \text{ kN·m}$$

讨论:剪力弯矩图都是从 0 开始(包括突跳),到载荷结束点剪力弯矩都回到 0,这个现象称为剪力弯矩图的封闭性,这个现象说明了什么性质?

4.4　刚架与曲杆的弯曲内力

刚架是由横梁与铅垂的立柱刚性连接组成的结构,曲杆轴线不是直线,这些构件弯曲时内力除了剪力、弯矩以外一般还会有轴力。在平面结构中,轴力和剪力的符号规则不变,但弯矩对于立柱或斜杆则无法规定正负号。按照横梁弯矩的符号规则,弯矩图画在受压一侧。所以对立柱和斜杆轴力和剪力画在哪一侧都行(横梁一般仍画在上侧),但须标明正负号;弯矩可不标明正负号,统一画在受压一侧即可。

例 4-6　图 4-13(a) 所示刚架在结点 B 处受集中力 F 作用,试分析刚架内力并画内力图。

解:1) 求支反力　由平衡方程 $\sum F_x = 0, \sum M_C = 0$ 和 $\sum M_A = 0$ 得
$$F_{Ax} = F_{Ay} = F_{Cy} = F$$

2) 列内力方程　将 BC 和 AB 段的坐标原点分别设在 C 点和 A 点,取分离体如图 4-13(b)、(c) 所示。两段内力方程分别为

BC 段　$F_{s1} = -F_{Cy} = -F, M_1 = F_{Cy} x_1 = F x_1$

AB 段　$F_{s2} = F_{Ax} = F, M_2 = F_{Ax} x_2 = F x_2, F_{N2} = F_{Ay} = F$

3) 作内力图　根据内力方程可作出剪力图、弯矩图和轴力图如图 4-13(d)、(e)、(f) 所示。

讨论:① 刚结点 B 的特点是:在受力前后,连接处杆件间的夹角保持不变,即各杆件在连接处不能有相对转动,因此它不仅能传递力,而且能传递力矩。所以当刚结点处无外力偶作用

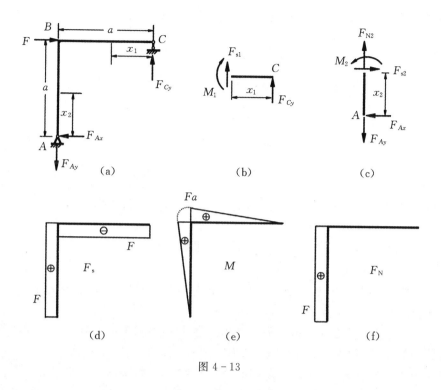

图 4-13

时,根据弯矩的平衡条件,两杆在该处截面上的弯矩数值相等;当刚结点处有外力偶作用时,两杆在该处截面上的弯矩有突跳,突跳值等于外力偶矩;② 在土木工程中,梁和刚架的弯矩图始终画在杆件受拉的一侧。

例 4-7 半径为 R 的四分之一圆环,在其轴线平面内受垂直于轴线的均布载荷 q 作用,如图 4-14(a)所示。试作曲杆的内力图。

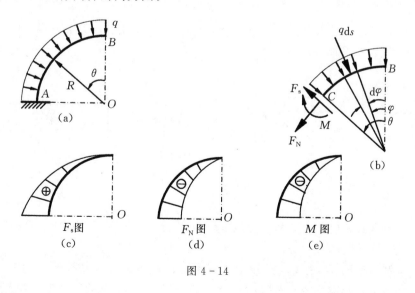

图 4-14

解: 1) 列内力方程 在极坐标系下用极角为 θ 的截面取分离体 BC,受力如图 4-14(b)所

示。由平衡条件可求出 θ 截面上的轴力 F_N、剪力 F_s 和弯矩 M 为

$$F_s(\theta) = \int_0^\theta qR\,\mathrm{d}\varphi \cdot \cos(\theta-\varphi) = qR\sin\theta$$

$$F_N(\theta) = -\int_0^\theta qR\,\mathrm{d}\varphi \cdot \sin(\theta-\varphi) = -qR(1-\cos\theta)$$

$$M(\theta) = -\int_0^\theta qR\,\mathrm{d}\varphi \cdot R\sin(\theta-\varphi) = -qR^2(1-\cos\theta)$$

2)作内力图　根据上述内力方程,以曲杆轴线为基线作剪力图、弯矩图和轴力图如图 4-14(c)、(d)、(e)所示,其中内力的大小用径向射线的长度表示。

讨论:计算 θ 截面的内力时可否不用积分的方法,而用 $F(\theta)=qR\theta$ 代替 BC 段均布载荷 q 的合力,再用平衡条件列出内力方程?请读者对其结果进行分析比较。

思 考 题

4-1　设简支梁受集中力、集中力偶和均布载荷共同作用,试总结出定性判别危险截面(弯矩最大的截面)的方法。

4-2　试用 q、F_s、M 之间的微分关系解释:梁在集中力和集中力偶作用下,剪力图和弯矩图发生突跳的规律,特别是集中力偶作用时弯矩图的突跳方向。

4-3　在 4.3 节中推导 q、F_s、M 之间的微分关系时,若将坐标原点选在梁的最右端,并使 x 轴的正向向左,其结果将有什么不同?

4-4　按照弯矩 $|M|$ 最大的截面为危险截面的判据,试分析双杠的外伸端长度与总长之间的合理比值(提示:标准双杠的总长为 3.5 m,外伸端长度为 0.6 m)。

习 题

4-1　求下列各梁在 A、B、C、D 截面上的剪力和弯矩,对于有集中力和集中力偶作用的截面应区分其左、右侧截面上的内力。

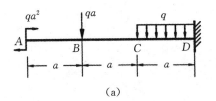
(a)

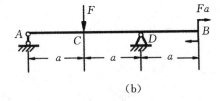
(b)

题 4-1 图

4-2　求下列各梁的剪力方程和弯矩方程,作剪力图和弯矩图,并求出 $|F_s|_{\max}$ 和 $|M|_{\max}$。

4-3　试利用 q、F_s、M 之间的微分-积分关系画图示各梁的剪力图和弯矩图。

4-4　图示桥式起重机的小车 CD 在大梁 AB 上行走,设小车的每个轮子对大梁的压力为 F,小车轮距为 d,大梁的跨度为 l。试问小车在什么位置时梁内的弯矩最大?求最大弯矩。

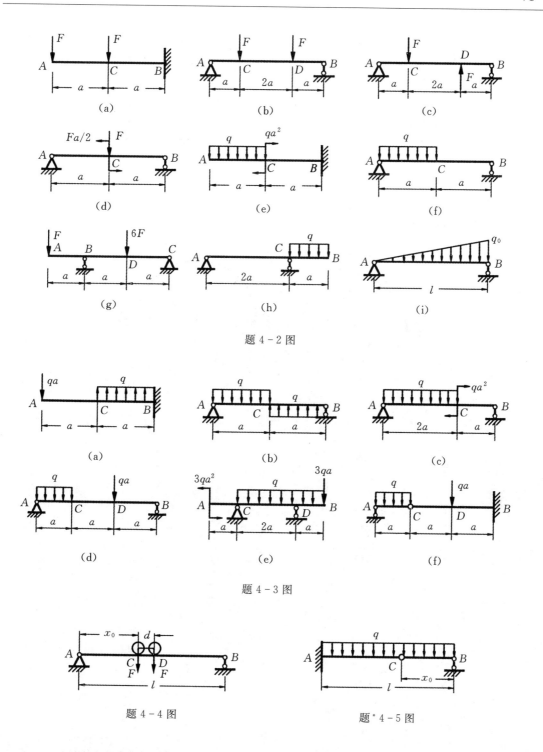

题 4-2 图

题 4-3 图

题 4-4 图

题 *4-5 图

*4-5 图示联合梁受均布载荷作用,C 处为中间铰,如果要使梁内绝对值最大的弯矩为最小,x_0 应等于多少?并求此时梁内的最大弯矩值。

4-6 试作图示各刚架的剪力图、弯矩图和轴力图。

4-7 已知曲杆轴线的半径为 R,求任意横截面上的剪力、弯矩和轴力方程,并作曲杆的

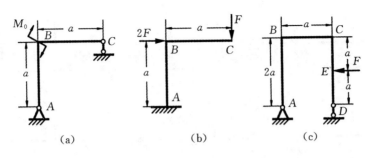

题 4-6 图

剪力图、弯矩图和轴力图。

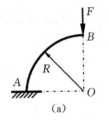 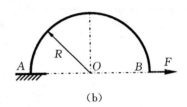

题 4-7 图

第5章 弯曲应力

本章提要

本章研究平面弯曲条件下弯曲应力的计算和强度问题。首先提出平截面假设,推导弯曲正应力计算公式;接着针对塑性材料和脆性材料分别讨论强度计算的方法;然后研究剪切弯曲时切应力的计算以及相应的剪切强度条件;讨论提高弯曲强度的措施;最后简要介绍剪切中心的概念。本章对强度问题的讨论深入细致,在工程中有着广泛的应用,非常重要。

5.1 概 述

如图 5-1(a) 所示的简支梁,其剪力图和弯矩图分别如图 5-1(b)、(c) 所示。可以看出,在 AC 和 BD 段内的各横截面上既有弯矩又有剪力,同时发生弯曲变形和剪切变形,这种弯曲称为**剪切弯曲**;而在 CD 段内只有弯矩而无剪力,只发生弯曲变形,这种弯曲称为**纯弯曲**。本着先易后难的原则,本章先研究梁在纯弯曲下的应力和强度问题,再研究剪切弯曲下的应力和强度问题。

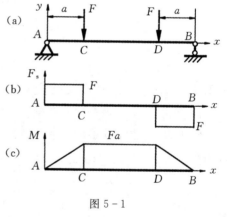

图 5-1

5.2 弯曲正应力

与第3章推导圆轴扭转切应力类似,由于梁发生纯弯曲时,应力在横截面上的分布规律未知,不能直接由内力来确定应力,必须从研究梁的变形入手,分析变形几何关系,再综合物理关系和静力学关系才能推导得到应力的计算公式。

5.2.1 变形观察与平截面假设

为了便于观察,在矩形截面梁上画出与轴线平行的纵向线和垂直轴线的横向线(图 5-2(a))。施加外力偶矩后梁发生纯弯曲变形(图 5-2(b)),可以看到下列现象:① 所有横向线仍保持为直线,只是相对倾斜了一个角度;② 所有纵向线变成曲线,仍保持平行,上、下部分的纵向线分别缩短和伸长;③ 横向线与纵向线仍保持垂直。可以设想梁内部

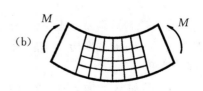

图 5-2

的变形与外表的变形是一致的,由此可得到**平截面假设**:横截面变形后仍保持为平面且垂直于变形后的轴线。

由平截面变形规律可得如下推论:① 梁弯曲时存在**中性层**和**中性轴**。用相距为 $\mathrm{d}x$ 的两个横截面 m—m 和 n—n 从图 5-2(a) 所示梁中取出一微段(图 5-3(a))。梁变形后,纵向线段 aa、bb 由直线弯成弧线 $\widehat{a'a'}$、$\widehat{b'b'}$,且 $\widehat{a'a'}$ 比 aa 缩短了,$\widehat{b'b'}$ 比 bb 伸长了。根据变形的连续性,梁内必有一层不伸长也不缩短的纵向线段,称为**中性层**,中性层与横截面的交线称为**中性轴**,如图 5-3(b) 所示。由于梁的材料和受力均对称于纵向对称平面,横截面的变形也必对称于截面的对称轴,故对称轴变形后保持为直线并与中性轴正交。梁弯曲时横截面绕其中性轴转动。② 由于变形的对称性,纯弯曲时梁的横截面与纵向线段始终垂直,因此切应变为零,从而切应力为零。

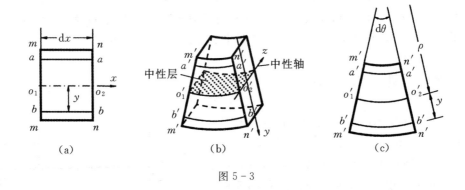

图 5-3

5.2.2 弯曲正应力公式推导

1) 变形关系　取截面对称轴为 y 轴,中性轴为 z 轴(图 5-3(b)),变形后两横截面绕 z 轴相对转角为 $\mathrm{d}\theta$,设中性层的曲率半径为 ρ(图 5-3(c)),距中性层为 y 的纵向线段 bb 由原长 $\rho\mathrm{d}\theta$ 变为曲线 $\widehat{b'b'} = (\rho+y)\mathrm{d}\theta$。因此该线段的线应变为

$$\varepsilon = \frac{\widehat{b'b'} - \overline{bb}}{\overline{bb}} = \frac{(\rho+y)\mathrm{d}\theta - \rho\mathrm{d}\theta}{\rho\mathrm{d}\theta} \tag{a}$$

即

$$\varepsilon = \frac{y}{\rho} \tag{b}$$

上式表明,梁的纵向线应变沿截面高度按线性分布,这是弯曲变形时的几何关系(或变形协调方程)。

2) 物理关系　在纯弯曲下,由于梁上无横向力作用,假设各纵向层之间无挤压,因此各纵向线段处于单向拉伸或压缩受力状态。当应力不超过材料的比例极限时,由胡克定律可得

$$\sigma = E\varepsilon = \frac{E}{\rho}y \tag{c}$$

由上式可知,横截面上任一点的正应力与该点到中性轴的距离 y 成正比,即正应力沿截面高度按线性分布,沿宽度均匀分布,在中性轴上正应力为零,如图 5-4 所示。这是求解超静定问题的补充方程。

3) 静力学关系　横截面上各点处的法向微内力 $\sigma\mathrm{d}A$ 组成一空间平行力系如图 5-4 所示,该力系可简化为三个内力分量,即轴力 F_N 和对 y、z 轴的力矩 M_y、M_z。由于纯弯曲时梁截面上

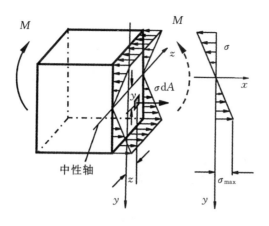

图 5-4

只有弯矩 M，根据静力学条件有

$$F_N = \int_A \sigma dA = 0, \quad M_y = \int_A z\sigma dA = 0, \quad M_z = \int_A y\sigma dA = M \tag{d}$$

将式（c）代入上式第一式得

$$\frac{E}{\rho}\int_A y dA = \frac{E}{\rho} S_z = 0 \tag{e}$$

式中：$S_z = \int_A y dA$ 为横截面对中性轴的静矩（参见附录 A）。由于 $E/\rho \neq 0$，故必然有 $S_z = 0$，由图形的几何性质可知，中性轴 z 必通过截面的形心，据此可确定中性轴的位置。

将式（c）代入式（d）第二式得

$$\int_A z\sigma dA = \frac{E}{\rho}\int_A yz dA = \frac{E}{\rho} I_{yz} = 0 \tag{f}$$

式中：$\int_A yz dA = I_{yz}$ 为横截面对 yz 轴的惯性积。由于 y 是横截面的对称轴，因此 $I_{yz} = 0$，上式自动满足。

将式（c）代入式（d）第三式得

$$\int_A y\sigma dA = \frac{E}{\rho}\int_A y^2 dA = \frac{E}{\rho} I_z = M \tag{g}$$

其中，$I_z = \int_A y^2 dA$ 为横截面对中性轴的惯性矩。于是式（g）可写成

$$\frac{1}{\rho} = \frac{M}{EI_z} \tag{5-1}$$

式中：EI_z 称为抗弯刚度；$1/\rho$ 为中性层的曲率。

式（5-1）是用曲率表示的弯曲变形计算公式。将式（5-1）代入式（c）即可得等直梁在纯弯曲时横截面上正应力计算公式为

$$\sigma = \frac{M}{I_z} y \tag{5-2}$$

式中：M 和 I_z 分别为横截面上的弯矩和对中性轴 z 轴的惯性矩；y 为所求应力点到中性轴的距离。

用公式（5-2）进行计算时，一般 M 和 y 用绝对值代入，所求点的正应力 σ 的正负号可根据

梁变形情况加以判断。

推导公式(5-1)和(5-2)时,用到了胡克定律,而且截面各点处的弹性模量均取同一数值,因此这些公式只适用于线弹性材料且拉伸与压缩弹性模量相等的情况。

式(5-2)是在等直梁受纯弯曲条件下导出的,根据实验和弹性理论的进一步分析表明,对于一般的细长梁(梁的跨度和高度之比 $l/h > 5$),剪力对正应力分布规律影响很小,可以略去不计,因此式(5-2)可推广应用于剪切弯曲时梁的正应力计算。

例 5-1 矩形截面简支梁受力如图 5-5(a)所示。横截面为 $h = 60 \text{ mm}, b = 30 \text{ mm}$ 的矩形,已知:$a = 180 \text{ mm}, F = 5 \text{ kN}$。求:1) 梁的截面竖放时(图 5-5(b)),$m$—$m$ 截面处 k 点的应力;2) 梁的截面竖放时的最大正应力;3) 梁的截面横放时(图 5-5(c))的最大正应力。(图(b)中长度单位为 mm)

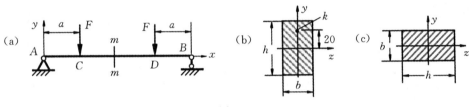

图 5-5

解: 梁的最大弯矩(即 m—m 截面弯矩) $M_{\max} = Fa = 900 \text{ N} \cdot \text{m}$

截面竖放时

$$I_z = \frac{bh^3}{12} = \frac{3 \times 6^3}{12} = 54 \text{ cm}^4$$

m—m 截面上 k 点的正应力

$$\sigma_k = \frac{M_{\max}}{I_z} y_k = \frac{900 \times 10^3}{54 \times 10^4} \times 20 = 33.3 \text{ MPa}$$

由于 m—m 截面弯矩为正,k 点位于上侧受压区,所以 σ_k 是压应力。

最大应力在上下两缘

$$\sigma_{\max} = \frac{M_{\max} y_{\max}}{I_z} = \frac{900 \times 10^3 \times 30}{54 \times 10^4} = 50 \text{ MPa}$$

截面横放时

$$I'_z = \frac{hb^3}{12} = \frac{6 \times 3^3}{12} = 13.5 \text{ cm}^4$$

最大应力

$$\sigma'_{\max} = \frac{M_{\max} y'_{\max}}{I'_z} = \frac{900 \times 10^3 \times 15}{13.5 \times 10^4} = 100 \text{ MPa}$$

讨论: ① 横放的最大应力比竖放大一倍,说明同样的矩形截面竖放的承载能力要高于横放;② 对于矩形截面,高宽比 h/b 的值正好就是横放与竖放的最大应力比值,可自行验证。

5.3 弯曲正应力强度计算

5.3.1 抗弯截面系数

由式(5-2)可知,对于等截面直梁,弯曲时横截面上最大正应力发生在离中性轴最远的各

点处,对受剪切弯曲的等直梁,由于弯矩 M 是截面位置的函数,因此绝对值最大的正应力为

$$\sigma_{\max} = \frac{|M|_{\max} y_{\max}}{I_z} \tag{5-3}$$

式中:$|M|_{\max}$ 为梁的最大弯矩;比值 $I_z/y_{\max}$ 仅与截面的形状和尺寸有关,称为**抗弯截面系数**,单位 cm^3 或 m^3,用 W_z 表示,即

$$W_z = \frac{I_z}{y_{\max}} \tag{5-4}$$

于是,最大弯曲应力为

$$\sigma_{\max} = \frac{|M|_{\max}}{W_z} \tag{5-5}$$

式(5-5)表明,横截面上最大的弯曲正应力与弯矩成正比,与抗弯截面系数成反比。对于矩形截面(图 5-6(a)),由式(5-4)和附录 A 得

$$y_{\max} = \frac{h}{2} \text{ 时 } W_z = \frac{I_z}{y_{\max}} = \frac{\frac{1}{12}bh^3}{\frac{1}{2}h} = \frac{1}{6}bh^2 \tag{5-6}$$

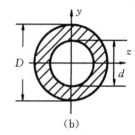

图 5-6

同理,对于圆截面(图 5-6(b))

$$y_{\max} = \frac{D}{2} \text{ 时 } W_z = \frac{I_z}{y_{\max}} = \frac{\frac{\pi D^4}{64}(1-\alpha^4)}{\frac{1}{2}D} = \frac{\pi D^3}{32}(1-\alpha^4) \tag{5-7}$$

式中:$\alpha = d/D$ 为圆环截面的内外径之比。$\alpha = 0$ 为实心圆截面;$\alpha \neq 0$ 为空心圆截面。

对于工字钢等标准型钢的 W_z 值,可查国家标准或型钢表(参见附录 C)。

5.3.2 正应力强度计算

梁弯曲正应力强度条件为 $\sigma_{\max} \leq [\sigma]$,即梁的最大弯曲正应力不得超过材料的许用弯曲正应力。

对于低碳钢一类的塑性材料,其抗拉和抗压的许用应力相等,为了使横截面上最大拉应力和最大压应力同时达到许用应力,通常将截面做成与中性轴对称的形状,如矩形、工字形和圆形等。其强度条件为

$$\sigma_{\max} = \frac{|M|_{\max}}{W_z} \leq [\sigma] \tag{5-8}$$

对于脆性材料,因其抗拉和抗压的许用应力不相同,为了充分利用材料的抗压承载能力,应将横截面做成与中性轴不对称的形状,如 T 字形截面等。图 5-7 所示的铸铁托架,其最大拉应力和最大压应力值可分别将 y_1 和 y_2 值代入公式(5-2)得出。故其强度条件为

$$\sigma_{\max}^+ = \frac{M_{\max} y_1}{I_z} \leq [\sigma^+], \quad \sigma_{\max}^- = \frac{M_{\max} y_2}{I_z} \leq [\sigma^-] \tag{5-9}$$

对于变截面梁,由于 W_z 不再是常数,梁的最大的弯曲正应力不一定发生在 $|M|_{\max}$ 的截面上,需综合考虑 M 及 W_z 的两个因素确定。

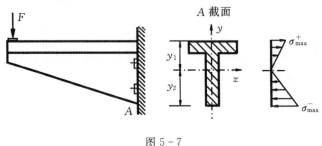

图 5-7

由式(5-8)和式(5-9)即可按正应力对梁进行强度校核、选择截面尺寸或确定许可载荷。材料的弯曲许用应力值一般比拉压许用应力略大,设计时可按有关设计规范选取,也可以取许用拉压应力值作为许用弯曲正应力值,这是偏于安全的。

例 5-2 钢制等截面简支梁受均布载荷 q 作用,如图 5-8 所示。已知材料许用应力 $[\sigma] = 160\ \text{MPa}$, $l = 3.95\ \text{m}$, $q = 4\ \text{kN/m}$。求:1) 计算或选择图示四种截面形状的尺寸; 2) 比较四种截面的面积。

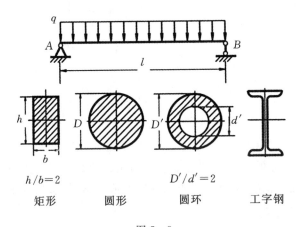

图 5-8

解: 1) 计算和选择截面 该梁的最大弯矩在中点

$$M_{\max} = \frac{1}{8}ql^2 = 7.8\ \text{kN}\cdot\text{m}$$

由强度条件式(5-8),对矩形截面 $W_z = \frac{1}{6}bh^2 = \frac{2}{3}b^3$,由此可得

$$b = \sqrt[3]{\frac{3M_{\max}}{2[\sigma]}} = \sqrt[3]{\frac{3\times 7.8\times 10^6}{2\times 160}} = 41.8\ \text{mm}$$

$$h = 2b = 83.6\ \text{mm}$$

对实心圆截面 $W_z = \frac{\pi}{32}D^3$,可得

$$D = \sqrt[3]{\frac{32M_{\max}}{\pi[\sigma]}} = \sqrt[3]{\frac{32\times 7.8\times 10^6}{\pi\times 160}} = 79.2\ \text{mm}$$

对圆环形截面 $W_z = \frac{\pi}{32}D'^3\left[1-\left(\frac{d'}{D'}\right)^4\right]$,可得

$$D' = \sqrt[3]{\frac{32M_{\max}}{\pi(1-0.5^4)[\sigma]}} = \sqrt[3]{\frac{32 \times 7.8 \times 10^6}{\pi \times 0.9375 \times 160}} = 80.9 \text{ mm}, \quad d' = 40.45 \text{ mm}$$

对工字钢截面

$$W_z = \frac{M_{\max}}{[\sigma]} = \frac{7.8 \times 10^6}{160} = 48.75 \text{ cm}^3$$

查附录 C 型钢表知 10 号工字钢 $W_z = 49 \text{ cm}^3$ 可满足强度条件。

2) 比较面积　分别计算和查表可得上述四种截面的面积

$A_{矩形} = 3494 \text{ mm}^2, \quad A_{圆形} = 4927 \text{ mm}^2, \quad A_{圆环} = 3855 \text{ mm}^2, \quad A_{工字钢} = 1430 \text{ mm}^2$

其比值为

$$A_{矩形} : A_{圆形} : A_{圆环} : A_{工字钢} = 2.44 : 3.45 : 2.70 : 1$$

讨论：因为梁的面积比就是重量比，由计算结果可知，不同截面形状的梁发生弯曲变形时其承载能力差别较大，这可以从梁的弯曲应力分布规律中找到原因。

例 5-3　等截面 T 形悬臂梁，自由端 A 受集中力 F 作用，如图 5-9(a) 所示。截面尺寸如图 5-9(c) 所示，$h = 5b$，梁长 l。已知铸铁许用压应力 $[\sigma^-]$ 为许用拉应力 $[\sigma^+]$ 的三倍，求许可载荷 F。

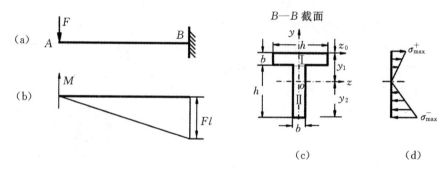

图 5-9

解：1) 确定形心位置并计算形心主惯性矩　设 T 形截面翼缘和腹板两个矩形的面积分别为 A_{I} 和 A_{II}，取截面顶边 z_0 为参考坐标轴。由附录 A 可知形心坐标 y_0 为

$$y_0 = -\frac{A_{\text{I}} \frac{b}{2} + A_{\text{II}} (\frac{h}{2} + b)}{A_{\text{I}} + A_{\text{II}}} = -\frac{bh\frac{b}{2} + bh(\frac{h}{2} + b)}{bh + bh} = -2b$$

则可得受拉侧和受压侧的高度及惯性矩 I_z 分别为

$$y_1 = 2b, \quad y_2 = 4b$$

$$I_z = I_{\text{I}z} + I_{\text{II}z} = \frac{hb^3}{12} + A_{\text{I}}(y_1 - \frac{b}{2})^2 + \frac{bh^3}{12} + A_{\text{II}}(y_2 - \frac{h}{2})^2 = \frac{100}{3}b^4$$

2) 应力和强度计算　弯矩图如图 5-9(b) 所示，$|M|_{\max} = Fl$；由弯矩图可知梁上侧受拉、下侧受压，应力分布如图 5-9(d) 所示，危险点在翼缘的上侧和腹板的下侧，由式 (5-9) 得

$$\sigma_{\max}^+ = \frac{|M|_{\max} y_1}{I_z} = \frac{3 \times Fl \times 2b}{100b^4} = \frac{3Fl}{50b^3} \leqslant [\sigma^+]$$

$$\sigma_{\max}^- = \frac{|M|_{\max} y_2}{I_z} = \frac{3 \times Fl \times 4b}{100b^4} = \frac{3Fl}{25b^3} \leqslant [\sigma^-] = 3[\sigma^+]$$

由强度条件可得

$$F_1 \leqslant \frac{50b^3}{3l}[\sigma^+], \quad F_2 \leqslant \frac{25b^3}{l}[\sigma^+]$$

为满足强度条件,许可载荷应取其中最小的一个,即

$$[F] = F_1 = \frac{50b^3}{3l}[\sigma^+]$$

讨论：① 如果将上述 T 形截面倒放,则最大拉应力将增大一倍,许可载荷 $[F]$ 值将减为一半。对于脆性材料制成的梁,为充分发挥材料的抗压性能、提高承载能力,截面设计时应使中性轴靠近受拉的一侧,并尽量使最大拉应力和最大压应力同时达到材料拉伸和压缩的许用应力。② 通过调整 h 和 b 的比值,可使 T 形截面形状达到尺寸最优,在同样面积下承载能力最大,或在同样载荷下截面面积最小。

例 5-4 外径 $D = 250$ mm,壁厚 $t = 10$ mm,长度 $l = 12$ m 的铸铁水管,支撑如图 5-10(a) 所示,管中充满水(无水压)。铸铁单位体积的重量 $\gamma_1 = 78$ kN/m³,水的单位体积重量 $\gamma_2 = 10$ kN/m³,已知铸铁许用应力为 $[\sigma^+] = 30$ MPa,$[\sigma^-] = 80$ MPa,$a = 1$ m。试校核水管的强度。

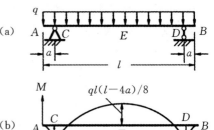

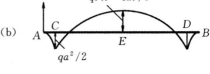

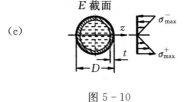

图 5-10

解：1) 确定危险截面 设铸铁水管所受的线分布载荷为 q,其数值等于单位长度铸铁管重量和水的重量之和,即

$$q = \frac{\pi[D^2 - (D-2t)^2]}{4}\gamma_1 + \frac{\pi(D-2t)^2}{4}\gamma_2$$

$$= \frac{\pi[0.25^2 - (0.25 - 2\times 0.01)^2]}{4} \times 78$$

$$+ \frac{\pi(0.25 - 2\times 0.01)^2}{4} \times 10 = 1.0 \text{ kN/m}$$

作弯矩图如图 5-10(b) 所示。最大正、负弯矩分别出现在截面 E、C、D 处,其值分别为

$$M_{\max}^+ = \frac{1}{8}ql(l-4a) = \frac{1}{8}\times 1 \times 12 \times (12 - 4\times 1) = 12 \text{ kN·m}$$

$$M_{\max}^- = \frac{1}{2}qa^2 = \frac{1}{2}\times 1 \times 1^2 = 0.5 \text{ kN·m}$$

2) 应力和强度计算 圆环截面关于中性轴对称,最大拉应力和压应力数值相等(图 5-10(c)),因此危险截面发生在弯矩绝对值最大的 E 截面处(图 5-10(b))。由式(5-7) 和式(5-5) 得圆环截面抗弯截面系数和最大拉应力分别为

$$W_z = \frac{\pi D^3}{32}(1-\alpha^4) = \frac{\pi D^3}{32}\left[1 - \left(\frac{D-2t}{D}\right)^4\right] = \frac{\pi \times 0.25^3}{32}\left[1 - \left(\frac{0.25 - 2\times 0.01}{0.25}\right)^4\right]$$

$$= 4.35 \times 10^{-4} \text{ m}^3$$

$$\sigma_{\max}^+ = \frac{M_{\max}^+}{W_z} = \frac{12 \times 10^3}{4.35 \times 10^{-4}} = 27.6 \text{ MPa} < [\sigma^+] = 30 \text{ MPa}$$

强度足够。

讨论：为了降低最大拉应力,可调整外伸部分的长度,以降低梁内的最大弯矩。当最大正弯矩和最大负弯矩的绝对值相等时,梁的最大拉应力会达到最小。请自行验证 $a = 0.207l$ 时,梁

内最大应力 $\sigma_{\max} = 7.12\,\mathrm{MPa}$。

5.4 弯曲切应力及其强度条件

梁在发生剪切弯曲时,横截面上既有弯矩又有剪力,弯矩将在梁的横截面上产生正应力,剪力将在梁的横截面上产生切应力。本节以矩形截面梁为例,讨论对称截面梁的弯曲切应力及其强度条件,并介绍其它截面梁的弯曲切应力公式。

5.4.1 矩形截面梁的切应力

如图 5-11(a) 所示矩形截面梁,设 $h > b$,载荷作用在纵向对称平面内。用 m—m 和 n—n 截面截取长为 $\mathrm{d}x$ 的微段,该微段的内力如图 5-11(b) 所示,微段左右截面的剪力为 F_s,弯矩分别为 M 和 $M + \mathrm{d}M$。在 $h > b$ 的前提下,可作出如下假设:① 横截面上各点的切应力均平行于剪力 F_s;② 切应力沿矩形截面宽度均匀分布(弹性理论的进一步研究表明,严格讲应该 $h \gg b$,上述假设才能够成立,对工程设计而言,只要 $h > b$ 一般即可保证切应力公式满足精度要求)。

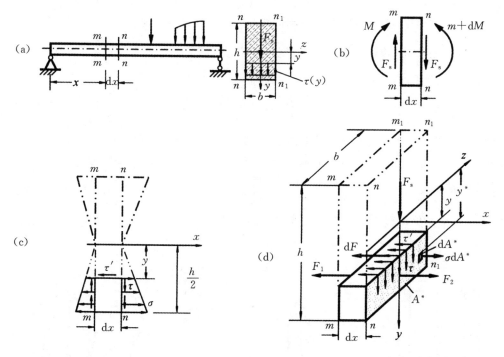

图 5-11

在 $\mathrm{d}x$ 微段中距中性层为 y 处,用一水平截面截取下部的微元分离体加以研究(图 5-11(c)、(d)),并以 A^* 表示所取部分的横截面面积。根据上述两个假设,在横截面上距中性轴为 y 的各点处有均匀分布的切应力 τ,再由切应力互等定理,水平纵截面上也有均匀分布的切应力 τ',方向平行于轴线,且 $\tau' = \tau$。由于微段 $\mathrm{d}x$ 左右两侧面上的弯矩不相同,因此这两个截面上的正应力也不相同(图 5-11(c))。

设在两侧的面积 A^* 上的正应力所组成的轴向力分别为 F_1 和 F_2,显然有 $F_2 > F_1$;故在水平截面上必有水平剪力 $\mathrm{d}F$ 存在,$\mathrm{d}F$ 是水平切应力 τ' 的合力。于是由下部微元分离体 x 方向的

平衡方程可得

$$F_2 - F_1 = \mathrm{d}F = \tau' b \mathrm{d}x = \tau b \mathrm{d}x, \quad \tau = \frac{F_2 - F_1}{b \mathrm{d}x} \tag{a}$$

由图 5-11(d) 和式(5-2)可知

$$F_1 = \int_{A^*} \sigma \mathrm{d}A = \frac{M}{I_z} \int_{A^*} y^* \mathrm{d}A = \frac{M}{I_z} S_z^* \tag{b}$$

式中:I_z 为横截面对中性轴的轴惯矩;y^* 为面积 A^* 上任意点的纵坐标,且 $y \leqslant y^* \leqslant h/2$;$S_z^* = \int_{A^*} y^* \mathrm{d}A$ 为面积 A^* 对 z 轴的静距。同理可得

$$F_2 = \frac{M + \mathrm{d}M}{I_z} S_z^* \tag{c}$$

将式(b)、(c)代入式(a),并考虑到第 4 章得到的微分关系式(4-1)$\mathrm{d}M/\mathrm{d}x = F_s$,整理可得

$$\tau = \frac{F_s S_z^*}{b I_z} \tag{5-10}$$

式中:F_s 为横截面的剪力;b 为矩形截面的宽度;S_z^* 为面积 A^* 对中性轴的静矩。

设 y_C^* 为面积 A^* 的形心 C 到中性轴的距离(图 5-12(a)),则有

$$S_z^* = \int_{A^*} y^* \mathrm{d}A = A^* y_C^* = b\left(\frac{h}{2} - y\right)\left[y + \frac{1}{2}\left(\frac{h}{2} - y\right)\right] = \frac{b}{2}\left(\frac{h^2}{4} - y^2\right) \tag{d}$$

将上式及 $I_z = bh^3/12$ 代入式(5-10)可得

$$\tau = \frac{F_s S_z^*}{b I_z} = \frac{6F_s}{bh^3}\left(\frac{h^2}{4} - y^2\right) \tag{5-11}$$

从式(5-11)可看出,切应力沿高度按抛物线规律分布(图 5-12(b))。在截面的上、下边缘处($y = \pm h/2$),切应力 $\tau = 0$。在中性轴上各点处($y = 0$),切应力为最大,其值为

$$\tau_{\max} = \frac{3F_s}{2bh} = \frac{3}{2}\frac{F_s}{A} \tag{5-12}$$

式中:A 为整个矩形横截面的面积。即矩形截面梁的最大切应力为平均切应力的 1.5 倍。

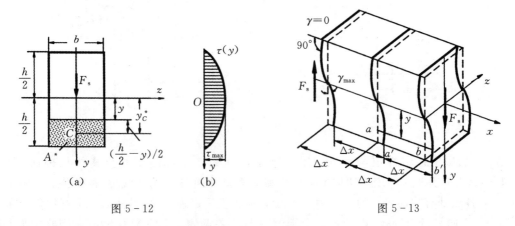

图 5-12

图 5-13

根据上述分析和剪切胡克定律,切应变沿高度也按抛物线分布。在中性层上的单元体切应变达到最大值,随着与中性层距离的增加,切应变逐渐减小,在上、下表面处切应变 $\gamma = 0$(图 5-13)。因此,在剪切弯曲时横截面将不再保持为平面而发生翘曲。但是,如果相邻横截面间的

剪力相同,则其翘曲程度也相同,相邻横截面间纵向线段 ab 在其变形至 a'b' 位置时,其长度并无变化。因此,这种翘曲变形并不影响由弯矩引起的正应变,在纯弯曲中所建立的弯曲正应力公式在剪切弯曲时仍然成立。若在分布载荷作用下,相邻横截面的剪力将不再相同,其翘曲程度也不相同,相邻横截面间纵向线段的长度将因此而发生变化,但对细长梁而言,这种变化很小,所以对弯曲正应力的影响仍可略去不计。

例 5-5 矩形截面悬臂梁,在自由端承受集中载荷 F,如图 5-14(a)所示,$l > 5h$,试求最大切应力 τ_{max} 和最大弯曲正应力 σ_{max} 的比值。

解:通过内力分析可知,该梁所有截面上的剪力均为 F,最大弯矩在 B 截面,$M_{max} = Fl$。由正应力和切应力分布规律(图 5-14(c)、(d))可知,最大正应力发生在 B 截面的上、下边缘,最大切应力发生在各横截面中性轴处。其值分别为

$$\sigma_{max} = \frac{M_{max}}{W_z} = \frac{Fl}{bh^2/6}, \quad \tau_{max} = \frac{3}{2}\frac{F_s}{A} = \frac{3}{2}\frac{F}{bh}$$

两者之比为

$$\frac{\tau_{max}}{\sigma_{max}} = \frac{h}{4l}$$

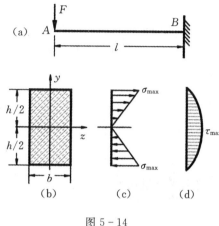

图 5-14

由上式可知,对于细长梁($l > 5h$),$\tau_{max}/\sigma_{max} < 5\%$,即切应力相对很小。进一步分析表明,对于圆形、矩形等实心截面梁,只要梁的高度与其跨度之比很小,则切应力可略去不计。

5.4.2 其它常用截面梁的弯曲切应力

1) **工字形截面** 工字形截面由腹板和上、下翼缘组成,如图 5-15(a)所示。切应力沿高度分布如图 5-15(b)所示。最大切应力发生在中性轴上,其值为

$$\tau_{max} = \frac{F_s S_{zmax}^*}{d I_z} = \frac{F_s}{d(I_z/S_{zmax}^*)} \approx \frac{F_s}{A'} \quad (5-13)$$

式中:d、A' 分别为腹板宽度与面积;I_z 为工字形截面对中性轴的惯性矩;S_{zmax}^* 为中性轴一侧半个工字形截面面积对中性轴的静矩。对于轧制的工字钢,式中的 I_z/S_{zmax}^* 可由型钢规格表(附录C)中查得。由于翼缘的厚度较小,因此,翼缘上沿 y 方向的切应力很小,可忽略不计,而水平

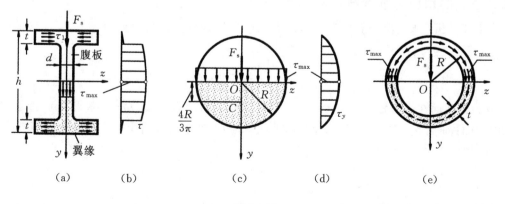

图 5-15

切应力 τ_1 是翼缘的主要切应力，其值可按照推导公式(5-10)的方法确定，其方向如图 5-15(a)所示。与腹板最大切应力相比，翼缘的最大切应力较小，故通常不必计算。上述结果表明，工字形截面的上、下翼缘主要承担弯矩，而腹板主要承担剪力。

对于槽钢、槽形截面梁和箱形薄壁截面梁腹板的弯曲切应力计算与工字形截面梁相似，其最大切应力均可用公式(5-13)计算。

2) 圆形截面　由切应力互等定理可知，截面圆周上各点的切应力必与圆周相切。研究结果表明，y 方向切应力沿高度大致如图 5-15(d)分布，最大切应力仍发生在中性轴上，并且沿中性轴均匀分布，因此仍可用公式(5-10)计算圆形截面的最大切应力为

$$\tau_{max} = \frac{F_s S_{zmax}^*}{b I_z} \tag{a}$$

式中：$b = 2R$ 为圆形截面在中性轴处的宽度；$I_z = \pi R^4 / 4$；S_{zmax}^* 为半个圆截面面积对中性轴的静距，其值为

$$S_{zmax}^* = (\frac{\pi R^2}{2})(\frac{4R}{3\pi}) = \frac{2}{3} R^3 \tag{b}$$

将上述各量代入式(a)得

$$\tau_{max} = \frac{4}{3} \frac{F_s}{A} \tag{5-14}$$

式中：A 为圆形截面面积。

3) 薄壁圆环截面　平均半径 R 远大于壁厚 $t(R > 10t)$ 的圆环称为薄壁圆环。由于壁厚很小，可认为切应力沿壁厚均匀分布，方向与圆周相切（图 5-15(e)），最大切应力发生在中性轴上，方向平行于剪力 F_s。其值仍可用公式(5-10)计算，即

$$\tau_{max} = \frac{F_s S_{zmax}^*}{b I_z}$$

式中：$b = 2t$ 为圆环截面在中性轴处的宽度；I_z 为圆环截面对中性轴的惯性矩；S_{zmax}^* 为半个圆环截面积对中性轴的静矩。经计算可得

$$\tau_{max} = 2 \frac{F_s}{A} \tag{5-15}$$

式中：$A = 2\pi R t$ 为圆环截面面积。因此，薄壁圆环截面上最大切应力为平均切应力的 2 倍。

5.4.3　梁的切应力强度条件

由上述分析可知，梁在剪切弯曲时，最大切应力一般发生在最大剪力 F_{smax} 所在截面的中性轴上，其计算公式可统一写为

$$\tau_{max} = \frac{F_{smax} S_{zmax}^*}{b I_z}$$

式中：b 为横截面在中性轴处的宽度；S_{zmax}^* 为中性轴一侧的截面（半截面）面积对中性轴的静矩。由于中性轴上各点的弯曲正应力为零，因此，这些点处于纯剪切受力状态，其切应力强度条件为

$$\tau_{max} = \frac{F_{smax} S_{zmax}^*}{b I_z} \leqslant [\tau] \tag{5-16}$$

在进行梁的强度计算时，一般先考虑正应力强度条件，再按公式(5-16)进行切应力强度校核。对于实心的细长梁，由于弯曲正应力是主要控制因素，因此一般不需要进行切应力强度

校核。但对于薄壁截面梁、短而粗的梁、很大的集中载荷作用在支座附近的梁等,其弯曲切应力不能忽略。

由于木梁沿顺纹方向的抗剪能力较差,因此,除考虑正应力强度条件外,还需考虑切应力强度条件。某些薄壁构件(例如工字形截面梁)在腹板和翼缘交界处,其正应力和切应力都可能比较大,该处也可能成为危险点,其强度计算问题将在第 8 章中讨论。

例 5-6 一机器重 $W = 50 \text{ kN}$,安装在两根工字钢外伸梁的外伸端上,如图 5-16(a) 所示,若许用应力 $[\sigma] = 60 \text{ MPa}$,$[\tau] = 40 \text{ MPa}$。试选择工字钢型号。

解:先按正应力强度条件选择截面,然后按切应力强度条件进行校核。

1) 作剪力弯矩图　每根外伸梁在自由端受 $F = 25 \text{ kN}$ 载荷作用,梁的计算简图、剪力图和弯矩图分别如图 5-16(b)、(c)、(d) 所示。

2) 按正应力强度条件初选　由公式 (5-8)

$$\sigma_{\max} = \frac{M_{\max}}{W_z} \leqslant [\sigma]$$

$$W_z \geqslant \frac{M_{\max}}{[\sigma]} = \frac{25 \times 10^3}{60 \times 10^6} = 417 \text{ cm}^3$$

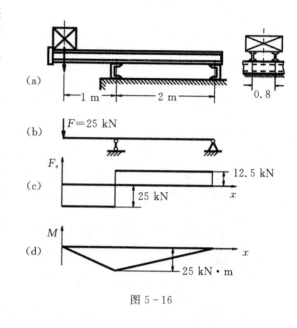

图 5-16

查附录 C,25a 工字钢 $W_z = 401.88 \text{ cm}^3$,虽然它比要求的小了 3.5%;但工程中一般偏差不大于 5% 是允许的。故初选 25a 工字钢。

3) 按切应力强度条件校核　由图 5-16(c) 得 $|F_s|_{\max} = 25 \text{ kN}$,查附录 C 的型钢表,得 25a 号工字钢的腹板宽度 $d = 8 \text{ mm}$,$I_z/S_{z\max}^* = 21.58 \text{ cm}$,代入式 (5-16) 得

$$\tau_{\max} = \frac{|F_s|_{\max}}{d(I_z/S_{z\max}^*)} = \frac{25 \times 10^3}{8 \times 10^{-3} \times 21.58 \times 10^{-2}} = 14.5 \text{ MPa}$$

剪切强度足够,故可选用 25a 号工字钢。

5.5　提高弯曲强度的措施

根据前面分析可知,一般细长梁的强度主要取决于弯曲正应力。由式 (5-8) 可知,梁的弯曲正应力强度与所用材料、横截面形状、最大弯矩 $|M|_{\max}$ 有关。因此,提高梁的承载能力,可从减少最大弯矩 $|M|_{\max}$ 和提高截面抗弯系数 W_z 等方面考虑。

5.5.1　合理安排梁的支承与载荷

1) 合理安排梁的支承　例如图 5-17(a) 所示的梁,其最大的弯矩 $M_{\max} = ql^2/8 = 0.125ql^2$,若将两支座向中间移动 $0.2l$ (图 5-17(b)),则后者的最大弯矩仅为前者的 1/5 (见例 5-4)。设计锅炉筒体及吊装长构件时,其支承点不设在两端(图 5-17(c))就是这个道理。另外还可增加中间支座以降低最大弯矩(增加支座后成为超静定梁,将在第 6 章中讨论)。

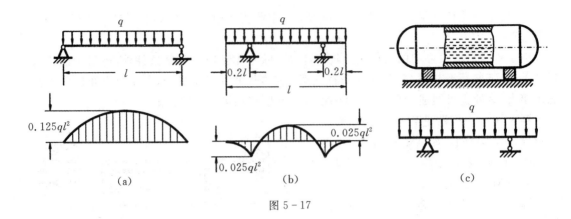

图 5-17

2) **合理安排载荷** 如图 5-18(a) 所示的梁,当集中载荷位置从跨中央向支承方向移动时,梁上最大弯矩将减小(图 5-18(b))。此外,若将一个集中载荷分成几个较小的集中载荷或变成线分布载荷,例如将图 5-18(a) 所示的梁改为图 5-19(a)、(b) 所示的情况,后两个梁的最大弯矩只有原来的一半。许多木结构建筑(图 5-19(c)) 就是利用上述原理设计的。

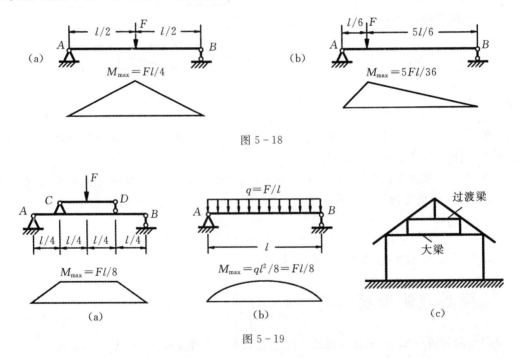

图 5-18

图 5-19

5.5.2 合理设计截面的形状

1) **增大单位面积的抗弯截面系数 W_z/A** 当弯矩一定时,最大弯曲正应力与截面抗弯系数成反比。为了节省材料、减轻自重,合理的截面形状应该使单位面积的抗弯截面系数 W_z/A 尽可能大。例如,例 5-1 中的矩形截面梁,竖放和横放的抗弯截面系数之比 $h/b>1$。所以,竖放的弯曲强度比横放高;例 5-2 说明,实心圆截面梁最不经济,矩形较圆形好,空心较实心好,工字钢最好,这可从弯曲正应力的分布规律得到解释。由于弯曲正应力垂直于中性轴按线性分布,中性轴附近弯曲正应力很小,在截面的上、下边缘处弯曲正应力最大。因此,使横截面面积分布在距中性轴较远处可充分发挥材料的强度。在实际工程中,大量采用的工字形和箱形截面梁,例如铁轨、起重机大梁、内燃机连杆等就是运用了这一原理。而圆形实心截面梁上、下边缘处的材料较少,中性轴附近的材料较多,因而不能做到材尽其用。

2) 根据载荷的方向,合理选择和放置截面　　一般水平放置的梁载荷铅垂向下,而且方向不变,这时上述结论是正确的。有些构件竖直承受弯曲变形,如建筑工程中的立柱、自然界的树木等,由于方向不定的水平横向载荷(如风载)产生弯曲变形,弯曲(弯矩)的方向也是不确定的,这时仍然用矩形或者工字形截面就不再合理,因为在一个方向的惯性矩和抗弯截面系数越大,另一个方向的惯性矩和抗弯截面系数往往会越小,承载能力大大降低,反而不如圆截面在各个方向抗弯截面系数相同而承载能力最大。

图 5-20 列出 18 号工字钢截面、圆截面、正方形、矩形四种面积相等的截面,$A = 30.6$ cm^2,在不同方向的弯矩作用下,其抗弯截面系数比较可见:正方形截面的 W_{z1} 和矩形截面的 W_y 小于圆截面的 W_z;工字钢截面的 W_y 远小于 W_z,而且小于正方形和矩形的 W_z。

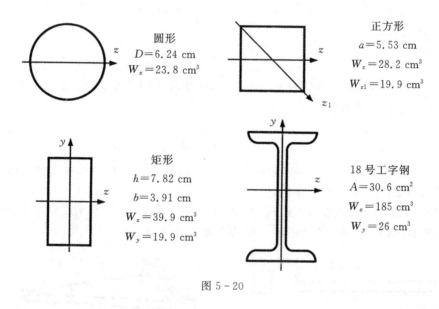

图 5-20

3) 根据材料特性,合理选择截面的形状　　塑性材料(如低碳钢等)因其抗拉和抗压能力相同,因此,截面宜对称于中性轴,这样可以使最大拉应力和最大压应力相等,同时达到或接近许用应力,使材料得到充分利用。

对于抗拉和抗压能力不相等的脆性材料(如灰铸铁等),设计截面时应使中性轴靠近受拉的一侧(如 T 字形等截面),并使截面上最大拉应力和最大压应力同时达到或接近材料的抗拉和抗压许用应力,其中性轴的合理位置由式(5-9)确定。

对于组合材料的梁,例如工程中大量使用的钢筋混凝土梁(图 5-21),在它受拉的一侧配置抗拉强度高的钢筋,以提高梁的抗弯能力。

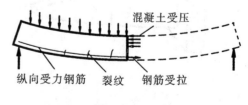

图 5-21

5.5.3 等强度梁的概念

剪切弯曲时,梁的弯矩随截面位置而变,在按最大弯矩设计的等截面梁中,除最大弯矩所在截面外,其它截面的材料强度均未得到充分发挥。因此,可根据弯矩变化规律,将其设计成变截面梁,以减轻自重、节省材料。当变截面梁上所有截面的最大正应力都相等,且等于许用应力时,这种梁称为**等强度梁**。按照等强度梁的强度条件,可确定抗弯截面系数 W_z 沿梁长的变化规律,即

$$\sigma_{\max}(x) = \frac{M(x)}{W_z(x)} = [\sigma]$$

由此可得

$$W_z(x) = \frac{M(x)}{[\sigma]} \tag{5-17}$$

以图 5-22(a) 所示低碳钢制作的悬臂梁为例,说明确定等强度梁的一般方法。

设梁的横截面为矩形,在自由端受集中力作用。令截面的高度 h 不变,则由式(5-17)可得宽度 b 沿梁长变化规律为

$$\frac{b(x)h^2}{6} = \frac{Fx}{[\sigma]}, \quad b(x) = \frac{6F}{h^2[\sigma]}x$$

式中:$b(x)$ 是 x 的线性函数,其形状如图 5-22(b) 所示。同理,若令截面宽度 b 不变,则高度 $h(x)$ 沿梁长的变化规律为

$$h(x) = \sqrt{\frac{6Fx}{b[\sigma]}}$$

式中:$h(x)$ 是二次抛物线,其形状如图 5-22(c) 所示。工程中,支承桥式起重机的钢筋混凝土梁,不少都采取这种形式,俗称鱼腹梁。

对于圆形截面的等强度梁,同理可按式(5-17)确定其直径沿梁长的变化规律。不过,为了满足结构和加工的要求,通常做成阶梯形状的变截面梁,如图 5-22(d) 所示。

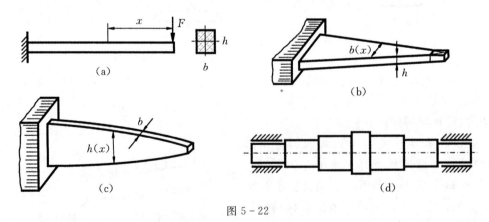

图 5-22

*5.6 剪切中心(弯曲中心)简介

对于某些截面形状的梁,当横向力的作用面与形心主惯性平面重合时,除发生平面弯曲外,还会有扭转产生(图 5-23(a))。这是由于横截面的切应力的合力不通过截面形心所致。以

槽形截面梁为例加以说明。

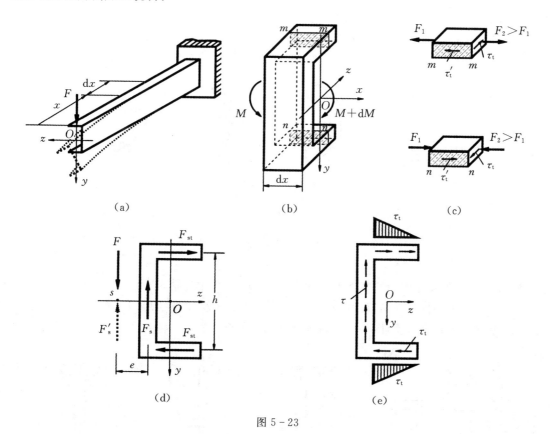

图 5-23

首先从梁中取出微段 dx，弯矩如图 5-23(b) 所示。为了确定上、下翼缘的水平切应力的方向，分别用铅垂纵截面 $m-m$ 和 $n-n$ 从上、下翼缘中截出分离体如图 5-23(c) 所示。用与 5.4 节相同的方法可以判定，在图 5-23(c) 所示的分离体 $m-m$ 和 $n-n$ 截面上有沿 x 方向的切应力 τ'_t 存在，其合力与由弯曲正应力组成的轴力 F_1、F_2 相平衡，方向如图 5-23(c) 所示。由切应力互等定理可知，在图 5-23(c) 分离体的横截面上将有沿 z 方向的切应力 τ_t。上、下翼缘的切应力分布和截面的切应力流向如图 5-23(e) 所示（τ 为腹板的切应力）。将上、下翼缘的剪力用 F_{st} 表示，若忽略翼缘中沿铅垂方向的切应力，则腹板上的剪力等于载荷 F，如图 5-23(d) 所示。若将横截面上剪力 F_s、F_{st} 和弯矩 M 对 x 轴取矩，将得到一个扭转力偶矩（弯矩对 x 轴取矩为零）。因此，杆除弯曲外，还将发生扭转。由此可知，只有当外力 F 通过横截面上剪力 F_s 和 F_{st} 的合力 F'_s 的作用点 s（图 5-23(d)）时，才能保证梁只发生弯曲而不发生扭转变形，s 点称为**剪切中心**或称**弯曲中心**。s 点至腹板中线的距离 e 可确定为

$$e = \frac{F_{st}}{F_s} h \tag{5-18}$$

实际上，各种形状的截面均存在剪切中心。对于薄壁杆件，因其抗扭刚度较差，确定其剪切中心并使外力作用线尽可能靠近剪切中心是有实际意义的。对于非对称的实心截面梁，由于剪切中心一般靠近形心，产生的扭矩不大，并且实心梁的抗扭刚度较大，一般可不必考虑扭转的影响。

剪切中心的位置可通过使梁分别在两个主惯性平面内发生弯曲，然后由两个剪力作用线

的交点来确定;对于有对称轴的截面,剪切中心一定在对称轴上。图 5-24 定性地表示了几种截面的剪切中心 s 和形心 O 的位置。其中图 5-24(a)、(b) 两种截面的 s 和 O 重合,位于两个对称轴的交点上。图中切应力的流向是根据向上的剪力画出的。

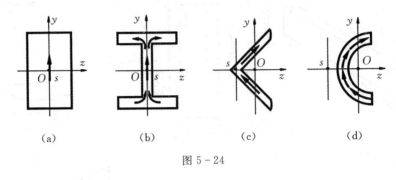

图 5-24

思 考 题

5-1 铸铁梁弯矩图和横截面形状如图(a)所示。z 为中性轴。
(1) 画出图中各截面在 A、B 两处沿截面竖线 1—1 和 2—2 的正应力分布。
(2) 从正应力强度考虑,图中何种截面形状的梁最合理?

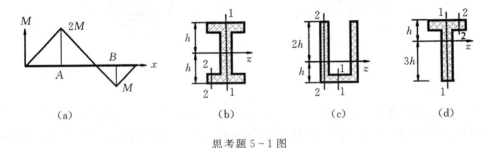

思考题 5-1 图

5-2 弯曲正应力公式(5-2)和切应力公式(5-13)的应用条件是什么?二者有何共同点和不同点?

5-3 一正方形截面梁,按图示两种方式放置。当载荷沿 y 方向作用在纵向对称平面内时,试比较两种放置方式的弯曲强度和弯曲刚度。

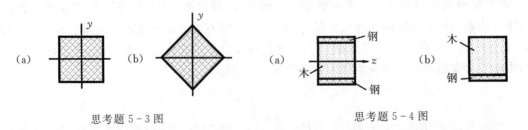

思考题 5-3 图   思考题 5-4 图

5-4 由钢和木材组成的矩形截面梁受纯弯曲,如图(a)所示。若两种材料之间不能相对滑动,试定性画出轴向线应变和正应力沿截面高度的变化图线,图中 z 为中性轴。如果截面为图(b)形式,纯弯曲时中性轴是否通过截面的几何形心?如何确定中性轴的位置?

5-5 薄壁圆环受力如图所示，平均直径 D 是壁厚的 10 倍。试分析环内切向正应力中拉伸和弯曲正应力分量的比值，说明在什么条件下切向正应力可按均匀分布计算。

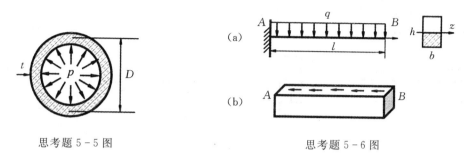

思考题 5-5 图　　　　　　　思考题 5-6 图

5-6 矩形截面梁受均布载荷作用，如图（a）所示，若沿中性层截出梁的下半部分（图（b）），试分析：在水平截面上的切应力沿梁轴线按什么规律分布？该截面上的剪力有多大？它由什么力来平衡？

5-7 将圆木加工成矩形截面梁时，为了提高木梁的承载能力，我国宋代杰出的建筑师李诫在其所著的《营造法式》中曾提出：合理的高宽比应为 3∶2。请读者根据弯曲理论分析这个结论的合理性。

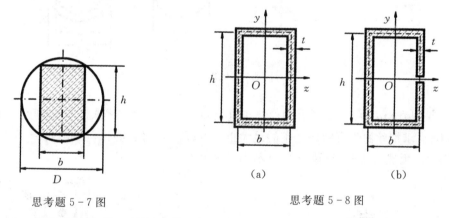

思考题 5-7 图　　　　　　　思考题 5-8 图

5-8 图示开口和闭口的薄壁截面梁，在平行于 y 轴的平面内发生剪切弯曲，设横截面上剪力的方向向下且通过形心 O，试定性画出截面上弯曲切应力的流向和分布规律。

习　题

5-1 一工字形简支梁受力如图所示。已知 $M_0 = 80\,\text{kN}\cdot\text{m}, l = 2\,\text{m}, h = 40\,\text{cm}, h_1 = 32\,\text{cm}$，翼缘宽度 $b = 24\,\text{cm}$，腹板宽度 $t = 2\,\text{cm}$。求 B 截面上 a、c 两点的正应力和全梁最大的正应力。

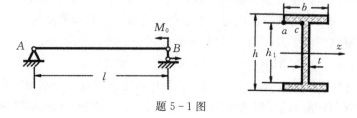

题 5-1 图

5-2 矩形截面钢梁受力如图所示。已知 $F = 10\text{ kN}, q = 5\text{ kN/m}, a = 1\text{ m}, [\sigma] = 160\text{ MPa}$。试确定截面尺寸 b。

5-3 图示简支梁由36a工字钢制成。已知 $F = 40\text{ kN}, M_0 = 150\text{ kN·m}, [\sigma] = 160\text{ MPa}$。试校核梁的正应力强度。

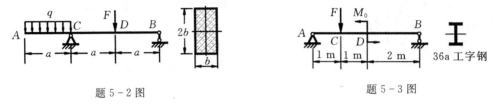

题 5-2 图   题 5-3 图

5-4 如图所示简支梁承受均布载荷。若分别采用面积相等的实心和空心圆截面，且 $D_1 = 40\text{ mm}, l = 2\text{ m}, d/D = 0.6$。试分别计算它们的最大正应力；若许用应力为 $[\sigma]$，问空心截面的许可载荷是实心截面的几倍？

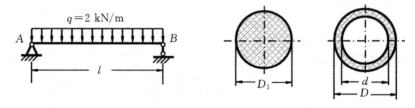

题 5-4 图

5-5 一根直径 d 为 1 mm 的直钢丝绕于直径 $D = 600\text{ mm}$ 的圆轴上，钢的弹性模量 $E = 210\text{ GPa}$。(1) 试求钢丝由于弯曲而产生的最大正应力；(2) 若材料的比例极限 $\sigma_\text{p} = 500\text{ MPa}$，为了不使钢丝产生残余变形，问轴径 D 应不小于多少？

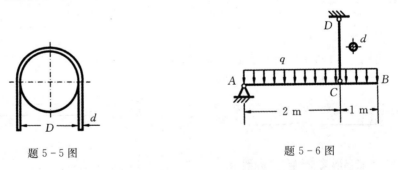

题 5-5 图   题 5-6 图

5-6 梁杆组合结构受力如图所示。AB 为 10 工字钢，拉杆 CD 直径 $d = 15\text{ mm}$，梁与杆的许用正应力 $[\sigma] = 160\text{ MPa}$。试按正应力强度条件求许可分布载荷集度 $[q]$。

5-7 铸铁制成的槽形截面梁，C 为截面形心，$I_z = 40 \times 10^6\text{ mm}^4, y_1 = 140\text{ mm}, y_2 = 60\text{ mm}, l = 4\text{ m}, q = 20\text{ kN/m}, M_0 = 20\text{ kN·m}, [\sigma^+] = 40\text{ MPa}, [\sigma^-] = 150\text{ MPa}$。(1) 作出最大正弯矩和最大负弯矩所在截面的应力分布图，并标明应力数值；(2) 校核梁的强度。

5-8 一正方形截面木梁，受力如图所示，$q = 2\text{ kN/m}, F = 5\text{ kN}$，木料的许用应力 $[\sigma] =$

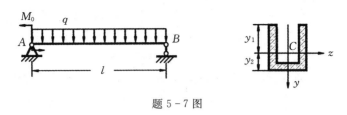

题 5-7 图

10 MPa。若在 C 截面的高度中间沿 z 方向钻一直径为 d 的横孔,在保证该梁的正应力强度条件下,试求圆孔的最大直径 d。

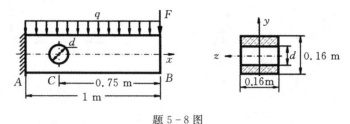

题 5-8 图

5-9 由三根木条胶合而成的悬臂梁截面尺寸如图所示,跨度 $l = 1\text{ m}$。(1) 若胶合面上的许用切应力 $[\tau] = 3.4\text{ MPa}$,试根据胶合面的切应力强度条件求许可载荷 $[F]$;(2) 求在该许可载荷作用下的最大弯曲正应力;(3) 若木条间可相对自由滑动,并且没有摩擦,问这时各木条截面上的弯曲正应力如何分布?最大正应力为多少?(图中长度单位为 mm)

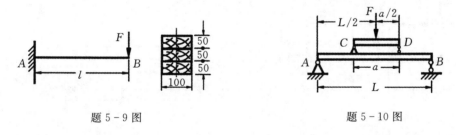

题 5-9 图　　　　　　　　题 5-10 图

5-10 当载荷 F 直接作用在跨长为 $L = 6\text{ m}$ 的简支梁 AB 的中点时,梁内最大正应力超过允许值 30%。为了消除此过载现象,拟配置如图所示的辅助梁 CD,试求此辅助梁的最小跨度 a。

5-11 一 T 形截面铸铁梁如图所示。已知 $F = 80\text{ kN}, l = 2\text{ m}, b = \beta t$,材料的许用拉应力 $[\sigma^+] = 30\text{ MPa}$,许用压应力 $[\sigma^-] = 120\text{ MPa}$。试求系数 β 和尺寸 t,使梁中最大的拉应力和最大压应力分别等于拉伸和压缩的许用应力。

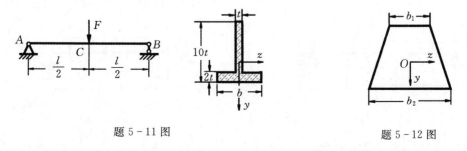

题 5-11 图　　　　　　　　题 5-12 图

5-12 一等腰梯形截面梁受纯弯曲,横截面的顶部受压缩而底部受拉伸。材料的许用拉应力与许用压应力之比 $[\sigma^+]/[\sigma^-] = \beta$。求使梁用材最省时其横截面的上、下边长的比值。

5-13 图示22a工字钢梁，全跨受均布载荷 q 作用，梁的上、下用钢板加强，钢板厚度 $t = 10\ \text{mm}$，宽度 $b = 75\ \text{mm}$，梁长 $l = 6\ \text{m}$，$[\sigma] = 160\ \text{MPa}$。试求许可均布载荷 $[q]$。

5-14 如图所示自重 $G = 50\ \text{kN}$ 的起重机，行走于两根工字梁上。起重机的最大起重量 $F = 10\ \text{kN}$，工字钢的许用应力 $[\sigma] = 160\ \text{MPa}$。求：(1) 起重机移动时梁最危险的位置 x_0；(2) 按梁的正应力强度条件选择工字钢的型号。

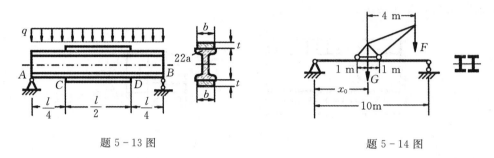

题 5-13 图　　　　　题 5-14 图

5-15 矩形截面简支梁受到行走于 AB 之间的移动载荷 F 作用。为了测量 F 的大小，在 C—C 截面外侧距离中性层为 e 的 K 点处沿梁轴线方向贴一应变片。当 F 在梁上行走时，测得最大线应变为 ε。已知梁长 l、矩形截面高 h、宽 b 和材料弹性模量 E。试求 F 的大小。

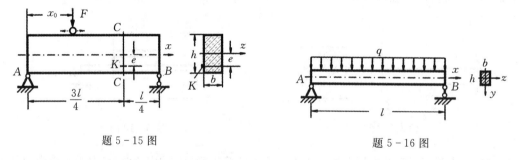

题 5-15 图　　　　　题 5-16 图

5-16 图示矩形截面简支梁受均布载荷 q 作用。已知梁长 l，截面尺寸 b 和 h，材料的弹性模量 E。(1) 若 $l = 5h$，求梁内最大弯曲正应力和最大弯曲切应力之比；(2) 求梁下边缘的总伸长。

5-17 图示外伸木梁，截面为矩形，$h/b = 1.5$，受行走于 AB 之间的载荷 $F = 40\ \text{kN}$ 作用。已知 $[\sigma] = 10\ \text{MPa}$，$[\tau] = 3\ \text{MPa}$。(1) 试求 F 在什么位置时梁为危险工作状况？(2) 选择 b 和 h。

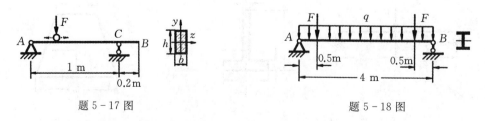

题 5-17 图　　　　　题 5-18 图

5-18 简支梁受力如图所示，截面用标准工字钢。已知 $F = 40\ \text{kN}$，$q = 1\ \text{kN/m}$，$[\sigma] = 100\ \text{MPa}$，$[\tau] = 80\ \text{MPa}$。试选用工字钢型号。

5-19 圆截面锥形悬臂梁,在自由端受集中力 F 作用,在 A、B 两端截面直径分别为 d 和 $2d$,梁的长度为 l。求梁中最大的弯曲正应力。

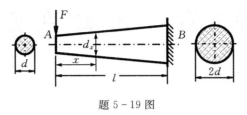

题 5-19 图

第6章 弯曲变形

本章提要

本章介绍梁的弯曲变形概念和计算弯曲变形的积分法与叠加法,讨论简单超静定梁的求解。本章内容简单实用。

6.1 概　述

在许多工程问题中,除了要考虑梁的强度以外,还要考虑梁的刚度问题,即需要计算梁的变形。如图 6-1 所示的齿轮轴,若弯曲变形过大,将造成齿轮啮合不良、轴承严重磨损等问题,并因此产生振动和噪声;机床的主轴变形过大会影响加工精度;桥式起重机大梁变形过大将使梁上的小车移动和准确定位困难。因此对于某些受弯构件,不仅要求其具有足够的强度,还必须限制它们的变形,即考虑其刚度问题。

在第 5 章推导弯曲正应力公式时,已经得到了计算弯曲变形的公式 $1/\rho = M/(EI)$,但是在工程中用曲率来度量弯曲变形很不直观,应用也不方便。工程上经常采用挠度和转角作为弯曲变形的度量指标。以图 6-2(a)所示简支梁为例,取其左端为坐标原点,变形前的梁轴线为 x 轴,横截面的形心主惯性轴为 y 轴,发生平面弯曲时,横截面形心在 y 轴方向的线位移 v 称为**挠度**,横截面绕中性轴转过的角度 θ 称为**转角**。梁的轴线在 Oxy 平面内弯成一条连续的光滑曲线,称为**挠度曲线**(或**弹性曲线**,简称**挠曲线**),挠曲线上的点就是变形后的截面形心位置。

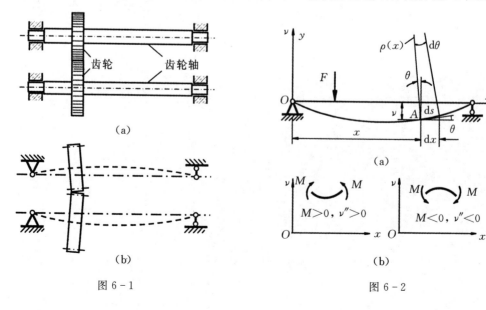

图 6-1　　　　　　　　　　　图 6-2

纯弯曲时横截面保持平面,转动后的横截面仍与挠曲线垂直。向上挠度规定为正,逆时针转动的转角规定为正,反之为负。

显然,挠度和转角随截面位置而变化,于是挠曲线和转角方程可分别表示为
$$\nu = f(x), \quad \theta = \theta(x)$$

由图 6-2(a) 可知,变形前任意点 A 点所在横截面的转角 θ 等于挠曲线上该点的切线与 x 轴的夹角,在小变形条件下有

$$\theta \approx \tan\theta = \frac{d\nu}{dx} = \nu'(x) \tag{6-1}$$

即挠度方程对水平坐标轴 x 的一阶导数等于转角方程。对细长梁,剪力对梁变形影响很小,因此纯弯曲的曲率计算公式 $1/\rho = M/EI$ 仍可应用于剪切弯曲,但应改写成

$$\frac{1}{\rho(x)} = \frac{M(x)}{EI} \tag{a}$$

式中:$\rho(x)$ 为梁轴线上任一点变形后的曲率半径;$M(x)$ 为相应截面的弯矩;EI 称为**截面抗弯刚度**。由高等数学可知,平面曲线的曲率计算公式为

$$\frac{1}{\rho(x)} = \frac{\nu''}{(1+\nu'^2)^{3/2}} \tag{b}$$

考虑到小变形时,ν' 远小于 1,ν'^2 与 1 相比可忽略不计。将式(b)代入式(a),同时由于 ν'' 的正负号与弯矩正负号相同(图 6-2(b)),于是可得

$$\nu'' = \frac{M(x)}{EI} \tag{6-2}$$

上式称为**挠曲线近似微分方程**。如果梁的抗弯刚度 EI 为常数,则求梁的变形问题简单地归结为弯矩方程的积分问题。

6.2 直接积分法

对近似微分方程式(6-2)积分,积分一次得到转角方程,再积分一次得到挠度方程,故称为**直接积分法**。对于等截面直梁,EI 为常数,积分后的转角方程、挠度方程分别为

$$EI\theta = EI\nu' = \int M(x)dx + C, \quad EI\nu = \iint M(x)dxdx + Cx + D \tag{6-3}$$

式中:C、D 为积分常数,可利用梁的边界条件和连续性条件确定。

例 6-1 求图 6-3 所示等截面悬臂梁的挠曲线和转角方程,并确定其挠度和转角的最大值。

解:1) 建立挠曲线近似微分方程并积分

弯矩方程 $\quad M(x) = -\dfrac{1}{2}qx^2 \quad$ (a)

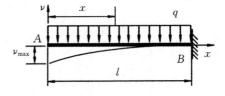

图 6-3

对挠曲线微分方程积分可得

$$EI\theta = -\frac{q}{6}x^3 + C, \quad EI\nu = -\frac{q}{24}x^4 + Cx + D \quad \text{(b)}$$

2) 确定积分常数 固定端处挠度和转角均为零,即
$$x = l \text{ 时}, \nu = 0; \quad x = l \text{ 时}, \theta = 0 \tag{c}$$

上式代入式(b)得

$$C = \frac{ql^3}{6}, \quad D = -\frac{ql^4}{8} \tag{d}$$

3) 建立转角、挠度方程　将 C、D 值代入式(b) 得

$$\theta = -\frac{q}{6EI}(x^3 - l^3), \quad \nu = -\frac{q}{24EI}(x^4 - 4l^3 x + 3l^4) \tag{e}$$

由图 6-3 可见，$x = 0$ 处挠度和转角最大，由式(e) 得

$$\theta(0) = \theta_{\max} = \frac{ql^3}{6EI}(逆针向), \quad \nu(0) = \nu_{\max} = -\frac{ql^4}{8EI}(向下) \tag{f}$$

讨论：从式(f) 可以看出积分常数 C、D 除以 EI 即为坐标原点处的转角和挠度。这是一个普遍规律吗？

例 6-2　图 6-4 所示简支梁 C 点受集中力 F。已知梁长 l、a、b，抗弯刚度 EI 为常数，试求梁的挠度和转角方程，并确定 C 点的挠度和支座处的转角。

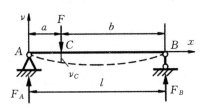

图 6-4

解：1) 列弯矩方程　求支反力为

$$F_A = \frac{b}{l}F, \quad F_B = \frac{a}{l}F \tag{a}$$

弯矩方程为

$$\begin{cases} 0 \leqslant x \leqslant a : M_1(x) = \frac{b}{l}Fx \\ a \leqslant x \leqslant l : M_2(x) = \frac{b}{l}Fx - F(x-a) \end{cases} \tag{b}$$

2) 对挠曲线微分方程积分　得到转角方程和挠度方程

$$\begin{cases} 0 \leqslant x \leqslant a : EI\theta_1 = \frac{b}{2l}Fx^2 + C_1, \quad EI\nu_1 = \frac{b}{6l}Fx^3 + C_1 x + D_1 \\ a \leqslant x \leqslant l : EI\theta_2 = \frac{b}{2l}Fx^2 - \frac{F}{2}(x-a)^2 + C_2 \\ \qquad\qquad EI\nu_2 = \frac{b}{6l}Fx^3 - \frac{F}{6}(x-a)^3 + C_2 x + D_2 \end{cases} \tag{c}$$

注意：积分时将 $(x-a)$ 作为自变量代替 x，在确定积分常数时比较方便。

3) 确定积分常数　边界条件和 C 点连续性条件分别为

$$x = a : \theta_1 = \theta_2, \quad \nu_1 = \nu_2; \quad x = 0 : \nu_A = 0; \quad x = l : \nu_B = 0 \tag{d}$$

将式(d) 分别代入转角方程和挠度方程式(c)，得

$$C_1 = C_2 = -\frac{Fb}{6l}(l^2 - b^2); \quad D_1 = D_2 = 0 \tag{e}$$

4) 建立转角和挠度方程

$$\begin{cases} 0 \leqslant x \leqslant a : EI\theta = \frac{Fb}{6l}(3x^2 - l^2 + b^2), \quad EI\nu = \frac{Fb}{6l}[x^3 - (l^2 - b^2)x] \\ a \leqslant x \leqslant l : EI\theta = \frac{Fb}{6l}\left[3x^2 - 3\frac{l}{b}(x-a)^2 - l^2 + b^2\right] \\ \qquad\qquad EI\nu = \frac{Fb}{6l}\left[x^3 - \frac{l}{b}(x-a)^3 - (l^2 - b^2)x\right] \end{cases} \tag{f}$$

5) C 点挠度和支座处的转角分别为

$$\nu_C = -\frac{Fa^2 b^2}{3EIl}(\text{向下}) \tag{g}$$

$$\theta_A = -\frac{Fab}{6EIl}(l+b)(\text{顺针向}), \quad \theta_B = \frac{Fab}{6EIl}(l+a)(\text{逆针向}) \tag{h}$$

讨论：① 当载荷 F 作用于梁的中点即 $a = b$ 时，最大挠度将发生在 $x = l/2$ 处，其值为

$$\nu_{\max} = \frac{Fl^3}{48EI}(\text{向下})$$

而最大转角发生在两端支座处

$$\theta_B = -\theta_A = \frac{Fl^2}{16EI}$$

② 当载荷 F 无限靠近支座即 $b \to 0$ 时，由式(f) 令 AC 段的转角为零（即挠度的极值条件）可得最大挠度的位置

$$x_0 = \frac{l}{\sqrt{3}} \approx 0.577l$$

因此，不论集中力作用于何处，简支梁的最大挠度都发生在梁中央附近。进一步分析可知，中点挠度与最大挠度之间的误差小于 3%，所以工程中对简支梁不管其受到何种载荷，用中点挠度代替最大挠度一般均可以满足计算精度的要求。

6.3 查表叠加法

当梁上载荷较复杂或是变截面梁，或只求某一指定截面的挠度和转角（如工程上经常关注的最大挠度与最大转角）时，积分法就很不方便。

在小变形且材料服从胡克定律的情况下，由于挠度和转角是载荷的线性函数，所以当梁上有几种或几个载荷同时作用时，可以先分别计算每一载荷单独作用时所产生的变形，然后按代数值相加，即得梁的实际变形，这种方法称为计算变形的**叠加法**。

工程上，为了提高计算效率，将常见的几类梁在几种简单载荷作用下引起的转角、挠度和挠曲线方程用直接积分法或其它方法求解出来，列成表格（如附录 B），以便计算变形时直接查用。

例 6 - 3 求图 6 - 5(a) 所示等截面简支梁中点 C 截面的挠度与转角。载荷 q、$M = ql^2$、梁长 l、抗弯刚度 EI 为已知常数。

解：由叠加原理，图 6 - 5(a) 梁的变形等于图 6 - 5(b)、(c) 两种情况的组合，即

$$\nu_C = \nu_{Cq} + \nu_{CM}, \quad \theta_C = \theta_{Cq} + \theta_{CM} \tag{a}$$

查附录 B 得

$$\nu_{Cq} = -\frac{5ql^4}{384EI}, \quad \nu_{CM} = 0$$

$$\theta_{Cq} = 0, \quad \theta_{CM} = \frac{Ml}{12EI} \tag{b}$$

式（b）代入式(a) 得

$$\nu_C = -\frac{5ql^4}{384EI}, \quad \theta_C = \frac{Ml}{12EI} \tag{c}$$

负号表示挠度向下。

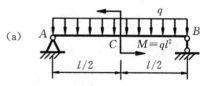
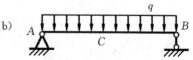
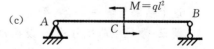

图 6 - 5

例 6-4 求图 6-6(a) 所示等截面悬臂梁自由端 C 的挠度。载荷 q、梁长 a、抗弯刚度 EI 为已知常数。

解一：载荷转换法 将图 6-6(a) 的载荷转换成图 6-6(b)、(c) 的两组载荷的叠加，设图 6-6(b)、(c) 的变形引起的 C 点挠度分别为 ν_{C1} 和 ν_{C2}，则原载荷作用下的位移

$$\nu_C = \nu_{C1} + \nu_{C2} \tag{a}$$

查附录 B 可得

$$\nu_{C1} = -\frac{q(2a)^4}{8EI} = -\frac{2qa^4}{EI} \tag{b}$$

$$\nu_{C2} = \nu_{B2} + \theta_{B2}a = \frac{qa^4}{8EI} + \frac{qa^3}{6EI}a = \frac{7qa^4}{24EI} \tag{c}$$

将式(b)、(c) 代入式(a) 可得

$$\nu_C = -\frac{2qa^4}{EI} + \frac{7qa^4}{24EI} = -\frac{41qa^4}{24EI} \tag{d}$$

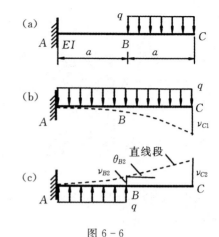

图 6-6

负号表示挠度向下。

解二：逐段刚化法 先将 AB 段刚化（不变形），则 BC 段变形引起的 C 点挠度 ν_{C1} 如图 6-7(a) 所示；再将 BC 段刚化（不变形），则 AB 段变形引起的 C 点挠度 ν_{C2} 如图 6-7(b) 所示，则 C 点挠度为二者之和，即

$$\nu_C = \nu_{C1} + \nu_{C2} \tag{e}$$

$$\nu_{C2} = \nu_{B2} + \theta_{B2}a \tag{f}$$

其中，ν_{B2}、θ_{B2} 是由图 6-7(c) 所示的 F_B、M_B 共同作用而产生的挠度和转角，根据 BC 段的平衡条件可知

$$F_B = qa, \quad M_B = \frac{1}{2}qa^2 \tag{g}$$

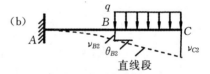

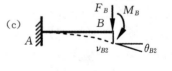

图 6-7

查附录 B 可得

$$\nu_{C1} = -\frac{qa^4}{8EI}, \quad \nu_{B2} = -\frac{F_B a^3}{3EI} - \frac{M_B a^2}{2EI}, \quad \theta_{B2} = -\frac{F_B a^2}{2EI} - \frac{M_B a}{EI} \tag{h}$$

将式(g) 代入式(h) 可得

$$\nu_{B2} = -\frac{qa}{3EI}a^3 - \frac{1}{2EI}\frac{qa^2}{2}a^2 = -\frac{7qa^4}{12EI}, \quad \theta_{B2} = -\frac{qa}{2EI}a^2 - \frac{qa^2}{2EI}a = -\frac{qa^3}{EI} \tag{i}$$

将式(i) 代入式(f)，并与式(h) 一并代入式(e)，可得

$$\nu_{C2} = -\frac{7qa^4}{12EI} - \frac{qa^4}{EI} = -\frac{19qa^4}{12EI}, \quad \nu_C = -\frac{qa^4}{8EI} - \frac{19qa^4}{12EI} = -\frac{41qa^4}{24EI} \tag{j}$$

这个结果与解一完全一致。

解三：微元载荷积分法 设在 BC 段的 x 截面作用微元载荷 $\mathrm{d}F = q\mathrm{d}x$ 如图 6-8(a) 所示，查附录 B 知 $\mathrm{d}F$ 在 C 点引起的挠度 $\mathrm{d}\nu_C$ 如图 6-8(b) 所示

$$\mathrm{d}\nu_C = -\mathrm{d}\nu(x) - \mathrm{d}\theta(x)(2a-x) = -\frac{\mathrm{d}Fx^3}{3EI} - \frac{\mathrm{d}Fx^2}{2EI}(2a-x) \tag{k}$$

x 的定义域为 $a \leqslant x \leqslant 2a$,式(k)从 $a \to 2a$ 积分得

$$\nu_C = \int_a^{2a}\left[-\frac{qx^3}{3EI} - \frac{qx^2}{2EI}(2a-x)\right]\mathrm{d}x = -\frac{41qa^4}{24EI} \tag{l}$$

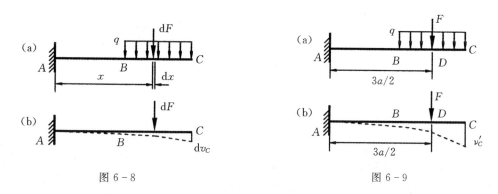

图 6-8　　　　　　　　　　　　图 6-9

解四：等效载荷代换法　　将 BC 段的均布载荷用等效集中力 $F=qa$ 代替如图 6-9(a)所示,其作用点在 BC 段的中点 D,F 力在 C 点引起的挠度 ν'_C 如图 6-9(b)所示,查附录 B 知

$$\nu'_C = -\nu'_D - \theta_D\left(2a - \frac{3a}{2}\right) = -\frac{qa}{3EI}\left(\frac{3a}{2}\right)^3 - \frac{qa}{2EI}\left(\frac{3a}{2}\right)^2\left(2a - \frac{3a}{2}\right) = -\frac{81qa^4}{48EI} \tag{m}$$

讨论：比较式(m)与解一、解二、解三的结果可见,ν'_C 与 ν_C 的相对误差只有 1.2%,在工程应用中一般足以满足精度要求,所以这种近似解是可以接受的。但是需要指出,这种近似是有条件的,如果用此方法计算 C 截面转角,误差就会较大。另一方面,力系等效代换的区间大小也会影响精度,如简支梁受均布载荷作用(图 6-10(a))计算中点挠度时,用一个集中力代换(图 6-10(b)),误差会达到 60%,误差太大,而改用两个等效集中力代换(图 6-10(c)),则误差降低为 10%,精度明显提高。可以证明,等效力系的区间划分得越细小,代换后的精度越高。现代计算力学的有限单元法(简称有限元法),就是利用这个原理发展起来的一种有效的数值近似计算方法。

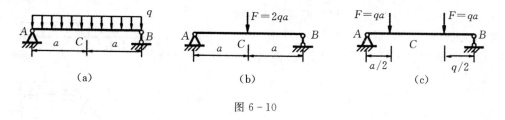

图 6-10

例 6-5　图 6-11(a)所示变截面简支梁受集中力载荷 F 作用,求梁的中点 C 的挠度。

解：由于结构和载荷的对称性,简支梁中点 C 只有挠度没有转角。可将整个梁看作 C 点不动而 A、B 两点相对于 C 点向上移动(图 6-11(a)中的虚线所示),于是原来的简支梁相当于两个图 6-11(b)所示的悬臂梁,而图 6-11(a)中 C 点挠度等于图 6-11(b)中 A 点挠度(方向相反)。采用逐段刚化法得 A 点挠度由三部分组成(图 6-11(c)),即

$$\nu_A = \nu_{AD} + \theta_D \frac{a}{2} + \nu_D \tag{a}$$

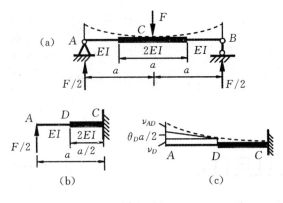

图 6-11

查附录 B

$$\nu_{AD} = \frac{1}{3EI}\frac{F}{2}\left(\frac{a}{2}\right)^3 = \frac{Fa^3}{48EI}, \quad \nu_D = \frac{1}{3(2EI)}\frac{F}{2}\left(\frac{a}{2}\right)^3 + \frac{1}{2(2EI)}\left(\frac{F}{2}\cdot\frac{a}{2}\right)\left(\frac{a}{2}\right)^2 = \frac{5Fa^3}{192EI}$$

$$\theta_D = \frac{1}{2(2EI)}\frac{F}{2}\left(\frac{a}{2}\right)^2 + \frac{1}{2EI}\left(\frac{F}{2}\cdot\frac{a}{2}\right)\frac{a}{2} = \frac{3Fa^2}{32EI} \tag{b}$$

将式(b)代入式(a)可得

$$\nu_A = \nu_{AD} + \theta_D\frac{a}{2} + \nu_D = \frac{Fa^3}{48EI} + \frac{3Fa^2}{32EI}\cdot\frac{a}{2} + \frac{5Fa^3}{192EI} = \frac{3Fa^3}{32EI} \tag{c}$$

例 6-6 图 6-12(a) 所示简支梁在 BC 段受均布载荷 q 作用,求梁中点 C 的挠度和转角。

解:根据叠加原理,图 6-12(a) 梁的载荷等于图 6-12(b)、(c) 两个载荷的叠加,即

$$\nu_C = \nu_{C1} + \nu_{C2}, \quad \theta_C = \theta_{C1} + \theta_{C2}$$

其中,ν_{C1}、θ_{C1} 分别为图 6-6(b) 梁上 C 截面的挠度和转角;ν_{C2}、θ_{C2} 分别为图 6-6(c) 梁上 C 截面的挠度和转角。根据对称性,显然有

$$\theta_{C1} = 0, \quad \nu_{C2} = 0$$

由于图 6-12(c) 梁载荷反对称,根据第 4 章讨论的微分关系,在 C 处弯矩为 0,故图 6-12(c) 梁在 CB 段的变形等于图 6-12(d) 的简支梁,即 $\theta_{C2} = \theta_{C3}$。查附录 B 得

$$\nu_{C1} = \frac{5qa^4}{48EI} = \nu_C(向下)$$

$$\theta_{C3} = \frac{qa^3}{48EI} = \theta_C(顺针向)$$

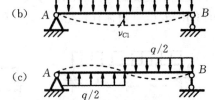

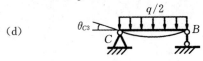

图 6-12

从以上几个例题可见,运用查表叠加法计算弯曲变形的过程是非常灵活的,有时需要一些经验。如果希望求解过程更规范简便,需要进一步学习第 10 章能量法。

6.4 梁的刚度条件和提高弯曲刚度的措施

6.4.1 梁的刚度条件

在工程实际中,受弯构件除了要满足强度要求外,一般还要求其转角和挠度限制在许可范围之内,即

$$\theta_{\max} \leqslant [\theta], \quad \nu_{\max} \leqslant [\nu] \tag{6-4}$$

式(6-4)称为弯曲构件的**刚度条件**,其中,$[\theta]$ 和 $[\nu]$ 分别为构件的**许用转角**和**许用挠度**。它们的数值与梁的工作条件有关,可参照有关规范确定,例如:

普通机床主轴 $[\nu] = (0.0001 \sim 0.0005)l$,$[\theta] = (0.001 \sim 0.005)$ rad

起重机大梁 $[\nu] = (0.001 \sim 0.005)l$

发动机凸轮轴 $[\nu] = 0.05 \sim 0.06$ mm

式中:l 为梁的长度或跨度。

在梁的设计中,一般先根据强度条件设计梁的截面尺寸,再用刚度条件进行校核。但也有一些构件,要求工作时有较大的弯曲变形,机器设备才能良好工作。例如汽车车轮和车厢之间的板条状弹簧,变形应适当加大,以减少车身的振动。此外,梁的变形计算也是解决超静定梁问题的必要基础。

6.4.2 提高弯曲刚度的措施

由前面的例题可以看出,梁的变形与梁的弯矩 M(或外载荷)、抗弯刚度 EI、梁长 l 以及支承情况有关。在第 5 章曾讨论过提高梁的强度措施,对于提高梁的刚度一般也是适用的,此外还可以采用一些措施:① 缩短梁的跨度是提高梁刚度的有效措施。在集中力偶、集中力和均布载荷作用下,梁的挠度分别与跨度的二次方、三次方和四次方成正比。② 在梁上增加支座,梁由静定梁变为超静定梁,可以大大减小其弯曲变形。车刀在车削细长工件时,为避免因变形过大而影响加工精度,可使用尾顶针架或跟刀架。③ 提高梁的整体抗弯刚度 EI。但必须指出局部增大 I 对弯曲强度有影响,但对刚度影响很小。对各种钢材(包括合金钢),由于它们的 E 值相差不大,因此,采用成本更高的合金钢来提高梁的刚度是不恰当的。

例 6-7 车床主轴计算简图如图 6-13(a)所示。车刀切削力为 $F_1 = 1.5$ kN,齿轮所受径向啮合力 $F_2 = 1$ kN。主轴 AB 内径 $d = 3.8$ cm,外径 $D = 7.6$ cm,$l = 40$ cm,工件 BC 直径 $d_1 = 5.0$ cm,$a = 20$ cm,$E = 200$ GPa。若 C 点挠度不得超过 $0.0003l$,轴承 B 处转角不得超过 0.001 rad,试校核主轴的刚度。

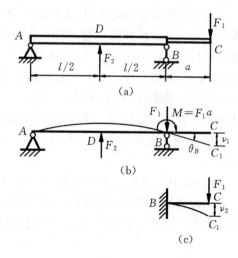

图 6-13

解:1) 计算变形 用逐段刚化法,BC 段刚化、AB 段变形引起的 C 点挠度为 ν_1(图 6-13(b)),AB 段刚化 BC 段变形引起的 C 点挠度为 ν_2(图 6-13(c)),则

$$\nu_C = \nu_1 + \nu_2, \quad \nu_1 = \theta_B a \tag{a}$$

查附录 B 可得

$$\theta_B = \frac{F_1 al}{3EI} + \frac{F_2 l^2}{16EI}, \quad \nu_2 = \frac{F_1 a^3}{3EI_1} \tag{b}$$

$$I = \frac{\pi}{64}(7.6^4 - 3.8^4) = 153.5 \text{ cm}^4, \quad I_1 = \frac{\pi}{64} \times 5^4 = 30.68 \text{ cm}^4 \tag{c}$$

将数字代入式(a)、(b) 得

$$\nu_C = 0.098 \text{ mm}, \quad \theta_B = 1.63 \times 10^{-4} \text{ rad} \tag{d}$$

2) 刚度校核 主轴的许用挠度和许用转角为

$$\begin{cases} [\nu] = 0.0001l = 0.0003 \times 400 = 0.12 \text{ mm} < \nu_C \\ [\theta] = 0.001 = 1 \times 10^{-3} \text{ rad} > \theta_B \end{cases} \tag{e}$$

因此挠度不满足刚度条件。

6.5 变形比较法求解超静定梁

为了提高梁的刚度,可采用增加支座的方法。如图 6-14(a) 所示简支梁,中点加一可动铰支座后,支反力由 2 个变为 3 个,但平衡方程只有 2 个,支反力不能由静力平衡条件唯一确定,这种梁称为**超静定梁**。由于支座 C 对于保持梁的静力平衡是"多余"的,故称它为**多余约束**。相应的支反力称为**多余约束力**。

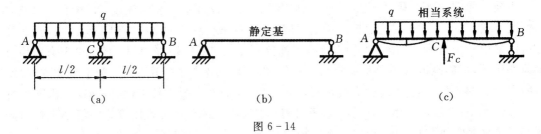

图 6-14

与拉压超静定问题类似,求解超静定梁的关键是寻找变形条件,建立补充方程。首先可解除多余约束并去掉载荷 q,使其变为静定梁,如图 6-14(b) 所示,称为**静定基本系统**(简称**静定基**);然后加上多余的约束力 F_C 和载荷 q,使其与原梁受力相同,如图 6-14(c) 所示,称为**相当系统**。显然,相当系统的变形应和原梁完全相同,因此,要求相当系统在 C 处的挠度为零,即 $\nu_C = 0$,这就是**变形条件**。若将多余约束力 F_C 看作载荷,则有:$\nu_C = f(q, F_C)$,代入变形条件,便可建立补充方程,求出 F_C。这种方法称为**变形比较法**。

例 6-8 超静定梁受力如图 6-15(a) 所示。设均布载荷 q、梁长 l 和 EI 均为已知,试求支反力。

解:选 B 处支座为多余约束,建立相当系统如图 6-15(b) 所示。

比较相当系统和原结构在 B 处的变形情况可知,B 处的挠度应为零。根据叠加原理,B 点挠度是载荷 q 和多余约束力 F_B 产生的挠度 ν_{Bq} 和 ν_{BF} 的代数和,故变形条件为

$$\nu_B = \nu_{Bq} + \nu_{BF} = 0 \tag{a}$$

设挠度向上为正,查附录 B 得

$$\nu_{Bq} = -\frac{ql^4}{8EI}, \quad \nu_{BF} = \frac{F_B l^3}{3EI} \quad \text{(b)}$$

将式(b)代入式(a)得补充方程

$$\nu_B = \frac{F_B l^3}{3EI} - \frac{ql^4}{8EI} = 0 \quad \text{(c)}$$

解得

$$F_B = \frac{3}{8}ql \quad \text{(d)}$$

A 处支反力可由平衡条件解得

$$F_A = ql - F_B = \frac{5}{8}ql, \quad M_A = \frac{ql^2}{2} - F_B l = \frac{ql^2}{8} \quad \text{(e)}$$

方向与图示一致。

讨论：本例题的相当系统也可以取为图 6 - 15(e) 的简支梁。此时，多余约束是固定端的转动约束，多余约束力是集中力偶 M_A，变形条件是 A 截面转角为零。超静定梁的多余约束和相当系统可以有不同的选择，但须注意，相当系统必须是静定的。

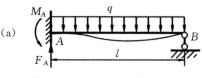
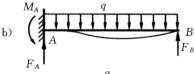
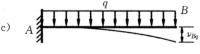

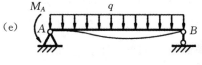

图 6 - 15

例 6 - 9 一实心钢轴的直径 $d = 6\ \text{cm}, l = 20\ \text{cm}, E = 200\ \text{GPa}$，装配时中间轴承偏离 AB 连线 $\delta = 0.1\ \text{mm}$，如图 6 - 16(a) 所示。试求轴的装配应力。

解：1) 建立相当系统　解除支座 C，以支反力 F_C 为多余未知力，相当系统如图 6 - 16(b) 所示。比较图 6 - 16(a)、(b) 两梁在 C 处的变形，可得变形条件为

$$\nu_C = \delta \quad \text{(a)}$$

2) 求 F_C　查附录 B 得图 6 - 16(b) 梁在 C 处的挠度为

$$\nu_C = \frac{F_C (2l)^3}{48 EI} \quad \text{(b)}$$

将式(b)代入式(a)得

$$F_C = \frac{6 EI \delta}{l^3} \quad \text{(c)}$$

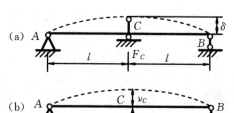
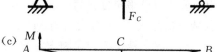
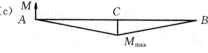

图 6 - 16

3) 应力计算　梁的弯矩图如图 6 - 16(c) 所示，最大弯矩和最大正应力分别为

$$M_{\max} = \frac{1}{4} F_C (2l) = \frac{3EI}{l^2} \delta$$

$$\sigma_{\max} = \frac{M_{\max}}{W} = \frac{3E\delta}{l^2}\left(\frac{d}{2}\right) = \frac{3 \times 200 \times 10^9 \times 0.1 \times 10^{-3}}{0.2^2}\left(\frac{0.06}{2}\right) = 45\ \text{MPa} \quad \text{(d)}$$

讨论：① 由此例可见，在超静定结构中微小的装配误差将产生可观的装配应力。因此，在设计超静定结构时，必须对制造和安装提出较高的精度要求。② 该题能否选择支座 A（或支座 B）作为多余约束解除？变形条件应如何建立？

思 考 题

6-1 说明公式 $\dfrac{1}{\rho(x)} = \dfrac{M(x)}{EI}$ 和 $\dfrac{d^2 v}{dx^2} = \dfrac{M(x)}{EI}$ 的应用条件。图示悬臂梁在弹性范围内发生弯曲变形,若 $M_0 = EI\pi/3l$,试比较上述两个公式在求 A 点挠度时的区别,哪个是正确的?

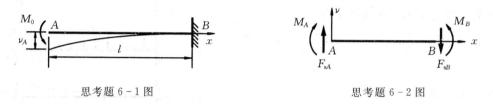

思考题 6-1 图　　　　　　　　　　思考题 6-2 图

6-2 AB 梁受力如图所示,梁的挠度曲线方程能否表示为 $v(x) = a_0 + a_1 x + a_2 x^2 + a_3 x^3$ 的形式?其中各个系数的物理意义是什么?

6-3 如果弯曲的梁初始轴线不是直线,但仍然是小曲率曲线,那么 $\dfrac{1}{\rho(x)} = \dfrac{M(x)}{EI}$ 还成立吗?这时 $\rho(x)$ 表示的意义与直梁有何区别?

6-4 一钢丝绳由 n 根钢丝组成,钢丝的直径为 d。一钢杆的直径为 D,设两者横截面面积和材料相同。试定量分析在相同弯曲力偶作用下,两者变形之比。

6-5 梁弯曲变形时,最大挠度是否一定发生在转角为零的截面上?最大转角是否一定发生在弯矩为零的截面上?试说明理由,并各举一例。

6-6 习题 6-1(a) 中的悬臂梁可作为车刀车削工件时的计算简图,F 为切削力。当车刀移动时,进刀量相同,但工件的变形量不同,因而造成加工误差。试定性画出加工后工件的形状。在加工细长工件时为提高加工精度,应采取什么措施?

6-7 两根相同材料制成的梁,其长度和抗弯刚度相同,若两梁的挠度曲线方程完全相同,问两梁的最大弯矩、最大剪力、最大弯曲正应力和最大切应力是否相同?为什么?

6-8 图示悬臂梁一端固定在半径为 R 的光滑刚性圆柱面上。若要使梁 AB 上各处与圆柱面完全吻合,且梁与曲面间无接触压力。正确的加载方式是图(a)、(b)、(c) 哪一种?

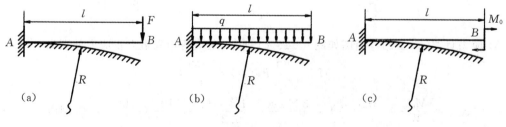

思考题 6-8 图

习 题

6-1 用直接积分法求下列各梁的挠曲线方程和最大挠度。梁的抗弯刚度 EI 为已知。

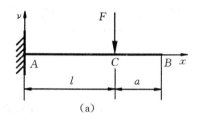
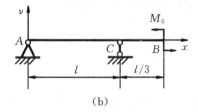

题 6-1 图

6-2 用查表叠加法求下列各梁 C 截面的挠度和 B 截面的转角。梁的抗弯刚度 EI 为已知。

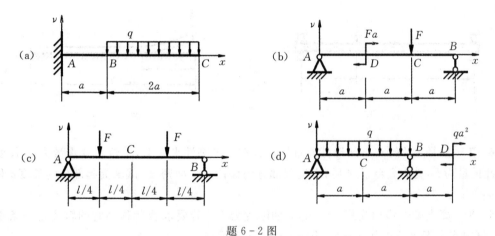

题 6-2 图

6-3 用分段刚化法求下列各梁 C 截面的挠度和 B 截面的转角。梁的抗弯刚度 EI 为已知。

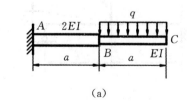
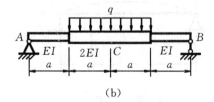

题 6-3 图

6-4 折杆 CAB 在 A 处有一轴承,允许 AC 段绕自身的轴线自由转动,但 A 处不能上下移动。已知 $F = 60 \text{ N}, b = 5 \text{ mm}, h = 10 \text{ mm}, d = 20 \text{ mm}, l = 500 \text{ mm}, a = 300 \text{ mm}, E = 210 \text{ GPa}, G = 0.4E$,试求 B 处的垂直位移。

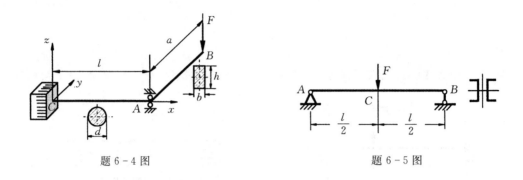

题 6-4 图　　　　　　　　　　题 6-5 图

6-5　图示简支梁由两根槽钢组成，已知 $l = 4\,\text{m}, F = 20\,\text{kN}, E = 210\,\text{GPa}$，许用挠度 $[\nu] = l/400$，试按刚度条件选择槽钢的型号。

6-6　图示实心圆截面轴，两端用轴承支撑，已知 $F = 20\,\text{kN}, a = 400\,\text{mm}, b = 200\,\text{mm}$。轴承许用转角 $[\theta] = 0.05\,\text{rad}, [\sigma] = 60\,\text{MPa}$，材料弹性模量 $E = 200\,\text{GPa}$，试确定轴的直径 d。

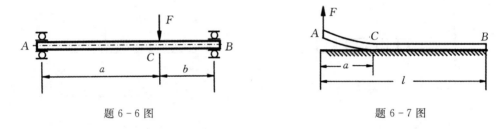

题 6-6 图　　　　　　　　　　题 6-7 图

6-7　直径为 d 的实心圆形截面直杆放置在水平刚性平面上，单位长度重量为 q，长度为 l，弹性模量为 E，受力 $F = ql/4$ 后，未提起部分仍保持与平面密合。试求提起部分的长度 a 和提起的高度 ν_A。

6-8　简支梁受移动载荷 F 作用，弯曲刚度为 EI。若要求载荷移动时的轨迹是一条水平直线，试问应先把梁弯成什么形状（用 $\nu = f(x)$ 表示）？

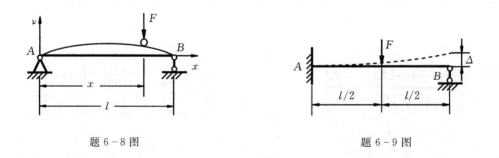

题 6-8 图　　　　　　　　　　题 6-9 图

6-9　图示静不定梁 AB 受集中力 F 作用。已知许用应力为 $[\sigma]$，抗弯截面系数为 W。(1) 试求许可载荷 $[F]$；(2) 为提高梁的承载能力，可将支座 B 向上移动 Δ，使梁内产生预应力。试求 Δ 的最合理的许可值及相应的许可载荷 $[F']$。

6-10　试求图示各静不定梁的支反力，并作弯矩图。弯曲刚度 EI 为已知。

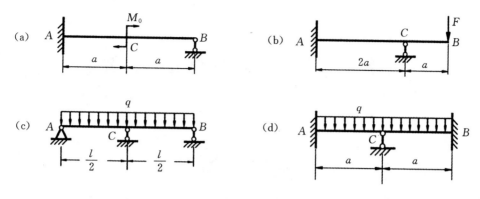

题 6-10 图

6-11 等截面直梁长为 l，挠度曲线方程为 $v = qx(3lx^2 - 2x^3 - l^3)/48EI$，求梁内的最大弯矩和最大剪力，并画出梁上的载荷和可能的约束。

第 7 章 应力状态分析

本章提要

本章主要讨论一点的应力状态分析。首先明确应力状态分析的目的和关于应力状态的基本概念;重点用公式解析法和图解解析法深入研究二向(平面)应力状态的主应力、主平面、最大切应力等内容;对典型的三向应力状态进行概括总结;通过引入广义胡克定律全面地讨论单元体的变形;最后介绍与电测法有关的平面应变分析。本章内容既是后续组合变形强度分析的基础,也是固体力学重要的基本理论,在材料力学中占有重要地位。

7.1 应力状态的概念

7.1.1 应力状态分析的目的

杆件在拉伸和扭转时进行过斜截面上的应力分析(见第 2、3 章),结果表明:杆内各点应力的大小和方向不仅与该点所处位置有关,而且还与该点所取截面方位有关。拉压时 45°斜截面出现最大切应力解释了灰铸铁材料压缩时沿大约 45°螺旋曲面断裂的原因;扭转时 45°斜截面出现最大拉应力解释了脆性材料扭转时沿 45°螺旋曲面断裂的原因。剪切弯曲的梁横截面上的切应力一般远小于正应力,对强度影响不大,可以忽略。但是许多构件在复杂受力情况下,横截面上既有正应力又有较大的切应力,这时仍然沿用简单应力状态下的强度条件用横截面的最大应力 $\sigma \leqslant [\sigma]$、$\tau \leqslant [\tau]$ 就不再可靠,因为这时横截面的最大正应力和切应力不一定是所有斜截面上正应力和切应力的最大值。如图 7-1 所示的工字形截面的梁剪切弯曲时,危险点可能既不在正应力最大的上、下缘的 A、A' 点,也不在切应力最大的中性轴上的 B 点,而在翼缘与腹板交界处的 C 点。C 点的横截面

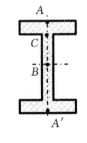

图 7-1

正应力和切应力都比较大,但都不是最大,其斜截面上有比横截面更大的正应力和切应力。应力状态分析的任务就是寻找应力沿斜截面变化的规律,进而在所有斜截面中确定最大正应力和最大切应力及其方位,为更准确地建立强度条件奠定基础。

7.1.2 应力状态的概念

过一点所有斜截面上应力的集合,称为该点的**应力状态**。

一点的应力状态,通常用微元的正六面体来表示,称为**单元体**。一般情况下应力在截面上是连续变化的,但由于单元体的边长趋于无限小,所以每个面上的应力可以视为均匀分布,同一点的每对平行截面上的应力大小相等、方向相反(其实它们是作用力与反作用力的关系),根据内力符号的规则,单元体平行截面上的应力具有相同的符号。这样三对互相垂直的平行截面

的应力就可以代表该点的应力状态。

7.1.3 单元体的取法

通常用应力已知的截面来截取单元体。如图7-2(a)所示的悬臂梁,在横截面m—m上A、B、C三点的应力(图7-2(b))可由弯曲应力公式确定。由应力沿截面高度的变化规律(图7-2(c))可知,A点只有正应力,B点只有切应力,C点既有正应力又有切应力。围绕A、B、C三点截取单元体如图7-2(d)所示,单元体的前后两面为平行于轴线的纵向截面,在这些面上没有应力,左右两面为横截面的一部分,根据切应力互等定理,单元体B和C的上下两面有与横截面数值相等的切应力。至此,单元体各面上的应力均已确定。注意到图7-2(d)各单元体前后面上均无应力,因此也可用其平面视图(图7-2(e))表示。

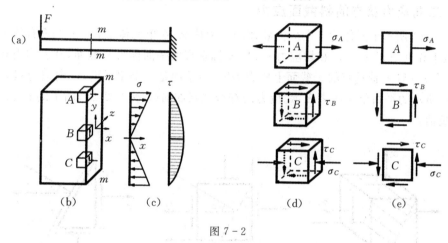

图7-2

图7-3(a)所示承受内压p的圆柱形薄壁容器,其横截面和纵截面上都有拉应力,用横截面和纵截面从外壁处截取单元体,则其受力如图7-3(b)所示。因为外表面不受力,应力为零。如从内壁处截取单元体,则在前后面上还有大小等于p的压应力σ_r,如图7-3(c)所示。

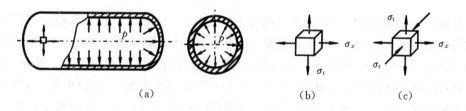

图7-3

从受力构件中截取各面应力已知的单元体后,运用截面法和静力平衡条件,可求出单元体任一斜截面上的应力,进而可以确定应力的极值。

7.1.4 主平面与主应力

围绕构件内一点若从不同方向取单元体,则各个截面的应力也各不相同,其中切应力为零的截面具有特殊的重要意义,称为**主平面**;主平面上的正应力称为**主应力**。一般情况下,过构件内任一点总能找到三个互相垂直的主平面,存在三个主应力。这三个主应力按代数值大小顺序

排列分别表示为 σ_1、σ_2、σ_3，且 $\sigma_1 \geqslant \sigma_2 \geqslant \sigma_3$。当三个主应力全都不为零时，该点的应力状态称为**三向（或空间）应力状态**（图 7-3(c)），当有一个主应力为零时，称为**二向（或平面）应力状态**（图 7-3(b)），当有两个主应力为零时，称为**单向应力状态**，如图 7-2(d) 中的 A 点。三向和二向应力状态又称为**复杂应力状态**，单向应力状态则称为**简单应力状态**。

单向应力状态的分析很简单（参见 2.2.3），三向应力状态的全面分析则超出了材料力学的范围，工程中经常遇到二向应力状态的问题，本章的重点是对二向应力状态进行分析研究。

7.2 二向应力状态分析 —— 公式解析法

7.2.1 二向应力状态的斜截面应力

图 7-4(a) 所示单元体为二向应力状态的一般情况。在单元体上，与 x 轴垂直的平面称为 x **截面**，其上作用有正应力 σ_x 和切应力 τ_x；与 y 轴垂直的平面称为 y **截面**，其上作用有正应力 σ_y 和切应力 τ_y；与 z 轴垂直的 z **截面**上应力为零，该平面是一个主平面。二向应力状态也可用图 7-4(b) 所示的平面单元体来表示。应力的符号规则如前（参见 2.2.3），图中的 σ_x、σ_y、τ_x 为正值，τ_y 为负值。

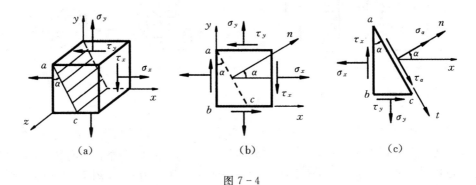

图 7-4

运用截面法可以求出与 z 截面垂直的任意斜截面 ac 上的应力。设斜截面 ac 的外法线 n 与 x 轴的夹角为 α（斜截面 ac 称为 α **截面**），并规定 α 角从 x 轴正向逆时针转到斜截面外法线 n 时为正（图 7-4(b)）。沿 α 截面将单元体截分为两部分，任意保留一部分如左下部分，α 截面上的正应力和切应力分别用 σ_α、τ_α 表示，如图 7-4(c) 所示。若斜截面 ac 的面积为 A_α，则 ab 面和 bc 面的面积分别为 $A_\alpha \cos\alpha$ 和 $A_\alpha \sin\alpha$。考虑左下部分的平衡，列法线 n 方向和切线 t 方向力的平衡方程可得

$$\sum F_n = 0 \quad \sigma_\alpha A_\alpha - (\sigma_x A_\alpha \cos\alpha)\cos\alpha + (\tau_x A_\alpha \cos\alpha)\sin\alpha - (\sigma_y A_\alpha \sin\alpha)\sin\alpha + (\tau_y A_\alpha \sin\alpha)\cos\alpha = 0$$

$$\sum F_t = 0 \quad \tau_\alpha A_\alpha - (\sigma_x A_\alpha \cos\alpha)\sin\alpha + (\sigma_y A_\alpha \sin\alpha)\cos\alpha - (\tau_x A_\alpha \cos\alpha)\cos\alpha + (\tau_y A_\alpha \sin\alpha)\sin\alpha = 0$$

注意到 τ_x 和 τ_y 数值上相等，利用三角公式，上两式可简化为

$$\sigma_\alpha = \frac{\sigma_x + \sigma_y}{2} + \frac{\sigma_x - \sigma_y}{2}\cos 2\alpha - \tau_x \sin 2\alpha \tag{7-1}$$

$$\tau_\alpha = \frac{\sigma_x - \sigma_y}{2}\sin 2\alpha + \tau_x \cos 2\alpha \tag{7-2}$$

7.2.2 主平面与主应力

由公式(7-1)可知,斜截面上的正应力 σ_α 是以 π 为周期的有界函数,其极值正应力作用的平面可由式(7-1)通过导数 $\mathrm{d}\sigma_\alpha/\mathrm{d}\alpha = 0$ 求得,即

$$\frac{\mathrm{d}\sigma_\alpha}{\mathrm{d}\alpha} = \frac{\sigma_x - \sigma_y}{2}(-2\sin2\alpha) - \tau_x(2\cos2\alpha) = 0$$

$$\frac{\sigma_x - \sigma_y}{2}\sin2\alpha + \tau_x\cos2\alpha = 0 \tag{7-3}$$

将上式与式(7-2)比较可见,极值正应力作用的截面正好为切应力为零的截面,即主平面,也就是说主平面上的正应力是所有 α 截面上正应力的极值。以 α_0 表示主平面的法线与 x 轴的夹角,由式(7-3)可解得

$$\tan2\alpha_0 = -\frac{2\tau_x}{\sigma_x - \sigma_y} \tag{7-4}$$

因为 $\tan2\alpha_0 = \tan2(\alpha_0 + 90°)$,所以方程(7-4)有两个解 α_0 和 $\alpha_0' = \alpha_0 + 90°$,它们确定了互相垂直的两个主平面的方位。由式(7-4)可求得

$$\begin{matrix}\sin2\alpha_0\\ \sin2\alpha_0'\end{matrix} = \mp\frac{\tau_x}{\sqrt{\left(\frac{\sigma_x-\sigma_y}{2}\right)^2 + \tau_x^2}}, \qquad \begin{matrix}\cos2\alpha_0\\ \cos2\alpha_0'\end{matrix} = \pm\frac{\sigma_x - \sigma_y}{2\sqrt{\left(\frac{\sigma_x-\sigma_y}{2}\right)^2 + \tau_x^2}}$$

将其代入式(7-1)可求得对应的主应力分别为

$$\begin{matrix}\sigma_{\alpha_0}\\ \sigma_{\alpha_0'}\end{matrix} = \frac{\sigma_x + \sigma_y}{2} \pm \sqrt{\left(\frac{\sigma_x - \sigma_y}{2}\right)^2 + \tau_x^2} \tag{7-5}$$

7.2.3 极值切应力

由公式(7-2)可知,斜截面上的切应力 τ_α 的极值也可由导数 $\mathrm{d}\tau_\alpha/\mathrm{d}\alpha = 0$ 求得。以 α_1 表示极值切应力作用的平面,则

$$\tan2\alpha_1 = \frac{\sigma_x - \sigma_y}{2\tau_x} \tag{7-6}$$

上式也有两个根 α_1 和 $\alpha_1' = \alpha_1 + 90°$,代入式(7-2)便可得极大和极小切应力分别为

$$\begin{matrix}\tau_{\max}\\ \tau_{\min}\end{matrix} = \pm\sqrt{\left(\frac{\sigma_x - \sigma_y}{2}\right)^2 + \tau_x^2} \tag{7-7}$$

它们分别作用在相互垂直的两个平面上。比较式(7-4)和式(7-6)可知

$$\tan2\alpha_1 = -\cot2\alpha_0, \quad \alpha_1 = \alpha_0 + 45°, \quad \alpha_1' = \alpha_0 - 45° \tag{7-8}$$

说明极值切应力的作用平面与主平面成 $45°$ 夹角。

另外,对任意一个斜截面 α 和与之垂直的截面 $\alpha' = \alpha \pm 90°$,由式(7-1)、式(7-2)可求得

$$\sigma_\alpha + \sigma_{\alpha'} = \sigma_x + \sigma_y = 常数, \quad \tau_\alpha = -\tau_{\alpha'} \tag{7-9}$$

上式表明当一个主应力为极大值时,与之垂直的另一个主平面上的主应力一定是极小值;互相垂直截面上的切应力大小相等、符号相反,这是切应力互等定理的另一种表达形式。

例 7-1 单元体受力如图 7-5(a)所示(应力单位:MPa)。试求:1) $\alpha = 60°$ 斜截面上的正应力和切应力;2) 主应力和主平面的方位;3) 极值切应力。

解:1)计算斜截面应力 将 $\sigma_x = 60, \sigma_y = -80, \tau_x = 35, \alpha = 60°$ 代入式(7-1)、式(7-2)可得

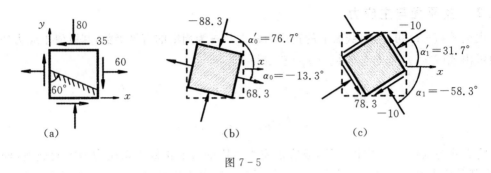

图 7-5

$$\sigma_{60°} = \frac{60-80}{2} + \frac{60+80}{2}\cos120° - 35\sin120° = -75.3 \text{ MPa}$$

$$\tau_{60°} = \frac{60+80}{2}\sin120° + 35\cos120° = 43.1 \text{ MPa}$$

2) 计算主平面和主应力　　由式(7-4)得

$$\tan2\alpha_0 = -\frac{2\times35}{60+80} = -0.5, \quad \alpha_0 = -13.3°, \quad \alpha_0' = 76.7°$$

由式(7-5)解得

$$\sigma' = \sigma_{\alpha_0} = \frac{60-80}{2} + \sqrt{\left(\frac{60+80}{2}\right)^2 + 35^2} = 68.3 \text{ MPa}$$

$$\sigma'' = \sigma_{\alpha_0'} = \frac{60-80}{2} - \sqrt{\left(\frac{60+80}{2}\right)^2 + 35^2} = -88.3 \text{ MPa}$$

按主应力的代数值大小排列顺序,应为

$$\sigma_1 = 68.3, \quad \sigma_3 = -88.3, \quad \sigma_2 = 0$$

主应力作用面如图 7-5(b) 所示。

3) 计算极值切应力　　由式(7-7)、式(7-8) 得到

$$\begin{matrix}\tau_{\max}\\ \tau_{\min}\end{matrix} = \pm\sqrt{\left(\frac{60+80}{2}\right)^2 + 35^2} = \pm 78.3 \text{ MPa}, \quad \alpha_1 = 31.7°, \quad \alpha_1' = -58.3°$$

极值切应力的作用面如图 7-5(c) 所示。

7.3　二向应力状态分析——图解解析法

7.3.1　应力圆的概念与画法

斜截面上的应力 σ_α 和 τ_α 除了可以用式(7-1)、式(7-2) 计算外,还可以用图解法求得。

因为式(7-1)、式(7-2) 都是 2α 的参数方程,消去 2α 即可得到 σ_α 和 τ_α 之间的函数关系为

$$\left(\sigma_\alpha - \frac{\sigma_x + \sigma_y}{2}\right)^2 + \tau_\alpha^2 = \left(\frac{\sigma_x - \sigma_y}{2}\right)^2 + \tau_x^2 \tag{7-10}$$

上式是以 σ_α 和 τ_α 为变量的方程,在 σ-τ 直角坐标系中,所表示的曲线是一个圆,圆心 C 的坐标和半径分别为

$$C\left(\frac{\sigma_x + \sigma_y}{2}, 0\right), \quad R = \sqrt{\left(\frac{\sigma_x - \sigma_y}{2}\right)^2 + \tau_x^2} \tag{7-11}$$

该圆上任意一点的坐标都对应单元体上一个 α 斜截面上的应力 σ_α 和 τ_α，这个圆称为**应力圆**或**莫尔**(Mohr) **圆**。

对图 7-6(a) 所示单元体，设 $\sigma_x > \sigma_y > 0$，$\tau_x > 0$，可按下列步骤作相应的应力圆。

(1) 在 $\sigma\text{-}\tau$ 坐标系内，按选定的比例尺量取 $\overline{OA} = \sigma_x$，$\overline{AD_1} = \tau_x$，得到 D_1 点，D_1 点对应于 x 截面；

(2) 量取 $\overline{OB} = \sigma_y$，$\overline{BD_2} = -\tau_x$，得到 D_2 点，D_2 点对应于 y 截面；

(3) 连接 D_1、D_2 两点与 σ 轴交于 C 点，以 C 点为圆心，$\overline{CD_1}$ 为半径作圆，即得所求应力圆，如图 7-6(b) 所示。

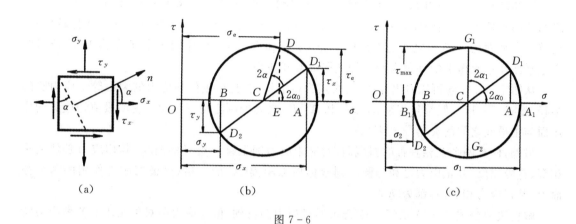

图 7-6

7.3.2 应力圆上的点与斜截面应力的关系

作出应力圆后，若要确定 α 斜截面上的应力，应从 D_1 点开始，按照单元体上 α 角的转向，沿着圆周转过 2α 圆心角，得到 D 点，D 点的横坐标和纵坐标分别就是 α 斜截面上的正应力 σ_α 和切应力 τ_α，证明如下。

在图 7-6(b) 中，设 $\overline{AD_1}$ 所对应的圆心角为 $2\alpha_0$，则

$$\overline{OC} = \frac{\overline{OA} + \overline{OB}}{2} = \frac{\sigma_x + \sigma_y}{2} \tag{a}$$

$$\overline{CD} = \overline{CD_1} = \sqrt{\overline{CA}^2 + \overline{AD_1}^2} = \sqrt{\left(\frac{\sigma_x - \sigma_y}{2}\right)^2 + \tau_x^2} \tag{b}$$

$$\overline{CA} = \overline{CD_1}\cos 2\alpha_0 = \frac{\overline{OA} - \overline{OB}}{2} = \frac{\sigma_x - \sigma_y}{2} \tag{c}$$

$$\overline{AD_1} = \overline{CD_1}\sin 2\alpha_0 = \tau_x \tag{d}$$

D 点的横坐标为

$$\begin{aligned}\overline{OE} &= \overline{OC} + \overline{CE} = \overline{OC} + \overline{CD}\cos(2\alpha + 2\alpha_0) = \overline{OC} + \overline{CD_1}\cos(2\alpha + 2\alpha_0) \\ &= \overline{OC} + \overline{CD_1}\cos 2\alpha_0 \cos 2\alpha - \overline{CD_1}\sin 2\alpha_0 \sin 2\alpha \\ &= \frac{\sigma_x + \sigma_y}{2} + \frac{\sigma_x - \sigma_y}{2}\cos 2\alpha - \tau_x \sin 2\alpha\end{aligned} \tag{e}$$

将上式与式(7-1)比较可知 $\overline{OE} = \sigma_\alpha$。同理可证明 D 点的纵坐标 $\overline{ED} = \tau_\alpha$。

在使用应力圆时，应注意：① 应力圆上每一个点都对应于单元体上一个面，该点的横坐标

和纵坐标分别就是该截面的正应力和切应力;② 应力圆上两点之间的圆心角,等于单元体上两个相应截面所夹角度的二倍,而且圆心角的转向与截面法线间的转向相同。上述两点可简单总结为**点面对应,转向一致,转角加倍**。

7.3.3 应力圆上的主应力、主平面和极值切应力

用应力圆可以方便地确定主应力、主平面位置和极值切应力。从图7-6(c)可以看出,因为应力圆的圆心在σ轴上,所以最大和最小正应力所对应的点A_1和B_1一定在σ轴上,主应力的大小分别为

$$\sigma_{A1} = \overline{OC} + R, \quad \sigma_{B1} = \overline{OC} - R \tag{f}$$

注意到式(7-11)和式(b)并与式(7-5)比较可知,它们分别对应着σ_{α_0}和$\sigma_{\alpha'_0}$;D_1点与A_1之间的圆心角为顺时针$2\alpha_0$,$\tan 2\alpha_0 = -\overline{AD}_1/\overline{CA}$,将式(c)、(d)代入并与式(7-4)比较可知,这就是主平面与x截面之间的夹角计算公式;A_1和B_1点在应力圆上的圆心角为$180°$,所以两个主平面在单元体上的夹角为$90°$,即主平面互相垂直。

从图7-6(c)还可以看出,G_1、G_2两点为极值切应力点,极值切应力的大小等于应力圆的半径,即式(7-11),但符号相反;G_1、G_2和A_1、B_1之间的圆心角都是$90°$,说明极值切应力的作用面与主平面之间的夹角是$\pm 45°$。

另外,任意两个互相垂直的斜截面,对应于应力圆上某一直径的两端,其切应力必然大小相等、符号相反,其正应力之和为圆心到坐标原点距离$\overline{OC}$的二倍;极值切应力作用的两个截面上,其正应力相等,且都为$\overline{OC}$。

解析法的公式(7-1)至(7-8)都可通过应力圆得到,但是应力圆对单元体上各种应力特征的形象描述,比解析法更为直观,也便于记忆公式。以应力圆为辅助工具,根据图中的几何关系进行定量计算的方法称为**图解解析法**。

例7-2 单元体受力如图7-7(a)所示(应力单位:MPa)。画出应力圆,并求主应力、主平面的方位和极值切应力。

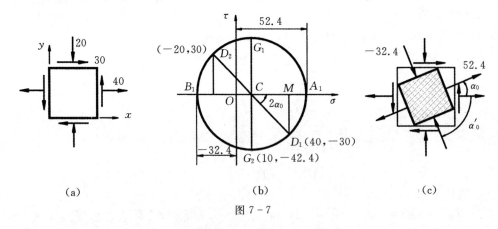

图7-7

解:1) 作应力圆 建立σ-τ坐标系,选取适当比例,以$\sigma_x = 40$,$\tau_x = -30$得D_1点,以$\sigma_y = -20$,$\tau_x = 30$得D_2点,连接D_1、D_2两点,交σ轴于C点,以C点为圆心,$\overline{CD_1}$为半径作应力圆如图7-7(b)所示,由应力圆可得圆心横坐标和半径分别为

$$\overline{OC} = \frac{\sigma_x + \sigma_y}{2} = \frac{40 - 20}{2} = 10$$

$$R = \sqrt{\overline{CM}^2 + \overline{D_1M}^2} = \sqrt{\left(\frac{\sigma_x - \sigma_y}{2}\right)^2 + \tau_x^2} = 42.4$$

2) 求主应力、主平面和极值切应力

$$\sigma_1 = \sigma_{A_1} = \overline{OC} + R = 10 + 42.4 = 52.4 \text{ MPa}$$

$$\sigma_3 = \sigma_{B_1} = \overline{OC} - R = 10 - 42.4 = -32.4 \text{ MPa}$$

$$\tan 2\alpha_0 = \frac{\overline{D_1M}}{\overline{CM}} = \frac{30}{30} = 1$$

$$2\alpha_0 = 45°, \quad \alpha_0 = 22.5°, \quad \alpha_0' = -67.5°$$

主平面及主应力如图 7-7(c) 所示。最大切应力

$$\tau_{\max} = R = 42.4 \text{ MPa}$$

例 7-3 过一点两个截面的应力如图 7-8(a) 所示,已知 $\sigma_x = 52.3$ MPa, $\tau_x = -18.6$ MPa, $\sigma_\alpha = 20$ MPa, $\tau_\alpha = -10$ MPa, 试求: 1) 该点的主应力和主平面; 2) 两截面的夹角 α。

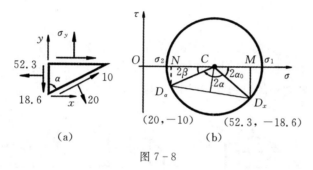

图 7-8

解: 1) 求圆心和半径作应力圆　确定一个圆需要三个点,但应力圆的圆心在横轴上,所以已知单元体两个截面的应力一般即可画出应力圆。设 x 截面在应力圆上的对应点为 D_x, α 截面在应力圆上的对应点为 D_α, D_x 与 D_α 连线的中垂线交 σ 轴于 C 点,以 C 点为圆心, CD_x (或 CD_α) 为半径 R 画应力圆如图 7-8(b) 所示,由图中几何关系可得

$$R^2 = (\overline{OC} - 20)^2 + 10^2 = (52.3 - \overline{OC})^2 + 18.6^2$$

解得圆心坐标与半径分别为

$$\overline{OC} = 40 \text{ MPa}, \quad R = \sqrt{(52.3 - \overline{OC})^2 + 18.6^2} = \sqrt{12.3^2 + 18.6^2} = 22.3 \text{ MPa}$$

2) 求主平面和主应力　由图 7-8(b) 的三角关系得

$$\tan 2\alpha_0 = \frac{\overline{MD_x}}{\overline{CM}} = \frac{18.6}{52.3 - 40} = 1.512, \quad \alpha_0 = 28.3°$$

由图 7-8(b) 可得主应力为

$$\sigma_1 = \overline{OC} + R = 40 + 22.3 = 62.3 \text{ MPa}$$

$$\sigma_2 = \overline{OC} - R = 40 - 22.3 = 17.7 \text{ MPa} \quad (\sigma_3 = 0)$$

3) 求两截面的夹角 α　由图 7-8(b) 的三角关系得

$$\sin 2\beta = \frac{\overline{ND_\alpha}}{R} = \frac{10}{22.3} = 0.448, \quad \beta = 13.3°$$

因为 $2\alpha + 2\beta + 2\alpha_0 = 180°$, 解得

$$\alpha = 48.4°$$

讨论：① 请用图解解析法求 σ_y；② 若已知单元体任意两个截面上的应力，用应力圆的方法是否总可以求解？并说明理由。

7.4 典型的三向应力状态

一般的三向应力状态如图 7-9(a) 所示，如果单元体的各个截面都是主平面，其受力可用三个主应力作用的单元体表示(图 7-9(b))，这样的单元体称为**主单元体**。

为分析单元体上的最大应力，在主单元体上，取 α 截面平行于 σ_3，如图 7-10(a) 所示。由于 σ_3 不影响 α 截面上的应力，所以 α 截面上的应力只取决于 σ_1 和 σ_2，类似于二向应力状态分析，在 σ-τ 直角坐标系内，与 α 截面对应的点必然位于

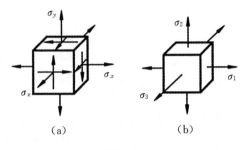

图 7-9

σ_1 和 σ_2 所确定的应力圆上，如图 7-10(d) 所示。同理，分别平行于 σ_1 和 σ_2 的截面，即图 7-10(b)、(c) 的 β 和 γ 截面上，其对应点在 σ_2 与 σ_3 和 σ_1 与 σ_3 所确定的应力圆上，于是三个主应力就确定了三个两两相切的应力圆，如图 7-10(d) 所示，这个图形称为**三向应力圆**。

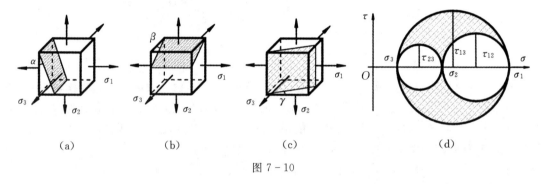

图 7-10

从三向应力圆上可以看出，α、β、γ 截面上的最大正应力和最小正应力分别为

$$\sigma_{\max} = \sigma_1, \quad \sigma_{\min} = \sigma_3$$

极值切应力有三个，分别为

$$\tau_{12} = \frac{\sigma_1 - \sigma_2}{2}, \quad \tau_{23} = \frac{\sigma_2 - \sigma_3}{2}, \quad \tau_{13} = \frac{\sigma_1 - \sigma_3}{2} \qquad (7-12)$$

三个极值切应力对塑性材料的屈服有较大的影响，这种影响有时用**均方根切应力** τ_m 的形式表示，即

$$\tau_m = \sqrt{\frac{\tau_{12}^2 + \tau_{23}^2 + \tau_{13}^2}{3}} = \sqrt{\frac{1}{12}[(\sigma_1 - \sigma_2)^2 + (\sigma_2 - \sigma_3)^2 + (\sigma_1 - \sigma_3)^2]} \qquad (7-13)$$

弹性力学可以证明，对和三个主平面都不平行的一般斜截面(图 7-11)，其上的应力 σ_θ 和 τ_θ 在 σ-τ 坐标系中位于图 7-10(d) 所示的阴影区域内。由此可知，对任意的斜截面 σ_θ 的最大和最小值分别就是 σ_1 和 σ_3，τ_θ 的最大值等于 τ_{13}，即

$$\tau_{\max} = \tau_{13} = \frac{\sigma_1 - \sigma_3}{2} \qquad (7-14)$$

同理,对于图 7-12 所示的单元体,也可求出主应力和最大切应力。由单元体受力可以看出 z 截面的切应力为零,因而 z 截面的正应力 σ_z 即为一个主应力。另外两个主应力可由 x、y 截面上的应力 σ_x、σ_y、τ_x 用公式法或图解法确定,按代数值排出 σ_1、σ_2、σ_3 后,最大切应力随之确定。

图 7-11　　　　　　　　　　图 7-12

例 7-4　对图 7-13 所示的几种典型应力状态的单元体,分别画出三向应力圆,确定其主应力和最大切应力。

解: (a) 这是一个单向拉伸应力状态的主单元体,三个主平面有两个零应力面,所以三个主应力有两个重合在坐标原点,三向应力圆有两个重合,一个退化为半径为零的点圆位于坐标原点,其三向应力圆如图 7-14(a) 所示。

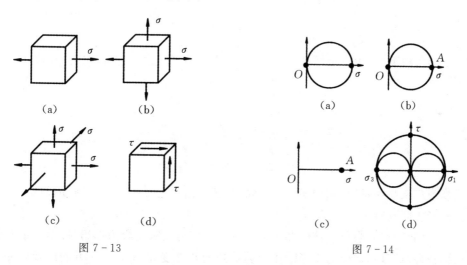

图 7-13　　　　　　　　　　图 7-14

(b) 这是一个两向等拉应力状态的主单元体,三个主平面有一个零应力面,有两个主应力相等,所以三向应力圆有两个重合,一个退化为半径为零的点圆,其三向应力圆如图 7-14(b) 所示,点圆位于图中 A 点。

(c) 这是一个三向等拉应力状态的主单元体,三个主应力相等,所以三个主应力重合于同一点,三向应力圆全都退化为半径为零的点圆,其三向应力圆如图 7-14(c) 所示,点圆位于图中 A 点。

(d) 这是一个纯剪切应力状态的单元体,其三向应力圆如图 7-14(d) 所示,从图中可以看出 $\sigma_{max} = -\sigma_{min} = \tau_{max} = -\tau_{min}$。

讨论: 请试作单向压缩、两向等压、三向等压应力状态的三向应力圆。

7.5 广义胡克定律

第 2 章和第 3 章曾经分别讨论过单向应力状态与纯剪切应力状态下的应力应变关系,本节研究复杂应力状态下的应力应变关系。

对图 7-15(a) 所示的主单元体,平行于主应力 σ_1、σ_2、σ_3 的棱边分别称为棱边 1、2、3,与之对应的线应变分别用 ε_1、ε_2、ε_3 表示。这种沿着主应力方向的线应变称为**主应变**,它们的大小可用叠加原理求得。

当只有 σ_1 单独作用时,棱边 1 将伸长,棱边 2、3 将缩短,如图 7-15(b) 所示,各棱边的应变可由拉压胡克定律及纵向与横向应变的关系(参见 2.5 节)求得

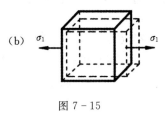

图 7-15

$$\varepsilon'_1 = \frac{\sigma_1}{E}, \quad \varepsilon'_2 = -\mu\frac{\sigma_1}{E}, \quad \varepsilon'_3 = -\mu\frac{\sigma_1}{E}$$

同理,在 σ_2、σ_3 单独作用下,分别产生线应变

$$\varepsilon''_1 = -\mu\frac{\sigma_2}{E}, \quad \varepsilon''_2 = \frac{\sigma_2}{E}, \quad \varepsilon''_3 = -\mu\frac{\sigma_2}{E}$$

$$\varepsilon'''_1 = -\mu\frac{\sigma_3}{E}, \quad \varepsilon'''_2 = -\mu\frac{\sigma_3}{E}, \quad \varepsilon'''_3 = \frac{\sigma_3}{E}$$

在小变形条件下,运用叠加原理,可得到三个主应力同时作用时各棱边的线应变

$$\varepsilon_1 = \frac{1}{E}[\sigma_1 - \mu(\sigma_2 + \sigma_3)]$$

$$\varepsilon_2 = \frac{1}{E}[\sigma_2 - \mu(\sigma_3 + \sigma_1)] \qquad (7-15)$$

$$\varepsilon_3 = \frac{1}{E}[\sigma_3 - \mu(\sigma_1 + \sigma_2)]$$

上式称为**广义胡克定律**,式中 σ_1、σ_2、σ_3 取代数值。在主应力 $\sigma_1 \geqslant \sigma_2 \geqslant \sigma_3$ 的规定下,容易证明三个主应变之间也有 $\varepsilon_1 \geqslant \varepsilon_2 \geqslant \varepsilon_3$。

对于各向同性材料,当单元体的各个面上既有正应力又有切应力作用时,由于小变形条件且变形在线弹性范围内,切应力不影响单元体棱边的长度变化,σ_x、σ_y、σ_z 方向的线应变 ε_x、ε_y、ε_z 可用式(7-15)得到

$$\varepsilon_x = \frac{1}{E}[\sigma_x - \mu(\sigma_y + \sigma_z)]$$

$$\varepsilon_y = \frac{1}{E}[\sigma_y - \mu(\sigma_z + \sigma_x)] \qquad (7-16)$$

$$\varepsilon_z = \frac{1}{E}[\sigma_z - \mu(\sigma_x + \sigma_y)]$$

三个互相垂直的平面内切应力分别为 τ_{xy}、τ_{yz}、τ_{zx},它们在各自平面内产生切应变分别为

$$\gamma_{xy} = \frac{1}{G}\tau_{xy}, \quad \gamma_{yz} = \frac{1}{G}\tau_{yz}, \quad \gamma_{zx} = \frac{1}{G}\tau_{zx} \qquad (7-17)$$

在平面应力状态下,设主应力 σ_z 为零,则式(7-16)、式(7-17)变成

$$\varepsilon_x = \frac{1}{E}(\sigma_x - \mu\sigma_y), \quad \varepsilon_y = \frac{1}{E}(\sigma_y - \mu\sigma_x), \quad \varepsilon_z = \frac{-\mu}{E}(\sigma_x + \sigma_y), \quad \gamma_{xy} = \frac{1}{G}\tau_{xy} \quad (7-18)$$

$$\sigma_x = \frac{E}{1-\mu^2}(\varepsilon_x + \mu\varepsilon_y), \quad \sigma_y = \frac{E}{1-\mu^2}(\varepsilon_y + \mu\varepsilon_x), \quad \tau_{xy} = G\gamma_{xy} \quad (7-19)$$

例 7-5 一个铝质立方块尺寸为 $10\text{ mm} \times 10\text{ mm} \times 10\text{ mm}$,如图 7-16 所示。材料 $E = 70\text{ GPa}, \mu = 0.33$,铝块无间隙地放进宽深均为 10 mm 的刚性槽中,在顶部施加均布压力 $p = 60\text{ MPa}$,试求立方块的三个主应力和三个主应变(设立方块与刚性槽之间光滑无摩擦)。

解:铝块在 y 方向的应力为
$$\sigma_y = -p = -60\text{ MPa}$$
铝块的 z 表面为无载荷作用的自由表面,所以
$$\sigma_z = 0$$
铝块在 x 方向受到刚性约束没有变形,所以
$$\varepsilon_x = 0$$
由广义胡克定律式(7-15)可知
$$\varepsilon_x = \frac{1}{E}[\sigma_x - \mu(\sigma_y + \sigma_z)] = 0$$

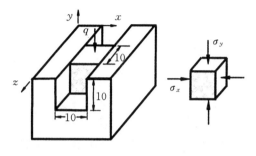

图 7-16

解得
$$\sigma_x = \mu\sigma_y = 0.33 \times (-60) = -19.8\text{ MPa}$$
铝块的主应力为
$$\sigma_1 = \sigma_z = 0, \quad \sigma_3 = \sigma_y = -60\text{ MPa}, \quad \sigma_2 = \sigma_x = -19.8\text{ MPa}$$
由广义胡克定律求得铝块的主应变为
$$\varepsilon_1 = \varepsilon_z = \frac{1}{E}[\sigma_1 - \mu(\sigma_2 + \sigma_3)] = \frac{-0.33 \times (-19.8-60)}{70 \times 10^3} = 0.376 \times 10^{-3}$$
$$\varepsilon_2 = \varepsilon_x = 0$$
$$\varepsilon_3 = \varepsilon_y = \frac{1}{E}[\sigma_3 - \mu(\sigma_1 + \sigma_2)] = \frac{-60 - 0.33 \times (0-19.8)}{70 \times 10^3} = -0.76 \times 10^{-3}$$

讨论:由本例题可以看出,在复杂应力状态下,有正应力的方向不一定有线应变,有线应变的方向也不一定有正应力。在单向应力状态下上述结论还成立吗?如果还有其它物理因素(如温度)的影响,以上结论会有什么变化?

例 7-6 用广义胡克定律证明切变模量 $G = \dfrac{E}{2(1+\mu)}$。

解:设平面单元体为边长等于 a 的正方形,在纯剪切应力状态下,其变形如图 7-17 所示,图中 γ 为切应变。根据广义胡克定律式(7-15),对角线 AC($-45°$方向)的线应变为
$$\varepsilon_{-45°} = \frac{\sigma_{-45°}}{E} - \mu\frac{\sigma_{+45°}}{E}$$
由式(7-1)或应力圆可以得到 $\sigma_{-45°} = \tau, \sigma_{+45°} = -\tau$,代入上式可得
$$\varepsilon_{-45°} = \frac{1}{E}[\tau - \mu(-\tau)] = \frac{1+\mu}{E}\tau \quad \text{(a)}$$
另一方面,对角线 AC 变形后位移到 AC',由余弦定理可得
$$AC'^2 = a^2 + a^2 + 2a^2\sin\gamma, \quad AC' = \sqrt{2}a\sqrt{(1+\sin\gamma)}$$
注意到小变形 $\sin\gamma \approx \gamma$,并将 $\sqrt{1+\gamma}$ 用幂级数展开,得

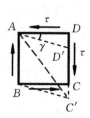

图 7-17

$$\sqrt{1+\gamma} = 1 + \frac{\gamma}{2} + o(\gamma^2)$$

忽略高阶无穷小项 $o(\gamma^2)$ 并将其代入 AC'，计算对角线 AC 的线应变为

$$\varepsilon_{AC} = \varepsilon_{-45°} = \frac{AC' - AC}{AC} = \frac{\sqrt{2}a(1+\frac{\gamma}{2}) - \sqrt{2}a}{\sqrt{2}a} = \frac{\gamma}{2}$$

根据剪切胡克定律 $\tau = G\gamma$ 得

$$\varepsilon_{-45°} = \frac{\tau}{2G} \tag{b}$$

比较(a)、(b)二式即可得

$$G = \frac{E}{2(1+\mu)} \tag{7-20}$$

讨论：沿单元体某个方向的线应变不仅与该方向的正应力有关，而且还与正交方向的正应力有关，计算时应特别注意。

例 7-7 求图 7-18 所示主单元体的体积改变。

解：设单元体在 x、y、z 方向的棱边初始长度分别为 dx、dy、dz，变形后分别为

$$dx_1 = dx(1+\varepsilon_1), \quad dy_1 = dy(1+\varepsilon_2), \quad dz_1 = dz(1+\varepsilon_3)$$

变形前后的体积分别为

$$V_0 = dx\,dy\,dz$$
$$V_1 = dx_1\,dy_1\,dz_1 = dx(1+\varepsilon_1)dy(1+\varepsilon_2)dz(1+\varepsilon_3)$$

因为应变很小，上式展开后略去高阶微小量，得到

$$V_1 = V_0(1+\varepsilon_1+\varepsilon_2+\varepsilon_3)$$

变形前后的体积改变量

$$\Delta V = V_1 - V_0 = V_0(\varepsilon_1+\varepsilon_2+\varepsilon_3)$$

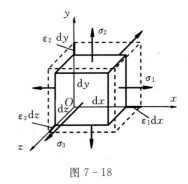

图 7-18

单位体积改变量即体积应变为

$$\theta = \frac{\Delta V}{V_0} = \varepsilon_1 + \varepsilon_2 + \varepsilon_3 \tag{7-21}$$

将式(7-15)代入，整理后可得

$$\theta = \frac{1-2\mu}{E}(\sigma_1+\sigma_2+\sigma_3) = \frac{3(1-2\mu)}{E}\sigma_m = \frac{\sigma_m}{K_V} \tag{7-22}$$

式中：σ_m 称为**平均主应力**，K_V 称为**体积弹性模量**

$$\sigma_m = \frac{1}{3}(\sigma_1+\sigma_2+\sigma_3), \quad K_V = \frac{E}{3(1-2\mu)} \tag{7-23}$$

讨论：由式(7-21)、式(7-22)可见，体积应变为三个主应变之和，等于三个主应力的平均值与体积弹性模量的比。

7.6 平面应力状态下的应变分析

已知三个互相垂直方向的正应力，可求得对应的线应变，但工程中经常遇到应力状态未知，需要通过测量应变来计算应力的问题，特别是平面应力状态下的应变电测法更为常用。与

平面应力状态应力 σ_x、σ_y、τ_{xy} 对应的应变为 ε_x、ε_y、γ_{xy}。为确定这三个应变分量，需要研究在 xy 平面内通过一点沿不同方向上应变之间的关系，即进行**应变分析**。

设单元体的初始边长分别为 dx、dy，对角线长度为 $dr^2 = dx^2 + dy^2$，对角线与 x 轴夹角为 α，变形产生的应变分量为 ε_x、ε_y、γ_{xy} 分别如图 7-19(a)、(b)、(c) 所示，其中 γ_{xy} 以左下角增大为正（与 $\tau_{xy} > 0$ 对应），dr 方向的线应变为 ε_a。

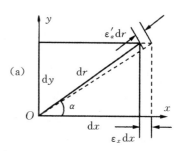

在图 7-19(a) 中只发生 ε_x，使 dx、dr 分别变为
$$dx' = (1+\varepsilon_x)dx, \quad dr' = (1+\varepsilon_a')dr$$
$$dr'^2 = [(1+\varepsilon_a')dr]^2 = dx'^2 + dy^2$$

展开上式并略去高阶小量整理可得
$$\varepsilon_a' dr^2 = \varepsilon_x dx^2, \quad \varepsilon_a' = \varepsilon_x \frac{dx^2}{dr^2} = \varepsilon_x \cos^2\alpha$$

同理，在图 7-19(b) 中，只发生 ε_y，使 dy、dr 分别变为
$$dy'' = (1+\varepsilon_y)dy, \quad dr'' = (1+\varepsilon_a'')dr$$
$$dr''^2 = [(1+\varepsilon_a'')dr]^2 = dx^2 + dy''^2$$

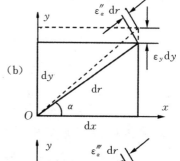

展开上式并略去高阶小量整理可得
$$\varepsilon_a'' = \varepsilon_y \frac{dy^2}{dr^2} = \varepsilon_y \sin^2\alpha$$

在图 7-19(c) 中，只发生 γ_{xy}，使 dr 变为
$$dr''' = (1+\varepsilon_a''')dr$$

根据余弦定理
$$dr'''^2 = dx^2 + dy^2 - 2dxdy\sin\gamma_{xy}$$

整理可得
$$\varepsilon_a''' = -\gamma_{xy}\frac{dxdy}{dr^2} = -\gamma_{xy}\sin\alpha\cos\alpha$$

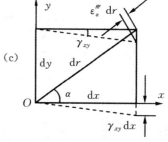

图 7-19

综合上述三种变形，ε_x、ε_y、γ_{xy} 同时发生时，根据叠加原理
$$\varepsilon_a = \varepsilon_a' + \varepsilon_a'' + \varepsilon_a''' = \varepsilon_x \cos^2\alpha + \varepsilon_y \sin^2\alpha - \gamma_{xy}\sin\alpha\cos\alpha$$

整理后写成
$$\varepsilon_a = \frac{\varepsilon_x+\varepsilon_y}{2} + \frac{\varepsilon_x-\varepsilon_y}{2}\cos2\alpha - \frac{\gamma_{xy}}{2}\sin2\alpha \tag{7-24}$$

进行应变分析时，应首先确定该点三个应变分量 ε_x、ε_y、γ_{xy}，但切应变难以直接测量，一般是选定三个角度 α_1、α_2、α_3 测量线应变 ε_{a1}、ε_{a2}、ε_{a3}，然后求解联立方程

$$\varepsilon_{a1} = \frac{\varepsilon_x+\varepsilon_y}{2} + \frac{\varepsilon_x-\varepsilon_y}{2}\cos2\alpha_1 - \frac{\gamma_{xy}}{2}\sin2\alpha_1$$

$$\varepsilon_{a2} = \frac{\varepsilon_x+\varepsilon_y}{2} + \frac{\varepsilon_x-\varepsilon_y}{2}\cos2\alpha_2 - \frac{\gamma_{xy}}{2}\sin2\alpha_2$$

$$\varepsilon_{a3} = \frac{\varepsilon_x+\varepsilon_y}{2} + \frac{\varepsilon_x-\varepsilon_y}{2}\cos2\alpha_3 - \frac{\gamma_{xy}}{2}\sin2\alpha_3$$

实际测量时经常把 α_1、α_2、α_3 取成特殊角以便简化计算。如取 $\alpha_1 = 0°$、$\alpha_2 = 45°$、$\alpha_3 = 90°$，制成三个应变片各成 $45°$ 夹角的直角应变花，即得到

$$\varepsilon_x = \varepsilon_{0°}, \quad \varepsilon_y = \varepsilon_{90°}, \quad \gamma_{xy} = \varepsilon_{0°} - 2\varepsilon_{45°} + \varepsilon_{90°} \tag{7-25}$$

一点的平面应变分析完成后,可用广义胡克定律求出 σ_x、σ_y 和 τ_x,进而求得主应力和主平面所在的方位以及最大切应力。

例 7-8 用 45° 直角应变花测得受力构件表面某点的应变值为 $\varepsilon_{0°} = -267 \times 10^{-6}$,$\varepsilon_{90°} = 79 \times 10^{-6}$,$\varepsilon_{45°} = -570 \times 10^{-6}$,如图 7-20 所示,构件材料 $E = 210\,\text{GPa}$,$\mu = 0.3$,求该点的主应力和主应变及其方向。

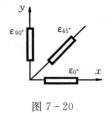

图 7-20

解: 1) 求 xy 平面内的应力分量 由式(7-25)

$$\varepsilon_x = \varepsilon_{0°} = -267 \times 10^{-6}, \quad \varepsilon_y = \varepsilon_{90°} = 79 \times 10^{-6},$$

$$\gamma_{xy} = \varepsilon_{0°} + \varepsilon_{90°} - 2\varepsilon_{45°} = 952 \times 10^{-6}$$

由式(7-19)、式(7-18)代入数据可得

$$\sigma_x = \frac{210 \times 10^9}{1 - 0.3^2}(-267 + 0.3 \times 79) \times 10^{-6} = -56.2\,\text{MPa}$$

$$\sigma_y = \frac{210 \times 10^9}{1 - 0.3^2}(79 - 0.3 \times 267) \times 10^{-6} = -0.25\,\text{MPa}$$

$$\tau_x = \frac{210 \times 10^9}{2 \times (1 + 0.3)} \times 952 \times 10^{-6} = 76.9\,\text{MPa}$$

2) 求主应力和主应变及其方向 由式(7-5)得

$$\begin{matrix}\sigma'\\\sigma''\end{matrix} = \frac{-56.2 - 0.25}{2} \pm \sqrt{\left(\frac{-56.2 + 0.25}{2}\right)^2 + 76.9^2} = \begin{matrix}53.6\,\text{MPa}\\-110\,\text{MPa}\end{matrix}$$

按照主应力的排序规定可知

$$\sigma_1 = 53.6\,\text{MPa}, \quad \sigma_2 = 0, \quad \sigma_3 = -110\,\text{MPa}$$

由式(7-15)求得主应变

$$\varepsilon_1 = \frac{53.6 + 0.3 \times 110}{210 \times 10^3} = 0.412 \times 10^{-3}, \quad \varepsilon_3 = \frac{-110 - 0.3 \times 53.6}{210 \times 10^3} = -0.6 \times 10^{-3}$$

由式(7-4)求得主应力方向

$$\tan 2\alpha_0 = -\frac{2 \times 76.9}{-56.2 + 0.25} = 2.75, \quad \alpha_0 = 35°$$

思 考 题

7-1 单元体无限小,其内部的材料还能保持均匀连续、各向同性吗?如何理解单元体无限小和材料均匀连续、各向同性之间的关系?

7-2 外伸梁上各点的单元体如图所示,纠正画出的应力状态的错误。

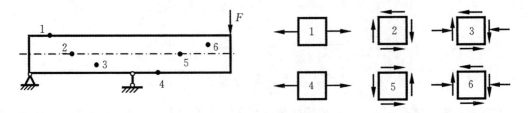

思考题 7-2 图

7-3 下列关于应力状态的论述中,哪些是正确的,哪些是错误的。

(A) 正应力为零的截面上,切应力为极大或极小值

(B) 切应力为零的截面上,正应力为极大或极小值

(C) 切应力为极大和极小值的截面上,正应力总是大小相等、符号相反

(D) 若一点在任何截面上的正应力都相等,则在任何截面上的切应力都为零

(E) 若一点在任何截面上的切应力都为零,则在任何截面上的正应力都相等

(F) 若一点在任何截面上的正应力都为零,则在任何截面上的切应力都相等

(G) 若两个截面上切应力大小相等、符号相反,则这两个截面必定互相垂直

(H) 切应力为极大值和极小值的截面总是互相垂直的

(I) 正应力为极大值和极小值的截面总是互相垂直的

7-4 在下列单元体对应的应力圆上标出图中虚线所示截面的对应点。

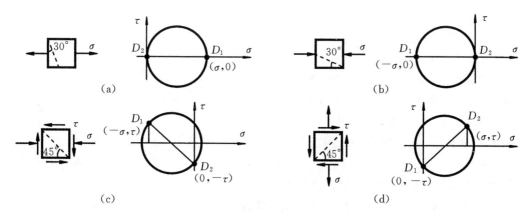

思考题 7-4 图

7-5 在下列应力圆对应的单元体上标出指定点 E 的对应截面。

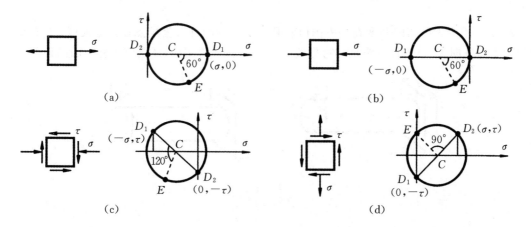

思考题 7-5 图

7-6 下列单元体中哪些属于单向应力状态,哪些属于二向应力状态,哪些属于三向应力状态,哪些属于纯剪切应力状态。

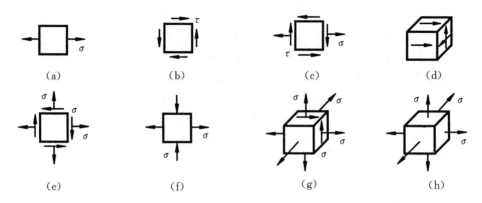

思考题 7-6 图

7-7 在复杂应力状态下，下列判断中错误的为_____。
(A) 有正应力的方向一定有线应变
(B) 有线应变的方向一定有正应力
(C) 没有正应力的方向一定没有线应变
(D) 没有线应变的方向一定没有正应力
在单向应力状态下，上述的结论有什么变化。

7-8 图示菱形微元体中，两个截面上的应力 p 是不是主应力？如何求主应力？

7-9 薄壁圆管扭转时壁厚是否会改变？为什么？

7-10 在一般应力状态作用下的单元体，既有体积改变，又有形状改变，什么应力状态只产生体积改变？什么应力状态只产生形状改变？

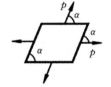

思考题 7-8 图

习　题

7-1 用应力已知的截面在如下图所示复杂受力的圆杆上指定点取出单元体，并标出应力的大小和方向。A 点为杆外表面和过轴线的水平纵截面的交点，B 点位于外表面的顶部。

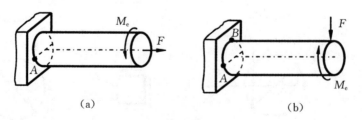

题 7-1 图

7-2 下列单元体的应力状态如图所示（应力单位：MPa），试用公式解析法求：(1) 图中虚线所示截面的正应力和切应力；(2) 主应力和主平面，并表示在单元体上；(3) 最大切应力。

7-3 已知下列单元体的应力状态如图所示（应力单位：MPa），试用应力圆求：(1) 图中虚线所示截面的正应力和切应力；(2) 主应力和主平面，并表示在单元体上；(3) 最大和最小切

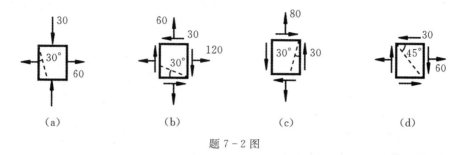

题 7-2 图

应力及其作用面,包括该面的正应力,并表示在单元体上。

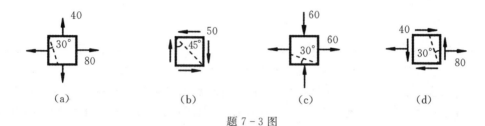

题 7-3 图

7-4 已知下列单元体受力如图所示(应力单位:MPa),试用图解解析法求:(1)σ_x(或σ_y),τ_x(或τ_α);(2) 主应力和主平面,并用单元体表示。

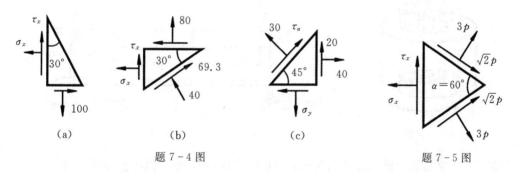

题 7-4 图　　　　　　　　　　　　题 7-5 图

7-5 已知单元体受力如图所示(p为已知),试用图解解析法求:(1)σ_x、τ_x、主应力和主平面;(2) 如果两截面的夹角α不确定,则α为何值时最大切应力取极小值。

7-6 图示各单元体的应力状态已知(应力单位:MPa),画三向应力圆并求主应力和最大切应力。

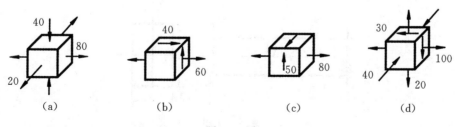

题 7-6 图

7-7 为了验证横梁弯曲时纵向截面之间不存在挤压应力,在梁的纵向和横向分别测得

线应变 $\varepsilon_x = 0.4 \times 10^{-3}$，$\varepsilon_y = -0.12 \times 10^{-3}$，设材料的 $E = 200\,\text{GPa}$，$\mu = 0.3$，试求纵截面和横截面正应力。

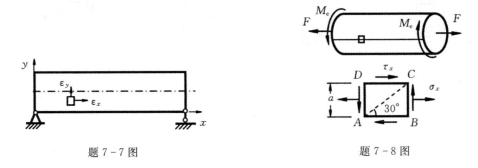

题 7-7 图   题 7-8 图

7-8 实心圆轴在拉力 F 和扭转力偶矩 M_e 共同作用下表面的应力状态如图所示，$\sigma_x = 30\,\text{MPa}$，$\tau_x = 15\,\text{MPa}$，$E = 200\,\text{GPa}$，$\mu = 0.3$，求矩形 $ABCD$ 的对角线 AC 的伸长量。

7-9 陶瓷由胚料烧结而成，胚料由粉料压制而成。某种陶瓷胚料压制时要求每个方向的压应力都必须大于 7 MPa（绝对值），设胚料的 $E = 7\,\text{GPa}$，$\mu = 0.20$，模具为刚性，求压制应力 p 必须大于多少（不计胚料与模具之间的摩擦力）。当胚料较厚时，胚料与模具之间的摩擦力不可忽略，这时胚料中的压应力变大还是变小了？为什么？

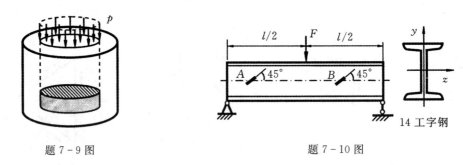

题 7-9 图   题 7-10 图

7-10 14 工字钢简支梁受力如图所示，已知 $F = 115\,\text{kN}$，在左侧腹板轴线上 A 点 $45°$ 方向测得线应变 $\varepsilon_{45°} = -520 \times 10^{-6}$，设材料的 $E = 200\,\text{GPa}$，$\mu = 0.3$，试计算测量相对误差 δ。如果在右侧 B 点进行同样的测试，ε_B 应为多少。

7-11 矩形截面悬臂梁受力如图所示，在中性层外表面 $45°$ 方向测得线应变 $\varepsilon_{45°}$，设梁的材料 E、μ 已知，求载荷 F。

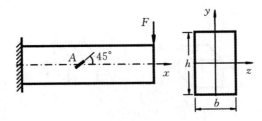

题 7-11 图

7-12 用平面应变分析的方法求解习题 7-8。

7-13 求证主应变 $\varepsilon_1 \geqslant \varepsilon_2 \geqslant \varepsilon_3$。

7-14 平均直径 $D = 50\text{ mm}$，壁厚 $t = 2\text{ mm}$ 的薄壁圆管承受扭转力偶矩 M_e 和弯曲力偶矩 M_0 的组合作用，为测定这两个力偶矩，在圆管表面轴线沿 $0°$ 和 $45°$ 方向各贴一枚电阻应变片，分别测得 $\varepsilon_{0°} = 400 \times 10^{-6}$，$\varepsilon_{45°} = 325 \times 10^{-6}$，设材料的 $E = 210\text{ GPa}$，$\mu = 0.28$，求 M_0 和 M_e。

题 7-14 图　　　　　　　　题 7-15 图

7-15 用互成 $120°$ 夹角的应变花测得构件表面一点的应变 $\varepsilon_{0°} = 100 \times 10^{-6}$，$\varepsilon_{120°} = 150 \times 10^{-6}$，$\varepsilon_{240°} = -200 \times 10^{-6}$，设 $E = 200\text{ GPa}$，$\mu = 0.3$，求该点的主应变和主应力。

第8章 强度理论

本章提要

本章讨论复杂应力状态下的强度条件。首先提出强度理论的概念,介绍常用的经典强度理论和强度理论的一些研究进展,引入相当应力建立复杂应力状态的强度条件及其应用。本章内容是组合变形强度分析不可缺少的理论基础。

8.1 强度理论的概念

构件在轴向拉压和纯弯曲时危险点都是单向应力状态,通过单向拉压试验得到破坏时的正应力,除以相应的安全因数得到许用应力即可建立强度条件;构件扭转时危险点处于纯剪切应力状态,两个主应力绝对值都等于横截面上的最大切应力,通过扭转试验得到破坏时的切应力,由此得到许用切应力即可建立强度条件;构件在剪切弯曲时,切应力一般较小可以忽略,危险点仍为近似单向应力状态,也可沿用单向拉压试验直接建立的强度条件。

工程中许多构件的危险点经常处于复杂应力状态,由于复杂应力状态单元体的三个主应力可以有无限多个组合;同时,进行复杂应力状态的试验相当复杂,因此,要想通过直接试验来建立强度条件实际上是不可能的,所以需要寻找新的途径,利用简单应力状态的试验结果建立复杂应力状态下的强度条件。

通过长期的实践、观察和分析,人们发现在复杂应力状态下,材料破坏有一定的规律,对于不同的材料,引起破坏的主要原因各不相同,但大致可以分为两类,一类是脆性断裂,一类是塑性屈服,统称为**强度失效**。进一步研究表明,不同的强度失效现象总是和一定的破坏原因有关,综合分析各种失效现象,人们提出了许多关于强度失效原因的假说,这些假说认为在不同应力状态下,材料的某种强度失效主要是由于某种应力或应变或其组合引起的。按照这类假说,可以由简单应力状态的试验结果,建立复杂应力状态下的强度条件。这样的假说当然必须经受科学实验和工程实际的检验,得到普遍认同的假说就被称为**强度理论**。

目前常用的强度理论都是针对均匀连续各向同性材料在常温静载条件下工作时提出的。由于材料的多样性和应力状态的复杂性,一种强度理论经常是适合这类材料却不适合另一类材料,适合一般应力状态却不适合特殊应力状态,所以现有的强度理论还不能说已经圆满地解决了所有的强度问题。随着材料科学和工程技术的不断进步,强度理论的研究也在进一步地深入和发展。

8.2 常用强度理论

8.2.1 最大拉应力理论(第一强度理论)

这一理论认为：最大拉应力是引起材料脆性断裂的主要因素，即不论材料处在什么应力状态下，只要最大拉应力 σ_1 达到某个极限值 $\sigma°$，就会发生脆性断裂。在单向拉伸应力状态下，这个极限值就是材料的强度极限 σ_b，所以材料断裂的条件是 $\sigma_1 = \sigma_b$，将 σ_b 除以安全因数 n，就得到最大拉应力理论的强度条件

$$\sigma_1 \leqslant \frac{\sigma_b}{n} = [\sigma] \tag{8-1}$$

最大拉应力理论早在 17 世纪就由伽利略(G. Galileo)提出，是最早的强度理论，故称为**第一强度理论**。这一理论能较好地解释砖石、玻璃、铸铁、混凝土等脆性材料在拉应力作用下的破坏现象，比较符合实验结果，至今仍在广泛使用。但它没有考虑另外两个主应力的影响，对不存在拉应力的情况则不能应用，对塑性材料的屈服失效也无法解释。

8.2.2 最大拉应变理论(第二强度理论)

这一理论认为：最大拉应变是引起材料脆性断裂的主要因素，即不论材料处在什么应力状态下，只要最大拉应变 ε_1 达到某个极限值 $\varepsilon°$，就会发生脆性断裂。在单向拉伸应力状态下，假设材料断裂时应力和应变关系服从胡克定律，则这个极限值 $\varepsilon° = \sigma_b/E$，所以材料断裂的条件是 $\varepsilon_1 = \sigma_b/E$。由式(7-15)得断裂条件为 $\sigma_1 - \mu(\sigma_2 + \sigma_3) = \sigma_b$，将 σ_b 除以安全因数 n，就得到最大拉应变理论的强度条件

$$\sigma_1 - \mu(\sigma_2 + \sigma_3) \leqslant \frac{\sigma_b}{n} = [\sigma] \tag{8-2}$$

最大拉应变理论最早由马里奥特(E. Mariotte)在 17 世纪后期提出，故称为**第二强度理论**。这一理论能较好地解释石料或混凝土等脆性材料受轴向压缩而沿纵向截面开裂的现象，铸铁受拉-压二向应力且压应力较大时，实验结果也与这一理论接近。但按照这一理论，脆性材料在二向和三向受拉时比单向拉伸承载能力会更高，实验结果却不能证实。尽管它同时考虑了三个主应力对脆性断裂的影响，但却由于只与少数脆性材料在某些特殊受力形式下的实验结果相吻合，所以目前已较少采用。

8.2.3 最大切应力理论(第三强度理论)

这一理论认为：最大切应力是引起材料塑性屈服的主要因素，即不论材料处在什么应力状态下，只要最大切应力 τ_{max} 达到某个极限值 $\tau°$，就会发生塑性屈服。在单向拉伸应力状态下，横截面上正应力达到屈服极限 σ_s 时，45° 斜截面上最大切应力 $\tau_{max} = \sigma_s/2$，所以材料发生塑性屈服的条件为 $\tau_{max} = \tau° = \sigma_s/2$，由式(7-14)知复杂应力状态下最大切应力 $\tau_{max} = (\sigma_1 - \sigma_3)/2$，代入屈服条件，可得用主应力表示的破坏条件 $\sigma_1 - \sigma_3 = \sigma_s$，将 σ_s 除以安全因数 n，就得到最大切应力理论的强度条件

$$\sigma_1 - \sigma_3 \leqslant \frac{\sigma_s}{n} = [\sigma] \tag{8-3}$$

最大切应力理论最早由库仑(Coulomb)提出，后经特雷斯卡(Tresca)加以完善。这个理论比较圆满地解释了塑性材料的屈服现象，与许多塑性材料在大多数受力情况下发生屈服的实

验结果相当符合,也能说明某些脆性材料的剪切断裂,但它没有考虑中间主应力 σ_2 的影响,在二向应力状态下,与实验结果比较,理论计算偏于安全。并且这一理论只适用于拉伸和压缩屈服极限相等的材料。此外,这一理论形式简单,因而得到广泛应用。

8.2.4 均方根切应力理论(第四强度理论)

这一理论认为:均方根切应力 τ_m 是引起材料塑性屈服的主要因素,即不论材料处在什么应力状态下,只要均方根切应力 τ_m 达到某个极限值 τ°_m,就会发生塑性屈服。在单向拉伸时,横截面上正应力达到屈服极限 σ_s 时发生屈服,其均方根切应力的极限值由式(7-13)得到为

$$\tau^\circ_m = \sqrt{\frac{1}{12}(\sigma_s^2 + \sigma_s^2)} = \sqrt{\frac{1}{6}}\sigma_s$$

将上式代入式(7-13),得屈服条件

$$\sqrt{\frac{1}{2}[(\sigma_1-\sigma_2)^2+(\sigma_2-\sigma_3)^2+(\sigma_1-\sigma_3)^2]} = \sigma_s$$

将 σ_s 除以安全因数 n,就得到均方根切应力理论的强度条件

$$\sqrt{\frac{1}{2}[(\sigma_1-\sigma_2)^2+(\sigma_2-\sigma_3)^2+(\sigma_1-\sigma_3)^2]} \leqslant \frac{\sigma_s}{n} = [\sigma] \qquad (8-4)$$

均方根切应力理论最早由胡贝尔(Huber)和米泽斯(Mises)以不同形式提出,后经亨奇(Hench)用形状改变比能进一步解释与论证,所以也称为**形状改变比能理论**。这一理论比第三强度理论更符合实验结果,而且更节约材料,所以得到广泛应用。

8.3 其它强度理论简介

8.3.1 莫尔强度理论(修正的第三强度理论)

虽然最大切应力理论可以解释某些脆性材料压缩时沿最大应力作用的 $45°$ 斜截面剪切断裂,但用拉伸时的屈服极限计算许用应力显然不合理;有些塑性材料拉伸屈服极限小于压缩屈服极限,在发生压缩屈服时直接用式(8-3)也偏于保守,所以莫尔提出对第三强度理论的修正。

莫尔强度理论认为:材料是否破坏取决于三向应力圆中最大的应力圆。取不同的三向应力组合进行破坏实验,得到一系列极限应力圆如图8-1(a)所示,作这些极限应力圆的包络线。如果单元体的最大应力圆处在此包络线的范围以内,则表示该点是安全的;若与包络线相切,则单元体达到破坏的极限状态。为了简化计算,可以将单向拉伸和单向压缩得到的两个极限应力圆的公切线作为近似包络线,如图8-1(b)所示,由此可以导出莫尔强度理论的极限条件为(参见例8-5)

$$\sigma_1 - \alpha\sigma_3 = \sigma^\circ, \quad \alpha = \frac{\sigma^\circ_t}{\sigma^\circ_c} \quad \begin{matrix} \text{塑性材料}:\sigma^\circ = \sigma_s \\ \text{脆性材料}:\sigma^\circ = \sigma_b \end{matrix} \qquad (8-5)$$

式中: σ°_t 为拉伸极限应力; σ°_c 为压缩极限应力。

将右端的 σ°_t 除以安全因数 n,得到相应的强度条件为

$$\sigma_1 - \alpha\sigma_3 \leqslant \frac{\sigma^\circ_t}{n} = [\sigma] \qquad (8-6)$$

显然,当拉压极限应力相等时, $\alpha = 1$,式(8-6)即为最大切应力理论的强度条件式(8-3),压缩极限应力远大于拉伸极限应力时,所得结果与最大拉应力理论式(8-1)接近。因此莫尔强度理论可以用来统一说明材料的脆性断裂和塑性屈服,而且兼顾了拉压极限应力不等的情况,

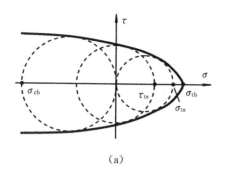 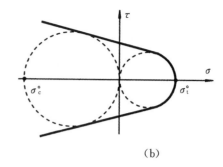

图 8-1

但它仍然没有考虑主应力 σ_2 的影响。

8.3.2 双剪强度理论

这一理论认为：三个极值切应力都对塑性屈服有影响，由于最大切应力恒等于另外两个极值切应力之和，所以三个极值切应力中只有两个是独立的，决定材料屈服的主要因素是两个较大的极值切应力之和即**双剪应力** τ_{yu}

$$\begin{cases} \tau_{12} \geqslant \tau_{23}: \quad \tau_{yu} = \tau_{13} + \tau_{12} = \sigma_1 - \dfrac{1}{2}(\sigma_2 + \sigma_3) \\ \tau_{23} \geqslant \tau_{12}: \quad \tau_{yu} = \tau_{13} + \tau_{23} = \dfrac{1}{2}(\sigma_1 + \sigma_2) - \sigma_3 \end{cases} \quad (8-7)$$

按照双剪强度理论，不论材料处在什么应力状态下，只要双剪应力 τ_{yu} 达到某个极限值 $\tau°_{yu}$，就会发生塑性屈服。在单向拉伸应力状态下，$\tau_{12} > \tau_{23}$，横截面上正应力达到拉伸屈服极限 σ_{ts} 时，$\tau°_{yu} = \sigma_1 = \sigma_{ts}$；在单向压缩应力状态下，$\tau_{12} < \tau_{23}$，横截面上正应力达到压缩屈服极限 σ_{cs} 时，$\tau°_{yu} = -\sigma_3 = \sigma_{cs}$。一般塑性材料 $\sigma_{ts} = \sigma_{cs} = \sigma_s$，再除以安全因数 n，得到双剪强度理论的强度条件为

$$\begin{cases} \tau_{12} \geqslant \tau_{23}: \quad \tau_{yu} = \sigma_1 - \dfrac{1}{2}(\sigma_2 + \sigma_3) \leqslant \dfrac{\sigma_s}{n} = [\sigma] \\ \tau_{23} \geqslant \tau_{12}: \quad \tau_{yu} = \dfrac{1}{2}(\sigma_1 + \sigma_2) - \sigma_3 \leqslant \dfrac{\sigma_s}{n} = [\sigma] \end{cases} \quad (8-8)$$

双剪强度理论由西安交通大学教授俞茂宏提出，综合考虑了三个主应力的作用，并得到许多实验结果的验证，已经被广泛接受和认可。俞茂宏教授继续深入探索，进一步提出了广义双剪强度理论和统一双剪强度理论，取得了新的研究成果。

8.4 强度理论的应用

运用强度理论解决工程实际问题，应当注意其适用范围。脆性材料一般发生脆性断裂，应选择第一或第二强度理论，塑性材料的破坏形式大多数是塑性屈服，应选择第三或第四强度理论。还应指出，材料的破坏不仅取决于材料的性质，还与其所处的应力状态、温度、加载速度等因素有关。如塑性材料在低温或三向等拉应力状态下会发生脆性断裂，而脆性材料在三向压缩时会出现塑性屈服，所以在实际应用中，应根据材料可能发生的破坏形式，有时需要结合断口

分析，选择适当的强度理论进行计算。

为了便于将常用强度理论的强度条件表示成统一的形式，常将与许用应力$[\sigma]$进行比较的应力组合称为**相当应力**，用σ_r表示，四种常用强度理论的强度条件可统一写成

$$\sigma_{ri} \leqslant [\sigma] \quad (i=1,2,3,4) \tag{8-9}$$

$$\begin{cases} \sigma_{r1} = \sigma_1 \\ \sigma_{r2} = \sigma_1 - \mu(\sigma_2 + \sigma_3) \\ \sigma_{r3} = \sigma_1 - \sigma_3 \\ \sigma_{r4} = \sqrt{\dfrac{1}{2}[(\sigma_1-\sigma_2)^2 + (\sigma_2-\sigma_3)^2 + (\sigma_1-\sigma_3)^2]} \end{cases} \tag{8-10}$$

例 8-1 用第三和第四强度理论建立图 8-2 所示单元体的强度条件。

解：图 8-2 所示单元体 $\sigma_x = \sigma$，$\sigma_y = 0$，$\tau_x = \tau$ 代入式(7-5)得到主应力

$$\sigma_1 = \frac{\sigma}{2} + \sqrt{\left(\frac{\sigma}{2}\right)^2 + \tau^2}, \quad \sigma_2 = 0, \quad \sigma_3 = \frac{\sigma}{2} - \sqrt{\left(\frac{\sigma}{2}\right)^2 + \tau^2}$$

代入式(8-10)得到第三和第四强度理论的强度条件分别为

$$\sigma_{r3} = \sqrt{\sigma^2 + 4\tau^2} \leqslant [\sigma] \tag{8-11}$$

$$\sigma_{r4} = \sqrt{\sigma^2 + 3\tau^2} \leqslant [\sigma] \tag{8-12}$$

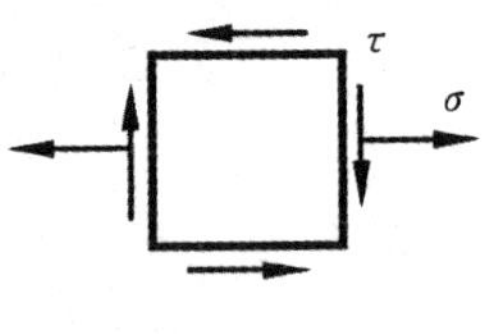

图 8-2

讨论：在这种应力状态下，无论 σ 和 τ 数值如何，始终有 $\sigma_1 > 0$，$\sigma_3 < 0$，且相当应力的值不因 σ 和 τ 的符号改变而变化。

例 8-2 工字形截面简支梁受力如图 8-3(a)所示。已知 $F = 120$ kN，截面的 $I_z = 1130$ cm^4，翼板对 z 轴的静矩 $S_z = 66$ cm^3，$l = 0.5$ m，$[\sigma] = 145$ MPa，试分别按第三、第四和双剪强度理论校核腹板和翼板的交接处 K 点的强度。(图中长度单位为 mm)

解：1) 梁的内力 梁的剪力、弯矩图如图 8-3(b)所示。由内力图可知梁的中间截面 C 是危险截面。

$$M_C = \frac{1}{4}Fl = 15 \text{ kN·m}, \quad F_{sC} = \frac{1}{2}F = 60 \text{ kN}$$

2) 横截面应力 C 截面的正应力和切应力分布如图 8-3(c)所示。由式(5-3)和式(5-13)分别计算 K 点的正应力和切应力

$$\sigma_K = \frac{M_C}{I_z} y_K = \frac{15 \times 70}{1130} \times 10^2 = 92.9 \text{ MPa},$$

$$\tau_K = \frac{F_{sC} S_z}{I_z t} = \frac{60 \times 66}{1130 \times 6} \times 10^2 = 58.4 \text{ MPa}$$

3) 相当应力与强度条件 围绕 K 点取单元体如图 8-3(d)所示，对于这种应力状态可根据式(8-11)或式(8-12)计算第三和第四强度理论

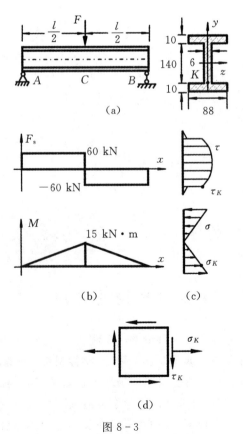

图 8-3

的相当应力分别为

$$\sigma_{r3} = \sqrt{92.9^2 + 4 \times 58.4^2} = 149 \text{ MPa} \geqslant [\sigma]$$

$$\sigma_{r4} = \sqrt{92.9^2 + 3 \times 58.4^2} = 137 \text{ MPa} \leqslant [\sigma]$$

用双剪强度理论校核时需求出三个主应力

$$\sigma_1 = 121 \text{ MPa}, \quad \sigma_2 = 0, \quad \sigma_3 = -28.2 \text{ MPa}$$

因为 $\tau_{12} > \tau_{23}$，根据式(8-7)

$$\tau_{yu} = \tau_{13} + \tau_{12} = \sigma_1 - \frac{1}{2}(\sigma_2 + \sigma_3) = 121 + 14.1 = 135.1 \text{ MPa} \leqslant [\sigma]$$

讨论：① 综合上述计算可见，用第三强度理论校核 K 点的强度是不安全的，但用第四强度理论和双剪强度理论校核则是安全的。工程中一般认为相当应力超过许用应力的值，若不大于许用应力的 5% 左右，此构件可认为是安全的，仍可以正常使用；② 双剪强度理论的相当应力最小，说明用双剪强度理论进行设计可以更充分地发挥材料的承载能力。

例 8-3 锅炉气包是圆筒形薄壁容器，如图 8-4(a) 所示。已知气体压力 $p = 3.5$ MPa，气包平均直径 $D = 1$ m，$[\sigma] = 140$ MPa，试分别按第三、第四和双剪强度理论计算其壁厚 t。

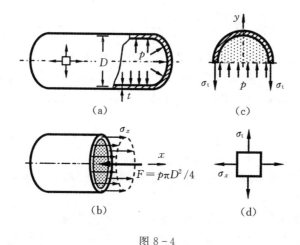

图 8-4

解：1) 求横截面和纵截面的正应力　对于薄壁压力容器($t < D/20$)，可以近似认为应力沿壁厚是均匀分布的。在内压作用下，圆筒横截面上有正应力 σ_x，利用截面法在任一横截面处将圆筒截开（连同气体），受力如图 8-4(b) 所示，由 x 方向的平衡条件得到**轴向应力**

$$\sigma_x(\pi D t) = F = p\left(\frac{\pi}{4}D^2\right), \quad \sigma_x = \frac{pD}{4t} \tag{8-13}$$

沿圆筒径向纵截面截开（连同气体），取轴向单位长度，受力如图 8-4(c) 所示，**周向正应力** σ_t（参见例 2-7）为

$$\sigma_t = \frac{pD}{2t} \tag{8-14}$$

比较式(8-13)、式(8-14)可知，薄壁圆筒受内压时，周向应力是轴向应力的二倍。薄壁圆筒外壁为自由表面 $\sigma_r = 0$，内壁径向应力 $\sigma_r = -p$，由于 σ_r 比 σ_x 和 σ_t 小得多，可以略去不计而视为二向应力状态。以横截面和纵截面从筒壁截出的单元体受力如图 8-4(d) 所示。

2) 计算相当应力和壁厚 t 由于 σ_x、σ_t、σ_r 为主应力,

$$\sigma_1 = \sigma_t = \frac{pD}{2t}, \quad \sigma_2 = \sigma_x = \frac{pD}{4t}, \quad \sigma_3 = \sigma_r \approx 0$$

按第三强度理论

$$\sigma_{r3} = \sigma_1 - \sigma_3 = \frac{pD}{2t} \leqslant [\sigma]$$

$$t \geqslant \frac{pD}{2[\sigma]} = \frac{3.5 \times 1000}{2 \times 140} = 12.5 \text{ mm}$$

按第四强度理论

$$\sigma_{r4} = \sqrt{\frac{1}{2}\left[(\sigma_1 - \sigma_2)^2 + (\sigma_2 - \sigma_3)^2 + (\sigma_1 - \sigma_3)^2\right]} = \frac{\sqrt{3}pD}{4t} \leqslant [\sigma]$$

$$t \geqslant \frac{\sqrt{3}pD}{4[\sigma]} = \frac{\sqrt{3} \times 3.5 \times 1000}{4 \times 140} = 10.8 \text{ mm}$$

按双剪强度理论,此时 $\tau_{12} = \tau_{23}$

$$\tau_{yu} = \sigma_1 - \frac{1}{2}(\sigma_2 + \sigma_3) = \frac{3pD}{8t} \leqslant [\sigma]$$

$$t \geqslant \frac{3pD}{8[\sigma]} = \frac{3 \times 3.5 \times 1000}{8 \times 140} = 9.4 \text{ mm}$$

双剪强度理论比第三强度理论节约材料约 24.8%,比第四强度理论节约材料约 13%。

讨论:如果圆筒壁厚较大,则周向应力按均匀应力计算可能引入较大的误差。因为周向应力 σ_t 会产生周向应变 ε_t,使得圆环半径由 $D/2$ 变为 $D(\varepsilon_t+1)/2$,根据式(5-1)曲率半径的改变为

$$\frac{1}{\rho_1} - \frac{1}{\rho_0} = \frac{2}{D(1+\varepsilon_t)} - \frac{2}{D} = \frac{M}{EI}$$

弯矩 M 的存在必然使周向截面上的应力不再均匀分布。试分析圆筒壁厚较大时,假设应力沿壁厚均匀分布所引入的相对误差。

例 8-4 按强度理论建立纯剪切应力状态(图8-5)的强度条件,并与剪切强度条件比较,推导剪切许用应力 $[\tau]$ 与拉伸许用应力 $[\sigma]$ 之间的关系。

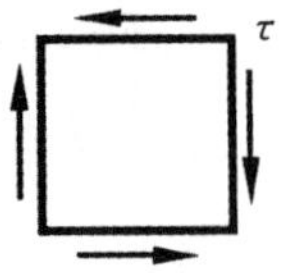

解:纯剪切应力状态的三个主应力分别为 $\sigma_1 = \tau$,$\sigma_2 = 0$,$\sigma_3 = -\tau$,剪切强度条件为

$$\tau \leqslant [\tau] \qquad \text{(a)}$$

图 8-5

对脆性材料,按第一强度理论

$$\sigma_{r1} = \sigma_1 = \tau \leqslant [\sigma]$$

与式(a)比较得

$$[\tau] = [\sigma]$$

按第二强度理论

$$\sigma_{r2} = \sigma_1 - \mu(\sigma_2 + \sigma_3) = (1+\mu)\tau \leqslant [\sigma]$$

一般脆性材料 $\mu = 0.2 \sim 0.25$,所以

$$[\tau] = (0.8 \sim 0.83)[\sigma]$$

对塑性材料,按第三强度理论

$$\sigma_{r3} = \sigma_1 - \sigma_3 = 2\tau \leqslant [\sigma]$$

与式(a)比较得

$$[\tau] = 0.5[\sigma]$$

按第四强度理论

$$\sigma_{r4} = \sqrt{\frac{1}{2}(\tau^2 + \tau^2 + 4\tau^2)} = \sqrt{3}\tau \leqslant [\sigma]$$

与式(a)比较得

$$[\tau] = 0.577[\sigma]$$

综上所述,工程上一般对脆性材料取为

$$[\tau] = (0.8 \sim 1)[\sigma]$$

对塑性材料取为

$$[\tau] = (0.5 \sim 0.6)[\sigma]$$

例 8-5 证明莫尔强度理论的极限条件式(8-5)。

解:设拉伸和压缩极限应力圆的圆心分别为 O_1、O_2,近似直线包络线 AB 与圆 O_1、O_2 相切,任意极限应力圆的圆心为 O',半径为 $O'D$。过 O_1 作 AB 的平行线分别交 O_2A、$O'D$ 于 C、E。由图 8-6 可见

$$\frac{O_1O'}{O_1O_2} = \frac{O'E}{O_2C} \quad (a)$$

$$O_1O' = OO_1 + OO' = \frac{\sigma_t^\circ}{2} - \frac{\sigma_1 + \sigma_3}{2}$$

$$O'E = O'D - DE = \frac{\sigma_1 - \sigma_3}{2} - \frac{\sigma_t^\circ}{2}$$

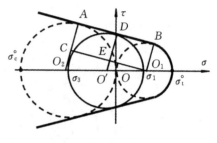

图 8-6

$$O_1O_2 = \frac{\sigma_t^\circ + \sigma_c^\circ}{2}$$

$$O_2C = O_2A - O_1B = \frac{\sigma_c^\circ}{2} - \frac{\sigma_t^\circ}{2}$$

将上述表达式代入式(a)整理即可得式(8-5)

$$\sigma_1 - \alpha\sigma_3 = \sigma_t^\circ, \quad \alpha = \frac{\sigma_t^\circ}{\sigma_c^\circ}$$

思 考 题

8-1 冬季将沸水注入厚玻璃杯内,若玻璃杯发生爆裂,则_____。
(A) 内壁先开裂   (B) 外壁先开裂   (C) 内、外壁同时开裂   (D) 开裂没有规律

8-2 塑性材料处在三向等拉应力状态时,为什么发生脆性断裂而不发生塑性屈服?

8-3 有些教材和著作中,根据某些脆性材料在三向等压应力状态下,发生不可恢复的体积改变的实验结果,得到结论:"脆性材料在三向等压应力状态下可以发生塑性变形",你同意这一观点吗?为什么?

8-4 有人根据深海中近似三向等压状态下动植物生长和活动现象,认为"不论塑性还是脆性材料在三向等压应力状态下都不会发生破坏",你同意这一观点吗?为什么?

8-5 锅炉气包有时发生爆炸事故，其裂缝应为_____。

(A) 沿纵向　　(B) 沿横向　　(C) 沿45°方向　　(D) 沿十字方向

8-6 冬天盛水的玻璃器皿或铸铁水管会因结冰而被涨破，但冰块也受到同样的反作用力，为何冰块没有被压碎？是因为冰块抗压强度高而玻璃和铸铁抗拉强度低吗？

习 题

8-1 试对某钢制零件危险点进行强度校核。已知 $[\sigma] = 160$ MPa，$\sigma_1 = 120$ MPa，$\sigma_2 = 60$ MPa，$\sigma_3 = -30$ MPa。

8-2 试对某铸铁零件危险点进行强度校核。已知 $[\sigma^+] = 40$ MPa，$\mu = 0.3$，$\sigma_1 = 30$ MPa，$\sigma_2 = 0$，$\sigma_3 = -20$ MPa。

8-3 炮筒横截面如图所示，射击时 A 点的应力为 $\sigma_t = 550$ MPa，$\sigma_r = -350$ MPa，垂直于横截面的正应力 $\sigma_x = 420$ MPa，$[\sigma] = 1000$ MPa。分别按第三和第四强度理论校核其强度。

题 8-3 图　　　　　　　　题 8-4 图

8-4 弯曲和扭转组合变形时危险点的应力状态如图所示，$\sigma = 70$ MPa，$\tau = 50$ MPa。分别按第三和第四强度理论计算相当应力。

8-5 车轮与钢轨接触点 A 的主应力为 $\sigma_x = -900$ MPa，$\sigma_y = -1100$ MPa，$\sigma_z = -800$ MPa，$[\sigma] = 300$ MPa，分别用第三和第四强度理论对接触点进行强度校核。

8-6 钢制圆柱形薄壁容器平均直径 $D = 800$ mm，壁厚 $t = 4$ mm，$[\sigma] = 120$ MPa。按第四强度理论确定其许可内压 p。

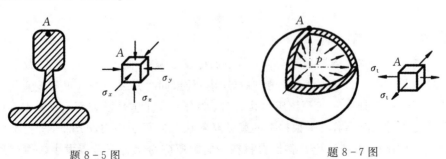

题 8-5 图　　　　　　　　题 8-7 图

8-7 图示储气罐为薄壁圆球壳体，平均直径 $D = 2$ m，内压 $p = 1.5$ MPa，$[\sigma] = 150$ MPa，按第三或第四强度理论求其壁厚 t。

第 9 章 组合变形

本章提要

本章讨论的组合变形强度计算,属于工程实际中常见的综合性应用问题。因为内力和变形不止一种,所以要用到应力的叠加原理;斜弯曲和拉压弯曲组合变形叠加后的应力仍为简单的单向应力,可以沿用基本变形的强度条件;弯扭组合和拉压扭转组合等叠加后的应力状态变成二向应力,建立强度条件需要引入强度理论。

9.1 概 述

第 2~6 章分别讨论了杆件在拉压、扭转、弯曲等基本变形时的强度和刚度计算。在工程实际中,经常会遇到不止一种基本变形同时发生的情况,称为**组合变形**。如图 9-1(a) 所示汽轮机叶片,图 9-1(b) 所示建筑工程中常见的厂房牛腿形立柱,它们产生的是拉压与弯曲的组合变形;图 9-1(c)、(d) 所示分别为皮带轮传动轴和齿轮轴,它们承受的都是弯曲和扭转的组合变形。对于结构形式和载荷更为复杂的杆件,发生了哪些基本变形需要通过内力分析来判断。

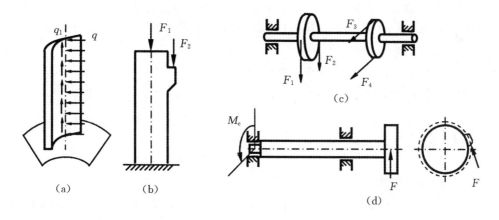

图 9-1

例 9-1 飞机起落架正视图和左视图如图 9-2(a)、(b) 所示。其承受的载荷有水平阻力 F_1、地面支撑力 F_2、刹车鼓传递的力偶矩 M_e,试分析固定端截面 A 处发生的组合变形。

解:以 A 截面法线为 x 轴,分别分析 F_1、F_2、M_e 单独作用承受的变形,然后叠加。

F_1 单独作用时,忽略剪力,AB 段发生扭转和弯曲,A 截面扭矩和弯矩分别为

$$T_1 = F_1 l_2 \sin\alpha, \quad M_{y1} = F_1(l_1 + l_2 \cos\alpha)$$

F_2 单独作用时,忽略剪力,AB 段发生拉压和弯曲,A 截面轴力和弯矩分别为

$$F_{N2} = -F_2\sin\alpha, \quad M_{z2} = F_2(l_1\cos\alpha + l_2)$$

M_e 单独作用时，AB 段发生扭转和弯曲，按右手螺旋定则标出 M_e 的矢量方向如图 9-2(b) 虚线箭头所示，将 M_e 沿 x、y 轴分解可得到 A 截面扭矩和弯矩分别为

$$T_3 = M_e\cos\alpha, \quad M_{y3} = M_e\sin\alpha$$

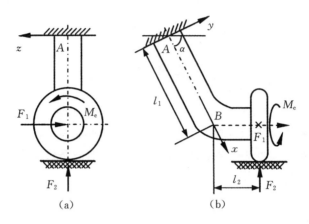

图 9-2

F_1、F_2、M_e 同时作用下，AB 段发生的变形包括拉压、扭转和 y、z 两个方向的弯曲，A 截面内力包括

$$F_{N2} = -F_2\sin\alpha, \quad T = T_1 + T_2 = F_1 l_2\sin\alpha + M_e\cos\alpha$$

$$M_y = M_{y1} + M_{y3} = F_1(l_1 + l_2\cos\alpha) + M_e\sin\alpha, \quad M_z = M_{z2} = F_2(l_1\cos\alpha + l_2)$$

计算组合变形的应力和变形时，在小变形条件下，各个基本变形引起的应力和变形，可以认为是各自独立互不影响的，因此可运用叠加原理分别计算各个基本变形的应力和变形，然后叠加得到组合变形下的应力和变形。

杆件组合变形有多种形式，工程中常见的是斜弯曲、拉压与弯曲组合、弯曲或拉压与扭转组合。掌握了这几种典型的组合变形分析方法，其它组合变形分析可以举一反三。

9.2 斜弯曲

9.2.1 斜弯曲的概念

在第 5 章讨论弯曲应力时，梁的横截面有一个纵向对称轴，这些纵向对称轴组成纵向对称平面，横向载荷作用在纵向对称平面内，梁发生平面弯曲，横截面上的中性轴与纵向对称轴互相垂直。但在工程实际中，有时横向力并不作用在纵向对称平面内，如房屋建筑中的屋顶檩条的受力(图 9-3)，这时变形后的轴线将不位于载荷作用面内，而是倾斜了一个角度。这种变形称为**斜弯曲**。

对于斜弯曲，可将横向力(或力偶矢量)沿横截面上两个互相垂直的形心主惯性轴分解，成为两个平面弯曲问题。分别计算两个平面弯曲的应力，然后叠加得到斜弯曲的应力。下面以矩形截面梁为例说明斜弯曲的分析方法和应力分布规律。

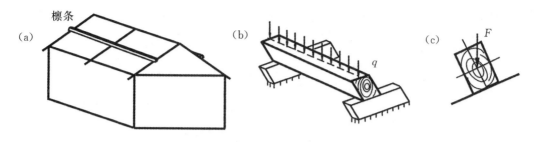

图 9-3

9.2.2 斜弯曲的应力

矩形截面悬臂梁在自由端受集中力 F 作用如图 9-4(a)所示。F 的作用线与对称轴 y 之间的夹角为 φ，将 F 沿 y 轴和 z 轴分解，得到

$$F_y = F\cos\varphi, \quad F_z = F\sin\varphi$$

F_y 和 F_z 分别在 xy 和 xz 平面内产生平面弯曲，其弯矩分别为

$$M_z = F_y(l-x), \quad M_y = F_z(l-x)$$

显然危险截面在固定端 A，最大弯矩

$$M_{yA} = F_z l = Fl\sin\varphi, \quad M_{zA} = F_y l = Fl\cos\varphi$$

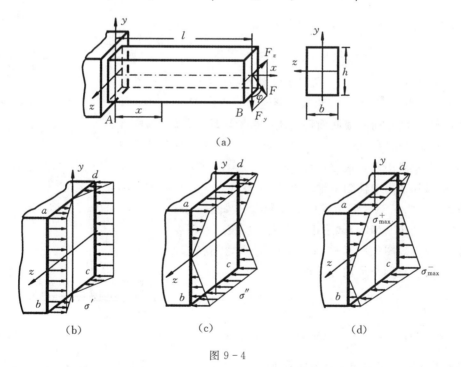

图 9-4

对固定端截面上任一点(坐标为 y、z)，由 M_{yA}、M_{zA} 引起的正应力分别为

$$\sigma' = \frac{M_{yA}}{I_y}z = \frac{Fl}{I_y}z\sin\varphi, \quad \sigma'' = \frac{M_{zA}}{I_z}y = \frac{Fl}{I_z}y\cos\varphi$$

式中：I_y、I_z 分别为横截面对 y、z 轴的惯性矩。横截面上 σ'、σ'' 的分布图形分别如图 9-4(b)、(c)

所示。根据叠加原理,这两个应力的代数和就是力 F 引起的正应力,即

$$\sigma = \sigma' + \sigma'' = \frac{M_{yA}}{I_y}z + \frac{M_{zA}}{I_z}y = \frac{Fl}{I_y}z\sin\varphi + \frac{Fl}{I_z}y\cos\varphi \tag{9-1}$$

横截面上 σ 的分布如图 9-4(d) 所示。由图中可以看出,矩形截面的两个对角点 a、c 处分别具有最大的拉应力和压应力,因而是危险点,点 a 的最大拉应力为

$$\sigma_{\max} = Fl\left(\frac{b}{2I_y}\sin\varphi + \frac{h}{2I_z}\cos\varphi\right) = Fl\left(\frac{1}{W_y}\sin\varphi + \frac{1}{W_z}\cos\varphi\right) \tag{9-2}$$

式中:W_y、W_z 分别为横截面对 y、z 轴的抗弯截面系数。点 c 的最大压应力与点 a 的最大拉应力绝对值相等。

因为斜弯曲时横截面上只有正应力,危险点仍属于单向应力状态,所以强度条件与平面弯曲时相同,即

$$\sigma_{\max} = Fl\left(\frac{1}{W_y}\sin\varphi + \frac{1}{W_z}\cos\varphi\right) = \frac{M_{yA}}{W_y} + \frac{M_{zA}}{W_z} \leqslant [\sigma] \tag{9-3}$$

9.2.3 斜弯曲时的中性轴

由式(9-1)可知,斜弯曲时横截面的正应力是坐标 y、z 的函数,令 σ 为零即可确定中性轴的位置,即

$$\frac{z}{I_y}\sin\varphi + \frac{y}{I_z}\cos\varphi = 0$$

由上式可知中性轴仍为直线,其斜率为常数

$$-\frac{y}{z} = \tan\alpha = \frac{I_z}{I_y}\tan\varphi = 常数 \tag{9-4}$$

由于一般截面的 $I_y \neq I_z$,所以中性轴的倾角 $\alpha \neq \varphi$,即中性轴不与载荷作用平面垂直(图 9-5),故有斜弯曲之称。

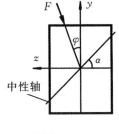

图 9-5

可以证明,斜弯曲时横截面仍然绕中性轴转动,所以距离中性轴最远的点一定是正应力最大的点。对于矩形、工字形等具有外凸角点的截面,角点距离中性轴最远,所以正应力最大,可按式(9-2)计算最大应力;对于其它形状的截面,需要找到距离中性轴最远的点,将坐标代入式(9-1)计算其最大应力。

例 9-2 32a 工字钢制成的简支梁受力如图 9-6(a)所示。已知 $F = 30\text{ kN}$,$l = 4\text{ m}$,$\varphi = 15°$,$[\sigma] = 170\text{ MPa}$,试按正应力强度校核此梁强度。

解: 梁的弯矩图如图 9-6(b)所示,最大弯矩在 C 截面,将其沿 y、z 两个方向分解得

$$M_{Cy} = \frac{Fl}{4}\sin\varphi = \frac{30 \times 4}{4}\sin 15° = 7.76\text{ kN·m}$$

$$M_{Cz} = \frac{Fl}{4}\cos\varphi = \frac{30 \times 4}{4}\cos 15° = 29\text{ kN·m}$$

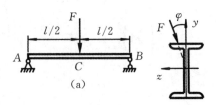

查型钢表得 32a 工字钢的抗弯截面系数

$$W_y = 70.8\text{ cm}^3, \quad W_z = 692\text{ cm}^3$$

代入式(9-3)得

$$\sigma_{\max} = \frac{M_{Cy}}{W_y} + \frac{M_{Cz}}{W_z} = \left(\frac{7.76}{70.8} + \frac{29}{692}\right) \times 10^3$$

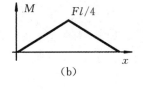

图 9-6

$$= 41.9 + 109.6 = 151.5 \text{ MPa} < [\sigma]$$

故此梁满足正应力强度条件。

讨论：在此例题中如果力 F 的作用线与 y 轴重合，即 $\varphi = 0°$，则最大应力 $\sigma_{\max} = 43.4 \text{ MPa}$，远小于斜弯曲的最大应力。说明对工字形截面梁，如外力稍有偏斜，就会使最大正应力增大许多。产生这种结果的原因是由于工字形截面的 W_y 远小于 W_z，所以对这一类两个方向抗弯截面系数相差较大的截面，加载时应尽量使载荷作用在抗弯截面系数较大的弯曲平面内。

9.3 拉压与弯曲

9.3.1 拉压与弯曲组合的应力

图 9-7(a) 所示小型压力机框架的立柱在偏心力 F 的作用下，横截面有轴向拉力和弯矩，是拉伸与弯曲的组合变形；图 9-7(b) 所示简易起重架，横梁 AB 上有轴向压力和横向力作用，是压缩与弯曲组合变形。

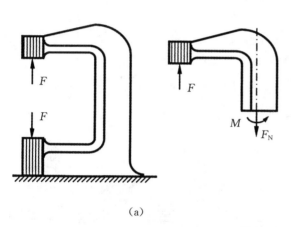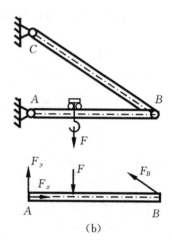

图 9-7

小变形情况下，拉压与弯曲组合变形的轴向力在弯曲变形上产生的弯矩很小，可以略去不计，叠加原理仍然成立，分别计算拉压和弯曲变形的应力，然后叠加得到组合变形的应力。

以图 9-8(a) 所示矩形截面悬臂梁为例，B 截面上有轴力 F_N 和弯矩 M 作用，如图 9-8(b) 所示（剪力 F_s 对强度的影响略去不计），轴力产生均匀分布的正应力 σ'，弯矩产生线性分布的正应力 σ''，叠加后的应力 σ 仍为线性分布，如图 9-8(c) 所示。其中

$$\sigma' = \frac{F_N}{A}, \quad \sigma'' = \frac{M}{I_z}y, \quad \sigma = \sigma' + \sigma'' = \frac{F_N}{A} + \frac{M}{I_z}y$$

最大拉应力和最大压应力在横截面的上下两边缘，分别为

$$\sigma_{\max}^+ = \frac{F_N}{A} + \frac{M}{W_z}, \quad \sigma_{\max}^- = \frac{F_N}{A} - \frac{M}{W_z} \qquad (9-5)$$

由于拉压应力与弯曲应力叠加后仍为单向应力状态，对于拉压强度相等的材料，强度条件为

$$|\sigma|_{\max} \leqslant [\sigma]$$

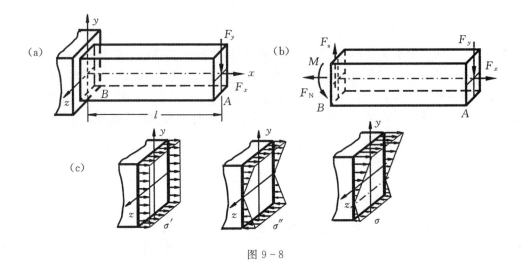

图 9-8

对于拉压强度不等的材料,设拉压许用应力分别为 $[\sigma^+]$、$[\sigma^-]$,强度条件为

$$\sigma_{\max}^+ \leqslant [\sigma^+], \quad \sigma_{\max}^- \leqslant [\sigma^-]$$

例 9-3 简易摇臂吊车受力如图 9-9(a) 所示,已知吊重 $F = 8\text{ kN}$, $\alpha = 30°$,横梁 AB 由两根槽钢组成,$[\sigma] = 120\text{ MPa}$,试按正应力强度条件选择槽钢型号。

解: 1) 求支反力 梁的受力简图如图 9-9(b) 所示,由平衡方程 $\sum M_A = 0$,可得

$$F_C = \frac{4F}{2.5\sin 30°} = 25.6\text{ kN}$$

F_C 在水平和垂直方向的分量分别为

$$F_{Cx} = F_C\cos 30° = 22.2\text{ kN}$$
$$F_{Cy} = F_C\sin 30° = 12.8\text{ kN}$$

支座 A 的约束反力为

$$F_{Ax} = F_{Cx} = 22.2\text{ kN}$$
$$F_{Ay} = F_{Cy} - F = 4.8\text{ kN}$$

2) 求内力和应力 横梁 AB 的轴力图和弯矩图如图 9-9(c) 所示。在 AC 段既有轴力又有弯矩,是压缩和弯曲组合变形,C 截面是危险截面,其轴力和弯矩分别为

$$F_N = -22.2\text{ kN}, \quad M_C = 12\text{ kN} \cdot \text{m}$$

C 截面上的压缩应力和最大弯曲应力分别为

$$\sigma' = \frac{F_N}{2A}, \quad \sigma'' = \frac{M}{2W_z}$$

下边缘各点压应力最大,强度条件为

$$\sigma_{\max}^- = \sigma' + \sigma'' = \frac{F_N}{2A} + \frac{M}{2W_z} \leqslant [\sigma]$$

3) 选择型钢并校核强度 上式中 A、W_z 为

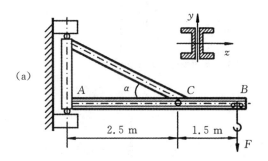

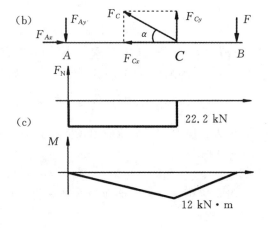

图 9-9

单根槽钢的横截面积和抗弯截面系数。一般情况下弯曲应力远大于拉压应力,可以先不考虑拉压应力,只按弯曲强度条件初选槽钢型号,于是由

$$\sigma'' = \frac{M}{2W_z} = \frac{12}{2W_z} \leqslant 120 \text{ MPa}, \quad W_z \geqslant 50 \text{ cm}^3$$

查附录 C 型钢表,选 12.6 槽钢,$W_z = 62 \text{ cm}^3$,$A = 15.69 \text{ cm}^2$。再按压缩和弯曲组合变形进行强度校核

$$\sigma_{\max} = \sigma' + \sigma'' = \frac{F_N}{2A} + \frac{M}{2W_z} = \frac{22.2 \times 10}{2 \times 15.69} + \frac{12 \times 10^3}{2 \times 62} = 7.07 + 96.8 = 104 \text{ MPa}$$

强度足够,所以选定 12.6 槽钢。

讨论:如果强度不够,应再选型号大一些的槽钢,并进行校核后确定型号。

9.3.2 偏心拉压

当轴向外力 F 的作用线与杆的轴线偏离时称为**偏心拉压**,如图 9-10(a) 所示。杆的横截面上除轴力 F_N 外还有弯矩 M 存在,这个弯矩称为**偏心弯矩**,如图 9-10(b) 所示,所以偏心拉压是拉压与弯曲的组合变形。

以矩形截面杆为例,设轴向力偏离 y、z 轴的距离分别为 e_z、e_y,称为**偏心距**,如图 9-10(c) 所示,F 产生的轴力为 F_N,偏心弯矩分别为 $M_z = Fe_y$,$M_y = Fe_z$,如图 9-10(d) 所示,这是拉压与斜弯曲的组合。轴力和偏心弯矩产生的正应力分别为

$$\sigma' = \frac{F}{A}, \quad \sigma'' = \frac{Fe_y}{I_z}y, \quad \sigma''' = \frac{Fe_z}{I_y}z \tag{9-6}$$

横截面上的最大正应力为

$$\sigma_{\max} = \sigma' + \sigma''_{\max} + \sigma'''_{\max} = \frac{F}{A} + \frac{Fe_y}{W_z} + \frac{Fe_z}{W_y} \tag{9-7}$$

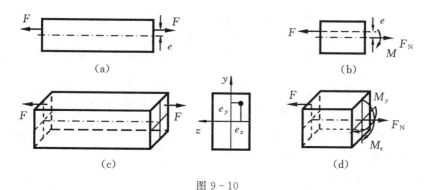

图 9-10

对于其它没有外凸角点的截面(如圆形截面等),则与斜弯曲的分析方法类似。

例 9-4 矩形截面直杆如图 9-11(a) 所示。设计载荷 $F = 12 \text{ kN}$,截面尺寸 $H = 40 \text{ mm}$,$b = 5 \text{ mm}$,$[\sigma] = 100 \text{ MPa}$。加工后发现一侧出现裂纹,为避免裂纹尖端的应力集中,必须在这一侧切掉一部分材料,试求切口深度的最大许可值 h。

解:设切口深度为 h,则切口处截面的形心已不在力 F 的作用线上,偏心距 $e = h/2$,偏心弯矩 $M = Fh/2$,如图 9-11(b) 所示。根据拉压与弯曲组合变形的强度条件式(9-7)

$$\sigma_{\max} = \frac{F}{A} + \frac{Fe}{W_z} \leqslant [\sigma]$$

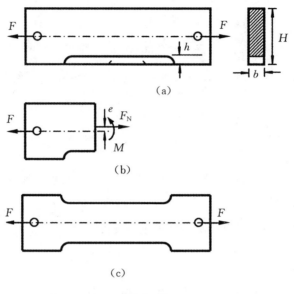

图 9-11

式中 $A = b(H-h)$，$W_z = b(H-h)^2/6$，代入数据得

$$\sigma_{\max} = \frac{12 \times 10^3}{5(40-h)} + \frac{3 \times 12h}{5(40-h)^2} \times 10^3 \leqslant 100$$

整理后即为

$$h^2 - 128h + 640 = 0$$

解方程得到两个根

$$h_1 = 122.8 \text{ mm}, \quad h_2 = 5.2 \text{ mm}$$

显然 h_1 不合题意，应舍去，所以切口的最大深度为 $h = 5.2$ mm。

讨论：如在杆的另一侧切除同样的切口，如图 9-11(c)所示，切口截面处又变为均匀拉伸，其应力为

$$\sigma = \frac{F}{b(H-2h)} = \frac{12 \times 10^3}{5(40 - 2 \times 5.2)} = 81.1 \text{ MPa}$$

由此可见，两侧切口的杆虽然截面面积减小，应力却比一侧切口的杆小。这表明载荷偏心引起的弯矩对拉压杆件的强度影响很大，应给予足够的重视。

9.3.3 偏心拉压中性轴与截面核心

杆件受偏心拉压时，截面中性轴的位置可由叠加后的应力为零的条件确定，即

$$\sigma = \sigma' + \sigma'' + \sigma''' = \frac{F}{A} + \frac{Fe_y}{I_z}y + \frac{Fe_z}{I_y}z = 0$$

令 $I_y/A = i_y^2$，$I_z/A = i_z^2$，i_y、i_z 分别称为截面对 y、z 轴的**惯性半径**，上式可写成

$$1 + \frac{e_y}{i_z^2}y + \frac{e_z}{i_y^2}z = 0 \qquad (9-8)$$

这是一条不通过形心的直线，如图 9-12 所示，中性轴与两个

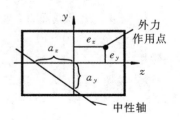

图 9-12

坐标轴的截距 a_y、a_z 分别为

$$a_y = -\frac{i_z^2}{e_y}, \quad a_z = -\frac{i_y^2}{e_z} \tag{9-9}$$

由上式可见截距 a_y、a_z 分别与外力作用点的偏心距 e_y、e_z 有关，e_y、e_z 的绝对值越小，a_y、a_z 的绝对值越大，说明外力作用点距离形心越近，中性轴距离形心越远。当中性轴位于截面外时，整个截面位于中性轴的同一侧，截面上的应力符号将是相同的（全部为拉应力或压应力）。在截面形心附近可以找到一个小区域，当轴向力 F 作用在这个小区域内时，整个截面上只出现一种符号的正应力，这个小区域就称为**截面核心**。工程中常见的几种截面的截面核心形状如图 9-13 所示。

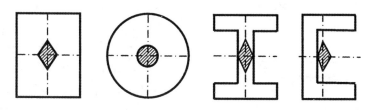

图 9-13

截面核心的概念在建筑工程中具有重要的实际意义，有许多建筑材料如砖石、混凝土等都属于脆性材料，其抗拉强度远低于抗压强度，这类材料制成的受压立柱，一般都要求偏心距不超出截面核心的范围，以免因偏心弯矩产生拉应力造成破坏。

9.4 弯曲与扭转

弯曲与扭转组合变形在机械工程中是很常见的，例如皮带轮传动轴、齿轮轴、曲柄等轴类构件，在传递扭矩的同时往往还发生弯曲变形。

图 9-14(a) 所示水平直角曲拐，AB 段为圆杆，受集中力 F 作用。将 F 向 AB 杆的 B 端截面形心简化，得到横向力 F 和扭转力偶 Fa，AB 段的受力简图如图 9-14(b) 所示。AB 杆发生弯曲和扭转组合变形，其扭矩图和弯矩图如图 9-14(c) 所示。显然 A 截面是危险截面，其扭矩和弯矩分别为 $T = Fa$，$M_z = Fl$。扭矩产生的切应力和弯矩产生的正应力分布如图 9-14(d) 所示。由图中可以看出，上下两边缘的 k_1、k_2 两点切应力和正应力的绝对值同时取最大值 $\tau = T/W_p$，$\sigma = M_z/W_z$，因而是危险点，其应力状态如图 9-14(e) 所示。

对于这种二向应力状态，应按强度理论建立强度条件。根据例 8-1，三个主应力分别为

$$\sigma_1 = \frac{\sigma}{2} + \sqrt{\left(\frac{\sigma}{2}\right)^2 + \tau^2}, \quad \sigma_2 = 0, \quad \sigma_3 = \frac{\sigma}{2} - \sqrt{\left(\frac{\sigma}{2}\right)^2 + \tau^2}$$

对于塑性材料，通常选第三或第四强度理论，强度条件分别为

$$\sigma_{r3} = \sqrt{\sigma^2 + 4\tau^2} \leqslant [\sigma], \quad \sigma_{r4} = \sqrt{\sigma^2 + 3\tau^2} \leqslant [\sigma] \tag{9-10}$$

将最大值 $\tau = T/W_p$，$\sigma = M_z/W_z$ 代入并注意到 $W_p = 2W_z$，得到圆杆弯扭组合变形以内力表示的强度条件

$$\sigma_{r3} = \frac{1}{W_z}\sqrt{M^2 + T^2} \leqslant [\sigma], \quad \sigma_{r4} = \frac{1}{W_z}\sqrt{M^2 + 0.75T^2} \leqslant [\sigma] \tag{9-11}$$

工程中除了弯扭组合的杆件外，还有拉压与扭转的组合，或者拉压、弯曲与扭转的组合变

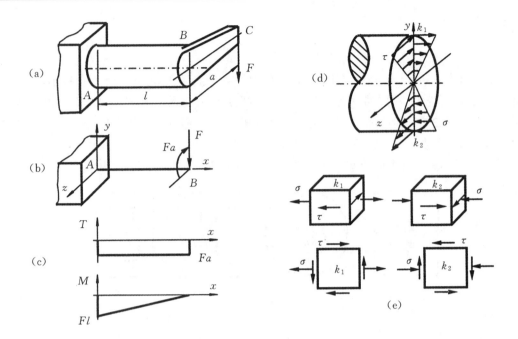

图 9-14

形,运用相同的分析方法,仍可用式(9-10)进行强度计算。

例 9-5 图 9-15(a)所示磨床砂轮主轴 $d = 20$ mm,已知由电机转子输入力偶矩 $M_e = 20$ N·m,转子和砂轮自重分别为 $G_1 = 100$ N, $G_2 = 250$ N,砂轮直径 $D = 250$ mm,磨削力 $F_y : F_z = 3 : 1$,$[\sigma] = 60$ MPa,试按第四强度理论校核该主轴强度。(图中长度单位为 mm)

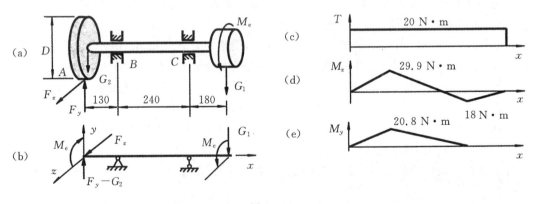

图 9-15

解: 1) 外力分析 由平衡方程 $\sum M_x = 0$,得

$$F_z = 2M_e/D = 160 \text{ N}, \quad F_y = 3F_z = 3 \times 160 = 480 \text{ N}$$

将外力向主轴轴线简化,得到受力简图如图 9-15(b) 所示。

2) 内力分析 作轴的弯矩图、扭矩图如图 9-15(c)、(d)、(e)所示。从图中可以看出,M_y、M_z 都在 B 截面取最大值,所以 B 截面是危险截面,其扭矩和弯矩分别为

$$T_B = 20 \text{ N·m}, \quad M_{yB} = 20.8 \text{ N·m}, \quad M_{zB} = 29.9 \text{ N·m}$$

因为沿 y、z 两个方向都有横向力,所以轴受到斜弯曲和扭转的组合变形。

3) **强度计算** 对于圆轴,发生斜弯曲时,应在危险截面将两个弯矩按矢量合成为一个总弯矩 M_B,再按式(9-11)进行强度计算。

$$M_B = \sqrt{M_{yB}^2 + M_{zB}^2} = \sqrt{20.8^2 + 29.9^2} = 36.4 \text{ N} \cdot \text{m}$$

将 M_B 和 T_B 代入式(9-11)得相当应力

$$\sigma_{r4} = \frac{1}{W_z}\sqrt{M_B^2 + 0.75T_B^2} = \frac{32}{\pi \times 20^3}\sqrt{36.4^2 + 0.75 \times 20^2} \times 10^3 = 51.3 \text{ MPa} < [\sigma]$$

所以轴的强度足够。

讨论:如果砂轮的磨削力不是 y、z 两个方向的载荷,则需先将其分解到 y、z 两个方向,然后再按上述步骤进行计算。

例 9-6 手摇绞车轴受力如图 9-16(a)所示,B 轮直径 $D = 0.36$ m,摇柄长度 $b = 0.25$ m,轴的直径 $d = 30$ mm,$[\sigma] = 100$ MPa,试按第三强度理论确定许可吊重 G。

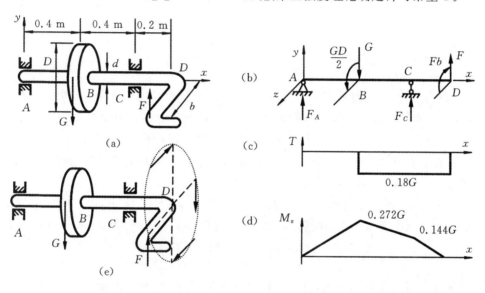

图 9-16

解:1) **外力分析** 由平衡方程 $\sum M_x = 0$,可求得摇柄的作用力 F 与吊重 G 的关系

$$\frac{GD}{2} = Fb = 0.18G, \quad F = \frac{GD}{2b} = \frac{0.18}{0.25}G = 0.72G$$

将载荷向轴线简化,得到轴的受力简图如图 9-16(b)所示。支座 A、C 的支反力分别为

$$F_A = 0.68G, \quad F_C = -0.4G$$

2) **内力分析** 作绞车轴的扭矩图和弯矩图如图 9-16(c)、(d)所示,图中可以看出 B 截面弯矩和扭矩都最大,所以是危险截面,其扭矩和弯矩分别为

$$T_B = 0.18G \text{ kN} \cdot \text{m}, \quad M_B = 0.272G \text{ kN} \cdot \text{m}$$

3) **强度计算** 将 T_B、M_B 代入式(9-11)得相当应力

$$\sigma_{r3} = \frac{32}{\pi d^3}\sqrt{M_B^2 + T_B^2} = \frac{32}{\pi \times 30^3}\sqrt{0.272^2 + 0.18^2}G \times 10^6 \leq [\sigma] = 100 \text{ MPa}$$

解得许可吊重

$$G = 0.813 \text{ kN}$$

讨论：在起吊过程中，摇柄的轨迹是一个圆，如图 9-16(e) 所示，作用在手柄上的力 F 的方向不断变化，F 产生的弯矩方向也不断变化，所以绞车轴实际上是在两个平面内同时发生弯曲变形。试画出手柄在图 9-15(e) 所示四个虚线位置时绞车轴的弯矩图，并确定轴的危险工况。

例 9-7 截面为正方形面积 $A = a^2 = 4\text{ mm} \times 4\text{ mm}$ 的开口圆环弹簧垫圈如图 9-17(a) 所示，两个方向相反的力 F 可视为作用在同一直线上，$[\sigma] = 180 \text{ MPa}$，按第三强度理论求许可载荷 F。

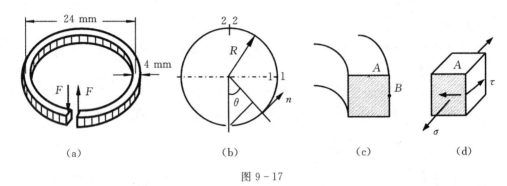

图 9-17

解：1) 内力分析　从俯视图 9-17(b) 可以看出，在任意角度 θ 的横截面处，F 的作用产生两个力偶，其力臂分别为 F 到截面形心距离 $R\sin\theta$、$R(1-\cos\theta)$，力矩分别为

$$M_1 = FR\sin\theta, \quad M_2 = FR(1-\cos\theta) \tag{a}$$

其中，M_1 垂直于截面法线产生弯曲变形，是弯矩；M_2 平行于截面法线产生扭转变形，是扭矩，所以任意截面产生弯矩与扭转组合变形。

2) 应力计算　对于正方形截面，弯曲正应力在上下两缘的 A 点最大，扭转切应力在四个棱边的中点 B 最大如图 9-17(c) 所示，其大小分别为

$$\sigma = \frac{M_1}{W_z} = \frac{6FR\sin\theta}{a^3}, \quad \tau = \frac{M_2}{W_P} = \frac{FR(1-\cos\theta)}{\alpha a^3} \tag{b}$$

其中，α 为矩形截面杆扭转的最大切应力系数，由表 3-1 可知，对正方形 $\alpha = 0.208$。

3) 强度计算　因为上下缘中点 A 的正应力和切应力同时达到最大值，所以是危险点。其应力状态如图 9-17(d) 所示。由例 8-1 可知这种应力状态的相当应力为式(8-11)，即

$$\sigma_{r3} = \sqrt{\sigma^2 + 4\tau^2} = \sqrt{\left(\frac{6FR\sin\theta}{a^3}\right)^2 + 4\left[\frac{FR(1-\cos\theta)}{\alpha a^3}\right]^2} \tag{c}$$

σ_{r3} 是截面位置 θ 的函数。由式(a)可知 $\theta = \pi/2$、$\theta = \pi$ 分别为弯矩、扭矩最大的截面 1—1、2—2，显然是危险截面，分别计算这两个截面危险点的相当应力为

$$\sigma'_{r3} = \sqrt{\left(\frac{6FR}{a^3}\right)^2 + 4\left(\frac{FR}{\alpha a^3}\right)^2} = 11.33\frac{FR}{a^3}, \quad \sigma''_{r3} = \sqrt{4\left(\frac{2FR}{\alpha a^3}\right)^2} = 19.23\frac{FR}{a^3} \tag{d}$$

由此可知 $\theta = \pi$ 的截面 2—2 更危险，将上式代入强度条件式(8-11)得到

$$F \leq \frac{[\sigma]a^3}{19.23R} = \frac{180 \times 4^3}{19.23 \times 12} = 49.9 \text{ N}$$

讨论：求危险截面的位置时也可以对式(d)的相当应力用 $d\sigma_{r3}/d\theta = 0$ 取极值，得到同样的结果，不过工程上直接判断弯矩、扭矩的最大截面更简便。

思 考 题

9-1 试举出两种组合变形时内力和应力不满足叠加原理的工程实例。

9-2 在分析组合变形的应力时，常常需要进行力的分解和简化，即用等效力系代替原力系的作用，试以下列三个构件为例，说明哪些简化是合理的？等效代替的原则是什么？

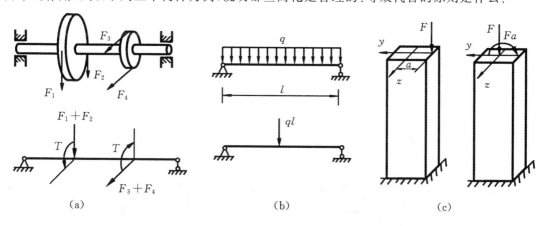

思考题 9-2 图

9-3 悬臂梁的各种截面形状如图所示。若 A 端的集中力偶 M_A 的作用平面位于截面图中虚线所示位置（虚线箭头表示力偶的矢量方向），则哪些梁会发生斜弯曲？

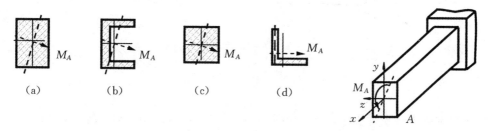

思考题 9-3 图

9-4 压力机立柱为箱形截面，在拉弯组合变形时，下列四种截面形状哪一种最合理？

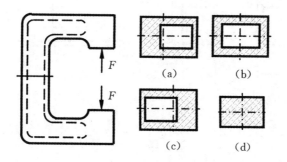

思考题 9-4 图

9-5 关于偏心拉压的中性轴，下列结论中正确的为_____。

(A) 轴的位置与载荷的作用点有关，与载荷的大小无关

(B) 中性轴方程式(9-7)中，y、z 是一对任意选定的正交坐标轴

(C) 中性轴和外力作用点位于截面形心的两侧

(D) 中性轴可能在截面之外

9-6 决定截面核心的因素是_____。

(A) 材料的力学性能　　　　(B) 杆件截面的形状与尺寸

(C) 载荷的大小与方向　　　(D) 载荷作用点的位置

9-7 按第三强度理论得到的弯扭组合变形的三个强度条件表达式

$$\sigma_{r3} = \sigma_1 - \sigma_3 \leqslant [\sigma], \quad \sigma_{r3} = \sqrt{\sigma^2 + 4\tau^2} \leqslant [\sigma], \quad \sigma_{r3} = \frac{\sqrt{M^2 + T^2}}{W_z} \leqslant [\sigma]$$

其适用范围有何区别？

9-8 试分析下列构件在指定截面 A 的内力分量（判断基本变形）。

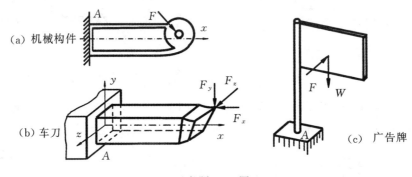

思考题 9-8 图

习　题

9-1 木制矩形截面悬臂梁受力如图，已知 $F_1 = 0.8 \text{ kN}$，$F_2 = 1.65 \text{ kN}$，木材的许用应力 $[\sigma] = 10 \text{ MPa}$，若矩形 $h/b = 2$，试确定其截面尺寸。

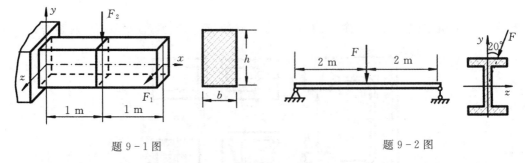

题 9-1 图　　　　　　　　　题 9-2 图

9-2 工字钢简支梁受力如图，已知 $F = 7 \text{ kN}$，$[\sigma] = 160 \text{ MPa}$，试选择工字钢型号。（提示：先假定 W_z/W_y 的比值进行试选，然后校核。）

9-3 证明斜弯曲时横截面仍然绕中性轴转动（提示：证明截面形心位移垂直于中性轴）。

9-4 证明对正多边形截面梁,横向力无论作用方向如何偏斜,只要力的作用线通过截面形心,都只产生平面弯曲。

9-5 求图示正六边形截面悬臂梁的最大应力。(已知正六边形的形心主惯性矩 $I_y = I_z$)

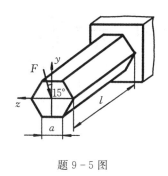

题 9-5 图

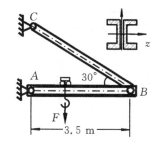

题 9-6 图

9-6 图示起重架的最大起吊重量(包括小车)为 $F = 40$ kN,横梁 AB 由两根 18 槽钢组成,$[\sigma] = 120$ MPa,试校核横梁强度。

9-7 拆卸工具的勾爪受力如图,已知两侧爪臂截面为矩形,$[\sigma] = 180$ MPa,试按爪臂强度条件确定拆卸时的最大顶力 F。(图中长度单位为 mm)

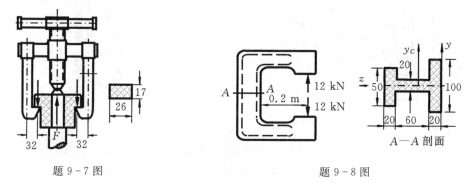

题 9-7 图 　　　　　　　　题 9-8 图

9-8 压力机框架为铸铁材料,$[\sigma^+] = 30$ MPa,$[\sigma^-] = 80$ MPa,立柱截面尺寸如图所示,试校核框架立柱的强度。(图中长度单位为 mm)

9-9 图示矩形截面杆偏心受拉,力 F 与轴线之间的铅垂偏心距为 e,已知弹性模量 E、截面宽度为 b,由实验测得两侧的纵向应变为 ε_1、ε_2,试求偏心距 e 和外力 F。

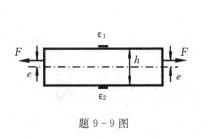

题 9-9 图

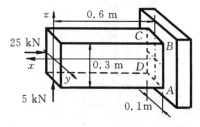

题 9-10 图

9-10 求图示矩形截面杆固定端 A、B、C、D 四点的正应力,并确定中性轴的位置。

9-11 确定图 9-13 所示矩形截面(b、h 已知)和圆形截面(d 已知)的截面核心大小。

9-12 电动机工作时的最大转矩 $M_e = 120\ \text{N}\cdot\text{m}$，主轴 $l = 120\ \text{mm}$，$d = 40\ \text{mm}$，皮带轮直径 $D = 250\ \text{mm}$，皮带张力 $F_1 = 2F_2$，$[\sigma] = 60\ \text{MPa}$，用第三强度理论校核该主轴强度。

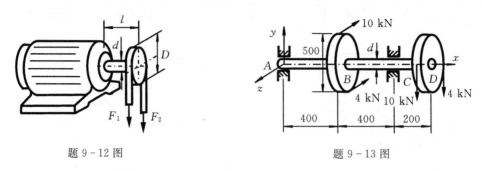

题 9-12 图　　　　　　　　题 9-13 图

9-13 皮带轮传动轴受力如图所示，已知 $[\sigma] = 80\ \text{MPa}$，按第四强度理论选择轴的直径。（图中长度单位为 mm）

9-14 齿轮轴受力如图所示，已知 $[\sigma] = 100\ \text{MPa}$，按第四强度理论确定轴的直径。（图中长度单位为 mm）

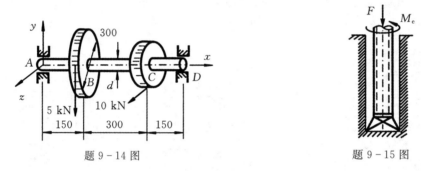

题 9-14 图　　　　　　　　题 9-15 图

9-15 牙轮钻杆外径 $D = 152\ \text{mm}$，内径 $d = 120\ \text{mm}$，钻进压力 $F = 180\ \text{kN}$，扭转力偶矩 $M_e = 17.3\ \text{kN}\cdot\text{m}$，$[\sigma] = 100\ \text{MPa}$，按第四强度理论校核钻杆强度。

9-16 水轮机主轴输出功率 $P = 37500\ \text{kW}$，转速 $n = 150\ \text{r/min}$，叶轮和主轴共重 $W = 300\ \text{kN}$，轴向推力 $F = 5000\ \text{kN}$，主轴内、外径分别为 $d = 350\ \text{mm}$、$D = 750\ \text{mm}$，$[\sigma] = 100\ \text{MPa}$，按第四强度理论和双剪强度理论校核主轴的强度。

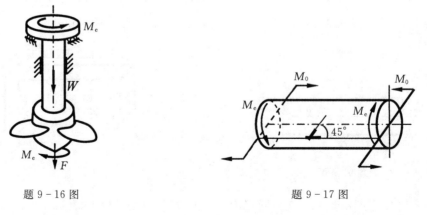

题 9-16 图　　　　　　　　题 9-17 图

9-17 弯扭组合变形的圆轴 $d = 30\ \text{mm}$，在图示轴线和 45°方向分别测得线应变 $\varepsilon_{0°} =$

$500 \times 10^{-6}, \varepsilon_{45°} = 426 \times 10^{-6}, E = 200\,\text{GPa}, \mu = 0.3$,试求扭转力偶矩 M_e 和弯曲力偶矩 M_0。

9-18 曲轴可简化成图示水平直角曲拐,已知 $a = 160\,\text{mm}, l = 200\,\text{mm}, d = 40\,\text{mm}, E = 200\,\text{GPa}, \mu = 0.3, [\sigma] = 60\,\text{MPa}$,现在 D 点测得与轴线成 $45°$ 方向的线应变 $\varepsilon_{45°} = 120 \times 10^{-6}$,(1) 试求载荷 F;(2) 按第四强度理论校核曲拐强度(不考虑剪力 F_s 影响)。

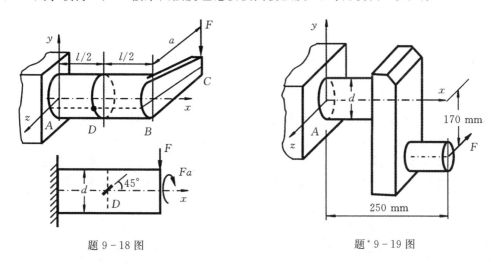

题 9-18 图   题*9-19 图

*9-19 曲拐受力如图,已知 $F = 50\,\text{kN}, d = 120\,\text{mm}, [\sigma] = 80\,\text{MPa}$,按第三强度理论校核 A 截面的强度。

*9-20 密圈螺旋弹簧平均直径为 D,簧丝为直径为 $d \ll D$ 的圆截面,升角 $\alpha < 5°$,弹簧在弯曲力矩 M_z 作用下,求:(1) 危险截面和危险点的位置;(2) 最大相当应力 σ_{r3}。

*9-21 三根直径为 d、长度为 l 的圆截面杆,相距为 a,一端固定,另一端插入刚性平板,如图所示。设材料的弹性模量 E、G 已知,求在力偶矩 M_e 作用下刚性平板 B 绕 x 轴转动的角度 φ。

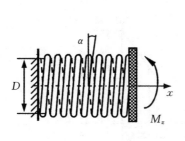
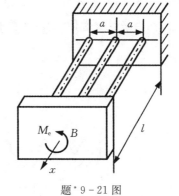

题*9-20 图   题*9-21 图

第 10 章 能量法计算位移

本章提要

本章讨论计算位移的能量法。首先介绍变形能的基本概念和各种基本变形下变形能的计算，讨论变形能的性质；接着引入利用变形能计算变形的功能原理，深入研究单位载荷法、莫尔积分公式、图形互乘法计算位移的各种应用；最后介绍克拉珀龙定理和功的互等定理、位移互等定理。能量原理是固体力学最重要的基本原理之一，掌握能量法往往能够起到事半功倍的效果，单位载荷法在计算位移时非常简便有效。

10.1 外力功与变形能

在普通物理和理论力学中已经学习过，弹簧在缓慢加载的外力作用下发生变形并使力的作用点产生位移，如图 10-1(a) 所示。在线性系统中力的大小与力的作用点位移成正比，当力的方向与力的作用点位移（或位移分量）重合时，载荷在其相应位移上做功，称为**外力功** W。力的方向与作用点位移方向一致时做正功，否则做负功。如果没有其它能量转换与损耗，外力功全部以弹性势能的形式储存于弹性体中，称为**弹性变形势能** U（简称**变形能**或**弹性势能**）。根据能量守恒定律即有

$$U = W \tag{10-1}$$

上式也称为**功能原理**。对线弹性问题，即材料符合胡克定律，结构位移与载荷成线性关系，这类构件或结构称为**线性弹性体**（简称**线弹性体**）。

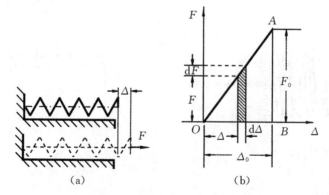

图 10-1

10.1.1 外力功

设载荷 F_0 作用于线弹性体上，与其相应的位移为 Δ_0，F 与 Δ 的关系如图 10-1(b) 所示。在

加载的过程中,如载荷 F 增加微量 dF,其位移的增量为 $d\Delta$, F 在位移 $d\Delta$ 上做的功为图 10-1(b) 中阴影部分的微元面积 $dW = Fd\Delta$,则载荷由零增至 F_0 时所做的功等于三角形 OAB 的面积,即

$$W = \frac{1}{2}F_0\Delta_0 \qquad (10-2)$$

10.1.2 杆件的变形能

1) 轴向拉伸或压缩　图 10-2 所示等截面直杆受拉力 F 作用,在线弹性范围内,当拉力 F 由零缓慢增加到终值时,杆的伸长也从零增至终值 δ,由式(10-1)、式(10-2) 可得外力功和杆件的变形能为

$$U_l = W = \frac{1}{2}F\delta$$

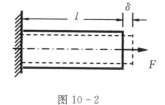

图 10-2

由于杆的轴力沿轴线为常量 $F_N = F$,杆的伸长 $\delta = \dfrac{F_N l}{EA}$,变形能可写成

$$U_l = \frac{1}{2}F\delta = \frac{F_N^2 l}{2EA} \qquad (10-3)$$

若杆的轴力或截面沿轴线变化,可先计算长为 dx 微段内的变形能

$$dU_l = \frac{F_N^2(x)dx}{2EA(x)}$$

沿杆长积分可得整个杆件的拉伸变形能为

$$U_l = \int_l \frac{F_N^2(x)dx}{2EA(x)} \qquad (10-4)$$

2) 扭转　等直圆截面杆承受扭转时(图 10-3),在线弹性范围内,转矩 M_e 和扭转角 φ 成正比,由于扭矩沿杆轴线为常量 $T = M_e$,类似于轴向拉压分析,扭转杆的扭转变形能为

$$U_n = \frac{1}{2}M_e\varphi = \frac{T^2 l}{2GI_p} \qquad (10-5)$$

对于变扭矩及变截面圆杆,其变形能为

$$U_n = \int_l \frac{T(x)dx}{2GI_p(x)} \qquad (10-6)$$

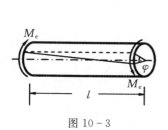

图 10-3

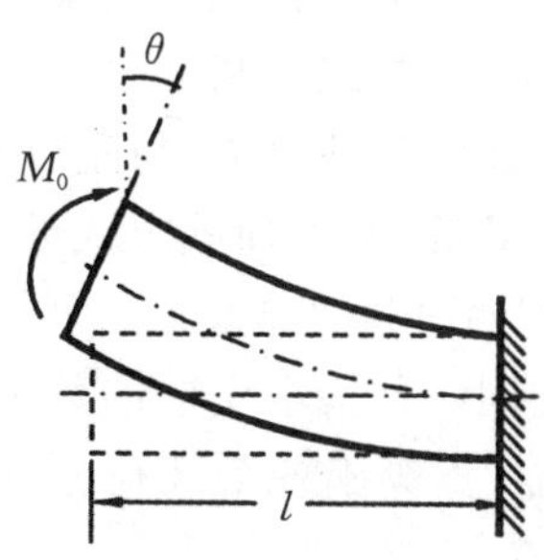

图 10-4

3) 弯曲　图 10-4 为一受纯弯曲的等截面悬臂梁,和外力偶 M_0 相应的位移是自由端截面的转角 θ,在线弹性范围内,M_0 和转角 θ 成正比,由于弯矩沿杆轴线为常量 $M = M_0$,可得杆件

的弯曲变形能为

$$U_w = \frac{1}{2}M_0\theta = \frac{M^2 l}{2EI} \qquad (10-7)$$

在剪切弯曲情况下,弯矩沿梁的轴线不是常数,梁的截面上除弯矩外还有剪力,应分别计算弯曲和剪切相应的变形能。不过对于工程上常用的一般梁,其跨度大于梁的高度数倍,剪切变形能和弯曲变形能相比很小,通常可略去不计,只需计算弯曲变形能。类似于式(10-4)、式(10-6),梁的弯曲变形能为

$$U_w = \int_l \frac{M^2(x)\mathrm{d}x}{2EI(x)} \qquad (10-8)$$

从式(10-2)—(10-8)可以看出,基本变形的杆件本质上也是一种广义的弹簧。

4) 组合变形 图10-5所示为同时受轴力 F_N、扭矩 T、弯矩 M 作用的微段,其相应的变形分别为轴向伸长 $\mathrm{d}\delta$、扭转角 $\mathrm{d}\varphi$、转角 $\mathrm{d}\theta$。根据式(10-3)—(10-8),该微段杆的变形能为

$$\mathrm{d}U = \frac{1}{2}F_N(x)\mathrm{d}\delta + \frac{1}{2}T(x)\mathrm{d}\varphi + \frac{1}{2}M(x)\mathrm{d}\theta$$

$$= \frac{F_N^2(x)\mathrm{d}x}{2EA} + \frac{T^2(x)\mathrm{d}x}{2GI_p} + \frac{M^2(x)\mathrm{d}x}{2EI}$$

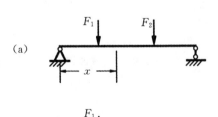

图 10-5

积分后得到整个杆件的变形能

$$U = \int_l \frac{F_N^2(x)\mathrm{d}x}{2EA} + \int_l \frac{T^2(x)\mathrm{d}x}{2GI_p} + \int_l \frac{M^2(x)\mathrm{d}x}{2EI} \qquad (10-9)$$

10.1.3 变形能的性质

(1) 变形能的大小与加载次序、方式等过程因素无关,只取决于载荷及其相应位移的最终值,即变形能是一个状态参数。

不失一般性,以图10-6(a)所示简支梁为例说明。梁上作用有两个集中力 F_1、F_2,设在 F_1、F_2 共同作用下,梁 x 截面的弯矩为 $M(x)$,梁的变形能为 $U_w = \int_l \frac{M^2(x)\mathrm{d}x}{2EI(x)}$。若梁单独受 F_1 或 F_2 作用时,如图10-6(b)、(c)所示,x 截面的弯矩分别为 $M_1(x)$、$M_2(x)$,因为弯矩与载荷成正比,根据叠加原理可知,在梁上先加 F_1 后再加 F_2 与先加 F_2 后再加 F_1 时 x 截面的弯矩相等,两种加载方式的变形能相等,故变形能和加载次序和加载方式无关。

(2) 引起同一种基本变形的数个载荷在杆内所产生的变形能,不等于各个载荷分别作用所产生变形能的叠加。

由式(10-3)—(10-8)可知,变形能为内力的二次函数,所以不能叠加。由图10-6(a)所示简支梁亦可看出

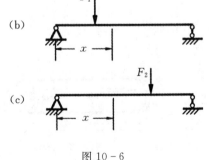

图 10-6

$$U_{\mathrm{w}} = \int_l \frac{M^2(x)\mathrm{d}x}{2EI(x)} = \int_l \frac{[M_1^2 + 2M_1M_2 + M_2^2]\mathrm{d}x}{2EI(x)} \neq \int_l \frac{M_1^2(x)\mathrm{d}x}{2EI(x)} + \int_l \frac{M_2^2(x)\mathrm{d}x}{2EI(x)}$$

(10-10)

10.1.4 广义力与广义位移

作用在线弹性体上的载荷是集中力时,相应的位移是载荷作用点沿载荷作用方向的线位移;当载荷是力偶时,其相应的位移则是在力偶作用平面内的角位移;载荷还可以是一对大小相等、方向相反的集中力或一对大小相等、转向相反的力偶,这时所对应的位移则是载荷作用点的相对线位移或相对角位移。上述各种载荷统称为**广义力**(或**广义载荷**),与其相应的位移称为**广义位移**。广义力在对应的广义位移上做功。

例 10-1 阶梯形变截面悬臂梁如图 10-7 所示,已知 AC、CB 两段梁的抗弯刚度分别为 EI 和 $2EI$。试求梁的变形能和自由端 A 点的挠度 ν_A。

解:梁的弯矩方程

$$M(x) = -Fx$$

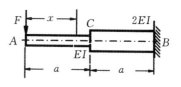

图 10-7

由于 AC 和 CB 两段梁的抗弯刚度不同,在用式(10-8)计算梁的变形能时应分段积分,即

$$U = \int_0^a \frac{M^2(x)\mathrm{d}x}{2EI} + \int_a^{2a} \frac{M^2(x)\mathrm{d}x}{2(2EI)} = \int_0^a \frac{(-Fx)^2\mathrm{d}x}{2EI} + \int_a^{2a} \frac{(-Fx)^2\mathrm{d}x}{4EI} = \left(\frac{1}{6} + \frac{7}{12}\right)\frac{F^2a^3}{EI} = \frac{3F^2a^3}{4EI}$$

由功能原理式(10-1)及外力功的计算式(10-2)得

$$\nu_A = \frac{1}{3}\frac{Fa^3}{EI} + \frac{7}{6}\frac{Fa^3}{EI} = \frac{3Fa^3}{2EI}$$

所得结果为正值,表明 A 点挠度 ν_A 和力 F 方向一致,即向下。

讨论:由积分过程和结果的组成可以看出,ν_A 中的第 1 项是 AC 段积分的结果,相当于 BC 段刚化、AC 段变形引起的 A 点挠度,第 2 项则是 AC 段刚化、BC 段变形引起的 A 点挠度。与第 6 章查表叠加和逐段刚化法相比较,用能量法求梁的变形更简便一些。

例 10-2 图 10-8 所示等截面刚架,横截面为圆形,已知抗弯刚度 EI 和抗拉(压)刚度 EA。试求刚架的变形能及 C 点的铅垂位移 Δ_C。

解:1)刚架的变形能 刚架由 AB 和 BC 两段杆组成,整个刚架的变形能为两段杆变形能的总和。

对两段杆分别取沿其轴向的坐标 x_1 和 x_2,列出内力方程。不计剪切引起的变形能,BC 段的内力为

弯矩 $M(x_1) = Fx_1$

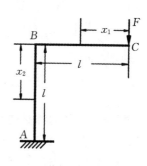

图 10-8

AB 段的内力为

弯矩 $M(x_2) = Fl$,   轴力 $F_N = F$

刚架的变形能为

$$U = \int_0^l \frac{(Fx_1)^2\mathrm{d}x_1}{2EI} + \int_0^l \frac{(Fl)^2\mathrm{d}x_2}{2EI} + \int_0^l \frac{F^2\mathrm{d}x_2}{2EA} = \frac{F^2l^3}{6EI} + \frac{F^2l^3}{2EI} + \frac{F^2l}{2EA} = \frac{2F^2l^3}{3EI} + \frac{F^2l}{2EA}$$

2)C 点铅垂位移 设集中力 F 作用点 C 的铅垂位移为 Δ_C,力 F 所做的功为

$$W = \frac{1}{2}F\Delta_C$$

由功能原理式(10-1)可得 C 点铅垂位移为

$$\Delta_C = \frac{4Fl^3}{3EI} + \frac{Fl}{EA}$$

所得结果为正,表明力 F 做正功,即位移和力 F 同向向下。

讨论:① 可以看出,C 点铅垂位移有两项,分别由刚架的弯曲变形和 AB 段杆的压缩变形所引起。将刚架的变形能写成

$$U = \frac{F^2l^3}{6EI} + \left(\frac{F^2l^3}{2EI} + \frac{F^2l}{2EA}\right) = \frac{F^2l^3}{6EI} + \frac{F^2l^3}{2EI}\left(1 + \frac{I}{Al^2}\right) = \frac{F^2l^3}{6EI} + \frac{F^2l^3}{2EI}\left(1 + \frac{i^2}{l^2}\right)$$

上式右边第 2、3 项分别为 AB 段杆的弯曲和拉压变形能,式中 $i = \sqrt{I/A}$ 为截面的惯性半径(参阅附录 A)。对于一般细长杆来说,其 i 远小于 l,设刚架为圆截面直径 $d = l/5$,则 $400i^2 = l^2$,即拉压变形能远小于弯曲变形能。略去拉压变形能,刚架的变形能和 C 点铅垂位移分别为

$$U = \frac{F^2l^3}{6EI} + \frac{F^2l^3}{2EI} = \frac{2F^2l^3}{3EI}, \quad \Delta_C = \frac{4Fl^3}{3EI}$$

当杆件同时发生拉伸压缩与弯曲或扭转组合变形时,通常拉压变形能远小于弯曲或扭转变形能,拉压变形能可以忽略不计,由此计算的位移是足够精确的。

② 变形能的表达式中内力是以平方值出现的,所以在列内力方程时,对于结构中各杆或杆段可以任意建立独立的坐标系,不必刻意注意内力的符号(事实上垂直的立柱弯曲时弯矩正负号是没有统一约定的),只要求在各杆或杆段内的内力符号规则统一即可。

例 10-3 图 10-9 所示等截面圆弧形曲梁(刚架),已知曲梁半径为 R,横截面抗弯刚度为 EI。试求该曲梁 B 点的铅垂位移 v_B。

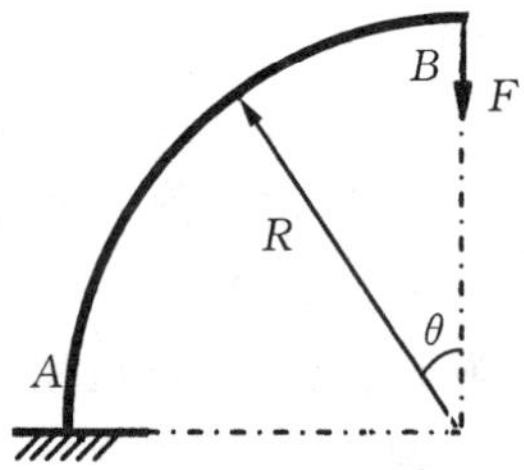

解:因为梁的轴线是圆弧曲线,所以采用极坐标,截面位置变量取为 θ,微元梁段长度取为 $\mathrm{d}s = R\mathrm{d}\theta$,弯矩方程则为

$$M(\theta) = FR\sin\theta$$

不计拉压和剪切引起的变形能

$$U = \int_l \frac{M^2(\theta)}{2EI} R\mathrm{d}\theta = \int_0^{\frac{\pi}{2}} \frac{F^2R^3}{2EI}\sin^2\theta\mathrm{d}\theta = \frac{F^2R^3\pi}{8EI}$$

图 10-9

B 点铅垂位移为

$$v_B = \frac{FR^3\pi}{4EI}$$

讨论:以上例题都是利用功能原理直接求出构件某一点的位移,但是这一方法局限于线弹性体上只作用一个广义力,且所求位移为该广义力所对应的广义位移的简单情况。如果本例中 B 点既有铅垂方向的力又有水平方向的力,或者只有铅垂方向的力却要求 B 点的水平位移,利用功能原理求解时比较繁琐。更复杂的变形位移计算,需要进一步学习虚功原理。

10.2 虚功原理与单位载荷法

10.2.1 虚功原理

在理论力学中已经学习过刚体的虚位移原理。虚位移是受力物体满足约束条件的任意微

小位移，它不一定是物体的真实位移。由虚位移原理可知，对处于平衡状态的刚体，作用于其上的外力系在任意虚位移上所做虚功的总和为零。

讨论虚功原理先以弯曲变形为例。图 10-10(a) 为一在任意外力系作用下处于平衡状态的弯曲梁。这些外力可以是通常意义上的集中力和集中力偶，也可以是广义力。在外力作用下杆件产生的内力（弯矩）为真实内力 M，任意微段 $\mathrm{d}x$ 上对应产生的变形为 $\mathrm{d}\theta$，M 在 $\mathrm{d}\theta$ 上做功即为该微段产生的真实变形能 $\mathrm{d}U = M\mathrm{d}\theta$。若因其它原因（如其它外力、温度变化等物理原因）引起杆件变形，微段 $\mathrm{d}x$ 上所产生的变形称为**虚变形** $\mathrm{d}\theta^*$，在任意点对应产生的位移称为**虚位移** Δ^*，如图 10-10(b) 所示。微段上的 $\mathrm{d}\theta^*$ 相当于作用了一个虚弯矩 M^*，在线性系统中这个虚弯矩为 $M^* = EI\mathrm{d}\theta^*/\mathrm{d}x$。

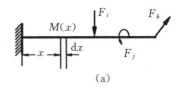

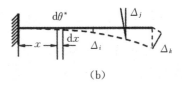

图 10-10

这里所谓"虚变形"和"虚位移"只是表示这种位移和变形是由其它因素引起的，与杆件原有外力无关。虚位移满足位移边界条件，虚变形满足变形连续协调条件，它们都是任意的无限小量。在产生虚位移和虚变形过程中杆件上原有外力保持不变，且始终处于平衡状态。杆件原有外力在虚位移上所做的功称为**虚功** $W^* = \sum F_i \Delta_i^*$，杆件真实内力在虚变形上所产生的变形能称为**虚变形能**，为

$$U^* = \int M\mathrm{d}\theta^* \tag{10-11}$$

可以证明

$$W^* = U^* \tag{10-12}$$

上式称为**虚功原理**，是固体力学中非常重要和常用的一个基本原理。证明如下。

例 10-4 以弯曲为例证明虚功原理式 (10-12)。

证明： 1) 首先证明 $M^*\mathrm{d}\theta = M\mathrm{d}\theta^*$。因为

$$\mathrm{d}\theta^* = \frac{M^*\mathrm{d}x}{EI}, \quad \mathrm{d}\theta = \frac{M\mathrm{d}x}{EI}$$

分别代入上式可得

$$M^*\mathrm{d}\theta = M^*\frac{M\mathrm{d}x}{EI}, \quad M\mathrm{d}\theta^* = M\frac{M^*\mathrm{d}x}{EI} \tag{a}$$

二式右端显然相等。

2) 在线弹性系统上先施加外载荷 F_i，然后再叠加虚变形和虚位移。施加外载荷时，设系统产生真实变形和真实变形能 U_1；施加虚位移和虚变形时，设系统产生对应的变形能 U_2；先施加外载荷后施加虚位移和虚变形时，因为系统上已经作用外载荷，这些外载荷在虚位移上会再做虚功 $W^* = \sum F_i \Delta_i^*$，这部分虚功要叠加进系统总变形能，所以系统总变形能为

$$U = U_1 + U_2 + \sum F_i \Delta_i^* = U_1 + U_2 + W^* \tag{b}$$

如果外载荷中包含有分布载荷，则上式第 3 项中还应包含分布载荷在对应的虚位移上做功的积分项。

改变加载次序，在系统上先施加虚位移和虚变形，系统产生变形能 U_2，相当于施加了虚内力 M^*。然后再叠加真实载荷。施加真实载荷时，系统除了叠加真实载荷产生的变形能 U_1 外，

还使微段上的虚内力在叠加的真实变形 $d\theta$ 上再产生虚变形能 $U^* = \int M^* d\theta$,这部分虚变形能也要叠加进系统总变形能,所以系统总变形能

$$U = U_2 + U_1 + \int M^* d\theta = U_2 + U_1 + U^* \qquad (c)$$

3) 利用变形能与加载顺序和方式无关的性质,式(b)与式(c)的总变形能相等,再注意到式(a)的结果,即可得

$$W^* = \sum F_i \Delta_i^* = \int M d\theta^* = U^*$$

虚功原理得证。

讨论:① 比较虚功 W^* 与外力功 W 和虚变形能 U^* 与变形能 U 的表达式可以看出,虚功和虚变形能在载荷与位移的乘积和内力与变形的乘积前面没有系数 $1/2$,这表明二者之间相互独立没有关系;② 在推导虚功原理时,并未涉及到材料具体的应力-应变关系,所以,虚功原理既可用于线弹性体,也适用于非线性弹性体,甚至可用于塑性变形计算。

10.2.2 单位载荷法

利用虚功原理可以导出计算结构位移的**单位载荷法**,这是计算位移的一个非常有效的重要方法。

图 10-11(a) 所示一受任意载荷系作用的刚架,欲求任一点 A 沿任意方向 n—n 的线位移 Δ。为此,在点 A 上,沿 n—n 方向施加一个大小等于 1 的力 $P^0 = 1$,即所谓**单位力**,如图 10-11(b) 所示。不计剪切变形能,由单位力所引起刚架横截面上的轴力、弯矩、扭矩分别用 $F_N^0(x)$、$M^0(x)$、$T^0(x)$ 表示。满足位移边界条件与变形连续条件的任意微小位移均可作为虚位移,因此,把刚架实际载荷引起的位移作为虚位移,其相应虚变形为微段杆的轴向变形 $d\delta$、相对转角 $d\theta$、相对扭转角 $d\varphi$,如图 10-12 所示。

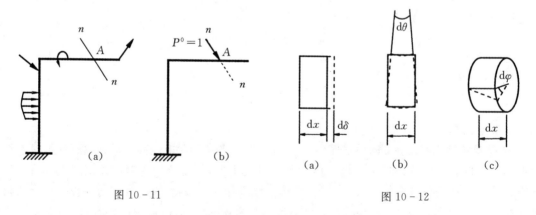

图 10-11 　　　　　　图 10-12

于是由单位力引起的内力在相应虚变形上所做总的内力虚功即虚变形能为

$$U^* = \int F_N^0(x) d\delta + \int M^0(x) d\theta + \int T^0(x) d\varphi$$

以实际载荷所引起的位移作为虚位移,单位力(外力)在虚位移 Δ 上所做虚功为

$$W^* = P^0 \cdot \Delta = 1 \cdot \Delta$$

根据虚功原理 $W^* = U^*$ 即可得出

$$\Delta = \int F_N^0(x)d\delta + \int M^0(x)d\theta + \int T^0(x)d\varphi \qquad (10-13)$$

上述计算位移方法称为**单位载荷法**。它是由虚功原理导出的,故不仅适用于线弹性结构,也适用于非线性弹性结构。

应用单位载荷法时,在结构上施加的单位载荷可以为集中力,所求得的广义位移为与单位力相应的线位移;也可以是集中力偶,所求得的广义位移为与单位力偶相应的角位移;还可以是其它广义力,求得的广义位移与该广义力对应即可。位移为正值时,表示广义位移与单位广义力方向相同;反之,与单位广义力方向相反。

10.2.3 莫尔积分

对于线弹性结构,忽略剪切变形能,实际载荷产生各种内力,由此引起的微段的变形为

$$d\delta = \frac{F_N(x)dx}{EA}, \quad d\theta = \frac{M(x)dx}{EI}, \quad d\varphi = \frac{T(x)dx}{GI_p}$$

代入式(10-13)得

$$\Delta = \int \frac{F_N F_N^0}{EA}dx + \int \frac{M^0 M}{EI}dx + \int \frac{T^0 T}{GI_p}dx \qquad (10-14)$$

式(10-14)为用单位载荷法计算外载荷引起的位移的一般公式,称为**莫尔(O. Mohr)积分公式**。用莫尔积分计算线弹性杆(或杆系)的位移时,应注意对于同一杆或杆段,建立单位力和实际载荷的内力方程时,两者坐标的选取及内力符号应一致。

例 10-5 图 10-13(a)所示等截面简支梁,受均布载荷 q 和集中力 F 作用。已知梁的抗弯刚度 EI。试求梁中点 C 的挠度。

解:1)载荷引起梁的弯矩 梁的支反力为

$$F_A = F_B = \frac{1}{2}(F + ql)$$

列出梁的弯矩方程

AC 段: $M(x_1) = \frac{1}{2}(F+ql)x_1 - \frac{1}{2}qx_1^2$
$$(0 \leqslant x_1 \leqslant l/2)$$

BC 段: $M(x_2) = \frac{1}{2}(F+ql)x_2 - \frac{1}{2}qx_2^2$
$$(0 \leqslant x_2 \leqslant l/2)$$

2)计算 C 点的挠度 在梁上 C 点加一单位力,如图 10-13(b)所示,单位力引起的支反力为

$$F_A^0 = F_B^0 = \frac{1}{2}$$

单位力的弯矩方程

AC 段: $M^0(x_1) = \frac{1}{2}x_1 \quad (0 \leqslant x_1 \leqslant l/2)$

BC 段: $M^0(x_2) = \frac{1}{2}x_2 \quad (0 \leqslant x_2 \leqslant l/2)$

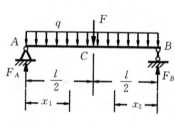
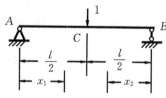

图 10-13

因为梁的结构和受力对称于中央截面,所以 $M(x_1)$ 与 $M^0(x_1)$、$M(x_2)$ 与 $M^0(x_2)$ 形式相

同、区间一致，应用式(10-14)时，左半段梁积分的两倍即为 C 点的挠度

$$v_C = \frac{2}{EI}\int_0^{\frac{l}{2}} (\frac{1}{2}x_1)[\frac{1}{2}(F+ql)x_1 - \frac{1}{2}qx_1^2]\mathrm{d}x_1 = \frac{Fl^3}{48EI} + \frac{5ql^4}{384EI}$$

计算结果为正，表明 C 点挠度向下。

讨论：如要计算 A 截面的转角，应在 A 截面处加一单位力偶，如图 10-13(c) 所示，可试写出单位力偶引起的弯矩并计算出结果。

例 10-6 图 10-14(a) 所示等截面圆弧形曲梁(刚架)，已知曲梁半径为 R，横截面抗弯刚度为 EI。B 点受到水平和铅垂集中力共同作用，试求该曲梁 B 点的铅垂和水平位移。

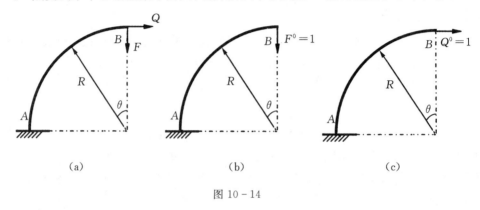

图 10-14

解：1) 弯矩方程　因为梁的轴线是圆弧曲线，所以采用极坐标，截面位置变量取为 θ，微元梁段长度取为 $\mathrm{d}s = R\mathrm{d}\theta$，不计拉压和剪切引起的变形，只考虑弯曲变形，弯矩方程为

$$M(\theta) = FR\sin\theta + QR(1-\cos\theta)$$

2) 施加单位力　根据所要求计算的 B 点铅垂和水平位移，分别在 B 点施加铅垂和水平方向的单位力如图 10-14(b)、(c) 所示，单位力引起的弯矩方程分别为

$$M_1^0(\theta) = R\sin\theta, \quad M_2^0(\theta) = R(1-\cos\theta)$$

3) 计算位移　将 $M_1^0(\theta)$、$M_2^0(\theta)$ 分别代入莫尔积分公式(10-14)，得到 B 点铅垂和水平位移分别为

$$\Delta_V = \int_0^{\pi/2} \frac{FR\sin\theta + QR(1-\cos\theta)}{EI} R\sin\theta \mathrm{d}\theta = \frac{FR^3\pi}{4EI} + \frac{QR^3}{2EI}$$

$$\Delta_H = \int_0^{\pi/2} \frac{FR\sin\theta + QR(1-\cos\theta)}{EI} R(1-\cos\theta) R\mathrm{d}\theta = \frac{FR^3}{2EI} + \frac{QR^3}{2EI}(\frac{3\pi}{4} - 2)$$

讨论：与例 10-3 比较可见，单位载荷法功能更强大，计算更简捷，应用更方便。

例 10-7 图 10-15(a) 所示桁架，各杆的抗拉(压)刚度 EA 相等。试求 A、D 两点沿 AD 连线的相对位移。

解：由于桁架各杆只有拉压变形而且各杆的轴力沿杆长不变，求位移的莫尔积分公式 (10-14) 可写成更简单的求和形式

$$\Delta = \sum_{i=1}^m \frac{F_{Ni}^0 F_{Ni} l_i}{EA} \tag{10-15}$$

式中：m 为组成桁架的杆件数；F_{Ni} 和 F_{Ni}^0 分别为外载荷和单位力所引起的第 i 根杆的轴力。

因为 D 点固定不动，求 A、D 两点的相对位移实际上就是求 A 点沿 AD 连线方向的位移，所以在 A 点沿 AD 连线方向施加单位力，如图 10-15(b) 所示。因为桁架的杆件较多，为使计算

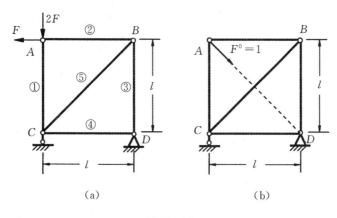

图 10-15

过程更清晰,将式(10-15)中的各项列成表格如表 10-1 所示,其中列出桁架各杆的杆长 l_i、载荷引起的轴力 F_{Ni}、单位力引起的轴力 F_{Ni}^0 及它们的乘积。

表 10-1 桁架的位移计算表

杆号	l_i	F_{Ni}^0	F_{Ni}	$F_{Ni}^0 F_{Ni} l_i$
①(CA 杆)	l	$-1/\sqrt{2}$	$-2F$	$2Fl/\sqrt{2}$
②(AB 杆)	l	$-1/\sqrt{2}$	F	$-Fl/\sqrt{2}$
③(BD 杆)	l	$-1/\sqrt{2}$	F	$-Fl/\sqrt{2}$
④(DC 杆)	l	$-1/\sqrt{2}$	F	$-Fl/\sqrt{2}$
⑤(CB 杆)	$\sqrt{2}l$	1	$-\sqrt{2}F$	$-2Fl$

将表 10-1 中数据代入式(10-15)中,得

$$\Delta_{AD} = \frac{1}{EA}\left(\frac{2Fl}{\sqrt{2}} - \frac{Fl}{\sqrt{2}} - \frac{Fl}{\sqrt{2}} - \frac{Fl}{\sqrt{2}} - 2Fl\right) = -\frac{2\sqrt{2}+1}{\sqrt{2}}\frac{Fl}{EA} = -2.707\frac{Fl}{EA}$$

结果为负值,表明 A、D 两点之间的相对位移与所施加单位力的指向相反。

例 10-8 图 10-16(a)所示一带有微小切口的小曲率圆形等截面曲杆,在切口的两侧 A、B 两点承受一对集中力 F,已知曲杆的抗弯刚度 EI。试求 A、B 两点沿铅垂方向的相对线位移 Δ_{AB}。

解: 在曲杆上截取任一 θ 截面,如图 10-16(a)所示,载荷引起的弯矩为

$$M(\theta) = FR(1-\cos\theta) \quad (0 \leqslant \theta \leqslant \pi)$$

在切口 A、B 两点施加一对单位力,如图 10-16(b)所示。单位力引起的弯矩为

$$M^0(\theta) = R(1-\cos\theta) \quad (0 \leqslant \theta \leqslant \pi)$$

将 M 和 M^0 代入式(10-14),由于曲杆上下对称,只要对一半曲杆积分,然后 2 倍即得 A、B 两点的相对线位移为

$$\Delta_{AB} = 2\int_0^\pi \frac{M^0(\theta)M(\theta)}{EI}R\,d\theta = 2\int_0^\pi \frac{FR^2(1-\cos\theta)^2}{EI}R\,d\theta = \frac{3\pi FR^3}{EI}$$

计算结果为正,表明 A、B 两点的相对位移和这一对单位力同向,即相互分开。

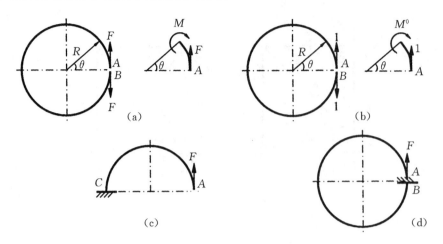

图 10-16

讨论：上述莫尔积分是对一对力进行的，计算结果为一对力引起的相对线位移。也可以考虑为一个力引起的位移，因为曲杆上下对称，可把对称截面 C 固定，只考虑一半曲杆的变形，如图 10-16(c) 所示，这时的莫尔积分结果是 A 点的绝对位移，二倍后即为 A、B 两点的相对线位移，计算式和上式完全相同。同样也可用图 10-16(d) 所示计算模型，即固定 B 截面，试考虑此时莫尔积分的意义。

10.3 图形互乘法

在应用单位载荷法时，经常需要计算类似于 $\int \dfrac{M^0 M}{EI} dx$ 的莫尔积分，对于由等截面直杆组成的杆系，特别是在集中力或者集中力偶作用下的等截面直杆系统，这些积分运算可以进一步简化。

以弯矩积分为例说明简化的方法。由于等截面直梁 EI 为常量，只需计算积分

$$J = \int M^0(x) M(x) dx \qquad (a)$$

直杆在单位力或单位力偶单独作用下，由于没有分布载荷，其弯矩 $M^0(x)$ 图必为直线或直线段组成的折线。考虑长为 l 的等截面直杆，设载荷和单位力引起的弯矩图分别如图 10-17(a)、(b) 所示，其中 $M^0(x)$ 图为一直线，将该直线的方程写为

$$M^0(x) = a + kx \qquad (b)$$

于是，式 (a) 可写成

$$J = \int_l (a + kx) M(x) dx$$
$$\quad = a \int_l M(x) dx + k \int_l x M(x) dx \qquad (c)$$

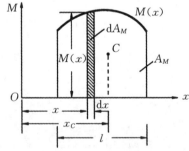

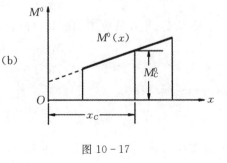

图 10-17

式中：$M(x)\mathrm{d}x$ 是 $M(x)$ 图中画阴影线的微元面积 $\mathrm{d}A_M$，而 $xM(x)\mathrm{d}x = x\mathrm{d}A_M$ 则是上述微元面积对纵坐标轴的微元静矩 $\mathrm{d}S_M$；$\int_l M(x)\mathrm{d}x$ 为 $M(x)$ 图的总面积 A_M；$\int_l xM(x)\mathrm{d}x$ 就是 $M(x)$ 图的面积对纵坐标轴的总静矩 S_M。若以 x_C 代表 $M(x)$ 图形心 C 的横坐标值，则由静矩与形心的关系（参阅附录 A）可知

$$\int_l xM(x)\mathrm{d}x = \int_l x\mathrm{d}A_M = A_M x_C \tag{d}$$

于是式（c）可以简化为

$$\int_l M^0(x)M(x)\mathrm{d}x = A_M(a + kx_C) \tag{e}$$

由式（b）可知，式（e）中的 $(a + kx_C)$ 就是 $M(x)$ 图的形心 C 对应的 $M^0(x)$ 图的纵坐标值 M_C^0，因而式（e）可写成

$$\int_l M^0(x)M(x)\mathrm{d}x = A_M M_C^0 \tag{f}$$

在等截面直杆弯曲的情况下，莫尔积分公式（10-13）可写成

$$EI\Delta = \int M^0(x)M(x)\mathrm{d}x = A_M M_C^0 \tag{10-16}$$

式中：A_M 为 $M(x)$ 图的面积；M_C^0 为 $M(x)$ 图形心 C 对应的 $M^0(x)$ 图纵坐标值。上述对莫尔积分的简化运算方法称为**图形互乘法**（简称**图乘法**）。

应用图乘法时，需要计算弯矩图的面积并确定弯矩图面积的形心位置。一般说来，只有弯矩图为矩形、三角形或梯形（梯形可以看作是三角形与矩形的叠加）时，其面积和形心坐标才比较容易确定，所以原则上图形互乘法只在外载荷里不含有分布力时才比较方便。

式（10-16）是在单位力弯矩图为直线的条件下得到的，当单位力弯矩图是一折线时，则应对每一直线部分逐段运用图乘法。若在单位力弯矩图的直线段内，对应的载荷弯矩图的形状比较复杂时，可把载荷弯矩图划分为若干个简单图形，对每个简单图形分别使用图乘法，然后求其总和。这样，式（10-16）可写为

$$\Delta = \sum_{i=1}^m \frac{A_{Mi} M_{Ci}^0}{E_i I_i} \tag{10-17}$$

当外载荷里不含有分布力时，外力弯矩图也是直线段，上述推导过程也可以用单位力的弯矩图面积与其形心处外力弯矩图的弯矩值进行互乘，从而得到与式（10-16）和式（10-17）相似的表达式

$$EI\Delta = \int M^0(x)M(x)\mathrm{d}x = A_M^0 M_0 \tag{10-18}$$

$$\Delta = \sum_{i=1}^m \frac{A_{Mi}^0 M_{0i}}{E_i I_i} \tag{10-19}$$

上两式中：A_M^0 是单位力弯矩图的面积；M_0 是单位力弯矩图形心 x_0 处外力弯矩图的弯矩值。

在应用上式时应注意到，对于同一段杆，画单位力弯矩图时，应与对应的载荷弯矩图有相同的符号规则。当两个弯矩图在杆轴线同一侧（符号相同）时，图乘结果为正；否则为负。

上述分析表明，一般来说，对于形式为 $\int F(x)f(x)\mathrm{d}x$ 的积分，只要 $F(x)$ 和 $f(x)$ 中有一个为线性函数，就可以使用图乘法。当然两个函数都为线性函数更方便。因而，莫尔积分中与轴向拉压及扭转有关的积分项，也可应用图乘法。

例 10-9 等截面刚架受力如图 10-18(a) 所示,已知刚架的抗弯刚度 EI,试求 A 点铅垂位移和 B 截面转角。

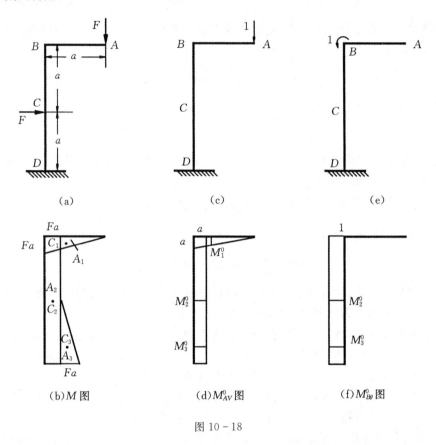

图 10-18

解: 1) 作载荷弯矩 M 图　载荷作用下刚架的弯矩图分为三部分,如图 10-18(b) 所示。

2) 求 A 点的铅垂位移　在 A 点作用一相应的单位力,并画出单位力的弯矩 M_{AV}^0 图,如图 10-18(c)、(d) 所示。分段使用图乘法得 A 点的铅垂位移

$$\Delta_{AV} = \frac{1}{EI}(A_1 M_1^0 + A_2 M_2^0 + A_3 M_3^0) = \frac{1}{EI}(\frac{1}{2}Faa\frac{2a}{3} + Fa2aa + \frac{1}{2}Faaa) = \frac{17Fa^3}{6EI}$$

计算结果为正,表明 A 点铅垂位移向下,和单位力同向。

3) 求 B 截面的转角　在 B 截面作用一相应的单位力偶,并画出单位力偶的弯矩 $M_{B\theta}^0$ 图,如图 10-18(e)、(f) 所示。注意到载荷弯矩图和单位力偶弯矩图分别在杆的两侧,在算式中需加负号,分段使用图乘法得 B 截面的转角

$$\theta_B = \frac{1}{EI}(A_2 M_2^0 + A_3 M_3^0) = \frac{1}{EI}(-Fa \times 2a \times 1 - \frac{1}{2}Fa \times a \times 1) = -\frac{5Fa^2}{2EI}$$

计算结果为负,表明 B 截面转角为顺时针转向,与单位力偶转向相反。

例 10-10　图 10-19(a) 所示等截面刚架位于水平面内,其横截面为圆形,抗弯刚度 EI 和抗扭刚度 GI_p 已知,在自由端作用一铅垂集中力 F,试求自由端 A 的铅垂位移。

解: 刚架和外力不在同一平面,刚架的内力除弯矩外还有扭矩,忽略剪力的影响,在自由端施加铅垂单位力如图 10-19(b) 所示。画出载荷 F 的弯矩图和扭矩图如图 10-19(c)、(d) 所示,

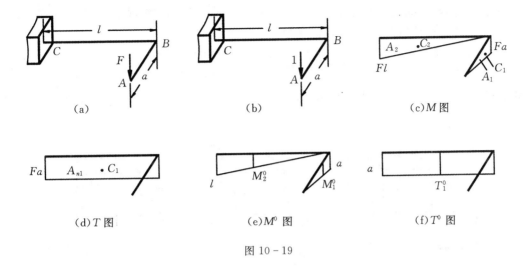

图 10 - 19

画出单位力的弯矩 M^0 图和扭矩 T^0 图如图 10 - 19(e)、(f) 所示。

分段使用图乘法，并注意同类内力图相乘，得自由端 A 的铅垂位移

$$\Delta_{AV} = \frac{1}{EI}(A_1 M_1^0 + A_2 M_2^0) + \frac{1}{GI_p} A_{n1} T_1^0$$

$$= \frac{1}{EI}\left(\frac{1}{2} \times Fa \times a \times \frac{2a}{3} + \frac{1}{2} \times Fl \times l \times \frac{2}{3}l\right) + \frac{1}{GI_p} \times Fa \times l \times a$$

$$= \frac{Fa^3}{3EI} + \frac{Fl^3}{3EI} + \frac{Fa^2 l}{GI_p}$$

计算结果为正，表明 A 点铅垂位移向下，和单位力方向相同。

讨论：如构件的内力不止一种，使用图乘法时，应注意同类内力图相乘，即弯矩 M 图和弯矩 M^0 图相乘，扭矩 T 图和扭矩 T^0 图相乘。

10.4 克拉珀龙定理与互等定理

10.4.1 克拉珀龙定理

图 10 - 20 所示线弹性体在一组广义载荷 $F_1, F_2, F_3, \cdots$ 作用下处于平衡状态。用 $\Delta_1, \Delta_2, \Delta_3, \cdots$ 分别表示各广义载荷所对应的广义位移。设 $F_1, F_2, F_3, \cdots$ 按相同的比例，从零开始缓慢地增加到最终值，由于载荷和相应的位移之间成线性关系，位移 $\Delta_1, \Delta_2, \Delta_3, \cdots$ 也将按与载荷相同的比例增加。这样，在变形过程中，每个载荷在其相应位移上做的功为

$$W_i = \frac{1}{2} F_i \Delta_i \quad (10 - 20)$$

所有外力做功的总和，即物体的总变形能为

$$U = W = \frac{1}{2} F_1 \Delta_1 + \frac{1}{2} F_2 \Delta_2 + \cdots$$

$$= \sum \frac{1}{2} F_i \Delta_i \quad (10 - 21)$$

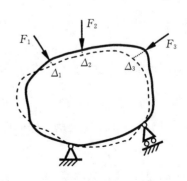

图 10 - 20

根据变形能与加载次序无关的性质,式(10-21)也是一般加载情况下,变形能的普遍表达式。这一结论称为**克拉珀龙**(Clapeyron)**定理**。

根据克拉珀龙定理,可以计算三向应力状态下单元体的应变比能。

例 10-11 边长为 dx、dy、dz 的主单元体受三向主应力作用如图 10-21(a) 所示,已知材料常数 E、μ,计算该单元体的变形能及应变比能。

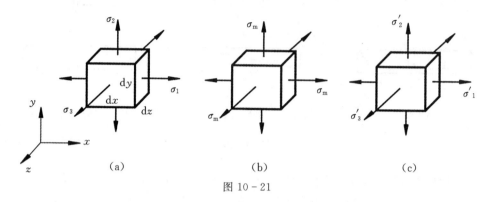

图 10-21

解:1) 求单元体的变形能 x、y、z 方向的外力和变形(位移)分别为

$$F_x = \sigma_1 dydz, \quad F_y = \sigma_2 dzdx, \quad F_z = \sigma_3 dxdy$$

$$\Delta_x = \varepsilon_1 dx, \quad \Delta_y = \varepsilon_2 dy, \quad \Delta_z = \varepsilon_3 dz$$

根据克拉珀龙定理,单元体的变形能为

$$U = W = \sum \frac{1}{2} F_i \Delta_i = \frac{1}{2} F_x \Delta_x + F_y \Delta_y + F_z \Delta_z = \frac{1}{2}(\sigma_1 \varepsilon_1 + \sigma_2 \varepsilon_2 + \sigma_3 \varepsilon_3) V \tag{10-22}$$

式中:$V = dxdydz$ 为单元体的体积。单元体单位体积的变形能称为应变比能

$$u = \frac{U}{V} = \frac{1}{2}(\sigma_1 \varepsilon_1 + \sigma_2 \varepsilon_2 + \sigma_3 \varepsilon_3) \tag{10-23}$$

将广义胡克定律关于主应变的表达式(7-15)代入可得

$$u = \frac{1}{2E}[\sigma_1^2 + \sigma_2^2 + \sigma_3^2 - 2\mu(\sigma_1\sigma_2 + \sigma_2\sigma_3 + \sigma_3\sigma_1)] \tag{10-24}$$

2) 主应力与应变比能的分解 将图 10-21(a) 中的三个主应力分解为两部分:一部分为三向等拉(等压)应力状态,其应力大小为原来三个主应力的平均值 σ_m,如图 10-21(b) 所示,这部分应力称为**体积膨胀应力**;另一部分为所谓偏斜应力部分 σ'_i($i=1,2,3$),如图 10-21(c) 所示。其中

$$\sigma_m = \frac{1}{3}(\sigma_1 + \sigma_2 + \sigma_3), \quad \sigma'_1 = \sigma_1 - \sigma_m, \quad \sigma'_2 = \sigma_2 - \sigma_m, \quad \sigma'_3 = \sigma_3 - \sigma_m$$

分别计算图 10-21(b)、(c) 所示单元体的应变比能。图 10-21(b) 所示单元体的应变比能称为**体积膨胀比能**,令式(10-24) 中的三个主应力都等于 σ_m,得到

$$u_V = \frac{3(1-2\mu)}{2E}\sigma_m^2 = = \frac{1-2\mu}{6E}(\sigma_1 + \sigma_2 + \sigma_3)^2 \tag{10-25}$$

图 10-21(c) 所示单元体的应变比能称为**形状改变比能**

$$u_\varphi = \sum \frac{1}{2}\sigma'_i \varepsilon'_i = \frac{1+\mu}{6E}[(\sigma_1-\sigma_2)^2 + (\sigma_2-\sigma_3)^2 + (\sigma_1-\sigma_3)^2] \tag{10-26}$$

不难证明,体积膨胀比能 u_V 和形状改变比能 u_φ 之和等于图 10-21(a) 所示单元体的应变

比能，即

$$u = u_V + u_\varphi \tag{10-27}$$

讨论：① 由于应变比能是应力的二次函数，对应力并不满足叠加原理。一般情况下一个应力状态分解成两部分以后，各部分产生的应变比能之和并不等于原应力状态的应变比能。式 (10-27) 表明体积膨胀应力在偏斜应力状态产生的应变上不做功，同时偏斜应力状态在体积膨胀应力产生的应变上也不做功；② 比较式 (10-26) 与第四强度理论的相当应力表达式 (8-10) 可以看出，u_φ 开方之后与 σ_{r4} 只相差一个材料常数，所以第四强度理论也可以用危险点的形状改变比能达到极限值时发生塑性屈服推导出来，因此也称为形状改变比能理论。

10.4.2 功的互等定理和位移互等定理

图 10-22(a)、(b) 为同一梁的两种受力情况，广义力 F_1、F_2 分别作用在 1、2 两点上。在图 10-22(a) 所示的受力情况下，载荷 F_1 引起点 1 的位移记为 Δ_{11}，点 2 的位移记为 Δ_{21}；在图 10-22(b) 所示的受力情况下，载荷 F_2 引起点 2 的位移为 Δ_{22}，点 1 的位移为 Δ_{12}。一般而言位移 Δ_{ij} 为第 j 个广义力 F_j 作用在第 i 个广义力 F_i 作用点引起的与 F_i 对应的广义位移，第一个下标 i 表示发生广义位移的序号，第二个下标 j 表示引起该位移的广义力的序号。

以下讨论不同加载方式下，外力做的功。

如果在梁上先作用 F_1 后作用 F_2，如图 10-22(c) 所示，在作用 F_1 时，F_1 所做的功为 $\frac{1}{2}F_1\Delta_{11}$；再加 F_2 时，F_2 所作做功为 $\frac{1}{2}F_2\Delta_{22}$，同时 F_1 又做了功 $F_1\Delta_{12}$。

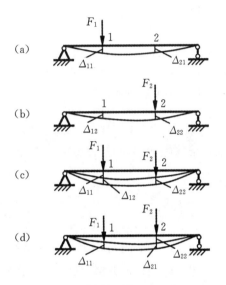

图 10-22

外力做的总功和梁的变形能为

$$U_1 = W_1 = \frac{1}{2}F_1\Delta_{11} + \frac{1}{2}F_2\Delta_{22} + F_1\Delta_{12}$$

反之，如果在梁上先作用 F_2 后作用 F_1，如图 10-22(d) 所示，外力做的总功和梁的变形能将为

$$U_2 = W_2 = \frac{1}{2}F_2\Delta_{22} + \frac{1}{2}F_1\Delta_{11} + F_2\Delta_{21}$$

因为变形能和加载次序无关，即 $U_1 = U_2$，由此可得

$$F_1\Delta_{12} = F_2\Delta_{21} \tag{10-28}$$

上式称为**功的互等定理**。表明 F_1 在由于 F_2 引起的位移 Δ_{12} 上所做的功，等于 F_2 在由于 F_1 引起的位移 Δ_{21} 上所做的功，当广义载荷 F_1 和 F_2 在数值上相等时，由式 (10-28) 可得

$$\Delta_{12} = \Delta_{21} \tag{10-29}$$

这表明点 1 由于作用在点 2 的载荷所引起的位移 Δ_{12}，等于点 2 由于作用在点 1 的同一数值载荷所引起的位移 Δ_{21}，称为**位移互等定理**。

当载荷为单位载荷时，其引起的位移通常以 δ 表示，式 (10-29) 写为

$$\delta_{12} = \delta_{21} \tag{10-30}$$

一般而言，式 (10-28)—(10-30) 可以写成

$$F_i\Delta_{ij} = F_j\Delta_{ji}, \quad \Delta_{ij} = \Delta_{ji}, \quad \delta_{ij} = \delta_{ji} \quad (10-31)$$

必须指出,在功的互等定理表达式中,等号两边的广义力可以是同类的,也可以是不同类的(如一边为集中力,另一边为力偶),于是广义位移相应的也可以不同类。但是,等号同一边的广义载荷与广义位移必须是对应的(如载荷为集中力,则位移为该集中力作用点并沿该力方向的线位移),即广义力在广义位移上必须做功。

例 10-12 试求图 10-23(a)所示悬臂梁上载荷 F 移动时,自由端 A 的挠度变化规律。已知梁的抗弯刚度 EI。

解:当载荷 F 移动到距 A 端为 x 的 C 点时,引起 A 点的挠度为 ν_{AC},如图 10-23(b)所示。在 A 点作用同样大小的载荷 F,根据功的互等定理,作用在 A 点的力 F 引起 C 点的挠度 ν_{CA},等于作用在 C 点的力 F 所引起 A 点的挠度 ν_{AC},如图 10-23(c)所示。查附录 B 求得

$$\nu_{AC} = \nu_{CA} = \frac{Fx^3}{6EI} - \frac{Fl^2 x}{2EI} + \frac{Fl^3}{3EI}$$

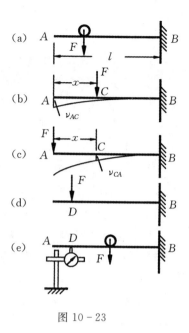

图 10-23

这就是载荷 F 移动时,自由端 A 的挠度变化规律。

思 考 题

10-1 均布载荷 q 是广义载荷吗?如果是广义载荷,其相应的广义位移是什么?

10-2 杆件的弹性变形能等于外力做的功,如何理解功有正负而变形能总是正的。

10-3 克拉珀龙原理表明:线弹性体的变形能等于每一个载荷与其相应位移乘积的二分之一的总和,即 $U = W = \frac{1}{2}F_1\Delta_1 + \frac{1}{2}F_2\Delta_2 + \frac{1}{2}F_3\Delta_3 + \cdots$,这个结论和变形能不能叠加的特点是否矛盾?

10-4 下列关于"虚位移"的说法中,哪些是错误的?

(A) 虚位移是虚构的,不可能发生的位移

(B) 虚位移必须是微小位移

(C) 虚位移应满足边界条件和连续条件

(D) 虚位移不是载荷引起的

(E) 虚位移是在构件平衡位置上增加的位移

(F) 虚位移只能发生在线弹性体上

10-5 图示等截面刚架的抗弯刚度 EI 已知,载荷 F 作用在 C 点上,欲使 C 点的位移沿着 F 力的方向,α 角应为何值?

10-6 图示带有微小缺口($\Delta\theta$ 很小)的圆环,试问在缺口的两侧截面上,施加怎样的力才能使这两个截面恰好密合?为什么?

*10-7 图示为一矩形框架在任意载荷作用下的弯矩图,试证明该弯矩图面积的代数和为零。

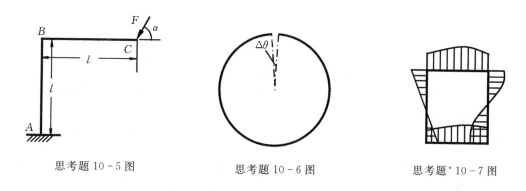

思考题 10-5 图　　思考题 10-6 图　　思考题* 10-7 图

10-8 下列各结构中，哪些可以应用图乘法求位移？

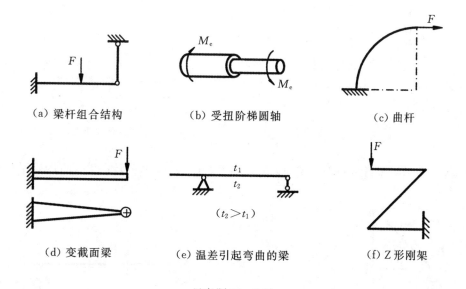

(a) 梁杆组合结构　　(b) 受扭阶梯圆轴　　(c) 曲杆

(d) 变截面梁　　(e) 温差引起弯曲的梁　　(f) Z 形刚架

思考题 10-8 图

10-9 一简支梁分别承受两种形式的载荷，其变形情况如图(a)和图(b)所示。由功的互等定理得到正确的等式是(　　)。

(A) $F_C \nu_C + F_D \nu_D = M_{0A} \theta'_A + M_{0B} \theta'_B$　　(B) $F_C \nu_D + F_D \nu_C = M_{0A} \theta'_B + M_{0B} \theta'_A$

(C) $F_C \nu'_C + F_D \nu'_D = M_{0A} \theta_A + M_{0B} \theta_B$　　(D) $F_C \nu'_D + F_D \nu'_C = M_{0A} \theta_B + M_{0B} \theta_A$

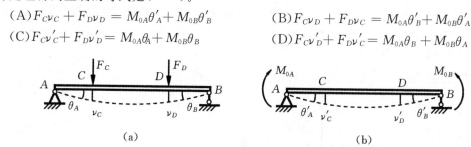

思考题 10-9 图

习 题

10-1 两根材料相同的圆截面直杆,其形状和尺寸如图所示。试比较两杆的变形能。

10-2 已知图示等截面外伸梁的抗弯刚度 EI,试求梁的变形能及 A 截面的转角。

10-3 图示阶梯形变截面圆轴两端承受扭转力偶矩 M_e 作用,$d_2 = 1.5d_1$,材料的切变模量 G 已知,试求圆轴的变形能及圆轴两端的相对扭转角,并与第 3 章的方法进行比较。

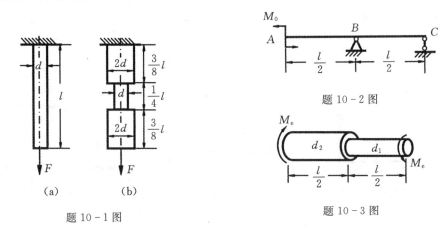

题 10-1 图

题 10-2 图

题 10-3 图

10-4 图示桁架各杆抗拉压刚度 EA 均相等,试求桁架的变形能及 C 点的水平位移。

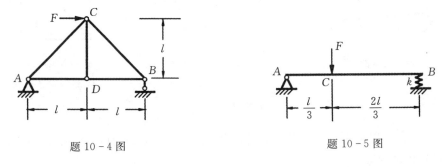

题 10-4 图

题 10-5 图

10-5 已知梁的抗弯刚度 EI 和支座 B 的弹簧刚度 k,试求截面 C 的挠度。

10-6 图示简支梁 B 端悬吊在直杆 CB 上,已知梁的抗弯刚度 EI 和杆的抗拉刚度 EA,试求梁中点 D 的挠度。

10-7 试求图示简支梁 A 截面的转角,已知梁的抗弯刚度 EI。

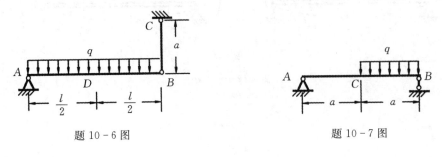

题 10-6 图

题 10-7 图

10-8 试求图示变截面梁 A 截面转角和 B 截面的挠度,已知材料的弹性模量 E。

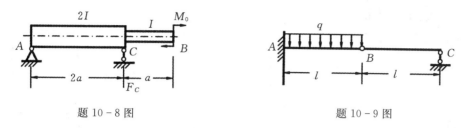

题 10-8 图　　　　　题 10-9 图

10-9 已知图示组合梁的抗弯刚度 EI,试求中间铰 B 左右两截面的相对转角。(提示:在中间铰 B 两侧加一对单位力偶,分别写出两边弯矩方程,并注意到中间铰处的弯矩为零)

10-10 外伸梁受力如图所示,$M_0 = Fl/4$,已知抗弯刚度 EI,试用图乘法求 D 点的铅垂位移和 B 截面的转角。

10-11 图示桁架各杆抗拉压刚度均为 EA,试求节点 B 的水平位移和 BC 杆的转角。

10-12 图示桁架各杆抗拉压刚度均为 EA,试求节点 A 的铅垂位移。

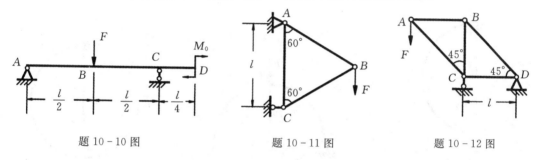

题 10-10 图　　　题 10-11 图　　　题 10-12 图

10-13 刚架受力如图所示,抗弯刚度 EI 已知,试求 D 点铅垂位移。

10-14 图示刚架抗弯刚度 EI 已知,试求 A 点铅垂位移和 C 截面转角。

10-15 图示刚架抗弯刚度 EI 已知,试求 A、B 两点间的相对位移。

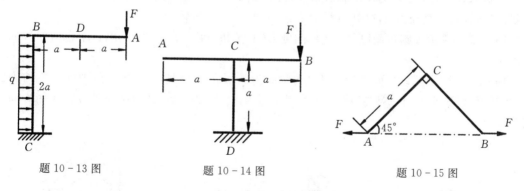

题 10-13 图　　　题 10-14 图　　　题 10-15 图

10-16 图示刚架抗弯刚度 EI 已知,试求 B 点水平位移。

10-17 图示刚架抗弯刚度 EI 已知,试求 A 点水平位移。

10-18 图示半径为 R 的等截面半圆曲杆,C 点受铅垂集中力 F 作用,抗弯刚度 EI 已知,试求 B 点的线位移。

10-19 半径为 R 的半圆拱如图所示,在中央点 C 受铅垂集中力 F 作用,已知抗弯刚度 EI,试求 C 点的铅垂位移。

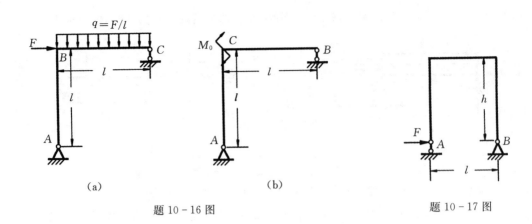

题 10-16 图   题 10-17 图

10-20 等截面曲杆 BC 是半径为 R 的四分之三圆周,抗弯刚度 EI 已知,AB 为刚性杆,试求 B 点的线位移。

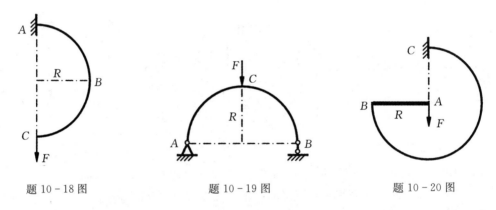

题 10-18 图   题 10-19 图   题 10-20 图

***10-21** 图示半径为 R 的半圆形曲杆 A 端固定,自由端 B 作用有扭转力偶矩 M_e。曲杆横截面为圆形,其直径为 d,已知材料的 E、μ。试求 B 截面扭转角。

10-22 图示等圆截面刚架,抗弯刚度 EI 和抗扭刚度 GI_p 均为已知,试求自由端 A 的铅垂位移。

10-23 图示开口平面刚架,刚架横截面为圆形,抗弯刚度 EI 和抗扭刚度 GI_p 均为已知,在截面 A、B 处作用一对与刚架平面垂直的集中力 F,试求 A、B 两截面沿载荷作用方向的相对线位移。

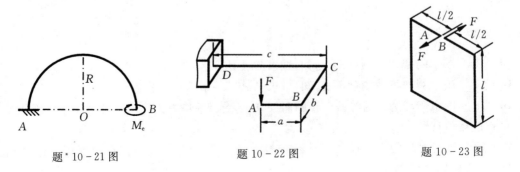

题* 10-21 图   题 10-22 图   题 10-23 图

10 - 24 图示半径为 R 的圆环放置在水平平面内，圆环横截面为圆形，抗弯刚度 EI 和抗扭刚度 GI_p 均为已知，在圆环微小开口的两侧作用一对铅垂集中力 F，试求 A、B 两点沿铅垂方向的相对线位移。

10 - 25 试用位移互等定理求图示简支梁上载荷 F 移动至何处时，截面 C 的挠度最大。梁的抗弯刚度 EI 已知。

*10 - 26 图示半径为 R 的圆球承受一对径向集中力 F 作用，圆球材料的 E、μ 已知。试求其体积改变量。（提示：利用功的互等定理）

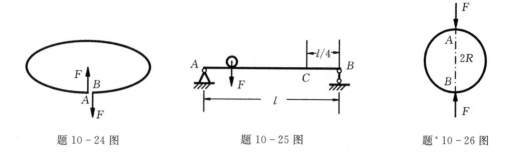

题 10 - 24 图　　　　题 10 - 25 图　　　　题 * 10 - 26 图

第 11 章　超静定系统

本章提要

本章以能量法为基础,进一步分析超静定系统的求解原理和过程,建立规范的一般解法。明晰静定基与相当系统的概念,将超静定阶数的判断与变形几何条件结合表示成约束方程的形式;以多余约束力为求解对象建立补充方程——力法正则方程;最后讨论结构对称性的利用。采用本章的方法,可使求解超静定问题变得步骤清晰,效率倍增。

11.1　静定基与相当系统

第 2、3、6 章研究基本变形时都讨论过各种超静定问题的解法,但科学研究和实际工程中会遇到许多更为复杂的超静定系统,尤其是高阶超静定系统。这些复杂的超静定系统按照具体问题寻找变形几何关系通常比较困难,求解的过程和模式也需要进一步规范统一,才能做到思路清晰、步骤简明。特别是随着计算机技术的普及推广和大型商业通用或专业软件的开发普及,更希望超静定问题的分析求解过程能够适应计算机程序的要求,为此需要进一步引入求解超静定问题的新方法。

11.1.1　静定基与相当系统

静定结构是几何不变且没有多余约束的承载系统,其约束反力(包括内力)可用静力平衡方程直接求得。如图 11-1(a) 所示平面刚架,固定端支座有三个约束反力,是静定结构。若在刚架上增加一个约束,如图 11-1(b) 所示,对于保证结构几何不变来说,系统有一个多余约束,相应地有一个多余约束反力,成为一次超静定结构。

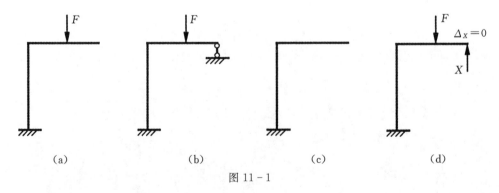

图 11-1

对一个超静定结构,解除多余约束,则得到一个相应的静定基本结构,这个静定基本结构称为原结构的**静定基**。如将上述超静定刚架的可动铰链约束解除,就得到图 11-1(c) 所示的静定基。也可解除固定端的转动约束,即用固定铰链代替固定端约束,或解除杆件之间的转动约束,用中间铰连接两段杆件。一般说来一个超静定结构解除不同的多余约束可以得到不同的静定基,但超静定的阶数(即多余约束的个数)是不变的。

在图 11-1(c) 所示静定基上,施加原载荷与未知的多余约束力,并考虑解除多余约束前结构的实际变形状态(即变形协调条件),得到一个与原超静定结构完全等效的静定系统,这个系统称为原来超静定系统的**相当系统**。图 11-1(d) 所示相当系统,其变形约束条件为自由端的铅垂位移等于零。一个超静定结构因解除不同的多余约束而得到不同的静定基,就会相应地形成不同的相当系统。

11.1.2 超静定次数的判定

正确判定结构的超静定次数,是求解超静定问题的重要环节。超静定问题大致分为三类:① 仅在结构外部存在多余的约束,即支反力是超静定的,称为**外力超静定结构**;② 仅在结构内部存在多余的约束,即内力是超静定的,称为**内力超静定结构**;③ 结构内部和外部均存在多余的约束,支反力和内力都是超静定的,既有内力超静定又有外力超静定,称为**混合超静定结构**。

1) 外力超静定次数的判定　根据约束性质确定结构的全部约束力个数,由作用在结构上的力系类型,确定独立的平衡方程数目,二者之差即为超静定次数。

如图 11-2(a) 所示平面桁架有 2 个固定铰链、4 个约束反力,以整体为研究对象只有 3 个独立的平衡方程,是 1 次外力超静定桁架;图 11-2(b) 所示两端固定平面刚架有 6 个约束反力,平面力系只有 3 个独立的平衡方程,是 3 次外力超静定刚架。

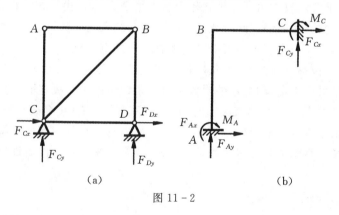

图 11-2

2) 内力超静定次数的判定　判断结构内力超静定次数,需要用截面法将超静定结构截开,使其成为静定结构,截面上的未知内力数目即超静定次数。

如图 11-3(a) 所示平面桁架,是 1 次内力超静定;图 11-3(b) 所示平面闭合刚架,截开一个截面,结构就成为静定的,在截开截面上有三对未知内力,是 3 次内力超静定刚架。

3) 混合超静定次数的判定　对混合超静定结构,可分别判断外力和内力超静定次数,二者之和即为结构的超静定次数。

如图 11-4(a) 所示平面桁架是 1 次外力超静定和 2 次内力超静定,为 3 次超静定桁架;图 11-4(b) 所示平面刚架是 3 次外力超静定和 3 次内力超静定,为 6 次超静定刚架。

一般说来,判断一个复杂结构的超静定次数涉及结构组成规则,是一个与几何、力学相关的综合问题,大型复杂结构的超静定次数判断可以借助计算机程序来完成。

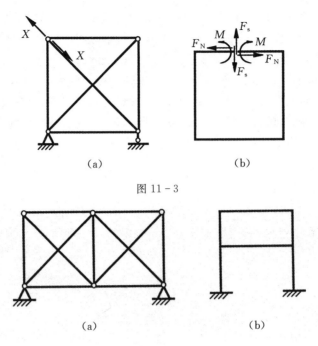

图 11-3

图 11-4

11.1.3 超静定系统的封闭性

超静定问题的求解从数学角度分析就是为静力平衡方程寻找补充方程,补充方程的个数应该等于超静定的阶数,而超静定的阶数又取决于多余约束的个数。

从另一个角度看,每一个多余约束都对应地有一个约束条件,这个约束条件就是多余约束力作用点相应的已知位移。由这个约束条件就能相应地建立一个与内力有关又独立于平衡方程的补充方程。于是可以肯定,超静定的阶数是由多余约束的个数决定的,约束条件的个数(进而补充方程的个数)也是由多余约束决定的,n 阶超静定问题有 n 个多余约束(力),需要 n 个补充方程,而 n 个约束条件恰好能提供 n 个补充方程,所以只要在物理上能够解决约束位移的计算问题,超静定系统在数学上是一定能够求解的。超静定系统的这个性质称为**封闭性**。

11.2 力法正则方程

以多余约束力作为基本未知量、由变形协调条件建立补充方程求解超静定问题的方法称为**力法**。

用力法求解超静定问题的步骤一般如下:① 确定超静定的次数,即多余约束的个数;② 解除所有的多余约束,建立原超静定结构的一个静定基;③ 施加原外载荷和取代多余约束的未知约束力,得到相当系统;④ 根据相当系统与原结构变形相同,建立变形协调方程(组);⑤ 利用物理关系,将变形协调方程转化为含有外载荷和未知约束力的补充方程(组);⑥ 求解补充方程(组),确定多余约束力,进而在相当系统上完成超静定结构的内力、应力和变形计算。

从上述求解步骤可以看出,在相当系统上列出包含有未知多余约束力的补充方程(组)是一个关键环节。在解除多余约束代之以多余约束力的同时,多余约束在其作用点对超静定系统的位移的限制与多余约束力的作用方向正好相反(如限制向下的线位移则多余约束力向上、限制逆针向转动的约束力偶必须顺针向等),也就是说,多余约束力与对应的约束位移之间一定是一对广义力与广义位移的关系,由此可以得到求解超静定问题的正则方程。

设一个 n 阶超静定结构的 n 个多余约束力为 $X_i(i=1\sim n)$,对应的约束位移为 Δ_i。在相当系统上还有外载荷,外载荷在 X_i 作用点引起的与 X_i 对应的广义位移为 Δ_{iF},多余约束力 X_j 在 X_i 作用点引起的广义位移为 Δ_{ij},根据位移叠加法

$$\Delta_i = \Delta_{iF} + \Delta_{i1} + \Delta_{i2} + \cdots + \Delta_{in} = \Delta_{iF} + \sum_{j=1}^{n}\Delta_{ij} \quad (i=1\sim n)$$

因为 Δ_{ij} 是 X_j 单独作用在相当系统引起的广义位移,所以 Δ_{ij} 与 X_j 成正比,设将 X_j 换为单位力引起的广义位移为 δ_{ij},则有 $\Delta_{ij} = X_j\delta_{ij}$,上式可写成

$$\Delta_i = \Delta_{iF} + X_1\delta_{i1} + X_2\delta_{i2} + \cdots + X_n\delta_{in} = \Delta_{iF} + \sum_{j=1}^{n}X_j\delta_{ij} \quad (i=1\sim n)$$

上式用矩阵形式可写为

$$\begin{bmatrix} \delta_{11} & \delta_{12} & \cdots & \delta_{1n} \\ \delta_{21} & \delta_{22} & \cdots & \delta_{2n} \\ \vdots & \vdots & \vdots & \vdots \\ \delta_{n1} & \delta_{n2} & \cdots & \delta_{nn} \end{bmatrix} \begin{bmatrix} X_1 \\ X_2 \\ \vdots \\ X_n \end{bmatrix} + \begin{bmatrix} \Delta_{1F} \\ \Delta_{2F} \\ \vdots \\ \Delta_{nF} \end{bmatrix} = \begin{bmatrix} \Delta_1 \\ \Delta_2 \\ \vdots \\ \Delta_n \end{bmatrix} \quad (11-1)$$

或者写成更简捷的形式

$$\boldsymbol{\Delta} = \boldsymbol{\Delta}_F + \boldsymbol{\delta X} \quad (11-2)$$

式中:$\boldsymbol{\Delta}$ 为多余约束作用点的约束位移构成的列向量,为已知量;$\boldsymbol{\Delta}_F$ 为外载荷(不包括多余约束力)在各约束点产生的位移列向量;$\boldsymbol{X}$ 为多余约束力列向量;$\boldsymbol{\delta}$ 为可逆矩阵,其元素 δ_{ij} 为 $X_j=1$ 时在 X_i 作用点引起的位移,根据位移互等定理 $\delta_{ij}=\delta_{ji}$,所以 $\boldsymbol{\delta}$ 是对称矩阵。式(11-1)和式(11-2)称为**力法正则方程**,也就是用力法求解多余约束力的补充方程(组)。

求解式(11-2)得到

$$\boldsymbol{X} = \boldsymbol{\delta}^{-1}(\boldsymbol{\Delta} - \boldsymbol{\Delta}_F) \quad (11-3)$$

对最简单的一阶超静定问题,式(11-1)、式(11-3)分别退化为

$$\Delta_1 = \delta_{11}X_1 + \Delta_{1F}, \quad X_1 = \frac{\Delta_1 - \Delta_{1F}}{\delta_{11}} \quad (11-4)$$

这是一个简单的一元一次方程。

例 11-1 试求图 11-5(a)所示等截面梁 B 支座的支反力,梁的抗弯刚度 EI 已知。

解:梁 A 端固定,B 端铰支,是一次超静定。以支座 B 为多余约束,设多余约束力为 X_1,由 B 点的约束性质得约束条件(即变形协调方程)为

$$\Delta_1 = 0 \qquad (a)$$

相当系统如图 11-5(b)所示。

设 Δ_1 为相当系统在载荷 F 和 X_1 共同作用下,B 点沿 X_1 方向的位移,根据叠加原理,Δ_1 等于 F 和 X_1 分别单独作用时,B 点在 F 和 X_1 方向的位移 Δ_{1F} 和 Δ_{11} 之和,于是式(11-2)写为

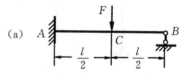

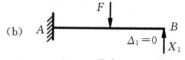

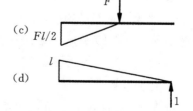

图 11-5

$$\Delta_1 = \delta_{11}X_1 + \Delta_{1F} = 0 \qquad (b)$$

这就是补充方程。

采用单位载荷法，分别在 C 点作用外力 F、在 B 点沿 X_1 方向作用单位力 $X_1^0 = 1$，外载荷与单位力的弯矩图如图 11-5(c)、(d) 所示，系数 δ_{11} 和常数 Δ_{1F} 可用图乘法求得

$$\delta_{11} = \frac{1}{EI}\left(\frac{1}{2} \times l \times l \times \frac{2}{3}l\right) = \frac{l^3}{3EI}, \quad \Delta_{1F} = -\frac{1}{EI}\left(\frac{1}{2} \times \frac{l}{2} \times \frac{Fl}{2} \times \frac{5}{6}l\right) = -\frac{5Fl^3}{48EI} \qquad (c)$$

式(c)是各种载荷（包括外力和多余约束力）引起的位移计算式，在第 2、3、6 章中称为物理关系（或物理条件）。求出系数 δ_{11} 和常数 Δ_{1F} 后，代入式(b)可解得 B 支座的支反力

$$X_1 = \frac{5}{16}F$$

计算结果为正，表明假设的 X_1 方向正确。

求出超静定结构的多余约束力后，可在相当系统上计算结构的位移、变形以及求解强度和刚度问题。

例 11-2 图 11-6(a)所示等截面平面刚架支座 C 与杆端之间有一个微小间隙 δ，刚架抗弯刚度 EI 为已知常数，试作刚架的弯矩图。

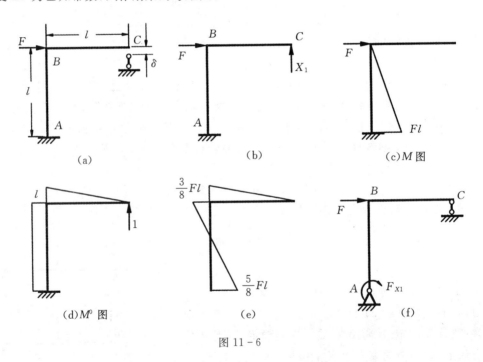

图 11-6

解：1) 相当系统与正则方程 刚架有 4 个约束力，独立的平衡方程只有 3 个，是 1 阶超静定结构。解除支座 C 的约束，施加多余约束力 X_1，先不考虑间隙，即约束条件为 $\Delta_1 = 0$，得相当系统如图 11-6(b)所示。正则方程为

$$\delta_{11}X_1 + \Delta_{1F} = 0 \qquad (a)$$

2) 计算系数 δ_{11} 和 Δ_{1F} 图 11-6(c)为载荷作用在静定基上的弯矩 M 图，在静定基 C 处施加沿 X_1 方向的单位力，并画出单位力弯矩 M^0 图如图 11-6(d)所示。由单位力弯矩图的自乘和载荷弯矩图与单位力弯矩图互乘分别得到

$$\delta_{11} = \frac{1}{EI}\left(\frac{1}{2} \times l \times l \times \frac{2}{3}l + l \times l \times l\right) = \frac{4l^3}{3EI}$$

$$\Delta_{1F} = -\frac{1}{EI}\left(\frac{1}{2} \times l \times Fl \times l\right) = -\frac{Fl^3}{2EI} \tag{b}$$

将 δ_{11} 和 Δ_{1F} 代入式(a)解得

$$X_1 = \frac{3}{8}F \tag{c}$$

结果为正,表示 X_1 的方向向上。

3) 画刚架弯矩图   将单位力弯矩图的数值乘以 X_1,得到 X_1 引起的弯矩图,再将 X_1 弯矩图和载荷弯矩图叠加,得刚架弯矩图如图 11-6(e) 所示。最大弯矩发生在固定端 A 处,其值为

$$M_{\max} = \frac{5}{8}Fl \tag{d}$$

4) 考虑间隙   多余约束力 X_1 的作用点位移不为零,即 $\Delta_1 = \delta \neq 0$,同时注意到 X_1 向上而 δ 向下,所以约束条件为 $\Delta_1 = -\delta$,代入正则方程,其它系数与步骤 2) 相同,得到

$$\delta_{11}X_1 + \Delta_{1F} = \frac{4l^3}{3EI}X_1 - \frac{Fl^3}{2EI} = -\delta, \quad X_1 = \frac{3}{4}\left(\frac{F}{2} - \frac{\delta EI}{l^3}\right) \tag{e}$$

讨论:① 对于此例中的超静定刚架,如果没有间隙,也可解除固定端支座 A 的转动约束,成为固定铰链支座,施加相应的约束力偶得相当系统如图 11-6(f) 所示,求出约束力偶;但在有间隙情况下,一般只能以支座 C 为多余约束,约束条件比较直观(如以固定端支座 A 的转动约束为多余约束,需要换算间隙引起的支座 A 的转动角度作为约束条件,比较麻烦而且不直观);② 从式(e) 可以看到,如果 $\delta \geqslant Fl^3/2EI$,则 $X_1 \leqslant 0$,意味着多余约束力的方向将与图示相反(向下)。

例 11-3   图 11-7(a) 所示为建筑工程中常见的二铰拱结构。拱的轴线近似为 1/4 圆弧曲线,抗弯刚度 EI 为常数,载荷 F 作用在拱的中点 C,试求支座的水平推力和拱的最大弯矩。

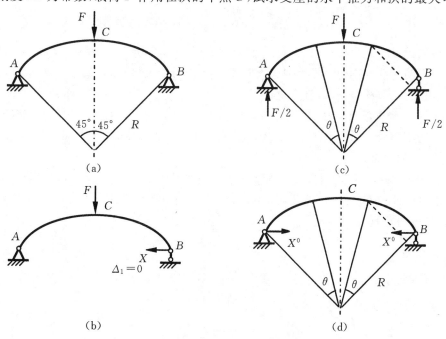

图 11-7

解:1) 静定基与相当系统　　这是一个1阶超静定结构,取固定铰链 B 的水平约束为多余约束,其支反力设为 X,约束条件为 $\Delta_1 = 0$,得相当系统如图11-7(b)所示。

2) 弯矩方程与正则方程的系数　　F 单独作用时两个支座的约束反力都为 $F/2$,θ 截面如图11-7(c)所示,弯矩方程为

$$M_F(\theta) = \frac{\sqrt{2}}{2}\frac{F}{2}[R(1-\cos\theta) + R\sin\theta]$$

$X^0 = 1$ 单独作用时支座 A 的约束反力也为 $X^0 = 1$,如图11-7(d)所示,θ 截面弯矩为

$$M_1^0(\theta) = \frac{\sqrt{2}}{2}[R(1-\cos\theta) - R\sin\theta]$$

因为拱的轴线为曲线,不便应用图形互乘法,采用莫尔积分计算变形

$$\Delta_F = \frac{1}{EI}\int M_F M_1^0 R\mathrm{d}\theta, \quad \delta_{11} = \frac{1}{EI}\int M_1^0 M_1^0 R\mathrm{d}\theta$$

注意结构和载荷(包括支反力)左右对称,所以弯矩也左右对称,积分可以只作一半

$$\Delta_F = \frac{2}{EI}\int_0^{\pi/4} \frac{\sqrt{2}}{2}\frac{F}{2}[R(1-\cos\theta) + R\sin\theta]\frac{\sqrt{2}}{2}[R(1-\cos\theta) - R\sin\theta]R\mathrm{d}\theta$$

$$= \frac{2}{EI}\frac{FR^3}{4}\left(\frac{\pi}{4} - \sqrt{2} + \frac{1}{2}\right) = -0.0643\frac{FR^3}{EI}$$

$$\delta_{11} = \frac{2}{EI}\int_0^{\pi/4} \frac{1}{2}[R(1-\cos\theta) - R\sin\theta]^2 R\mathrm{d}\theta = 0.0708\frac{R^3}{EI}$$

3) 求解正则方程与最大弯矩　　将 δ_{11} 和 Δ_{1F} 代入正则方程式(11-4)得

$$0.0708\frac{XR^3}{EI} - 0.0643\frac{FR^3}{EI} = 0, \quad X = 0.908F$$

结果为正,表示 X 与图示方向一致。最大弯矩显然在中点 C 处

$$M_C = \frac{F}{2}\frac{\sqrt{2}}{2}R - XR\left(1 - \frac{\sqrt{2}}{2}\right) = 0.0874FR$$

讨论:如果没有水平推力 X,同样跨度的拱或梁,最大弯矩为 $0.3535FR$,是两铰拱最大弯矩的4倍,说明超静定拱的水平推力大大降低了结构的最大弯矩,提高了承载能力,可以大幅度减小截面尺寸、节约材料、减轻自重。

例 11-4　　悬臂梁 AB 用 BC 杆悬吊连接如图11-8(a)所示,已知梁 AB 的抗弯刚度 EI 和杆 BC 的拉压刚度 EA,1) 计算各约束点的约束反力;2) 如果杆 BC 的长度比设计尺寸短了 δ,计算各约束点的约束反力。

解一:1) 相当系统与正则方程　　解除 C 点约束,用 X_1 表示约束反力,约束条件为 $\Delta_1 = 0$,相当系统如图11-8(b)所示。外载荷 q 与 $X_1 = 1$ 分别单独作用如图11-8(c)、(d)所示,梁的弯矩和杆的轴力分别为

$$M_F = -\frac{1}{2}qx^2, \quad M_1^0 = x, \quad F_{N1}^0 = 1 \tag{a}$$

正则方程的系数

$$\delta_{11} = \int_0^l \frac{M_1^0 M_1^0}{EI}\mathrm{d}x + \frac{F_{N1}^0 F_{N1}^0}{EA}a = \int_0^l \frac{x^2}{EI}\mathrm{d}x + \frac{a}{EA} = \frac{l^3}{3EI} + \frac{a}{EA}$$

$$\Delta_{1F} = \int_0^l \frac{M_{1F} M_1^0}{EI}\mathrm{d}x = -\int_0^l \frac{qx^2 \cdot x}{2EI}\mathrm{d}x = -\frac{ql^4}{8EI} \tag{b}$$

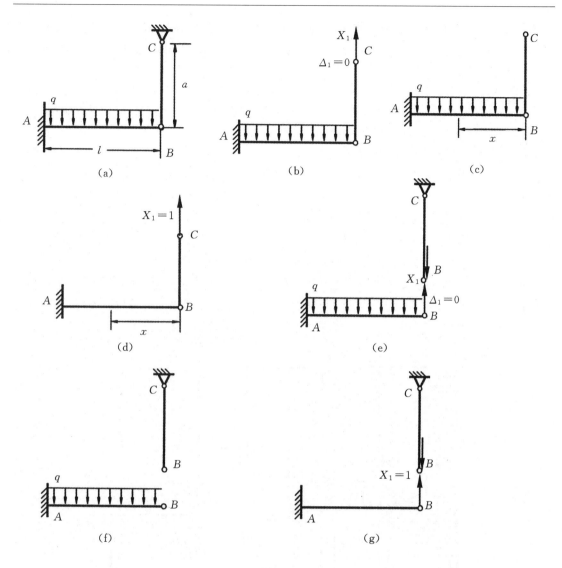

图 11-8

代入正则方程解得

$$(\frac{l^3}{3EI} + \frac{a}{EA})X_1 - \frac{ql^4}{8EI} = 0, \quad X_1 = \frac{3ql^4}{8(l^3 + 3ai^2)} \quad (c)$$

式中：$i^2 = I/A$。

2) 求解装配应力 当 BC 杆由于制造误差短了一个微量 δ 时，相当于多余约束力 X_1 作用点的约束位移 Δ_1 不等于零，根据假设的多余约束力方向，X_1 与 δ 方向相同时 $\Delta_1 = \delta > 0$，X_1 与 δ 相反时 $\Delta_1 = -\delta < 0$。对于本例，X_1 的作用点需向上移动 δ 才能完成装配，所以 $\delta > 0$。q 与 $X_1 = 1$ 分别单独作用时的内力不变，所以正则方程的系数不变，只需将约束条件 $\Delta_1 = 0$ 改为 $\Delta_1 = \delta$ 即可。

$$(\frac{l^3}{3EI} + \frac{a}{EA})X_1 - \frac{ql^4}{8EI} = \delta, \quad X_1 = \frac{3(ql^4 + 8EI\delta)}{8(l^3 + 3ai^2)} \quad (d)$$

解二：1) 选择其它相当系统 解除 B 点约束，用 X_1 表示梁与杆在 B 点的相互作用力，多余约束反力是一对广义力,约束条件仍为 $\Delta_1 = 0$,表示梁与杆在 B 点的相对位移为零,相当系统如图 11-8(e) 所示。外载荷 q 与 $X_1 = 1$ 分别单独作用如图 11-8(f)、(g) 所示。梁的弯矩和杆的轴力与解一相同,所以正则方程的系数以及求解结果也与解一一致。只不过 X_1 的意义与解一不同罢了。

2) 求解装配应力 　与解一类似,相对作用的两个 X_1 之间存在间隙 δ,X_1 与 δ 方向相同,即 $\delta > 0$,约束方程改为 $\Delta_1 = \delta$,结果与式(d) 相同。

例 11-5　等截面刚架受力如图 11-9(a) 所示,抗弯刚度 EI 已知,试作刚架的弯矩图。

解:1) 相当系统与正则方程　刚架有五个约束反力,是二次超静定结构。将固定铰链 B 支座的水平和竖直约束解除,代以多余未知力 X_1、X_2,相应的变形协调条件(约束条件)为 $\Delta_1 = 0$、$\Delta_2 = 0$。相当系统如图 11-9(b) 所示。

二阶超静定问题的正则方程形式为

$$\delta_{11}X_1 + \delta_{12}X_2 + \Delta_{1F} = 0, \quad \delta_{21}X_1 + \delta_{22}X_2 + \Delta_{2F} = 0 \tag{a}$$

2) 正则方程的系数　应用图乘法计算系数 δ_{11}、$\delta_{12} = \delta_{21}$、$\delta_{22}$ 以及常数 Δ_{1F}、Δ_{2F}。在静定基上画出载荷的弯矩图如图 11-9(c) 所示,分别施加水平和竖直单位力,并画出相应的弯矩图如图 11-9(d)、(e) 所示。

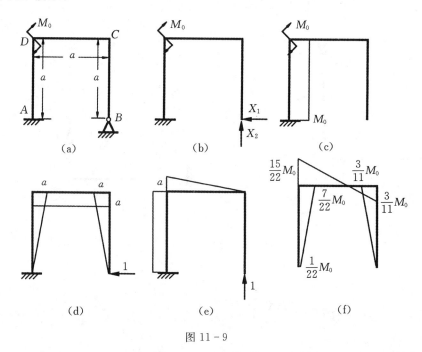

图 11-9

由图 11-9(d)、(e) 分别自乘得 δ_{11}、δ_{22}

$$\delta_{11} = \frac{2}{EI}\left(\frac{1}{2} \times a \times a \times \frac{2}{3}a\right) + \frac{1}{EI}(a \times a \times a) = \frac{5a^3}{3EI} \tag{b}$$

$$\delta_{22} = \frac{1}{EI}\left(\frac{1}{2} \times a \times a \times \frac{2}{3}a\right) + \frac{1}{EI}(a \times a \times a) = \frac{4a^3}{3EI} \tag{c}$$

由图 11-9(d) 与(e) 互乘得 $\delta_{12} = \delta_{21}$

$$\delta_{12} = \delta_{21} = -\frac{2}{EI}\left(\frac{1}{2} \times a \times a \times a\right) = -\frac{a^3}{EI} \tag{d}$$

由图 11-9(c) 与(d)、(e) 分别互乘得 Δ_{1F}、Δ_{2F}

$$\Delta_{1F} = \frac{1}{EI}(M_0 \times a \times \frac{1}{2}a) = \frac{M_0 a^2}{2EI} \tag{e}$$

$$\Delta_{2F} = -\frac{1}{EI}(M_0 \times a \times a) = -\frac{M_0 a^2}{EI} \tag{f}$$

将上述系数代入正则方程式(a),化简后得

$$\frac{5}{3}aX_1 - aX_2 + \frac{M_0}{2} = 0, \quad -aX_1 + \frac{4}{3}aX_2 - M_0 = 0 \tag{g}$$

3) 求解正则方程画弯矩图　解联立方程组得

$$X_1 = \frac{3M_0}{11a}, \quad X_2 = \frac{21M_0}{22a} \tag{h}$$

计算结果为正,表明图 11-9(b) 中的 X_1、X_2 的方向假设正确。

刚架的弯矩图如图 11-9(f) 所示,最大弯矩在 D 截面处,其值为

$$|M|_{max} = \frac{15}{22}M_0 \tag{i}$$

讨论:应用力法正则方程分析由直杆组成的高阶超静定结构时,须建立和求解正则方程组,其系数 δ_{ij} 由单位力的弯矩自乘和互乘求得,对于直杆的单位力弯矩图均为直线,自乘和互乘都有一定的简单规律,可以采用图形互乘法。如果外载荷也是由集中力和集中力偶构成的,Δ_{iF} 也可以用图形互乘,计算将更加方便。

11.3　结构的对称性及其利用

求解高次超静定问题时,计算工作量一般较大。不过,对于一些具有对称性的结构,常常可以设法减少多余未知力的数目,降低超静定阶数,同时简化积分或图形互乘,使计算过程大大简化。

11.3.1　结构的对称性

若结构的几何形状、约束条件、构件材料及截面尺寸均对称于某一轴,则该结构称为**对称结构**。图 11-10(a) 所示等截面刚架即为对称结构,该刚架对称于 1—1 轴。

对于对称结构,若载荷也对称于该对称轴,如图 11-10(b) 所示,则结构的约束反力、变形、内力都对称于此轴线。在与轴线相交的截面上,其内力也是对称的,如图 11-10(c) 所示,在对称截面上只有对称内力分量弯矩 X_1 及轴力 X_2;如果载荷如图 11-10(d) 所示,处于对称位

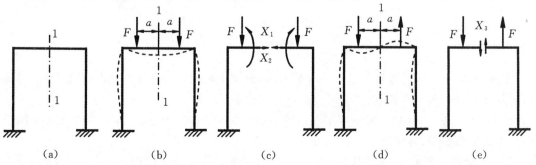

图 11-10

置的载荷大小相等,但方向相反,则为反对称载荷。在反对称载荷作用下,对称结构的约束反力、变形、内力将反对称于对称轴。在对称截面上弯矩 X_1 及轴力 X_2 都等于零,只有反对称内力分量,即剪力 X_3,如图 11-10(e) 所示。

11.3.2 结构对称性的利用

利用结构的对称性,适当选择所解除的多余约束,就可以减少多余未知力的数目,从而简化计算。对于承受任意载荷的对称结构,如图 11-11(a)所示,则根据叠加原理可将载荷分解成对称与反对称的两组载荷,如图 11-11(b) 及(c)所示。分别求出两组载荷作用下,与对称轴相交截面上的内力,叠加后即为原载荷作用下该截面的内力。

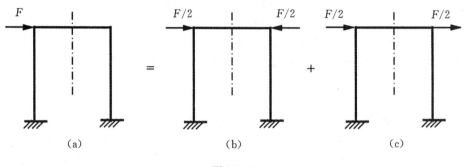

图 11-11

有些对称结构,若巧妙地利用对称性,将会使问题分析计算大为简化。图 11-12(a) 所示等截面正方形刚架,载荷对称于两个对角线,而反对称于水平与竖直对称轴。将刚架沿水平对称轴截分为上下两部分,如图 11-12(b) 所示,在上下两侧截面上只有反对称内力,即剪力 X_1。由上半部分的静力平衡条件,可直接求得未知多余约束力 $X_1 = \sqrt{2}/2 F$,超静定问题已经得到求解。

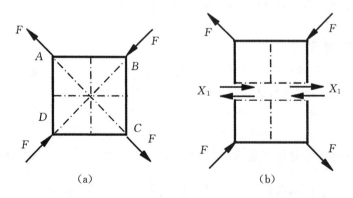

图 11-12

实际上例 11-3 的两铰拱也是一个对称结构,求解中利用其对称性虽然没有降低超静定阶数,但却使积分过程得到简化,减少了许多计算工作量。

例 11-6 图 11-13(a)所示两端固定等截面梁的中点作用有载荷 F,梁的抗弯刚度 EI 已知。试作梁的弯矩图,并求中点 C 的挠度。

解:1) 求解超静定 从约束反力的个数看此梁为三次超静定结构。结构和载荷都对称于梁中间对称轴,从中间截面将梁截分为左右两部分,在对称截面上只有对称内力,当梁发生小

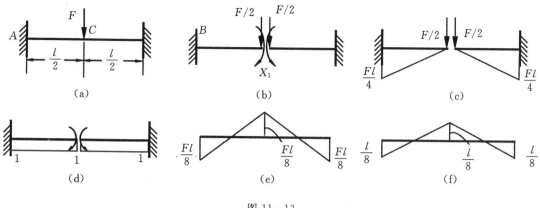

图 11-13

变形弯曲时,轴向变形(轴力)很小,可以忽略不计,所以中间截面上只有一个多余未知力,就是弯矩 X_1,相应的相当系统如图 11-13(b) 所示。

变形协调条件为截开处两侧截面的相对转角等于零,即 $\Delta_1 = 0$。

应用图乘法计算 δ_{11} 和 Δ_{1F}。在中间截面施加一对单位力偶,载荷和单位力偶的弯矩图分别如图 11-13(c) 和(d) 所示。由单位力偶弯矩图自乘得

$$\delta_{11} = \frac{2}{EI}(1 \times \frac{l}{2} \times 1) = \frac{l}{EI}$$

由载荷弯矩图和单位力偶弯矩图互乘得

$$\Delta_{1F} = \frac{2}{EI}(\frac{1}{2} \times \frac{l}{2} \times \frac{Fl}{4} \times 1) = \frac{Fl^2}{8EI}$$

将 δ_{11} 和 Δ_{1F} 代入正则方程得

$$\frac{l}{EI}X_1 + \frac{Fl^2}{8EI} = 0, \quad X_1 = -\frac{1}{8}Fl$$

结果为负,表示 X_1 和实际方向相反。梁的弯矩图如图 11-13(e) 所示。

2) C 点挠度 在原超静定结构的 C 点上,施加以铅垂的单位力,此时单位力的弯矩图和超静定梁的弯矩图相似,如图 11-13(f) 所示,用这两个弯矩图互乘得 C 点的挠度

$$\nu_C = \frac{4}{EI}(\frac{1}{2} \times \frac{l}{4} \times \frac{Fl}{8} \times \frac{2}{3} \times \frac{l}{8}) = \frac{Fl^3}{192EI}(\downarrow)$$

讨论:① 对于超静定结构,如果有集中力(或集中力偶)作用在对称轴处,在该处截开时,在截开处两侧截面各作用集中力的一半,使载荷具有对称性;② 计算超静定结构的位移时,应该是在相当系统上进行计算。但在本题的情况下(即结构只作用一个集中力或集中力偶,且要求其相应的位移时),可直接在原超静定结构上施加单位力,这时单位力内力图与超静定结构内力图相似。读者可在相当系统上求 C 点的挠度,和上述计算比较。

例 11-7 半径为 R 的等截面圆环受力如图 11-14(a) 所示,圆环的抗弯刚度 EI 已知,试求圆环的最大弯矩及 A、B 两点的相对位移。

解:1) 相当系统 闭合圆环是三次超静定结构。由于圆环对称于竖直直径 AB 和水平直径 CD,所以其变形和内力也对称于这两个直径。以水平直径 CD 将圆环分为上下两部分,如图 11-14(b) 所示,因为对称性,C、D 两截面的内力相等。由上半圆的平衡条件,求得 $F_{NC} =$

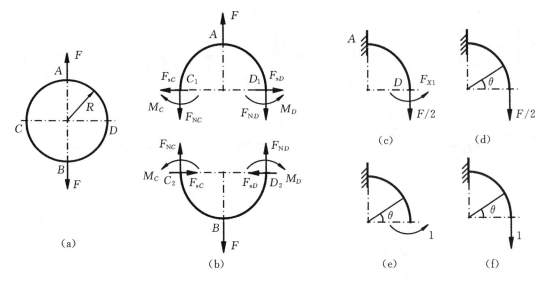

图 11-14

$F_{ND} = F/2$。根据作用力和反作用力定律,上下截面的剪力应该方向相反,如图 11-14(b) 所示,这显然不满足上下截面对称的要求,所以剪力 F_s 必须等于零。最后只剩下弯矩 $M_C = M_D = M$ 不能由平衡条件求出,因而只有一个多余未知力 M,记作 F_{X1}。由于对称性,取圆环的四分之一为静定基,相应的相当系统如图 11-14(c) 所示。根据圆环对水平直径对称的要求,D 截面的转角等于零,变形协调条件为 $\Delta_1 = 0$。

2) 求解正则方程 用莫尔积分求 δ_{11} 和 Δ_{1F},分别在静定基上作用载荷 $F/2$ 及单位力偶,如图 11-14(d)、(e) 所示。弯矩方程为

$$M(\theta) = \frac{FR}{2}(1-\cos\theta), \quad M^0(\theta) = -1 \quad (0 \leqslant \theta \leqslant \pi/2)$$

$$\delta_{11} = \int_0^{\frac{\pi}{2}} \frac{M^0(\theta)M^0(\theta)}{EI} R\,d\theta = \int_0^{\frac{\pi}{2}} \frac{(-1)\cdot(-1)}{EI} R\,d\theta = \frac{\pi R}{2EI}$$

$$\Delta_{1F} = \int_0^{\frac{\pi}{2}} \frac{M^0(\theta)M(\theta)}{EI} R\,d\theta = \int_0^{\frac{\pi}{2}} \frac{(-1)\cdot FR(1-\cos\theta)}{2EI} R\,d\theta = -\frac{FR^2}{2EI}(\frac{\pi}{2}-1)$$

将 δ_{11} 和 Δ_{1F} 代入正则方程得

$$\frac{\pi R}{2EI} F_{X1} - \frac{FR^2}{2EI}(\frac{\pi}{2}-1) = 0, \quad X_1 = FR(\frac{1}{2}-\frac{1}{\pi})$$

计算结果为正,X_1 的转向是正确的。

3) 圆环的最大弯矩 在相当系统中,载荷 $F/2$ 和 X_1 共同作用下,任意 θ 截面的弯矩为

$$M(\theta) = FR(\frac{1}{2}-\frac{1}{\pi}) - \frac{FR}{2}(1-\cos\theta) = FR(\frac{\cos\theta}{2}-\frac{1}{\pi})$$

当 $\theta = \pi/2$ 时,弯矩的绝对值最大,即最大弯矩发生在 A、B 截面上,其值为

$$|M|_{\max} = 0.318FR$$

4) A、B 两点的相对位移 根据对称性,在图 11-14(c) 所示的相当系统中,求出 D 点的位移,2 倍后即为 A、B 两点的相对位移。为此,在静定基上施加单位力,如图 11-14(f) 所示,单位力的弯矩方程为

$$M^0(\theta) = R(1-\cos\theta) \quad (0 \leqslant \theta \leqslant \pi/2)$$

用莫尔积分求得 A、B 两点的相对位移

$$\Delta_{AB} = 2\int_0^{\frac{\pi}{2}} \frac{M^0(x)M(x)}{EI} R \mathrm{d}\theta$$

$$= \frac{2}{EI}\int_0^{\frac{\pi}{2}} [FR(\frac{\cos\theta}{2} - \frac{1}{\pi})] \cdot [-R(1-\cos\theta)]R\mathrm{d}\theta$$

$$= \frac{FR^3}{EI}(\frac{\pi}{4} - \frac{2}{\pi}) = 0.149 \frac{FR^3}{EI}$$

讨论：① 闭合刚架是三次内力超静定结构，但在沿对称截面截开后，未知力个数减少，降低了超静定次数。也可从竖直直径 AB 将圆环截开，仍取四分之一圆环为相当系统，列出相应的变形协调条件，并求出多余未知力，与上述结果比较。② 在求出多余约束力后，也可由整个圆环直接用莫尔积分，求得 A、B 两点的相对位移。

例 11-8 试作图 11-15(a) 所示等截面刚架的弯矩图，刚架的抗弯刚度 EI 已知。

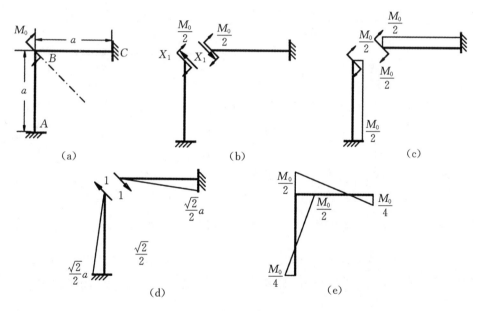

图 11-15

解： 此刚架是三次超静定结构。刚架对称于过 B 点的 45°轴线，从 45°对称轴截开刚架，集中力偶 M_0 被截分为两个 $M_0/2$，反对称于 45°对称轴，由对称性可知在截开的截面上只有剪力 X_1，其相当系统如图 11-15(b) 所示，变形协调条件是截开的两侧截面沿 X_1 方向的相对位移等于零，$\Delta_1 = 0$。

应用图乘法计算 δ_{11} 和 Δ_{1F}。在刚架截开的两侧截面上沿 X_1 方向施加单位力，分别画出载荷和单位力的弯矩图如图 11-15(c)、(d) 所示。由单位力弯矩图自乘得

$$\delta_{11} = \frac{2}{EI}(\frac{1}{2} \times a \times \frac{\sqrt{2}}{2}a \times \frac{2}{3} \times \frac{\sqrt{2}}{2}a) = \frac{a^3}{3EI}$$

由载荷弯矩图和单位力弯矩图的互乘得

$$\Delta_{1F} = -\frac{2}{EI}(\frac{M_0}{2} \times a \times \frac{1}{2} \times \frac{\sqrt{2}}{2}a) = -\frac{\sqrt{2}M_0 a^2}{4EI}$$

代入正则方程得

$$\frac{a^3}{3EI}X_1 - \frac{\sqrt{2}M_0 a^2}{4EI} = 0, \quad X_1 = \frac{3\sqrt{2}M_0}{4a}$$

计算结果为正,表明 X_1 的假设方向正确。

将单位力弯矩图乘以 X_1 的数值,并与载荷弯矩图叠加,得刚架的弯矩图如图 11-15(e) 所示。

思 考 题

11-1 判断图示各结构的超静定次数。

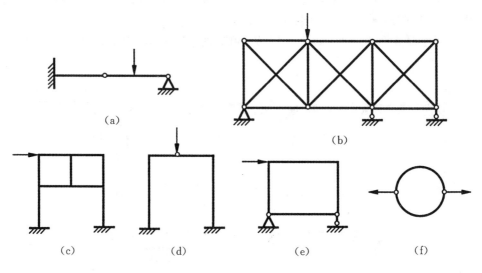

思考题 11-1 图

11-2 超静定结构有多余约束,"多余"是什么含义?既是多余的约束,为什么要它?

11-3 如果一个超静定结构有 n 个多余约束,就一定可以有且只有 n 个补充方程。这个结论正确吗?

11-4 一个三次超静定结构最多可以有几种不同的相当系统?

11-5 用力法正则方程分析超静定问题时,只需求解正则方程,即变形协调条件,而并不需要静力平衡条件和物理条件,这种说法对吗?

11-6 试为下列正方形超静定框架选取合适的相当系统。

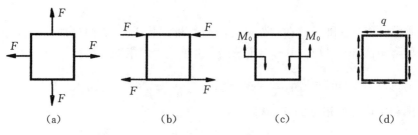

思考题 11-6 图

习 题

11-1 抗弯刚度为 EI 的梁如图所示,试求梁的支反力并画出弯矩图。

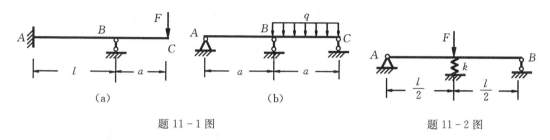

题 11-1 图　　　　　　　　题 11-2 图

11-2 图示两跨连续梁的中间为弹性约束,梁的长度 l、弹簧刚度 k、梁的抗弯刚度 EI 已知。试求梁上的最大弯矩。

11-3 图示两跨连续梁右端为弹性支承,梁的长度 l、弹簧刚度 k、梁的抗弯刚度 EI 已知。试求梁上 B 点的挠度。

题 11-3 图　　　　　　　　题 11-4 图

11-4 AB 梁用 CD 梁加固,两梁之间为一刚性小球,两梁的抗弯刚度均为 EI。试求 B 点的挠度。

11-5 悬臂梁 AB 与 CD 用刚性杆 BD 连接,已知两梁的抗弯刚度 EI。试求各约束点的约束反力。

11-6 图示三支座等截面连续梁,由于制造的误差,装配后,支座有高低。设 EI、Δ 已知。试作梁的弯矩图。

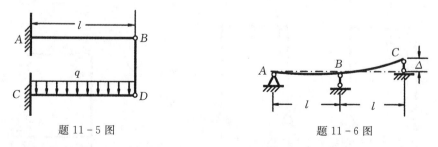

题 11-5 图　　　　　　　　题 11-6 图

11-7 图示平面桁架各杆抗拉压刚度 EA 相等,试求各杆的内力。

11-8 试作图示等截面刚架的弯矩图,已知抗弯刚度 EI。

11-9 试作图示平面曲杆的弯矩图,已知抗弯刚度 EI。

11-10 图示一梁杆组合结构,梁的抗弯刚度为 EI,各杆的抗拉压刚度均等于 EA。试求 CD 杆的轴力。

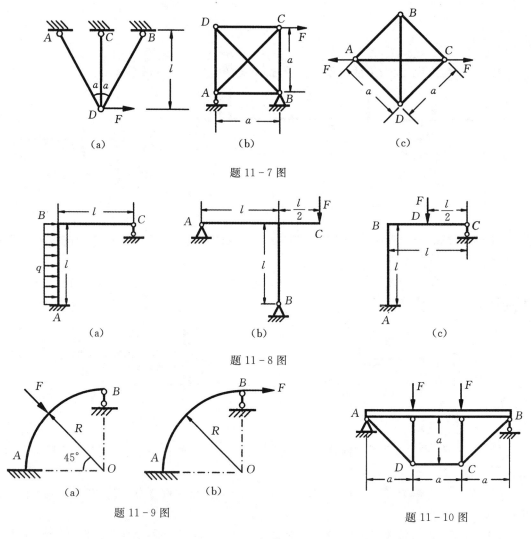

题 11-7 图

题 11-8 图

题 11-9 图   题 11-10 图

11-11 试求图示等截面刚架的支反力并画出弯矩图,已知抗弯刚度 EI。

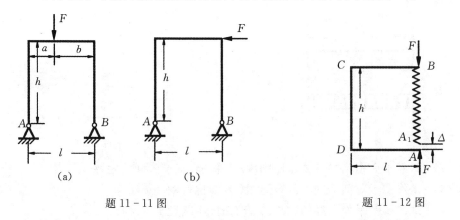

题 11-11 图   题 11-12 图

11-12 图示框架在受载荷 F 以前,A、A_1 两点之间有一微小间隙 Δ,加载后 A、A_1 两点连接在一起,试作加载后框架的弯矩图,已知框架的抗弯刚度 EI 和弹簧的刚度 k。

11-13 链条的一环如图所示,试求环的最大弯矩,环的抗弯刚度 EI 已知。

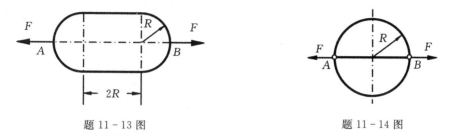

题 11-13 图　　　　题 11-14 图

11-14 图示结构由两个半径为 R 的半圆环和直杆 AB 铰接而成,半圆环的抗弯刚度均为 EI,直杆的抗拉刚度为 2EA。试求 AB 杆的伸长。

11-15 试作图示等截面刚架的弯矩图,已知抗弯刚度为 EI。

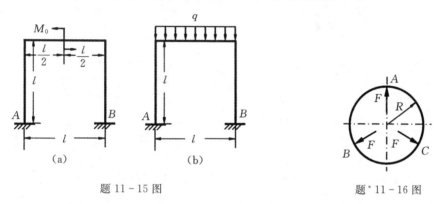

题 11-15 图　　　　题* 11-16 图

*__11-16__ 图示半径为 R 的圆环,抗弯刚度 EI 已知,载荷 F 分别作用在圆环圆周的三个等分点 A、B、C 上,试求各 F 力作用点的径向位移。

11-17 图示刚性圆环内铰接6根杆件,各杆长度均为 l,抗拉刚度均为 EA。试求各杆的内力。

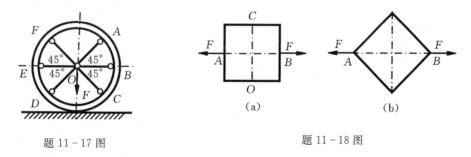

题 11-17 图　　　　题 11-18 图

11-18 图示正方形框架的边长为 a,抗弯刚度为 EI,试作框架的弯矩图,并求 A、B 两点的相对位移。

11-19 试求图示超静定梁的支反力,梁的刚度 EI 已知。

*__11-20__ 图示等截面刚架在水平平面内,载荷垂直于刚架平面。刚架横截面为直径等于 d 的圆形,l = 5a,材料的切变模量 G = 0.4E,试求 F 力作用点的铅垂位移。(提示:对平面刚

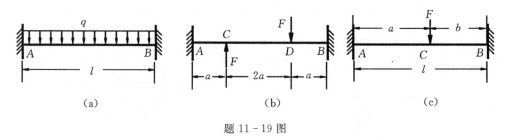

题 11-19 图

架的分析表明,如果载荷垂直于刚架平面,则在小变形的条件下,作用线位于刚架平面内的内力为零,作用面位于刚架平面内的内力偶矩也为零。如本题中的轴力等于零,刚架平面内的弯矩也为零)

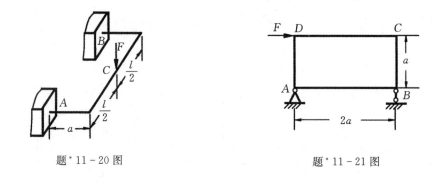

题 *11-20 图   题 *11-21 图

*11-21 抗弯刚度为 EI 的闭合框架受力如图所示,试作框架的弯矩图。

第 12 章 动 载 荷

本章提要

本章讨论动载荷作用下构件的应力-变形计算。包括动载荷的概念和分类、惯性力问题和冲击问题的计算,最后总结提高构件动强度的措施。本章建立在能量原理基础上,模型简单,计算方便,应用广泛。

12.1 概 述

在前面各章讨论的关于杆件的强度、刚度计算中,杆件上所施加的载荷都是从零开始缓慢地增加到最终值,且之后其值不再变化或变化不大,这种载荷为**静载荷**。由于载荷施加过程缓慢,构件内各点的加速度很小,可以忽略不计。除了静载荷问题外,在工程实际中经常会遇到如锻压汽锤、高速转动的砂轮、加速提升重物时的吊索、紧急制动的转轴、自由落体冲击等问题。这一类问题的特点是在加载过程中构件内各点的加速度较大,不能忽略,这些构件上承受的载荷称为**动载荷**。在动载荷作用下,构件内所产生的应力和变形称为**动应力**和**动变形**。

实验表明:在动载荷作用下,只要构件的动应力不超过比例极限,胡克定律仍然成立,且材料的弹性模量与静载荷作用下数值相同。

根据动载荷的特点,动载荷问题可分为惯性力问题、冲击问题、疲劳问题、振动问题等。本章只讨论惯性力和冲击问题,下一章介绍疲劳问题,振动问题另有课程专门研究。

12.2 惯性力问题

构件作匀加速直线运动或转动时,构件内各点由于速度的大小或方向改变而产生加速度,从而产生惯性力,按照达朗贝尔原理,假想在构件各质点上施加相应的惯性力,并与外力组成平衡力系,再按静力学的方法计算动载荷作用下构件的应力和变形,这种方法称为**动静法**。

12.2.1 构件作匀加速直线运动时的应力

例 12-1 图 12-1(a)所示一吊重系统,钢索通过滑轮以匀加速度 a 起吊重量为 G 的重物,已知钢索的横截面面积为 A,单位体积重量为 γ,求钢索的动应力。

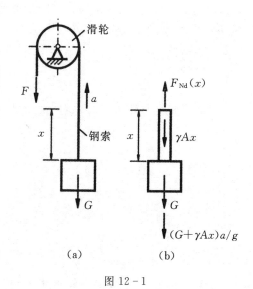

图 12-1

解：用截面法取钢索 x 截面以下部分作为研究对象，受力如图 12-1(b) 所示。设 $F_{\mathrm{Nd}}(x)$ 为 x 截面上的动轴力，由达朗贝尔原理可得

$$F_{\mathrm{Nd}}(x) = G + \gamma Ax + \frac{G}{g}a + \frac{\gamma Ax}{g}a = (G + \gamma Ax)(1 + \frac{a}{g}) \tag{a}$$

当重物静止时，钢索在静载荷作用下 x 截面上的静轴力为

$$F_{\mathrm{Nst}}(x) = G + \gamma Ax \tag{b}$$

则式(a)可写成

$$F_{\mathrm{Nd}}(x) = (1 + \frac{a}{g})F_{\mathrm{Nst}} = K_{\mathrm{d}} F_{\mathrm{Nst}}(x) \tag{12-1}$$

式中

$$K_{\mathrm{d}} = 1 + \frac{a}{g} \tag{12-2}$$

K_{d} 称为**动荷因数**，是动内力与静内力的比值。于是钢索 x 截面上的动应力为

$$\sigma_{\mathrm{d}}(x) = \frac{F_{\mathrm{Nd}}(x)}{A} = \frac{K_{\mathrm{d}} F_{\mathrm{Nst}}(x)}{A} = K_{\mathrm{d}} \sigma_{\mathrm{st}}(x) \tag{12-3}$$

式中：σ_{st} 为钢索 x 截面上的静应力。上式表明动应力等于动荷因数乘以相应的静应力。

重物作匀加速运动时钢索的动伸长 Δl_{d} 等于动荷因数乘以钢索在静载荷下的静伸长 Δl_{st}，即

$$\Delta l_{\mathrm{d}} = K_{\mathrm{d}} \Delta l_{\mathrm{st}}$$

动载荷下钢索的强度条件为

$$\sigma_{\mathrm{d\,max}} = K_{\mathrm{d}} \sigma_{\mathrm{st\,max}} \leqslant [\sigma] \tag{12-4}$$

式中：$[\sigma]$ 为材料在静载荷下的许用应力值。

需要说明的是，在动载荷作用下，材料的承载能力（屈服极限和强度极限）一般比静载荷作用下要高，但是塑性会有所降低，而且承载能力与动载荷的加载速度有关，往往难以精确测定，所以工程中通常都采用静载下的强度来作为动载荷的许用应力，这是偏于安全的。

例 12-2 图 12-2(a) 所示 $l = 12\text{ m}$ 的 22a 工字钢由两根直径为 $d = 20\text{ mm}$ 的钢索吊起，并以匀加速度 $a = 15\text{ m/s}^2$ 上升。试求钢索和工字钢的最大动应力（钢索重量不计）。

解：工字钢受力如图 12-2(b) 所示。由型钢表（附录 C）查得 22a 工字钢的几何性质为 $W_z = 40.9\text{ cm}^3$，单位长度自重 $q = 323.7\text{ N/m}$，动荷因数

$$K_{\mathrm{d}} = 1 + \frac{a}{g} = 1 + \frac{15}{9.81} = 2.53$$

钢索匀加速上升时，工字钢所受到的动载荷集度为

$$q_{\mathrm{d}} = K_{\mathrm{d}} q = 2.53 \times 323.7 = 819\text{ N/m}$$

由平衡条件可得，钢索匀加速上升时所受拉力为

$$F_{\mathrm{d}} = \frac{q_{\mathrm{d}} l}{2} = \frac{819 \times 12}{2} = 4.91\text{ kN}$$

钢索的动应力为

$$\sigma_{\mathrm{d}} = \frac{F_{\mathrm{d}}}{A} = \frac{4 F_{\mathrm{d}}}{\pi d^2} = \frac{4 \times 4.91 \times 10^3}{\pi \times 20^2 \times 10^{-6}} = 15.6\text{ MPa}$$

钢索匀加速上升时，工字钢的最大弯矩在其中

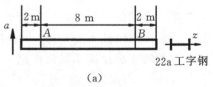

(a)

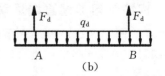

(b)

图 12-2

间截面上,其值为
$$M_{d\max} = F_d \times 4 - q_d \times 6 \times 3 = 4.91 \times 10^3 \times 4 - 819 \times 6 \times 3 = 4.9 \text{ kN} \cdot \text{m}$$
故工字钢的最大动应力为
$$\sigma_d = \frac{M_{d\max}}{W_z} = \frac{4.9 \times 10^3}{40.9 \times 10^{-6}} = 119.8 \text{ MPa}$$

讨论:如果加速度 a 方向向下,则钢索和工字钢的动应力如何计算?

12.2.2 构件作匀角速转动时的应力

图 12-3(a) 所示一机器飞轮(不考虑轮辐对于轮缘的影响,将飞轮简化为一个绕中心旋转的圆环),轮缘的平均半径为 R,横截面面积为 A,厚度为 $t(t \ll R)$,材料每单位体积的重量为 γ。现分析飞轮以匀角速度 ω 旋转时,轮缘横截面上的应力。

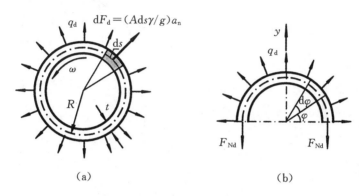

图 12-3

由于轮缘厚度 t 远小于平均半径 R,故可认为环内各点的向心加速度大小相等,且都等于轮缘轴线上各点的向心加速度,即 $a_n = R\omega^2$。设轮缘微段 ds 的离心惯性力为 dF_d,如图 12-3(a) 所示,则沿轮缘轴线均匀分布的离心惯性力集度为
$$q_d = \frac{dF_d}{ds} = \frac{Ads\gamma}{g} \frac{a_n}{ds} = \frac{A\gamma R}{g}\omega^2$$

用截面法将轮缘对称截开,上半部分受力如图 12-3(b) 所示。横截面上的内力参照例 2-7 可得
$$F_{Nd} = q_d R = \frac{A\gamma R^2}{g}\omega^2$$

轮缘横截面上的应力为
$$\sigma_d = \frac{F_{Nd}}{A} = \frac{\gamma R^2}{g}\omega^2 = \frac{\gamma}{g}v^2 \tag{12-5}$$
式中 $v = R\omega$ 是轮缘轴线上各点的线速度。强度条件为
$$\sigma_d = \frac{\gamma}{g}v^2 \leqslant [\sigma]$$

从上式可以看出,轮缘横截面上的应力 σ_d 与轮缘轴线上各点的线速度 v 及材料单位体积的重量 γ 有关,与横截面面积 A 无关。因此,为了保证轮缘的强度,对轮缘的转速应有一定的限制,增加横截面面积并不能提高飞轮的强度。

例 12-3 图 12-4(a) 所示一汽轮机叶片,叶轮的平均半径 $R = 630$ mm,叶片长 $l = 130$ mm,

材料单位体积重量 $\gamma = 78.5 \text{ kN/m}^3$，叶轮以 $n = 3000 \text{ r/min}$ 作匀速转动，若叶片看作等截面杆，横截面面积为 A，试求离心力所引起的叶片内正应力沿叶片长度的变化规律及最大拉应力。

解： 叶轮的角速度为 $\omega = 2\pi n/60 \text{ rad/s}$，叶片距主轴中心线为 $x(R \leqslant x \leqslant R+l)$ 处的向心加速度为

$$a_n = x\omega^2$$

于是，沿叶片长度的惯性力集度为

$$q_d = \frac{A\gamma}{g}a_n = \frac{A\gamma}{g}x\omega^2$$

惯性力沿叶片长度按梯形分布如图 12-4(c) 所示。

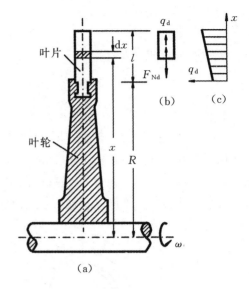

图 12-4

将叶片在 x 处截开，上半部分受力如图 12-4(b) 所示。设 x 截面的轴力为 F_{Nd}，根据平衡条件，F_{Nd} 等于作用在上半部分的惯性力总和，即

$$F_{Nd} = \int_x^{R+l} q_d \, dx = \frac{A\gamma\omega^2}{2g}[(R+l)^2 - x^2]$$

于是，x 截面的正应力为

$$\sigma_d = \frac{F_{Nd}}{A} = \frac{\gamma\omega^2}{2g}[(R+l)^2 - x^2]$$

由上式可见，动应力 σ_d 沿叶片长度按抛物线分布。在叶片外端 $x = R+l$ 处，$\sigma_d = 0$；在叶片根部 $x = R$ 处，σ_d 达到最大值，其值为

$$\sigma_{d\,\max} = \frac{\gamma\omega^2}{2g}[(R+l)^2 - R^2]$$

$$= \frac{78.5 \times 10^3}{2 \times 9.81} \times \left(\frac{2\pi \times 3000}{60}\right)^2 \times (760^2 - 630^2) \times 10^{-6} = 71.4 \text{ MPa}$$

讨论： 由上述分析可知，离心力所引起的正应力与叶片横截面面积 A 无关，若要提高叶片的强度，应采取什么措施？

例 12-4 图 12-5 所示 AB 轴在 B 端有一个飞轮。与飞轮相比，轴的质量可以忽略不计。轴的另一端 A 装有刹车鼓。飞轮的转速为 $n = 100 \text{ r/min}$，转动惯量 $J_x = 0.5 \text{ kN} \cdot \text{m} \cdot \text{s}^2$。轴的直径 $d = 100 \text{ mm}$。刹车时使轴在 10 s 内均匀减速停止转动。求轴内最大动应力。

解： 飞轮与轴的转动角速度为

$$\omega_0 = \frac{n\pi}{30} = \frac{10\pi}{3} \text{ rad/s}$$

当飞轮与轴同时作均匀减速转动时，其角加速度

$$\alpha = \frac{\omega_1 - \omega_0}{t} = \frac{(0 - 0.33\pi)}{10} = -\frac{\pi}{3} \text{ rad/s}^2$$

角加速度 α 为负值表示其方向和 ω_0 的方向相反。按动静法，在飞轮上加上方向与 α 相反的惯性力偶 M_d，且

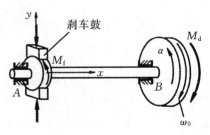

图 12-5

$$M_\mathrm{d}=-J_x\alpha=-0.5\times\left(-\frac{\pi}{3}\right)=\frac{\pi}{6}\ \mathrm{kN\cdot m}$$

设作用在轴上的摩擦力矩为 M_f，由平衡方程 $\sum M_x=0$ 可得

$$M_\mathrm{f}=M_\mathrm{d}=\frac{\pi}{6}\ \mathrm{kN\cdot m}$$

AB 轴由于摩擦力矩 M_f 和惯性力偶 M_d 引起扭转变形，横截面上的扭矩为

$$T=M_\mathrm{d}=\frac{\pi}{6}\ \mathrm{kN\cdot m}$$

横截面上的最大扭转切应力为

$$\tau_{\max}=\frac{T}{W_\mathrm{p}}=\frac{\dfrac{\pi}{6}\times 10^3}{\dfrac{\pi}{16}\times(100\times 10^{-3})^3}=2.67\ \mathrm{MPa}$$

12.3 冲击应力与变形

工程实践中，经常遇到冲击现象，如锻锤锻造工件、重锤打桩、金属冲压加工、高速转动的飞轮或砂轮突然刹车等。在这些冲击的实例中，锻锤、重锤、飞轮等称为冲击物，而被打的桩、与飞轮固结的轴等则是承受冲击的构件，称为被冲击物。冲击时，冲击物给被冲构件施加了很大的惯性力，在被冲构件中引起很大的应力和变形。由于冲击过程时间很短，冲击物的速度在很短的时间内发生很大的变化，其加速度值难以精确确定，这样就无法使用动静法准确地计算冲击应力，因此工程上一般采用能量法对冲击问题进行分析。

用能量法分析冲击问题时，为简化计算，需作如下假设：① 冲击物为刚体（变形忽略不计）；② 被冲击物的质量忽略不计；③ 冲击过程中材料服从胡克定律；④ 冲击过程无能量损失，冲击物的机械能完全转换为被冲击物的变形能。由上述假设可知，由于冲击过程中没有能量损失，构件吸收了全部的机械能，而实际冲击过程中可能有塑性变形、声、光、热等能量损耗，因此能量法是一种偏于安全的近似方法，且简单有效。

12.3.1 自由落体冲击

1) 动荷因数 对承受拉压、扭转、弯曲等弹性变形的杆件都可以简化为一个弹簧，如图 12-6 所示。假设被冲击杆件的弹簧刚度为 k，重量为 G 的冲击物从高度 h 处自由下落到弹簧顶端。冲击物与弹簧接触后，速度很快改变为零。当冲击物速度减为零的瞬时，弹簧产生最大动变形 Δ_d 如图 12-6(c) 所示，受到最大冲击力 F_d。此时冲击物的势能减少了 $V=G(h+\Delta_\mathrm{d})$，由于冲击物的初速和末速都等于零，故动能无变化，即 $T=0$。根据能量守恒原理，冲击物在冲击过程中所减少的动能 T 和势能 V 之和应等于弹簧的变形能 U_d，即

$$T+V=U_\mathrm{d} \tag{a}$$

在材料服从胡克定律的情况下，冲击力与弹簧的变形成正比，如图 12-7 所示。在冲击过程中 F_d 和 Δ_d 都是从零开始增加到最大值，弹簧的变形能等于 F_d 在 Δ_d 上所做的功，即图中三角形 AOB 的面积，故

$$U_\mathrm{d}=\frac{1}{2}F_\mathrm{d}\Delta_\mathrm{d} \tag{b}$$

将 T、V、U_d 代入式(a)得

$$G(h+\Delta_d) = \frac{1}{2}F_d\Delta_d \tag{c}$$

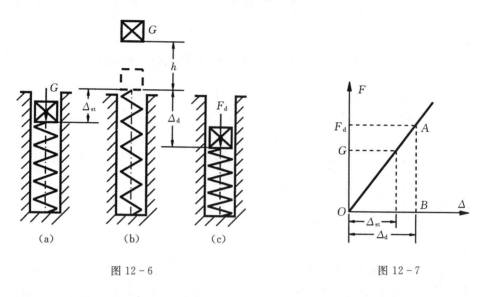

图 12-6　　　　　　　图 12-7

若冲击物重量 G 以静载荷的方式作用在弹簧顶端时,弹簧所产生的静变形为 Δ_{st} 如图 12-6(a)所示,在线弹性范围内 G 与 Δ_{st} 成正比,如图 12-7 所示。令

$$\frac{F_d}{G} = \frac{\Delta_d}{\Delta_{st}} = K_d \tag{d}$$

式中:K_d 为自由落体冲击时的**动荷因数**,是动载荷与静载荷、动变形与静变形、动应力与静应力的比值,即

$$F_d = K_d G, \quad \Delta_d = K_d \Delta_{st}, \quad \sigma_d = K_d \sigma_{st} \tag{12-6}$$

将 $F_d = K_d G$ 和 $\Delta_d = K_d \Delta_{st}$ 代入式(c),整理后得

$$K_d^2 - 2K_d - \frac{2h}{\Delta_{st}} = 0$$

解此方程并舍去负值,得动荷因数

$$K_d = 1 + \sqrt{1+\frac{2h}{\Delta_{st}}} \tag{12-7}$$

2) 动荷因数 K_d 的讨论　① 式(12-7)中 h 是初速度为零的冲击物自由下落的高度。若 $h=0$,则 $K_d=2$,相当于将冲击物重量 G 突然加到被冲击物上,此时被冲击物的应力、变形和所受的冲击力是静载荷下的 2 倍,称为**突加载荷**。② 式(12-7)中 Δ_{st} 为冲击物 G 以静载荷方式施加到被冲击物上时,冲击点沿冲击方向的线位移。例如对图 12-8(a) 的冲击问题,按图 12-8(b) 求其静位移,其值为 $\Delta_{st} = \dfrac{Gl}{EA}$;又如对图 12-8(c) 的冲击问题,按图 12-8(d) 求其静位移,其值为 $\Delta_{st} = \dfrac{Gl^3}{48EI}$。③ 当 $\dfrac{h}{\Delta_{st}} \gg 1$ 时,可近似取 $K_d = 1+\sqrt{\dfrac{2h}{\Delta_{st}}}$;当 $\sqrt{\dfrac{h}{\Delta_{st}}} \gg 1$ 时,可近似取 $K_d = \sqrt{\dfrac{2h}{\Delta_{st}}}$。④ 式(12-7)还可用能量形式表示为

$$K_d = 1 + \sqrt{1 + \frac{2h}{\Delta_{st}}} = 1 + \sqrt{1 + \frac{Gh}{\frac{1}{2}G\Delta_{st}}} = 1 + \sqrt{1 + \frac{V_0}{U_{st}}} = 1 + \sqrt{1 + \frac{T_0}{U_{st}}}$$

式中：V_0 为自由落体冲击前，冲击物所具有的势能，$V_0 = Gh$；T_0 为冲击刚开始时冲击物所具有的动能，$T_0 = Gv_0^2/(2g)$；v_0 为冲击刚开始时冲击物所具有的速度；U_{st} 为冲击物 G 以静载荷的方式作用在被冲击物上时被冲击物的变形能，$U_{st} = G\Delta_{st}/2$。⑤ 动荷因数 K_d 虽由冲击点的静位移求得，但适用于整个冲击系统，即冲击系统的动荷因数只有一个，构件上所有点的动变形和动应力都可用式（12-6）进行计算。

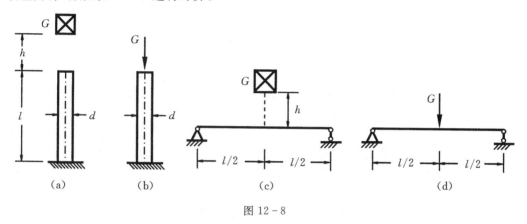

图 12-8

12.3.2 水平冲击

如图 12-9 所示一水平放置的弹簧，在右端受到重量为 G，速度为 v 的重物的水平冲击，若弹簧的刚度为 k，现求水平冲击时的动荷因数。

水平冲击时，冲击物只有动能的变化，势能不变，即

$$T = \frac{1}{2}mv^2 = \frac{G}{2g}v^2, \quad V = 0$$

冲击过程中，弹簧受到最大冲击力为 F_d，产生最大动变形为 Δ_d，则弹簧的变形能为

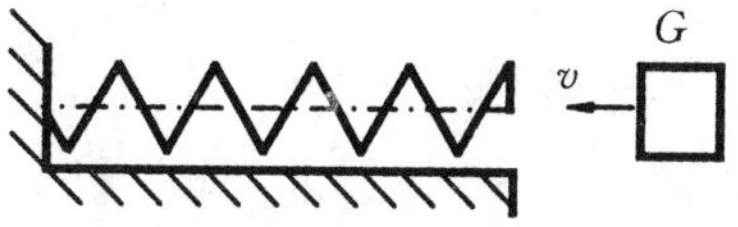

图 12-9

$$U_d = \frac{1}{2}F_d\Delta_d$$

根据能量守恒原理，$T + V = U_d$，即

$$\frac{G}{2g}v^2 = \frac{1}{2}F_d\Delta_d$$

由于 $\dfrac{F_d}{G} = \dfrac{\Delta_d}{\Delta_{st}} = K_d$，故上式可写成

$$\frac{G}{2g}v^2 = \frac{1}{2}K_d^2 G\Delta_{st}$$

由此可得水平冲击时的动荷因数为

$$K_d = \sqrt{\frac{v^2}{g\Delta_{st}}} = \frac{v}{\sqrt{g\Delta_{st}}} \tag{12-8}$$

式中：Δ_{st} 为大小等于 G 的静载荷沿水平方向施加到弹簧上时，冲击点沿冲击方向的线位移。

如图 12-10(a) 所示一水平放置的等直杆,在 B 点受到重量为 G,速度为 v 的重物的水平冲击,若杆的长度为 l,抗拉压刚度为 EA。冲击点沿冲击方向的线位移可按图 12-8(b) 求得,其值为 $\Delta_{\mathrm{st}} = \frac{Gl}{EA}$,代入式 (12-8) 得

$$K_{\mathrm{d}} = v\sqrt{\frac{EA}{gGl}}$$

故杆件的冲击应力为

$$\sigma_{\mathrm{d}} = K_{\mathrm{d}}\sigma_{\mathrm{st}} = \sqrt{\frac{v^2}{g\Delta_{\mathrm{st}}}} \cdot \frac{G}{A} = \sqrt{\frac{v^2 EG}{gAl}}$$

如图 12-10(b) 所示梁,在 C 点受到重量为 G,速度为 v 的重物的水平冲击,若梁的长度为 l,抗弯刚度为 EI。冲击点沿冲击方向的线位移可按图 12-8(d) 求得,其值为 $\Delta_{\mathrm{st}} = \frac{Gl^3}{48EI}$,代入式 (12-8) 得

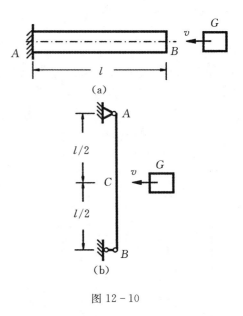

图 12-10

$$K_{\mathrm{d}} = v\sqrt{\frac{48EI}{gGl^3}}$$

若梁的抗弯截面系数为 W,则其最大冲击应力为

$$\sigma_{\mathrm{d}} = K_{\mathrm{d}}\sigma_{\mathrm{st}} = \sqrt{\frac{v^2}{g\Delta_{\mathrm{st}}}} \cdot \frac{Gl}{4W} = \sqrt{\frac{3v^2 EIG}{glW^2}}$$

通常对受冲击载荷作用的构件进行强度计算时,仍用静载荷时的许用应力,即

$$\sigma_{\mathrm{d\,max}} = K_{\mathrm{d}}\sigma_{\mathrm{st\,max}} \leqslant [\sigma] \tag{12-9}$$

例 12-5 图 12-11 所示梁由两根 22a 槽钢组成,跨度 $l = 3$ m,弹性模量 $E = 200$ GPa。若重为 $G = 20$ kN 的重物从高 $h = 10$ mm 处自由落下,试求下列两种情况下梁的最大冲击应力:1) 梁为刚性支承,如图 12-11(a) 所示;2) 梁为弹性支承,如图 12-11(b) 所示,弹簧常数 $k = 300$ kN/m。

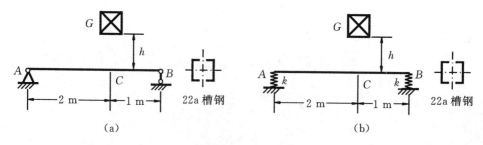

图 12-11

解: 查型钢表(附录 C)得 22a 槽钢的几何性质为 $I = 2393.9$ cm^4,$W = 217.6$ cm^3。

1) 图 12-11(a) 所示梁的最大冲击应力 查表(附录 B)可得梁 C 截面处的静挠度为

$$\Delta_{\mathrm{st}} = \frac{4Gl^3}{243E \times 2I} = \frac{4 \times 20 \times 3^3}{243 \times 200 \times 10^9 \times 2 \times 2393.9} = 0.928 \text{ mm}$$

动荷因数
$$K_d = 1 + \sqrt{1 + \frac{2h}{\Delta_{st}}} = 1 + \sqrt{1 + \frac{2 \times 10 \times 10^{-3}}{0.928 \times 10^{-3}}} = 5.75$$

在静载荷作用下,梁的最大弯矩发生在 C 截面,其值为 $M_{max} = \frac{2Gl}{9}$,梁内的最大正应力为
$$\sigma_{st\,max} = \frac{M_{max}}{2W} = \frac{2Gl}{9 \times 2W} = \frac{20 \times 10^3 \times 3}{9 \times 217.6 \times 10^{-6}} = 30.6 \text{ MPa}$$

所以该梁的最大冲击应力为
$$\sigma_{d\,max} = K_d \sigma_{st\,max} = 5.75 \times 30.6 = 176 \text{ MPa}$$

2) 图 12-11(b) 所示梁的最大冲击应力　由于梁支承在弹簧上,故 A、B 截面的静挠度分别为
$$\Delta_{st}^A = \frac{F_A}{k} = \frac{G}{3k}, \quad \Delta_{st}^B = \frac{F_B}{k} = \frac{2G}{3k}$$

则由弹簧变形引起 C 截面的静挠度为
$$\Delta_{st1} = \frac{\Delta_{st}^A + 2\Delta_{st}^B}{3} = \frac{5G}{3 \times 3k} = \frac{5 \times 20 \times 10^3}{3 \times 3 \times 300 \times 10^3} = 37 \text{ mm}$$

C 截面的静挠度为梁的弯曲变形和弹簧变形引起的挠度之和,即
$$\Delta_{st} = \frac{4Gl^3}{243E \times 2I} + \Delta_{st1} = 0.928 + 37 = 37.9 \text{ mm}$$

动荷因数
$$K_d = 1 + \sqrt{1 + \frac{2h}{\Delta_{st}}} = 1 + \sqrt{1 + \frac{2 \times 10 \times 10^{-3}}{37.9 \times 10^{-3}}} = 2.24$$

在静载荷作用下,梁内的最大正应力和图 12-8(a) 所示梁的最大静应力相同,即梁的最大冲击应力为
$$\sigma_{d\,max} = K_d \sigma_{st\,max} = 2.24 \times 30.6 = 68.5 \text{ MPa}$$

讨论: ① 由上述结果可以看出,两端为弹性支座梁的冲击应力比两端为刚性支座梁的冲击应力明显下降,说明弹簧吸收了能量,能够缓解冲击作用;② 若在图 12-11(a) 所示梁的 C 截面下方加一刚度为 k 的弹簧支座,梁的冲击应力是否一定降低?为什么?

例 12-6 图 12-12(a) 所示简单托架,AB、BC 杆皆为直径 $d = 20$ mm 的圆截面钢杆,两杆的 $E = 200$ GPa,许可应力 $[\sigma] = 160$ GPa。重量 $G = 5$ kN 重物从高 $h = 20$ mm 处自由落下。试校核结构的强度。

解: 1) 计算冲击点的静位移　将冲击物的重量 G 沿竖直冲击方向施加在冲击点 B 处,如图 12-12(b) 所示。以节点 B 为研究对象,设 BC、AB 杆的轴力 F_{N1}、F_{N2} 均为拉力,$\angle ABC = \alpha = 45°$,如图 12-12(c) 所示。由静力平衡方程
$$\sum F_x = 0 \quad F_{N2} + F_{N1}\cos\alpha = 0, \quad \sum F_y = 0 \quad F_{N1}\sin\alpha + G = 0$$

解得两杆的轴力分别为
$$F_{N1} = -G/\sin\alpha = -7071 \text{ N}, \quad F_{N2} = -F_{N1}\cos\alpha = 5000 \text{ N}$$

BC 杆和 AB 杆的轴向变形量分别为
$$\Delta l_1 = \frac{F_{N1}l_1}{EA} = -\frac{7071 \times 5.657}{200 \times 10^9 \times \frac{\pi}{4}(20 \times 10^{-3})^2} = -0.64 \text{ mm}$$

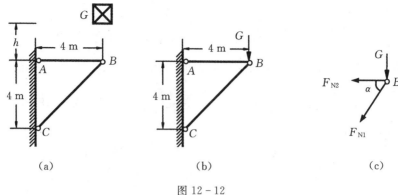

图 12-12

$$\Delta l_2 = \frac{F_{N2} l_2}{EA} = \frac{5000 \times 4}{200 \times 10^9 \times \frac{\pi}{4}(20 \times 10^{-3})^2} = 0.32 \text{ mm}$$

按例 2-6 的方法可求得 B 点竖直方向的静位移为

$$\Delta_{BVst} = -\frac{\Delta l_1}{\sin\alpha} + \frac{\Delta l_2}{\tan\alpha} = \frac{0.64}{\sin 45°} + \frac{0.32}{\tan 45°} = 1.2 \text{ mm}$$

2) 计算动荷因数

$$K_d = 1 + \sqrt{1 + \frac{2h}{\Delta_{st}}} = 1 + \sqrt{1 + \frac{2h}{\Delta_{BVst}}} = 1 + \sqrt{1 + \frac{2 \times 20 \times 10^{-3}}{1.2 \times 10^{-3}}} = 6.859$$

3) 计算两杆的动应力　BC 和 AB 杆的动应力分别为

$$\sigma_{d1} = K_d \sigma_{st1} = K_d \frac{|F_{N1}|}{A} = 6.859 \times \frac{4 \times 7071}{\pi \times (20 \times 10^{-3})^2} = 154.4 \text{ MPa} < [\sigma]$$

$$\sigma_{d2} = K_d \sigma_{st2} = K_d \frac{F_{N2}}{A} = 6.859 \times \frac{4 \times 5000}{\pi \times (20 \times 10^{-3})^2} = 109.1 \text{ MPa} < [\sigma]$$

结构的强度满足要求。

讨论：① 在求动荷因数时，Δ_{st} 能否用 B 点的静位移？② 如果要保证杆件强度且增加 h 的值，应采取何措施？

例 12-7　如图 12-13(a) 所示，重量为 $G = 25$ kN 的重物悬挂在钢绳 AB 上，以速度 $v = 1$ m/s 匀速下降，钢绳的横截面面积 $A = 414$ mm², 弹性模量 $E = 170$ GPa。当绳长 $l = 20$ m 时，卷筒 C 突然被卡住不转，若卷筒和绳的质量略去不计，试求钢绳中的动应力。

解：卷筒 C 突然被卡住不转，重物的下降速度将从 v 即刻减小为零，钢绳受到冲击作用。重物在冲击过程中动能减少为

$$T = \frac{1}{2}mv^2 = \frac{G}{2g}v^2$$

重物以匀速下降时，钢绳受到静载荷 G 的作用，当绳长为 $l = 20$ m 时，钢绳的静伸长为 $\Delta_{st} = Gl/EA$，此时钢绳

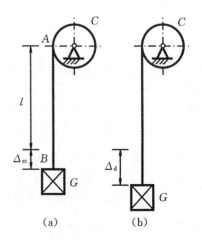

图 12-13

内的变形能为

$$U_1 = \frac{1}{2}G\Delta_{st}$$

当卷筒突然被卡住不转时，钢绳因受冲击被拉长，最大伸长量为 Δ_d，如图 12-13(b) 所示，相应的变形能为

$$U_2 = \frac{1}{2}F_d\Delta_d$$

设 $\dfrac{F_d}{G} = \dfrac{\Delta_d}{\Delta_{st}} = K_d$，则钢绳在冲击过程中增加的变形能为

$$U = U_2 - U_1 = \frac{1}{2}F_d\Delta_d - \frac{1}{2}G\Delta_{st} = \frac{1}{2}G\Delta_{st}(K_d^2 - 1)$$

重物在冲击过程中势能减少为

$$V = G(\Delta_d - \Delta_{st}) = G\Delta_{st}(K_d - 1)$$

根据能量守恒原理 $T + V = U$，得

$$\frac{G}{2g}v^2 + G\Delta_{st}(K_d - 1) = \frac{1}{2}G\Delta_{st}(K_d^2 - 1)$$

解此方程得

$$K_d = 1 + \sqrt{\frac{v^2}{g\Delta_{st}}} = 1 + v\sqrt{\frac{EA}{gGl}}$$

代入已知数据得

$$K_d = 1 + 1 \times \sqrt{\frac{170 \times 10^9 \times 414 \times 10^{-6}}{9.81 \times 25 \times 10^3 \times 20}} = 4.79$$

所以，钢绳中的动应力为

$$\sigma_d = K_d\sigma_{st} = K_d\frac{G}{A} = 4.79 \times \frac{25 \times 10^3}{414 \times 10^{-6}} = 289 \text{ MPa}$$

讨论：① 如何降低钢绳中的动应力 σ_d？② 若卷筒 C 用刹车在 10 s 内不转，试求钢绳中的动应力，并与上述结果进行比较。

例 12-8 对于例 12-3 中的轴 AB，已知材料的切变模量 $G = 80$ GPa，轴的长度 $l = 1$ m。假设 A 端突然卡住（即瞬间停止转动），试求轴的最大动应力。

解：匀速转动的飞轮具有动能，当 A 端突然卡住时，该动能将导致轴 AB 受到冲击，直至飞轮转速为零。假设轴 AB 在冲击中只产生扭转变形。刹车时飞轮的动能和轴 AB 扭转的应变能分别为

$$T = \frac{1}{2}J_x\omega^2, \quad U_d = \frac{T_d^2 l}{2GI_p}$$

根据能量守恒原理 $T = U_d$，有

$$\frac{1}{2}J_x\omega^2 = \frac{T_d^2 l}{2GI_p}$$

由上式可得

$$T_d = \sqrt{\frac{GI_p J_x \omega^2}{l}}$$

轴 AB 内最大冲击切应力为

$$\tau_{\text{dmax}} = \frac{T_{\text{d}}}{W_{\text{p}}} = \sqrt{\frac{GI_{\text{p}}J_x\omega^2}{lW_{\text{p}}^2}} = \sqrt{\frac{2GJ_x}{Al}}\omega$$

上式说明扭转冲击时,轴的扭转动应力与轴的体积 Al 有关,轴的体积越大,扭转动应力越小。将数据代入上式,可得

$$\tau_{\text{d max}} = \sqrt{\frac{2GJ_x}{Al}}\omega = \sqrt{\frac{2\times 80\times 10^9\times 0.5\times 10^3}{\frac{\pi}{4}\times 0.1^2\times 1}}\times \frac{10\pi}{3} = 1057 \text{ MPa}$$

讨论:与例 12-4 比较可见,突然卡住时轴 AB 的扭转动应力为 10 s 内匀减速刹车的 396 倍。因应力超过屈服极限后会有塑性变形,而超过强度极限就会破坏,所以实际应力不会达到 1057 MPa 这样大的数值,但是此例说明高速运转的构件突然刹车的危害。

12.4 提高构件动强度的措施

在工程中,人们有时利用冲击造成的巨大动载荷,如锻造、破碎、冲压、打桩等完成静载荷下难以进行的工作。但在更多的情况下则要求减小冲击载荷,提高构件的抗冲击能力。

由式(12-6)和式(12-7)可知,在不增大构件静应力的情况下,增大构件冲击点的静变形 Δ_{st},就能降低动荷因数 K_{d} 的值,从而降低构件的冲击应力。由于静变形 Δ_{st} 与构件的刚度成反比,因此对于承受冲击的构件,应尽可能地降低其刚度。但是,增大静变形 Δ_{st},有时会增大构件的静应力,冲击应力未必能够下降,因此必须综合考虑 σ_{st} 和 Δ_{st} 的影响,采取有效措施来提高构件的抗冲击能力。

通过安装缓冲装置可以在既不改变构件静应力又能提高构件静位移的情况下,有效降低动荷因数,从而降低动应力。如为了减少冲击应力,在汽车大梁与轮轴之间安装叠板弹簧,在火车车厢与轮轴之间安装压缩弹簧,在某些机械或者零件之间加装橡胶或者垫圈,或者将构件的刚性支承改为弹性支承,如例 12-5。

选用弹性模量 E 值较小的材料,虽然可以增大静位移,有效地降低动荷因数,但因低弹性模量材料的许用应力一般较低,导致构件的强度不一定能满足要求。实际应用中,一般将高弹性模量和低弹性模量材料结合起来使用。如在冲击点上覆盖弹性模量值较小的材料(橡胶、软塑料、木材等),或者采用夹层结构、组合结构。

有时改变构件尺寸也可以降低冲击应力,提高抗冲击能力。由图 12-10(a)可知水平冲击时的冲击应力 σ_{d} 与杆件的体积 Al 有关,杆件的体积 Al 越大,冲击应力越小。因此,工程上常采用增加构件体积的措施来降低水平冲击应力。对于受到活塞冲击的汽缸螺栓,将短螺栓设计(图 12-14(a))改为长螺栓设计(图 12-14(b)),增加了螺栓的长度和体积,因此可以有效地提高螺栓的抗冲击能力。

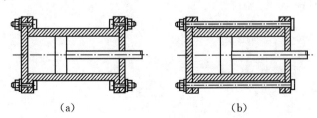

(a)　　　　　　　　(b)

图 12-14

对于变截面杆件,如图 12-15 所示两个杆件承受相同冲击物作用,在材料相同的情况下,变截面杆件的静变形比等截面杆件的静变形小,而危险截面处的静应力相同,这样变截面杆件的动应力比等截面杆件的动应力要大。因此在设计承受冲击载荷作用的杆件时,应尽量采用等截面,避免在局部区域消弱杆件的横截面面积。如对承受轴向冲击的螺杆,图 12-16(b) 比图 12-16(a) 的抗冲击能力要强。

塑性材料的抵抗动载荷破坏的能力大于脆性材料,故受冲构件一般常采用塑性材料。对于

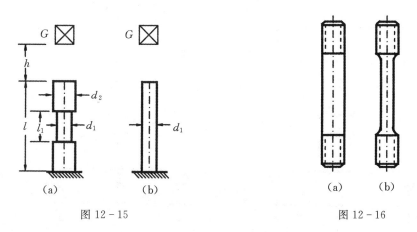

图 12-15   图 12-16

有缺口效应的构件,应参考带缺口的标准试件所作的冲击试验数据,选择适当的材料,保证构件具有足够的抗冲击能力。

思 考 题

12-1 为什么转动的飞轮都有一定的转速限制?如转速过高,将产生什么后果?

12-2 直径为 D 的薄壁圆环,绕圆环中心作匀角速转动,若圆环内的应力超过了材料的许用应力,为降低圆环内的应力,可采取哪些措施?

12-3 图示车轮以匀角速 ω 旋转,钢连杆 AB 的截面为矩形,材料单位体积重量为 γ,试分析连杆 AB 的内力和危险工况。

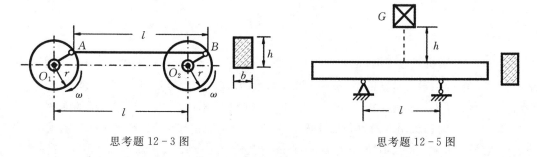

思考题 12-3 图   思考题 12-5 图

12-4 采用能量法求解冲击问题时,四个假设对所研究的问题有何作用?为什么说根据这些假设所得计算结果对工程应用而言是偏于安全的?

12-5 一报废的铸铁件,如按图示放置,未能将其冲断。可以采取哪些措施将其冲断?为什么?

12-6 试以例12-5中图12-11(a)所示梁为例,证明冲击系统的动荷因数 K_d 只有一个。

12-7 图示四个自由落体冲击系统中,梁的尺寸和材料均相同,弹簧刚度为 k,试问哪一个梁的动荷因数最大?哪一个梁的动荷因数最小?能否确定出哪个梁的动应力最大?

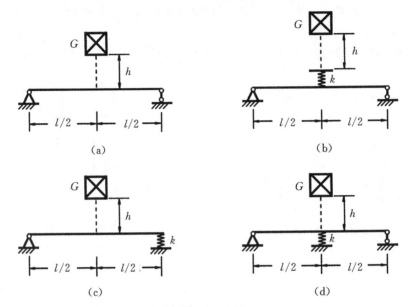

思考题 12-7 图

12-8 图示悬臂梁 AB,重量为 G 的重物自高度 h 处自由下落在梁的 C 点上,欲减小梁的最大动应力,冲击点 C 应向左移还是右移?

12-9 在思考题 12-7 图(a)中,如果考虑梁的质量,则与忽略梁的质量情况相比,动荷因数是增大还是减小?

思考题 12-8 图

12-10 在思考题 12-7 图(a)中,如果冲击时有一均布的静载荷作用在梁上,则与没有均布的静载荷作用时相比,动荷因数如何变化?

12-11 对于超静定结构,如何计算其冲击动应力?

习 题

12-1 图示桥式起重机,起重机构 C 重量为 $G_1 = 20\text{ kN}$,起重机大梁为 20a 工字钢,今用直径 $d = 20\text{ mm}$ 的钢索起吊重量为 $G_2 = 10\text{ kN}$ 的重物,在启动后第 1 s 内以匀加速度 $a = 3\text{ m/s}^2$ 上升。若钢索与梁的许用应力均为 $[\sigma] = 45\text{ MPa}$,钢索重量不计,试校核钢索与梁的强度。

12-2 一卷扬机用绳索以匀加速度 $a = 5\text{ m/s}^2$ 向上吊起重量为 $G = 40\text{ kN}$ 的重物,绳索绕在一重量为 $W = 4\text{ kN}$、半径为 $R = 600\text{ mm}$ 的鼓轮上,其回转半径 $\rho = 450\text{ mm}$。设轴的两端可视为铰支,轴长 $l = 1\text{ m}$,许用应力 $[\sigma] = 100\text{ MPa}$,试按第三强度理论设计轴的直径 d。

12-3 轴上装一钢质圆盘,盘上有一圆孔,盘的厚度 $t = 30\text{ mm}$。已知材料的质量密度 $\rho = 7850\text{ kg/m}^3$,若轴与盘以 $\omega = 40\text{ rad/s}$ 的匀角速度旋转。试求轴内由于这一圆孔引起的最大正应力。(图中单位为 mm)

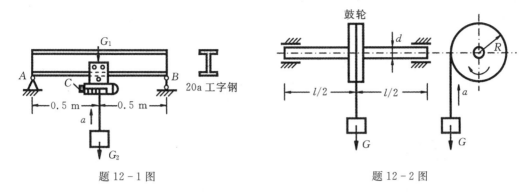

题 12-1 图   题 12-2 图

12-4 图示钢轴 AB 的直径为 80 mm，轴上有一直径为 80 mm 的钢质圆杆 CD，CD 垂直于 AB。若 AB 以匀角速度 $\omega = 40$ rad/s 转动。材料的许用应力 $[\sigma] = 70$ MPa，密度为 7850 kg/m³。试校核 AB 轴及 CD 杆的强度。（图中长度单位为 mm）

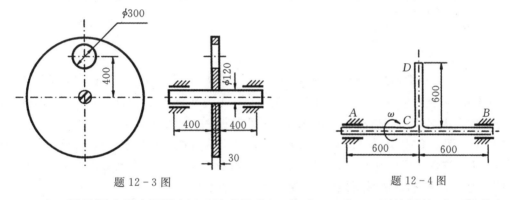

题 12-3 图   题 12-4 图

12-5 图示调速器由刚性杆 AB 及弹簧片 BC 构成，AB 与 BC 刚性固结，在 C 端装有重量为 $G = 20$ N 的重物，调速器以匀角速度绕 O—O 轴转动，弹簧片的许用应力 $[\sigma] = 180$ MPa，弹性模量 $E = 200$ GPa。试求调速器的许可转速，并求在此转速下弹簧片 BC 在 C 截面处的挠度（不考虑临界转速）。（图中长度单位为 mm）

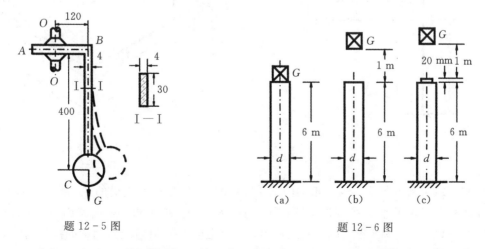

题 12-5 图   题 12-6 图

12-6 直径 $d = 30$ cm 的圆木桩，下端固定，上端受 $G = 5$ kN 的重锤作用，木材的弹性模

量 $E_1 = 10$ GPa。试求下列三种情况下,木桩内的最大正应力。(1) 重锤以静载荷的方式作用于木桩上;(2) 重锤从离桩顶 1 m 的高度自由落下;(3) 在桩顶放置直径为 150 mm,厚为 20 mm 的橡皮垫,其弹性模量 $E_2 = 8$ MPa,重锤从离桩顶 1 m 的高度自由落下。

12-7 图示圆截面钢杆,直径 $d = 40$ mm,杆长 $l = 4$ m,许用应力 $[\sigma] = 120$ MPa,弹性模量 $E = 200$ GPa。钢杆的下端连结一圆盘,盘上放置弹簧,弹簧刚度 $k = 1600$ kN/m。若有重为 15 kN 的重物自由落下,试求其许可的高度 h。又若没有弹簧,求许可的高度 h'。

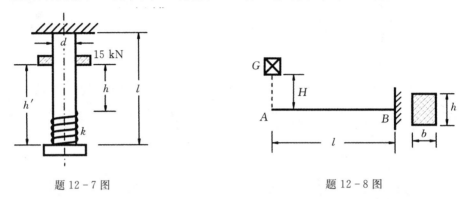

题 12-7 图   题 12-8 图

12-8 一矩形截面悬臂梁如图所示,$b = 160$ mm,$h = 240$ mm,$l = 2$ m,材料的许用应力 $[\sigma] = 160$ MPa,弹性模量 $E = 200$ GPa。若重为 $G = 10$ kN 的重物自高度 $H = 40$ mm 处自由下落在梁的自由端 A 点,试校核梁的强度,并求梁跨度中央的动挠度。

12-9 图示重量为 G 的重物自高度 h 处自由下落在等截面刚架的 C 点上,已知刚架的抗弯刚度为 EI,抗弯截面系数为 W,试求冲击时刚架内的最大正应力。若在 C 点的上方(或下方)加一刚度为 k 的弹簧,冲击时刚架的最大正应力有何变化?

12-10 图示重物 W 从高度 H 处自由下落到水平钢制曲拐上,已知材料的 E 和 G,试按第三强度理论求出曲拐危险点的相当应力。

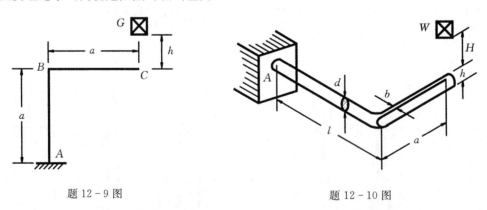

题 12-9 图   题 12-10 图

12-11 图示重量为 G 的重物固结于竖杆的一端,竖杆可绕梁的 A 端自由转动,当竖杆在铅垂位置时水平速度为 v,若梁长 l 和抗弯刚度 EI 已知,试求冲击时梁内的最大动应力。

12-12 图示 AB 梁用辅梁 CD 加固,在 D 处通过一刚体接触,两梁的抗弯刚度均为 EI。若一重量为 G 的重物自高度 h 处自由下落到 B 点,试求 CD 梁上 D 点的挠度。

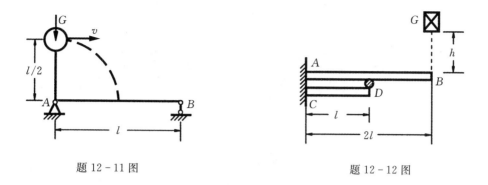

题 12-11 图　　　　　　　　　　题 12-12 图

12-13　图示结构由主梁 AB 和杆 BD、BC 组成，材料均为 Q235 钢，弹性模量 $E = 200$ GPa。$W = 8$ kN 的重物自高度 $h = 10$ mm 处自由下落冲击梁的中点。已知 $a = 1$ m，杆 BC、BD 的横截面均为圆形，直径 $d = 50$ mm，梁 AB 为 16 工字钢。试计算杆 DB、BC 和梁的最大动应力。

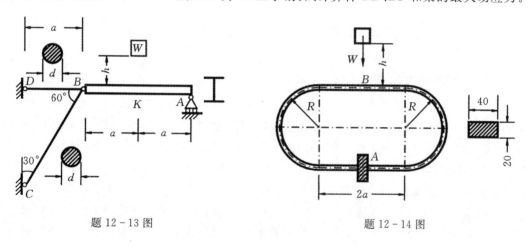

题 12-13 图　　　　　　　　　　题 12-14 图

12-14　图示封闭钢环在 A 处固定，重物 $W = 400$ N，自高度 $h = 3$ cm 处自由落下。封闭钢环的横截面中矩形截面部分面积为 20 mm × 40 mm，半圆部分半径 $R = 20$ cm，$a = 20$ cm，钢的弹性模量 $E = 200$ GPa，试求 B 点动位移和 B 截面最大动应力。

第13章 疲劳强度

本章提要

本章讨论交变载荷作用下构件的疲劳问题,包括疲劳破坏的概念、疲劳破坏的特点、交变应力的分类、材料的持久极限和构件的持久极限、影响构件持久极限的主要因素、构件的疲劳强度条件,最后总结提高构件疲劳强度的措施。

13.1 疲劳破坏的概念

13.1.1 交变应力与疲劳破坏

在工程实际中,很多构件在工作时承受随时间作周期性变化的应力。例如图13-1(a)所示齿轮每旋转一周,其上任一齿根处 A 点的弯曲正应力就由零变化到最大值,然后再回到零,图13-1(b)为应力随时间变化的曲线。图13-2(a)所示的火车车轴所承受的载荷虽然不随时间发生变化,但由于车轴本身在旋转,轴内各点的弯曲正应力也随时间作周期性交替变化,Ⅰ—Ⅰ截面上弯曲正应力分布如图13-2(b)所示,当横截面外缘任一点经过位置1、2、3、4时,该点的应力随时间变化的曲线如图13-2(c)所示。如果构件所处的环境温度反复变化,构件内的应力也会随环境温度变化而变化。一般把随时间作周期性交替变化的应力称为**交变应力**。交变应力重复变化一次的过程,称为一个**应力循环**。构件在交变应力下的破坏称为**疲劳破坏**,构件抵抗疲劳破坏的能力称为**疲劳强度**。上述二例横截面上任一点的交变应力最大值(应力幅度)不随时间而变化,有些构件所承受交变应力的幅度还会随时间而不断变化,称为**变幅交变应力**,如行驶的汽车就承受变幅交变应力的作用。

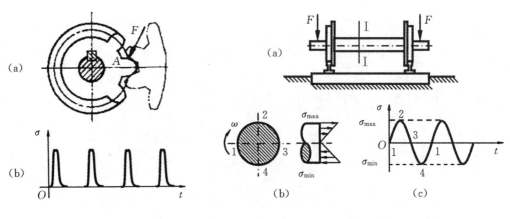

图 13-1   图 13-2

大量工程实践表明，构件在交变应力长时间反复作用下会突然发生断裂破坏。构件发生疲劳破坏时与静载作用下的破坏相比有明显的特点：① 其最大工作应力远低于材料的强度极限，甚至低于屈服极限；② 无论是塑性材料还是脆性材料制成的构件，破坏时都没有明显塑性变形；③ 疲劳破坏断口通常呈现两个明显不同的区域，一个是光滑区域，另一个是颗粒状的粗糙区域。图 13-3(a) 所示为典型的疲劳破坏断口示意图，图 13-3(b) 为疲劳破坏断口照片。

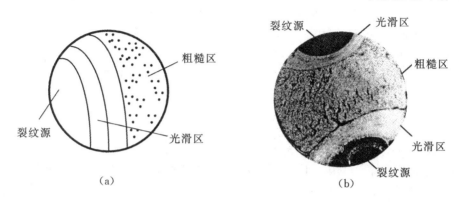

图 13-3

由于这种破坏经常发生在构件长时间工作后，最初人们以为这是由于在交变应力长期反复作用下，塑性材料"疲劳退化"变成了脆性材料，导致塑性减小、承载能力降低，引起脆性断裂，并称之为"金属疲劳"。近代金相显微镜观察的结果表明，材料的结构与性能并没有因为交变应力作用而发生变化，因此上述观点并不正确，但由于习惯，"疲劳"一词仍沿用至今。

13.1.2　疲劳破坏的机理

经过长期的深入研究，现在对疲劳破坏一般解释为：在交变应力作用下，构件应力最大处或材料有缺陷的地方，当交变应力大小超过一定限度，并经过一定的应力循环后，萌生很细微的小裂纹，形成所谓**裂纹源**；在裂纹的尖端一般都有较严重的应力集中，随着应力循环次数不断增加，裂纹逐渐扩展；在裂纹扩展过程中，裂纹两边的材料时而分离，时而挤压，因而发生类似研磨的作用，逐渐形成了断口的光滑区；经过长期运转后，随着裂纹不断扩展而且扩展速度逐渐加快，构件有效截面积逐渐减小，当截面削弱到一定程度时，在偶然一次较大的载荷下突然发生脆性断裂，形成断口的粗糙区。因此构件的疲劳破坏实质上是裂纹萌生、扩展和最后断裂的过程。疲劳破坏是一个累积损伤过程，要经过一定的应力循环后才发生，疲劳破坏与应力的大小及循环次数相关。

早在一百多年前，构件的疲劳破坏现象已经出现，车轴、发动机的曲轴等零件常发生意料之外的断裂。在现代工业中，机器设备运转的速度越来越快，载荷水平越来越高，应力变化幅度越来越大，受交变应力作用的构件也越来越多，据粗略估计，在构件的各种破坏中，疲劳破坏占有相当大的比例。由于疲劳破坏是不产生塑性变形的脆性断裂，通常在没有明显先兆的情况下突然发生，往往造成严重损失，因此，了解交变应力下构件疲劳破坏的概念和有关计算是十分重要的。同时，人们也在不断发展新的技术加强检测构件表面和内部裂纹，以便及早防范。随着工业技术不断发展，国内外对于疲劳问题的研究仍在持续深入。

13.2　交变应力及其循环特征

图13-4所示为构件受交变应力作用时某一点的应力循环曲线。一个应力循环中的最大应力和最小应力分别用 σ_{max} 和 σ_{min} 表示，其平均值称为应力循环中的**平均应力** σ_m，为交变应力中的静应力部分，交变应力的变化幅度称为应力循环中的**应力幅** σ_a

图13-4

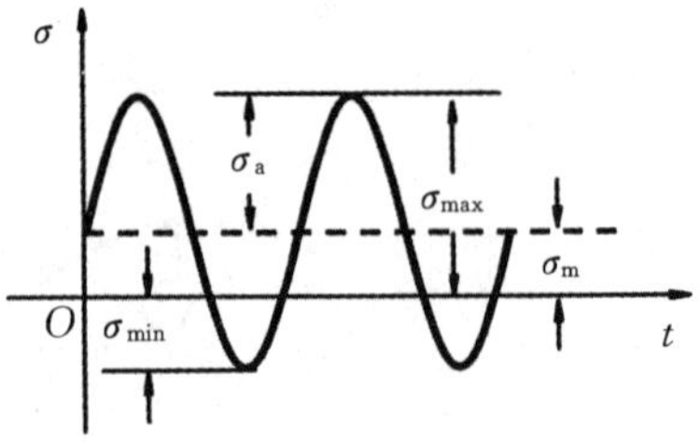

$$\begin{cases} \sigma_m = \dfrac{1}{2}(\sigma_{max} + \sigma_{min}) \\ \sigma_a = \dfrac{1}{2}(\sigma_{max} - \sigma_{min}) \end{cases} \tag{13-1}$$

$$\sigma_{max} = \sigma_m + \sigma_a, \quad \sigma_{min} = \sigma_m - \sigma_a \tag{13-2}$$

交变应力的变化特点可用最小应力和最大应力的比值 r 表示，称为**循环特征**，即

$$r = \frac{\sigma_{min}}{\sigma_{max}} \tag{13-3}$$

循环特征对材料的疲劳强度有着直接影响。

交变应力的状况可用上述五个参数中的任意两个来确定。如果 $\sigma_{max} = -\sigma_{min}$，称为**对称循环**，其循环特征 $r = -1$，车轴内各点的弯曲交变应力即为对称循环；如果 $\sigma_{min} = 0$，称为**脉动循环**，其循环特征 $r = 0$，齿根处弯曲交变应力即为脉动循环；当 $\sigma_{max} = \sigma_{min}$ 时，循环特征 $r = 1$，即为静应力；循环特征 $r \neq -1$ 的交变应力统称为**非对称循环**。参数不随时间改变的交变应力称为**等幅交变应力**，反之称为**变幅交变应力**，如图13-5所示。

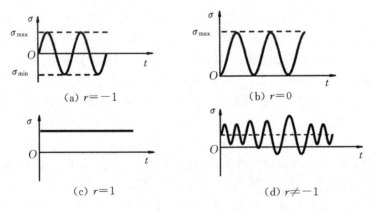

图13-5

以上概念对交变切应力也完全适用，只需将 σ 改为 τ 即可。

13.3　材料的疲劳极限

构件在交变应力下，即使它的最大应力低于材料在静载荷下的屈服极限，也可能发生疲劳破坏，因此，构件在静载荷下强度条件已不适用交变应力的情况。为进行构件的疲劳强度计算，

首先要通过试验确定材料的疲劳强度指标。材料经受无限次应力循环而不发生疲劳破坏的最高应力值,称为材料的**疲劳极限**(或**持久极限**)。材料疲劳极限以符号 σ_r 表示,下标 r 为循环特征。实验表明,材料抵抗对称循环交变应力的能力最低,所以,对称循环下的疲劳极限 σ_{-1} 为材料疲劳强度的基本指标。

材料在对称循环交变应力下的疲劳极限,通常在弯曲疲劳试验机上测定,其示意图如图 13-6(a) 所示。

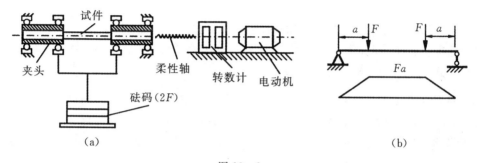

图 13-6

疲劳试验的试件一般加工成直径 6～10 mm、表面磨削的光滑小试件,试件装夹在夹头中,挂上砝码后受到弯矩 $M = Fa$ 的作用,如图 13-6(b) 所示,最大弯曲正应力 $\sigma_{max} = M/W$。当试验机开动时,试件也随之转动,受到对称循环交变应力的作用,交变应力循环次数可通过转数计读出。试件断裂时,试验机将自动停止。

试验要求一组 6～10 根材质相同的标准试件,使每根试件在不同应力幅的交变应力下试验。试验时使试件承受的最大应力由高到低逐次减小,其相应的循环次数 N 则逐次增大,在 σ_{max}-N 坐标系上可定出一系列点,由此拟合得到一条光滑试验曲线(图 13-7),通常称为**疲劳曲线**(或**应力-寿命曲线**,简称 **S-N 曲线**)。该曲线的水平渐近线的纵坐标即为材料的疲劳极限 σ_{-1}。

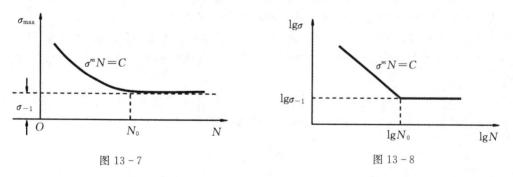

图 13-7　　　　　　　　　　　图 13-8

试验表明,对于一般钢试件,如经历 10^7 次应力循环试件尚不破坏,则可认为试件经受无限次应力循环也不会破坏,这个次数称为**循环基数**,记作 N_0。N_0 以左的 S-N 曲线常用幂函数 $\sigma^m N = C$ 表示,m、C 为与材料有关的常数。在图 13-8 所示的 $\lg\sigma$-$\lg N$ 双对数坐标系中,S-N 曲线可近似为两段直线组成,两段直线交点的横坐标即循环基数 N_0。

某些有色金属,其疲劳曲线并不明显地趋于水平,对于这类金属通常规定一个循环基数,一般取 $N_0 = 10^8$,与此循环基数对应的最高应力值,称为**条件疲劳极限**。同样,也可通过试验测定材料在拉-压或扭转等交变应力下的疲劳极限。

试验结果表明,钢材在弯曲、拉压、扭转对称循环下的疲劳极限与静载荷强度极限的大致关系为

$$\sigma_{-1}^w = (0.42 \sim 0.46)\sigma_b, \quad \sigma_{-1}^l = (0.32 \sim 0.37)\sigma_b, \quad \tau_{-1}^n = (0.25 \sim 0.27)\sigma_b$$

上式可作为粗略估计材料疲劳极限的参考。

13.4 对称循环下构件的疲劳极限

材料疲劳极限是由光滑小试件测定的,而实际构件与标准试件的几何形状、尺寸大小及表面加工质量等都有所不同,因此在计算构件的疲劳强度时必须考虑这些因素对构件疲劳极限的影响。

13.4.1 构件外形的影响

因结构和工艺上的要求,构件常需开孔、切槽或制成阶梯形等,在这些截面突变处会产生应力集中现象。在应力集中区域,局部应力较大,在较低的载荷下,就会出现疲劳裂纹,从而使构件的疲劳极限降低。在对称循环下,设没有应力集中小试件的疲劳极限为 σ_{-1},有应力集中小试件的疲劳极限为 σ_{-1}^k,则比值

$$K_\sigma = \frac{\sigma_{-1}}{\sigma_{-1}^k} \tag{13-4}$$

K_σ 称为**有效应力集中因数**,其值大于1,和构件的几何形状及材料性质有关。

在第2章2.6中曾经提到,应力集中处的最大应力与该处的平均应力之比,称为理论应力集中因数 K_t。它可用弹性力学或光弹性实测的方法来确定。理论应力集中因数只与构件外形有关,没有考虑材料性质。用不同材料加工成形状、尺寸相同的构件,则这些构件的理论应力集中因数也相同。但有效应力集中因数不仅与构件的形状、尺寸有关,而且与强度极限 σ_b 亦即与材料的性质有关。一般说静载抗拉强度越高,有效应力集中因数越大,即对应力集中越敏感。

13.4.2 尺寸大小的影响

试验表明,大尺寸构件的疲劳极限比相同材料的小试件低。一般认为随构件尺寸增大,构件内部所含的杂质、缺陷相应增多,产生疲劳裂纹的可能性就增大,而且大试样横截面上的高应力区比小试样的大,即大试样中处于高应力状态的单元体比小试样的多,所以形成疲劳裂纹的机会也就更多。

尺寸大小对疲劳极限的影响用**尺寸因数** ε_σ 或 ε_τ 表示,它是光滑大试件的疲劳极限 σ_{-1d} 与同样几何形状的光滑小试件($d_0 \leqslant 10 \text{ mm}$)的疲劳极限 σ_{-1} 之比,即

$$\varepsilon_\sigma = \frac{\sigma_{-1d}}{\sigma_{-1}} \tag{13-5}$$

尺寸因数 ε_σ 的值小于等于1。

13.4.3 表面加工质量的影响

疲劳破坏一般起源于构件的表面,因此对于承受交变应力的构件,表面粗糙度和加工质量对于构件的疲劳强度有很大的影响。表面加工粗糙、刻痕、损伤等都会引起应力集中,从而降低构件疲劳极限。对于钢材,它的强度极限愈高,表面加工情况对疲劳极限的影响愈显著。设表面光滑的试件的疲劳极限为 σ_{-1},表面为其它加工情况时构件的疲劳极限为 $\sigma_{-1\beta}$,则比值 β 称为**表面质量因数**,即

$$\beta = \frac{\sigma_{-1\beta}}{\sigma_{-1}} \tag{13-6}$$

除以上三个主要影响因素外,还有一些因素如周围介质对构件的腐蚀、某些加工工艺所造成的残余应力等,对构件的疲劳极限都有一定影响。

13.4.4 对称循环下构件的疲劳极限

综上所述,在测得材料疲劳极限 σ_{-1} 后,考虑上面三个主要影响因素,便可得到构件在对称循环下的疲劳极限,即

$$\sigma_{-1}^{构} = \frac{\varepsilon_\sigma \beta}{K_\sigma} \sigma_{-1} \tag{13-7}$$

交变切应力的处理与式(13-4)~(13-7)类似。

13.5 非对称循环下构件的疲劳极限

13.5.1 疲劳极限曲线

在非对称循环的情况下,其疲劳极限 σ_r 的测定与对称循环疲劳极限 σ_{-1} 的测定方法相似,在给定的循环特征 r 下进行疲劳试验,求得相应的 S-N 曲线,利用 S-N 曲线便可确定不同 r 值的疲劳极限 σ_r,如图 13-9 所示。

选取以平均应力 σ_m 为横轴,应力幅 σ_a 为纵轴的坐标系如图 13-10 所示。对任一个应力循环,由它的 σ_m 和 σ_a 便可在坐标系中确定一个对应的 P 点。因为 $\sigma_m + \sigma_a = \sigma_{max}$,由原点到 P 点作射线 OP,其斜率为

$$\tan\alpha = \frac{\sigma_a}{\sigma_m} = \frac{\sigma_{max} - \sigma_{min}}{\sigma_{max} + \sigma_{min}} = \frac{1-r}{1+r}$$

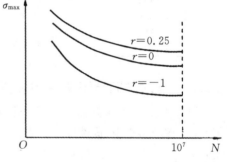

图 13-9

可见循环特征 r 相同的所有应力循环都在同一射线上。离原点越远,纵、横坐标之和越大,应力循环的 σ_{max} 也越大。显然,只要 σ_{max} 不超过同一 r 下的疲劳极限 σ_r,就不会出现疲劳失效。故在每一条由原点出发的射线上,都有一个由疲劳极限确定的临界点(如 OP 线上的 P')。对于对称循环,$r=-1$,$\sigma_m=0$,$\sigma_a=\sigma_{max}$,表明与对称循环对应的点都在纵轴上。由 σ_{-1} 在纵轴上确定对称循环的临界点 A。对于静载,$r=+1$,$\sigma_m=\sigma_{max}$,$\sigma_a=0$,表明与静载对应的点皆在横轴上。由 σ_b 在横轴上确定静载的临界点 B。脉动循环的 $r=0$,$\tan\alpha=1$,故与脉动循环对应的点都在 $\alpha=45°$ 的射线上,与其疲劳极限 σ_0 相应的临界点为 C。总之,对任一循环特性 r,都可确定与其疲劳极限相应的临界点。将这些点连成曲线即为疲劳极限曲线,如图 13-10 中的曲线 $AP'CB$。

在 σ_m-σ_a 坐标平面内,疲劳极限曲线与

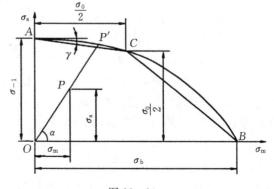

图 13-10

坐标轴围成一个区域。在这个区域内的点，例如 P 点，它所代表的应力循环的最大应力（等于 P 点纵、横坐标之和），必然小于同一 r 下的持久极限（等于 P' 点纵、横坐标之和），所以不会引起疲劳。

由于需要较多的试验资料才能得到疲劳极限曲线，所以通常采用简化的疲劳极限曲线。最常用的简化方法是由对称循环、脉动循环和静载荷确定 A、C、B 三点，用折线 ACB 代替原来的曲线。折线 AC 部分的倾角为 γ，斜率为

$$\psi_\sigma = \tan\gamma = \frac{\sigma_{-1} - 0.5\sigma_0}{0.5\sigma_0} \tag{13-8}$$

直线 AC 上的点都与疲劳极限 σ_r 相对应，将这些点的坐标记为 σ_{rm} 和 σ_{ra}，于是 AC 的方程式可以写成

$$\sigma_{ra} = \sigma_{-1} - \psi_\sigma \sigma_{rm} \tag{13-9}$$

系数 ψ_σ 与材料有关，称为**敏感因数**。对于扭转，其敏感因数用 ψ_τ 表示。上述简化折线只考虑了 $\sigma_m > 0$ 的情况。对塑性材料，一般认为在 σ_m 为压应力时仍与 σ_m 为拉应力时相同。

敏感因数 ψ 的值可以参考表 13-1。从表中可以看到，静应力对疲劳强度的影响一般是很小的。

表 13-1 材料的敏感因数 ψ

因数	σ_b/MPa				
	$350 \sim 500$	$500 \sim 700$	$700 \sim 1000$	$1000 \sim 1200$	$1200 \sim 1400$
ψ_σ	0	0.05	0.1	0.2	0.25
ψ_τ	0	0	0.05	0.1	0.15

13.5.2 非对称循环下构件的疲劳极限

图 13-10 的疲劳极限曲线或其简化折线，都是以光滑小试样的试验结果为依据的。对实际构件，则应考虑应力集中、构件尺寸和表面质量的影响。实验的结果表明，上述诸因素只影响应力幅，而对平均应力并无影响。即图 13-10 中直线 AC 的横坐标不变，而纵坐标则应乘以 $\varepsilon_\sigma\beta/K_\sigma$，得到图 13-11 中的折线 EFB。由式（13-9）知，代表构件疲劳极限的直线 EF 上的 G 点纵坐标应为

$$(\sigma_{-1} - \psi_\sigma \sigma_{rm})\varepsilon_\sigma\beta/K_\sigma$$

构件工作时，若危险点的应力循环由 P 点表示，则 $\overline{PI} = \sigma_a$，$\overline{OI} = \sigma_m$。保持 r 不变，延长射线 OP 与 EF 相交于 G 点，G 点纵、横坐标之和就是构件的疲劳极限，即 $\sigma_r^{构} = \overline{OH} + \overline{GH}$，将 $\overline{OH} = \sigma_{rm}$ 代入 $\sigma_r^{构}$ 表达式，可得 $\sigma_r^{构} = \sigma_{rm} + \overline{GH}$，因为 G 点在直线 EF 上，其纵坐标

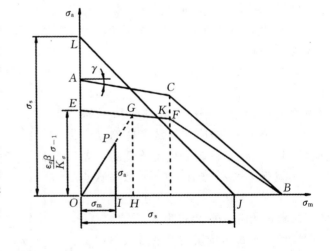

图 13-11

应为 $\overline{GH} = (\sigma_{-1} - \psi_\sigma \sigma_{rm})\varepsilon_\sigma\beta/K_\sigma$，再由三角形 OPI 和 OGH 的相似关系，得 $\overline{GH} = \sigma_a\sigma_{rm}/\sigma_m$，解出

$$\sigma_{rm} = \frac{\sigma_{-1}}{\frac{K_\sigma}{\varepsilon_\sigma\beta}\sigma_a + \psi_\sigma\sigma_m}\sigma_m, \quad \overline{GH} = \frac{\sigma_{-1}}{\frac{K_\sigma}{\varepsilon_\sigma\beta}\sigma_a + \psi_\sigma\sigma_m}\sigma_a$$

即对应于 r 的构件的疲劳极限为

$$\sigma_r^{构} = \frac{\sigma_{-1}}{\frac{K_\sigma}{\varepsilon_\sigma\beta}\sigma_a + \psi_\sigma\sigma_m}(\sigma_a + \sigma_m) \tag{13-10}$$

13.6 构件的疲劳强度条件

13.6.1 对称循环下构件的疲劳强度条件

将对称循环下构件的疲劳极限 $\sigma_{-1}^{构}$ 除以为保证构件疲劳强度的**规定安全因数**$[n]$，得到对称循环下构件的许用应力$[\sigma_{-1}^{构}]$，为保证构件不发生疲劳破坏，其最大工作应力 $\sigma_{\max}$ 应不大于此值。对于对称循环，$\sigma_a = \sigma_{\max}$，故

$$\sigma_a \leqslant [\sigma_{-1}^{构}] = \frac{\sigma_{-1}^{构}}{[n]} \tag{13-11}$$

工程中，常采用**安全因数法**对构件进行疲劳强度计算，令 $\sigma_{-1}^{构}/\sigma_a$ 为构件**工作安全因数**，以 n_σ 表示，要求它不小于规定安全因数$[n]$，将式(13-7)代入得

$$n_\sigma = \frac{\sigma_{-1}}{\frac{K_\sigma}{\varepsilon_\sigma\beta}\sigma_a} \geqslant [n] \tag{13-12}$$

13.6.2 非对称循环下构件的疲劳强度条件

非对称循环时的最大应力，可以看作由静应力 σ_m（即平均应力）与对称循环的变动应力 σ_a（即应力幅）叠加而成。常采用**安全因数法**，非对称循环构件的疲劳强度条件可表示为

$$n_\sigma = \frac{\sigma_r^{构}}{\sigma_{\max}} = \frac{\sigma_r^{构}}{\sigma_a + \sigma_m} \geqslant [n]$$

将式(13-10)代入上式，可得非对称循环下构件的疲劳强度条件为

$$n_\sigma = \frac{\sigma_{-1}}{\frac{K_\sigma}{\varepsilon_\sigma\beta}\sigma_a + \psi_\sigma\sigma_m} \geqslant n \tag{13-13}$$

除满足疲劳强度条件外，构件危险点的 $\sigma_{\max}$ 还应低于屈服极限 σ_s。在图13-11 σ_m-σ_a 坐标系中

$$\sigma_{\max} = \sigma_m + \sigma_a = \sigma_s$$

这是斜直线 LJ。显然，代表构件最大应力的点应落在直线 LJ 的下方。所以，保证构件不发生疲劳也不发生塑性变形的区域是图13-11中折线 EKJ 与坐标轴围成的区域。

强度计算时，由构件工作应力的循环特征，确定图13-11中的射线 OP。如射线先与直线 EF 相交，则应由式(13-13)计算 n_σ，进行疲劳强度校核。若射线先与直线 KJ 相交，则表示构件在疲劳失效之前已发生塑性变形，应按静强度校核，强度条件是

$$n_{\sigma s} = \frac{\sigma_s}{\sigma_{\max}} \geqslant [n_s] \tag{13-14}$$

式中：$n_{\sigma s}$ 为实际安全因数；$[n_s]$ 为规定安全因数。

一般说来,对 $r>0$ 的情况,应按式(13-14)补充静强度校核。

13.6.3　弯扭组合交变应力下构件的疲劳强度条件

按照第三强度理论,构件在弯扭组合变形时的静强度条件为

$$\sqrt{\sigma_{\max}^2 + 4\tau_{\max}^2} \leqslant \frac{\sigma_s}{[n]}$$

将上式两边平方并除以 σ_s^2,把 $\tau_s = \dfrac{\sigma_s}{2}$ 代入,则得

$$\frac{1}{\left(\dfrac{\sigma_s}{\sigma_{\max}}\right)^2} + \frac{1}{\left(\dfrac{\tau_s}{\tau_{\max}}\right)^2} \leqslant \frac{1}{n^2}$$

将上式中的比值 $\sigma_s/\sigma_{\max}$ 和 $\tau_s/\tau_{\max}$ 分别作为仅考虑弯曲正应力和扭转切应力的工作安全因数,并用 n_σ 和 n_τ 表示,上式可改写为

$$\frac{n_\sigma n_\tau}{\sqrt{n_\sigma^2 + n_\tau^2}} \geqslant n$$

试验表明,上述形式的静强度条件可以推广到疲劳强度计算,由此得弯扭组合变形时疲劳强度条件的近似公式

$$n_{\sigma\tau} = \frac{n_\sigma n_\tau}{\sqrt{n_\sigma^2 + n_\tau^2}} \geqslant [n] \tag{13-15}$$

式中:$n_{\sigma\tau}$ 为交变正应力与交变切应力组合时构件的工作安全因数;n_σ 和 n_τ 分别为只有交变正应力和只有交变切应力时的工作安全因数。

应该指出,式(13-15)只适用于塑性材料制作的构件。此外,若交变正应力与交变切应力不同相,即两种交变应力并非同时达到最大值或不同时达到最小值时,则式(13-15)的计算也带有近似性。

如需进行静强度校核,则将式(13-15)中的 n_σ、n_τ 分别代以 $n_{\sigma s}$、$n_{\tau s}$,即

$$n_{\sigma\tau s} = \frac{n_{\sigma s} n_{\tau s}}{\sqrt{n_{\sigma s}^2 + n_{\tau s}^2}} \geqslant [n_s] \tag{13-16}$$

*13.7　构件的疲劳寿命估算简介

13.7.1　有限疲劳寿命的概念

前面所讨论的疲劳强度计算中,以材料的疲劳极限为基本指标。所谓疲劳极限即是经过无限次应力循环而不破坏的最大应力值,这是一种"无限寿命"的设计思想,这里所谓的"无限寿命"其实是指无裂纹的寿命。"无限寿命设计"必然会使构件的尺寸及重量增大,这在很多情况下是没有必要的。

随着科学技术的发展,在交变应力下把构件的许用应力设计在疲劳极限以下,以求构件永远不会破坏的"无限寿命设计"正在被"有限寿命设计"所代替。疲劳强度计算的目的,应是为了保证构件在服役期内不发生疲劳破坏,工程上对承受交变应力的构件,并不要求有"无限寿命",而是允许材料存在一定尺寸的裂纹,规定一定的使用期限,到期即更换构件,这种设计称为"有限寿命设计"。

13.7.2 等幅交变应力下的疲劳寿命估算

对于等幅交变应力的情况,可以利用材料的 S-N 曲线或构件的 S-N 曲线,进行疲劳寿命估算。

以对称循环为例,由材料的 S-N 曲线进行疲劳寿命估算:首先确定危险点应力循环中的应力幅 σ_a;考虑了有效应力集中因数、尺寸因数和表面质量因数后,得到 $\sigma_a K_\sigma/(\varepsilon_\sigma \beta)$,然后由材料的 S-N 曲线即可求得在应力 $\sigma = K_\sigma \sigma_a/(\varepsilon_\sigma \beta)$ 作用下发生疲劳破坏时的循环次数 N(图 13-12),即所求疲劳寿命。

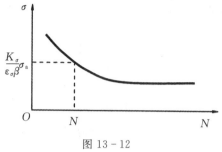

图 13-12

13.8 提高构件疲劳强度的措施

大量疲劳破坏事件和试验研究表明,疲劳裂纹的裂纹源一般出现在工作应力较高的构件表层及应力集中处,所以提高构件的疲劳强度,应从下列几方面考虑。

首先,要合理设计构件的形状,降低有效应力集中因数。为了减小截面突变处的应力集中,在可能的情况下,过渡圆角应尽量大一些,如图 13-13(a)所示的阶梯轴,只要将过渡圆角半径 r 由 1 mm 增大为 5 mm,其疲劳强度就会大幅度提高。又如图 13-13(b)所示螺栓,若光杆段的直径与螺纹外径 D 相同,则 m—m 截面附近的应力集中相当严重;如若改为 $d = d_0$,则情况将有很大的改善。有时因结构上的原因,难以加大过渡圆角的半径,这时在直径较大的部分轴上开减荷槽(图 13-14(a))或退刀槽(图 13-14(b)),都可使应力集中有明显的减小。

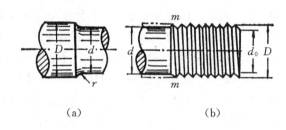

图 13-13

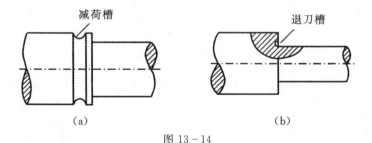

图 13-14

在紧配合的轮毂与轴的配合面边缘处,有明显的应力集中。若在轮毂上开减荷槽,并加粗轴的配合部分(图 13-15),以缩小轮毂与轴之间的刚度差距,便可改善配合面边缘处应力集中的情况。在角焊缝处,如采用图 13-16(a)所示坡口焊接,应力集中程度要比无坡口焊接(图 13-16(b))改善很多。

其次,降低表面粗糙度,降低表层应力集中,可以提高构件的疲劳极限。特别是强度较高的合金钢,对应力集中的影响很敏感,更应保证构件表面有较低的粗糙度。

工程上还通过一些工艺措施来提高构件表层质量,常用的方法有表面热处理(如表面淬火、渗碳、渗氮等)及表面强化(如表面滚压、喷丸等),前者可以提高表层材料的疲劳极限,后者使构件表面材料冷作硬化并形成残余压应力层,从而达到提高疲劳强度的目的。

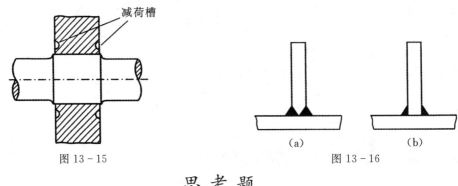

图 13-15   图 13-16

思 考 题

13-1 试列举几个在生产实际及生活中,构件发生疲劳破坏的实例。

13-2 若一个构件发生破坏,有什么简单方法可判断构件是否是疲劳破坏?

13-3 为什么在疲劳破坏时,即使塑性很好的材料也会发生脆性断裂?

13-4 在静强度计算中,材料的强度极限和构件的强度极限是相同的,而在疲劳强度计算时,材料的疲劳极限和构件的疲劳极限却不相同,这是为什么?

13-5 构件承受反复变化的交变应力作用会发生疲劳破坏。人们经常用两手上下折扳一根铁丝,经过几次反复折扳,可把铁丝折成两半,铁丝的这种破坏是疲劳破坏吗?

思考题 13-5 图

13-6 拉应力对于承受交变应力的构件很不利。若一个构件只承受图示的交变压应力,这个构件能否发生疲劳破坏?

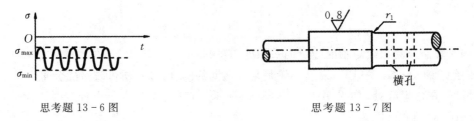

思考题 13-6 图   思考题 13-7 图

13-7 图示阶梯圆轴在工作中承受交变应力,试从提高圆轴疲劳强度的角度出发,对该圆轴的设计提出一些合理的改进意见。

13-8 由于结构上的要求,图(a)所示变截面轴在截面变化处不能加工成过渡圆角,设计时应采取什么途径提高疲劳强度?图(b)为一大型汽锤的立柱,长期工作后,在转角处出现疲劳裂纹,有什么措施,可以防止裂纹继续扩张,提高立柱的工作寿命?

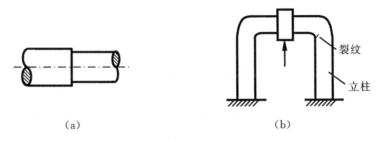

思考题 13-8 图

习 题

13-1 试求图示交变应力的平均应力、应力幅、循环特征。

13-2 一发动机连杆的横截面面积 $A = 2.83 \times 10^3 \text{ mm}^2$,在活塞运转过程中,连杆受到压力 520 kN,拉力 120 kN,试求连杆的应力循环特征、平均应力、应力幅。

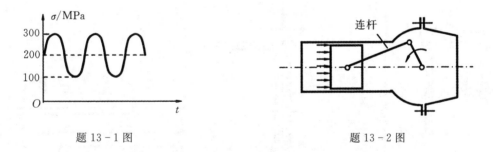

题 13-1 图　　　　　　　　　题 13-2 图

13-3 重量 $W = 5$ kN 的重物通过轴承悬吊在等截面光滑圆轴上,轴在铅垂位置 $\pm 30°$ 的范围内往复转动,试求危险截面上 1、2、3、4 各点的应力循环特征。已知轴的直径 $d = 40$ mm。(图中长度单位为 mm)

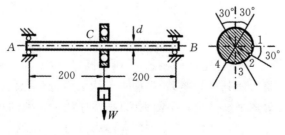

题 13-3 图

第14章 压杆的稳定性

本章提要

本章研究压杆的稳定性问题。首先介绍稳定性的概念;推导细长压杆的临界力计算公式,指出理想压杆和实际压杆的差别;研究临界应力总图和压杆分类问题,给出工程上对压杆进行稳定计算的公式;最后讨论了提高压杆稳定性的措施。

14.1 概 述

在工程实践中,受压杆件是很常见的,如图 14-1(a)所示内燃机气门阀的挺杆、图 14-1(b)所示千斤顶的螺杆、图 14-1(c)所示磨床液压装置的活塞杆以及桁架结构中的受压杆件等。对于受压杆件,除了必须具有足够的强度和刚度外,还需要考虑稳定性问题。

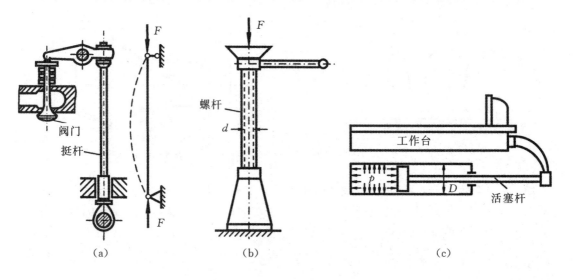

图 14-1

首先要明确材料力学中关于稳定性的概念。一刚性圆球,在图 14-2(a)所示凹面的最低位置处于平衡状态,外加干扰力使其稍有偏离,当撤去干扰力后,圆球总会自动回到原来的平衡位置,因此圆球在最低点处的平衡是**稳定平衡**;如果把圆球放在凸面的顶点上,如图 14-2(b)所示,则圆球的平衡是不稳定的,这时只要受到侧向微小推力,圆球就会偏离原来的平衡位置,这时系统处于**不稳定平衡**状态;若把圆球放在水平光滑面上(图 14-2(c)),圆球受到侧向微小推力,仍可保持平衡,但不能自动恢复原有的平衡状态,这时圆球的平衡称为**临界平衡**(或**随遇**

平衡)。

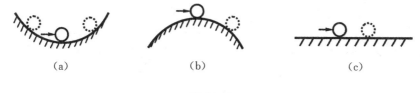

图 14-2

不仅刚体有平衡的稳定性问题,弹性体的平衡也同样存在稳定性问题,弹性体保持其初始平衡状态的能力称为**弹性平衡的稳定性**。与刚体平衡的稳定性不同的是弹性体的稳定性与所受载荷的大小有关。以图 14-3(a)所示的细长压杆为例:压杆一端固定,一端自由,在自由端加轴向压力 F,当压力 F 较小时,压杆处于直线平衡状态,给杆一个微小的侧向干扰力,使其发生微小弯曲(图 14-3(b)),当干扰力消除后,杆将恢复其直线平衡状态(图 14-3(c)),此时压杆直线平衡状态为稳定平衡;当轴向压力 F 增大到某一定值时,杆仍可暂时维持直线平衡状态,但若给杆一个微小的侧向干扰力使其微小弯曲,在干扰力消除后,压杆将不能恢复直线平衡而处于微弯平衡状态(图 14-3(d)),此时压杆的直线平衡状态为不稳定平衡;压杆由稳定平衡过渡到不稳定平衡时的轴向压力称为**临界力**(或**临界载荷**)F_{cr}。临界力 F_{cr} 是压杆承载能力的一个重要指标。若轴向压力 F 超过临界力 F_{cr} 时,压杆在微小的侧向干扰力下,就会发生较大弯曲,如图 14-3(e)所示,甚至丧失承载能力。压杆不能保持其初始的直线平衡状态,称为**丧失稳定性**(简称**失稳**)。压杆失稳是不同于强度和刚度的另一种失效形式,研究压杆稳定性的关键是确定临界力 F_{cr} 的数值。

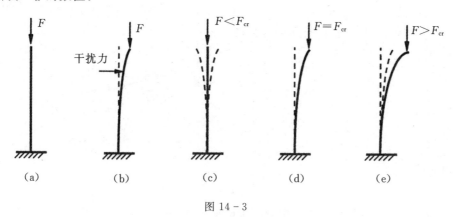

图 14-3

由于压杆的失稳是突然发生的,有时会引起整个机器或结构的破坏,造成严重的后果,工程上曾多次发生过因为压杆失稳而酿成的重大事故,因此,在设计受压杆件时,必须保证压杆有足够的稳定性。

除压杆外,还有一些构件也存在稳定性问题,例如腹板截面窄而高的工字钢梁受剪切弯曲时可能发生侧弯(图 14-4(a))、受均匀外压的薄壁圆筒或圆球因稳定性不够而凹陷(图 14-4(b))、薄壳在压力作用下因失稳而出现折皱(图 14-4(c))等。本章仅讨论压杆的稳定性问题。

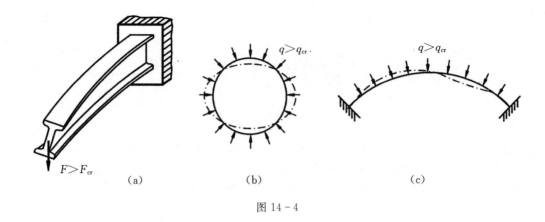

图 14 - 4

14.2 细长压杆的临界力

14.2.1 两端铰支细长压杆的临界力

例 14 - 1 图 14 - 5(a)所示两端为球铰支座的等直细长压杆 AB，抗弯刚度为 EI，受轴向压力 F 作用。求该压杆失稳的临界力 F_{cr}。

解：设临界力作用下压杆处于微弯的平衡状态，x 截面的挠度为 ν（图 14 - 5(b)），则该截面上的弯矩为

$$M(x) = \pm F\nu \tag{a}$$

在小变形的条件下，压杆的挠曲线近似微分方程为

$$\nu'' = \frac{M(x)}{EI} = \pm \frac{F\nu}{EI} \tag{b}$$

令

$$k^2 = \frac{F}{EI} \tag{c}$$

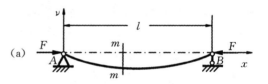

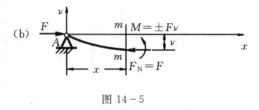

图 14 - 5

式(b)可以写成

$$\nu'' \pm k^2 \nu = 0 \tag{d}$$

式(a)的弯矩符号取负号，则此微分方程的通解为

$$\nu = C_1 \sin kx + C_2 \cos kx \tag{e}$$

式中：C_1、C_2 为待定的积分常数，k 为待定值。压杆的边界条件为

$$x = 0: \nu = 0; \quad x = l: \nu = 0 \tag{f}$$

将式(f)代入式(e)可得

$$C_2 = 0, \quad C_1 \sin kl = 0 \tag{g}$$

若 $C_1 = 0$，则挠度 $\nu \equiv 0$，这与压杆处于微弯的平衡状态相矛盾，故只能是 $\sin kl = 0$，即

$$k = \frac{n\pi}{l} \quad (n = 0, 1, 2, \cdots) \tag{h}$$

将式(h)代入式(c)可得

$$F = \frac{n^2\pi^2 EI}{l^2} \quad \text{(i)}$$

由临界力的概念可知，临界力是使压杆保持微弯平衡的最小轴向压力。若取 $n=0$，则 $F=0$，与讨论的情况不符，因此，应取 $n=1$，于是可得两端铰支细长压杆的临界力计算公式为

$$F_{cr} = \frac{\pi^2 EI}{l^2} \quad (14-1)$$

如果式(a)的弯矩符号取正号，则微分方程式(d)的通解为

$$\nu = C_1 e^{kx} + C_2 e^{-kx} \quad \text{(j)}$$

将边界条件式(f)代入可得

$$C_1 + C_2 = 0, \quad C_1 e^{kl} + C_2 e^{-kl} = 0 \quad \text{(k)}$$

上式只能解得 $C_1 = C_2 = 0$，即 $\nu = 0$，意味着压杆始终保持直线平衡，没有失稳，其实这是拉伸时的平衡状态。

欧拉(E. Euler)最先在微分方程研究中得到式(d)～(h)，所以式(14-1)也称为**欧拉公式**。在两端为球铰支座的情况下，若杆在不同平面内的抗弯刚度 EI 不等，则压杆总是在抗弯刚度最小的平面内发生弯曲，因此，在应用式(14-1)计算压杆的临界力时，截面的惯性矩 I 应取其最小值 I_{min}。

当 $F = F_{cr}$ 时，$k = \pi/l$，代入式(e)，可得

$$\nu = C_1 \sin\frac{\pi}{l}x \quad \text{(l)}$$

即两端铰支细长压杆临界状态时的挠曲轴为一正弦曲线。若在式(l)中取 $x = l/2$，可知 C_1 为压杆微弯时中点挠度 ν，且 C_1 取任意微小值式(d)都成立。轴向压力 F 与压杆中点挠度 ν 关系如图 14-6 所示。当 $F < F_{cr}$ 时，压杆保持直线平衡形态，该平衡是稳定的(对应 OA 直线段)；当 $F = F_{cr}$ 时，压杆处于平衡和不平衡的临界状态，由于 δ 可取任意微小值，因此是一种有条件的随遇平衡；而当

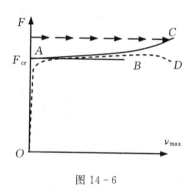

图 14-6

$F > F_{cr}$ 时，压杆的直线平衡形态是不稳定的(高于 A 点直线部分)，一经干扰，杆将突然变弯(如图中的箭头所示)。

应该注意到，上述结论根据压杆处于微弯的平衡状态的假设且采用了挠曲近似微分方程而得到，当 $F < F_{cr}$ 时，其结论是完全正确的；而当 $F \geqslant F_{cr}$ 时，其结论是不正确的。如果采用精确的大挠度弯曲条件下的非线性微分方程进行分析，则可得压力 F 与压杆中点挠度 ν 的关系如图 14-6 中的曲线 AC 所示，即当 $F > F_{cr}$ 时，由于压杆的直线平衡形态是不稳定的，一经干扰将转向曲线 AC 所示的弯曲平衡状态。图 14-6 中 A 点为曲线 AC 的极值点，即稳定平衡与不稳定平衡的临界点，其对应的载荷 F_{cr} 为欧拉临界载荷。临界点也称为分支点，因从该点开始，出现两种平衡形态。因此，按照大挠度理论，当压杆处于临界状态时，其唯一的平衡形态是直线，而非微弯。

从图 14-6 中还可以看出，曲线 AC 在 A 点附近很平坦，且与水平直线 AB 相切，因此，在 A 点附近的很小一段范围内，可近似地用水平直线代替曲线。从力学上讲，即认为当 $F = F_{cr}$ 时，压杆既可在直线位置保持平衡，也可在任意微弯位置保持平衡。由此可见，以"微弯平衡"作为

临界状态的特征,并根据挠曲线近似微分方程确定临界载荷的方法,是利用小变形条件对大挠度理论的一种合理简化,它不仅正确,而且由于求解简单,更为实用。

另一个值得注意的现象是,由于曲线 AC 在 A 点附近较为平坦,因此,当轴向压力 F 略高于临界值 F_{cr} 时,挠度急剧增长。例如,按大挠度理论计算,当 $F = 1.015F_{cr}$ 时,$v = 0.11l$,即轴向压力超过其临界值的 1.5% 时,最大挠度高达杆长的 11%。因此,大挠度理论更说明了失稳的危险性。

以上所述是针对理想压杆而言。对于实际压杆,外加压力可能并不严格沿杆件轴线,杆件本身在未受力时可能已有微小弯曲(初始弯曲),此外,制作压杆的材料也非绝对均匀,等等。实际压杆的压缩试验表明:当压力不大时,压杆即发生微小弯曲变形,并随压力增大而缓慢增长;而当压力 F 接近其临界值 F_{cr} 时,挠度急剧增大(图 14-6 的虚线 OD)。上述试验现象,不仅说明临界载荷同样导致实际压杆失效或破坏,也说明了采用理想压杆作为分析模型的有效性。

14.2.2 其它约束条件下细长压杆的临界力

在工程实际中,受压杆件的两端约束除了铰支外,还有其他形式,压杆的临界力与其两端的约束条件有关。对于其它约束条件下的细长压杆,可依照上述方法导出临界力公式。

例 14-2 求图 14-7 所示一端铰支、另一端固定的细长压杆的临界力。

解: 设铰支座的约束力为 F_B,x 截面的挠度为 v,在微弯状态下截面上的弯矩为
$$M = -Fv + F_B(l-x)$$
此压杆的挠曲线近似微分方程为
$$v'' = \frac{M}{EI} = -\frac{F}{EI}v + \frac{F_B}{EI}(l-x)$$
令 $k^2 = F/EI$,上式可表示为
$$v'' + k^2 v = \frac{F_B}{EI}(l-x)$$
其解为
$$v = C_1 \sin kx + C_2 \cos kx + \frac{F_B}{EIk^2}(l-x)$$

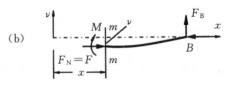

图 14-7

压杆的位移边界条件为
$$x=0:v=0;\quad x=0:v'=0;\quad x=l:v=0$$
将位移边界条件代入解的表达式可得
$$C_2 + \frac{F_B l}{EIk^2} = 0;\ C_1 k - \frac{F_B}{EIk^2} = 0;\ C_1 \sin kl + C_2 \cos kl = 0$$
以上三式为关于 C_1、C_2、F_B 的线性齐次方程组。该方程组的零值解与压杆微弯的研究前提不符,而 C_1、C_2、F_B 存在非零解的条件,是上述线性齐次方程组的系数行列式为零,将其展开整理可得
$$\tan kl = kl$$
正切曲线 $y_1 = \tan kl$ 与直线 $y_2 = kl$ 相交于 a 点,如图 14-8 所示,a 点的横坐标为 $kl = 4.493$,此即 $\tan kl = kl$

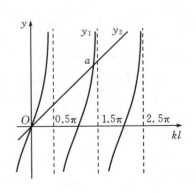

图 14-8

的最小非零正根。由此得一端铰支、一端固定细长压杆的临界载荷为

$$F_{cr} = \frac{4.493^2 EI}{l^2} \approx \frac{\pi^2 EI}{(0.7l)^2} \quad (14-2)$$

利用欧拉公式并采用类比法还可以求其它一些压杆的临界载荷。

一端自由、另一端固定长为 l 的细长压杆,如图 14-9(a) 所示。当轴向压力 $F = F_{cr}$ 时,该杆的挠曲线与长为 $2l$ 的两端铰支细长压杆挠曲轴的左半段相同(图 14-9(b)),均为正弦曲线。因此,如果二杆各截面的弯曲刚度相同,则其临界载荷也相同。所以一端自由、另一端固定细长压杆的临界载荷为

$$F_{cr} = \frac{\pi^2 EI}{(2l)^2} \quad (14-3)$$

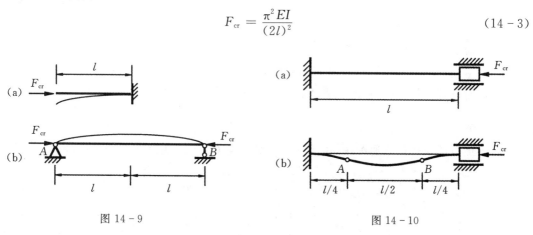

图 14-9　　　　　　　　　　图 14-10

对于两端固定、长为 l 的细长压杆(图 14-10(a)),受压微弯时的挠曲轴如图 14-10(b) 所示,在离两端各 $l/4$ 的截面 A 与 B 存在拐点,此二截面的弯矩均为零。因此,长为 $l/2$ 的 AB 段的两端仅承受轴向压力 F_{cr},受力情况与长为 $l/2$ 的两端铰支压杆相同。所以,两端固定细长压杆的临界载荷为

$$F_{cr} = \frac{\pi^2 EI}{(0.5l)^2} \quad (14-4)$$

综合上述例题可知,对于杆长为 l 的细长压杆,各种不同约束条件下的临界载荷公式基本相似,只是分母中 l 前的系数不同。将上述各细长压杆的临界力公式统一写成

$$F_{cr} = \frac{\pi^2 EI}{(\mu l)^2} \quad (14-5)$$

这是欧拉公式的更一般形式,式中 μ 称为**长度因数**,它反映了杆端约束条件对临界力的影响,μl 称为压杆的**相当长度**。表 14-1 列出了几种常见的杆端约束情况下压杆的长度因数。工程实际中更为复杂的约束情况,其长度因数的值可从有关的设计手册或规范中查到。

表 14-1　长度因数 μ

约束情况	两端铰链	一端固定、一端自由	一端固定、一端铰链	两端固定
简图	图 14-5(a)	图 14-9(a)	图 14-7(a)	图 14-10(a)
μ	1	2	0.7	0.5

例 14-3　如图 14-11 所示变截面细长压杆,AC 段和 DB 段的刚度为 EI,CD 段的刚度

为 $4EI$，试求压杆 AB 的临界载荷。

解：建立图示坐标系。AC 段和 CD 段的近似微分方程分别为

$$\nu''_1 + \frac{F}{EI}\nu_1 = 0, \quad (0 \leqslant x_1 \leqslant l/4)$$

$$\nu''_2 + \frac{F}{4EI}\nu_2 = 0, \quad (l/4 \leqslant x_2 \leqslant 3l/4)$$

令 $k^2 = F/(4EI)$，则上两式可表示为

$$\nu''_1 + 4k^2 \nu_1 = 0, \quad \nu''_2 + k^2 \nu_2 = 0$$

上面两个微分方程的通解分别为

$$\nu_1 = C_1 \sin 2kx_1 + C_2 \cos 2kx_1, \quad \nu_2 = C_3 \sin kx_2 + C_4 \cos kx_2$$

考虑对称性，压杆的位移的边界条件与连续条件为

$$x_1 = 0 : \nu_1 = 0; \quad x_1 = x_2 = \frac{l}{4} : \nu_1 = \nu_2, \quad \nu'_1 = \nu'_2; \quad x_2 = \frac{l}{2} : \nu'_2 = 0$$

将上述位移条件代入通解中，由第一个条件可得 $C_2 = 0$，由其余三个条件可得

$$C_1 \sin \frac{kl}{2} - C_3 \sin \frac{kl}{4} - C_4 \cos \frac{kl}{4} = 0$$

$$2C_1 \cos \frac{kl}{2} - C_3 \cos \frac{kl}{4} + C_4 \sin \frac{kl}{4} = 0$$

$$C_3 \cos \frac{kl}{2} - C_4 \sin \frac{kl}{2} = 0$$

以上三个关于 C_1、C_3、C_4 的线性齐次方程组存在非零解条件可解得

$$\cos \frac{kl}{4} = \sqrt{\frac{2}{3}}$$

$$\cos \frac{kl}{4} = 0 \quad kl = 4\min(\arccos(\sqrt{\frac{2}{3}}), \arccos(0)) = 2.46$$

$$F_{cr} = \frac{24.24EI}{l^2}$$

例 14-4 如图 14-12 所示细长压杆 AB，刚度为 EI。试用类比法求细长压杆的临界载荷。

解：由于载荷和结构关于截面 C 对称，因此在临界载荷作用下，压杆可能存在对称和反对称两种微弯平衡形式，如图 14-12(b)、(c) 所示。

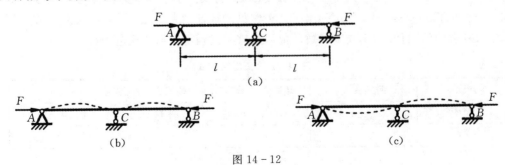

图 14-12

在对称情况下，截面 C 转角为 0，AC 段和 CB 段可视为一端固定、一端铰支的压杆，即其等效长度为 $l_{eq1} = 0.7l$；在反对称情况下，截面 C 转角不为 0，但截面 C、A、B 的转角数值相等，这样 AC 段和 CB 段可视为两端铰支的压杆，即其等效长度为 $l_{eq2} = l$。由于 $l_{eq1} < l_{eq2}$，因此在压力 F 逐渐增大的过程中，压杆将先以反对称形式失稳。由此可得该细长压杆的临界载荷为

$$F_{cr} = \frac{\pi^2 EI}{l^2}$$

例 14-5 如图 14-13 所示一端固定、一端自由的细长压杆，用 22a 工字钢制成，压杆长度 $l = 4$ m，弹性模量 $E = 210$ GPa，试用欧拉公式求此压杆的临界力。

解：压杆一端固定、一端自由，$\mu = 2$。由型钢表（附录 C）可以查得 22a 工字钢：$I_z = 3400$ cm^4，$I_y = 225$ cm^4，故压杆的临界力为

$$F_{cr} = \frac{\pi^2 EI_{min}}{(\mu l)^2} = \frac{\pi^2 EI_y}{(\mu l)^2} = \frac{\pi^2 \times 210 \times 10^9 \times 225 \times 10^{-8}}{(2 \times 4)^2}$$
$$= 72.9 \text{ kN}$$

讨论：当压杆在各弯曲平面内具有相同的杆端约束时，用工字钢作压杆是否合理？

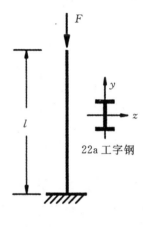

图 14-13

14.3 压杆的临界应力

14.3.1 欧拉公式的适用范围

对于式（14-2），用临界力 F_{cr} 除以压杆的横截面面积 A，可得到与临界力相应的应力为

$$\sigma_{cr} = \frac{F_{cr}}{A} = \frac{\pi^2 EI}{(\mu l)^2 A}$$

式中：σ_{cr} 称为**临界应力**。由于惯性半径 $i = \sqrt{I/A}$（见附录 A 式（A-9）），上式可以写成

$$\sigma_{cr} = \frac{\pi^2 E}{\lambda^2}, \quad \lambda = \frac{\mu l}{i} \tag{14-6}$$

式中：λ 称为压杆的**柔度**（或**长细比**），是一个量纲为 1 的量，它综合反映了压杆的长度、杆端约束、截面形状和尺寸对临界应力的影响。

公式（14-6）是欧拉公式的应力表达形式。从公式中可以看出，对于一定材料制成的细长压杆，柔度越大，压杆的临界应力就越小，压杆越容易失稳。因此，压杆总是在柔度较大的弯曲平面内发生失稳。需要指出，失稳时的应力并非均匀分布，临界应力 σ_{cr} 只是一个名义值。

在推导临界力公式时，曾使用了梁弯曲时挠曲线的近似微分方程 $v'' = M(x)/EI$，因此欧拉公式要求材料服从胡克定律，这只有当临界应力 σ_{cr} 不大于材料的比例极限 σ_p 时，欧拉公式才能成立，即

$$\sigma_{cr} = \frac{\pi^2 E}{\lambda^2} \leqslant \sigma_p$$

即

$$\lambda \geqslant \sqrt{\frac{\pi^2 E}{\sigma_p}} = \lambda_p, \quad \lambda_p = \sqrt{\frac{\pi^2 E}{\sigma_p}} \tag{14-7}$$

λ_p 是能够应用欧拉公式的压杆柔度的最小值，也就是说，只有当压杆的柔度大于或等于 λ_p

时,欧拉公式才成立。式(14-7)表示欧拉公式的适用范围。λ_p 与材料有关,例如 Q235 钢,$E = 210\text{ GPa}, \sigma_p = 188\text{ MPa}, \lambda_p \approx 105$。通常把 $\lambda \geqslant \lambda_p$ 的压杆称为**细长杆**(或**大柔度杆**)。

14.3.2　经验公式

当压杆的柔度小于 λ_p 时,临界应力 σ_{cr} 超过了材料的比例极限,欧拉公式已不再适用。对于这类压杆临界应力的计算,通常采用建立在实验基础上的经验公式,工程中常用的经验公式有**直线公式**和**抛物线公式**。

1) 直线公式　直线公式把临界应力 σ_{cr} 与压杆的柔度 λ 的关系表示为

$$\sigma_{cr} = a - b\lambda \tag{14-8}$$

式中:a、b 是和材料有关的常数。

当压杆的临界应力 σ_{cr} 大于材料的破坏应力 σ° 时,压杆就因强度不足而发生破坏,不存在稳定性问题,只需按压缩强度计算。这样,在应用直线公式计算时,柔度 λ 必然有一个最小界限值。对于塑性材料,破坏应力 σ° 就是屈服极限 σ_s,所以

$$\sigma_{cr} = a - b\lambda \leqslant \sigma_s$$

即

$$\lambda \geqslant \frac{a - \sigma_s}{b} = \lambda_s, \quad \lambda_s = \frac{a - \sigma_s}{b} \tag{14-9}$$

式中:λ_s 为直线公式中柔度的最小界限值,是与屈服极限相应的柔度值,λ_s 与材料有关。通常把 $\lambda_s < \lambda < \lambda_p$ 的压杆称为**中长杆**(或**中柔度杆**),$\lambda < \lambda_s$ 的压杆称为**短粗杆**(或**小柔度杆**),短粗杆的临界应力对塑性材料为

$$\sigma_{cr} = \sigma_s \tag{14-10}$$

表 14-2 列出了几种常见材料的 a、b、λ_p 和 λ_s 的数值。

表 14-2　常用材料的 a、b、λ_s、λ_p

材料	a/MPa	b/MPa	λ_p	λ_s
低碳钢(Q235 钢,$\sigma_b = 373\text{ MPa}, \sigma_s = 235\text{ MPa}$)	304	1.118	105	61.4
中碳钢($\sigma_b = 471\text{ MPa}, \sigma_s = 306\text{ MPa}$)	460	2.567	100	60
硅钢($\sigma_b = 510\text{ MPa}, \sigma_s = 353\text{ MPa}$)	578	3.744	100	60
铬钼钢	981	5.296	55	
灰铸铁	332	1.454	80	
强铝	373	2.143	50	
松木	39.2	0.199	59	

2) 抛物线公式　抛物线公式把临界应力 σ_{cr} 与压杆的柔度 λ 表示成如下形式

$$\sigma_{cr} = \sigma_s\left[1 - a\left(\frac{\lambda}{\lambda_c}\right)^2\right] \quad (\lambda \leqslant \lambda_c) \tag{14-11}$$

式中:a 是与材料有关的常数,对于 Q215、Q235 钢和 16Mn 钢,$a = 0.43$;λ_c 是欧拉公式与抛物线公式适用范围的临界柔度值。当压杆的 $\lambda \geqslant \lambda_c$ 时,用欧拉公式(14-6)计算临界应力,$\lambda < \lambda_c$ 时,用公式(14-11)计算临界应力,对低碳钢和低合金钢

$$\lambda_c = \pi\sqrt{\frac{E}{0.57\sigma_s}} \tag{14-12}$$

14.3.3 临界应力总图

不同柔度压杆的临界应力与压杆柔度之间的关系曲线称为**临界应力总图**。图 14-14(a)、(b) 分别表示采用直线公式和抛物线公式时塑性材料压杆的临界应力总图,它表示了临界应力随柔度 λ 的变化规律。压杆临界应力的计算公式可归纳为(以直线公式的临界应力总图为例):

① 当 $\lambda \geqslant \lambda_p$ 时,细长杆,用欧拉公式计算临界应力 $\sigma_{cr} = \dfrac{\pi^2 E}{\lambda^2}$;

② 当 $\lambda_s < \lambda < \lambda_p$ 时,中长杆,用直线公式计算临界应力 $\sigma_{cr} = a - b\lambda$;

③ 当 $\lambda \leqslant \lambda_s$ 时,短粗杆,用强度公式计算临界应力 $\sigma_{cr} = \sigma_s$。

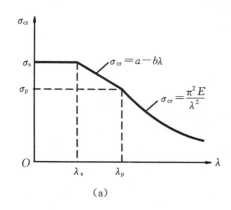
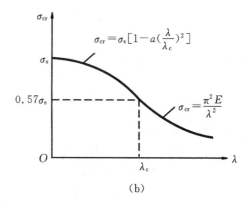

图 14-14

例 14-6 图 14-15 所示两端固定的压杆,材料为 Q235 钢,横截面面积 $A = 32 \times 10^2 \text{ mm}^2$,$E = 200 \text{ GPa}$。试分别计算图示矩形、正方形、实心圆形、空心圆形等四种截面压杆的临界载荷。

解:由于压杆两端固定,故 $\mu = 0.5$。

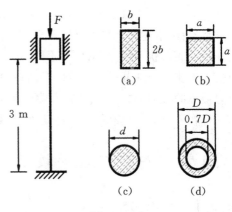

图 14-15

1) 矩形截面 由 $A = 2b^2$ 可得

$$b = \sqrt{A/2} = \sqrt{32 \times 10^2 / 2} = 40 \text{ mm}$$

对于矩形截面,压杆总是在最小抗弯刚度平面内先发生弯曲,应取截面最小惯性矩来计算临界力。截面最小惯性半径为

$$i_{\min} = \sqrt{\dfrac{I_{\min}}{A}} = \sqrt{\dfrac{2b \times b^3 / 12}{2b^2}} = \dfrac{b}{2\sqrt{3}} = 11.55 \text{ mm}$$

最大柔度为

$$\lambda_{\max} = \dfrac{\mu l}{i_{\min}} = \dfrac{0.5 \times 3 \times 10^3}{11.55} = 129.9 > \lambda_p, \quad 压杆为细长杆$$

$$F_{cr} = \sigma_{cr} A = \dfrac{\pi^2 E}{\lambda_{\max}^2} A = \dfrac{\pi^2 \times 200 \times 10^9}{129.9^2} \times 32 \times 10^{-4} = 374 \text{ kN}$$

2) 正方形截面 由 $A = a^2$ 可得:$a = \sqrt{A} = \sqrt{32 \times 10^2} = 40\sqrt{2} \text{ mm}$。截面惯性半径、柔

度分别为

$$i = \sqrt{\frac{I}{A}} = \sqrt{\frac{a^4/12}{a^2}} = \frac{a}{2\sqrt{3}} = 16.33 \text{ mm}, \quad \lambda = \frac{\mu l}{i} = \frac{0.5 \times 3 \times 10^3}{16.33} = 91.8$$

由于 $\lambda_s < \lambda < \lambda_p$，压杆为中长杆，故

$$F_{cr} = \sigma_{cr} A = (a - b\lambda) A = (304 - 1.118 \times 91.8) \times 10^6 \times 32 \times 10^{-4} = 644 \text{ kN}$$

3) 实心圆截面　由 $A = \dfrac{\pi d^2}{4}$ 可得，$d = \sqrt{\dfrac{4A}{\pi}} = 63.8$ mm。截面惯性半径、柔度分别为

$$i = \sqrt{\frac{I}{A}} = \sqrt{\frac{\pi d^4/64}{\pi d^2/4}} = \frac{d}{4} = 15.95 \text{ mm}, \quad \lambda = \frac{\mu l}{i} = \frac{0.5 \times 3 \times 10^3}{15.95} = 94$$

由于 $\lambda_s < \lambda < \lambda_p$，压杆为中长杆，故临界应力用直线公式计算，即

$$F_{cr} = \sigma_{cr} A = (a - b\lambda) A = (304 - 1.118 \times 94) \times 10^6 \times 32 \times 10^{-4} = 636 \text{ kN}$$

4) 空心圆截面　由 $\alpha = \dfrac{d}{D} = 0.7$

$$A = \frac{\pi D^2 (1 - \alpha^2)}{4}, \quad D = \sqrt{\frac{4A}{\pi(1-\alpha^2)}} = 89.4 \text{ mm}$$

截面惯性半径和柔度分别为

$$i = \sqrt{\frac{I}{A}} = \sqrt{\frac{\pi D^4 (1-\alpha^4)/64}{\pi D^2 (1-\alpha^2)/4}} = \frac{D\sqrt{1+\alpha^2}}{4} = 27.3 \text{ mm}$$

$$\lambda = \frac{\mu l}{i} = \frac{0.5 \times 3 \times 10^3}{27.3} = 55 < \lambda_s$$

压杆为粗短杆，故临界力

$$F_{cr} = \sigma_{cr} A = \sigma_s A = 235 \times 10^6 \times 32 \times 10^{-4} = 752 \text{ kN}$$

讨论：由上述计算结果可以看出，在杆端约束、长度、横截面面积及材料均相同的条件下，压杆的截面形状不同，其临界力不同，正方形、圆形截面的临界力比矩形截面都大，空心圆截面的临界力比实心圆截面大。三种实心截面中正方形截面的临界力最大，在理论上是一种抗失稳能力最优的截面形式。因此，在杆端沿各方向的约束相同时，应选用圆形或正多边形的截面，使得压杆在各个方向具有相同的稳定性，以提高压杆的承载能力。

14.4　压杆稳定性的校核

14.4.1　安全因数法

为了保证压杆不发生失稳现象，必须使其所承受的轴向压力 F 小于压杆的临界力 F_{cr}，或者使其工作应力 σ 小于临界应力 σ_{cr}。考虑一定的安全因数后，压杆的稳定性条件为

$$n_{st} = \frac{F_{cr}}{F} \geqslant [n_{st}], \quad n_{st} = \frac{\sigma_{cr}}{\sigma} \geqslant [n_{st}] \tag{14-13}$$

式中：n_{st} 为压杆工作时的**实际稳定安全因数**；$[n_{st}]$ 为规定的**稳定安全因数**。此外，由于载荷的偏心、压杆的初曲率、材料不均匀及支座缺陷等因素不可避免，而且失稳是一种突发性过程，破坏性较大，故稳定安全因数一般比强度安全因数大。在静载荷作用下，钢材$[n_{st}] = 1.8 \sim 3.0$，铸铁$[n_{st}] = 5.0 \sim 5.5$，木材$[n_{st}] = 2.8 \sim 3.2$。

必须指出，压杆保持稳定性的能力是对压杆的整体而言的，截面的局部削弱（如油孔、螺钉孔等）对杆件的整体弯曲变形影响很小，因而计算临界力时可不必考虑，仍采用未经削弱的横截面面积 A 和惯性矩 I。但在截面局部削弱处须进行压缩强度校核，即

$$\sigma = \frac{F}{A_m} \leqslant [\sigma]$$

式中：A_m 为削弱后的横截面的实际净面积。

14.4.2 折减系数法

对式(14-11)进行变换可得 $\sigma \leqslant \dfrac{\sigma_{cr}}{[n_{st}]}$，引入稳定许用应力 $[\sigma_{st}] = \dfrac{\sigma_{cr}}{[n_{st}]}$，则压杆的稳定性条件可写为

$$\sigma \leqslant [\sigma_{st}]$$

在工程计算中，$[\sigma_{st}]$ 常用基本许用应力 $[\sigma]$ 乘以一个小于 1 的系数 φ 来表示，即

$$[\sigma_{st}] = \varphi[\sigma]$$

压杆的稳定性条件可写为

$$\sigma = \frac{F}{A} \leqslant \varphi[\sigma] \tag{14-14}$$

式中：φ 称为**折减系数**，它与压杆柔度 λ 和材料有关。几种常用材料的 φ-λ 曲线如图 14-16 所示。

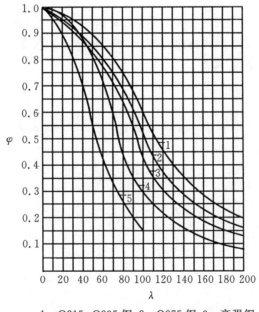

1—Q215、Q235 钢；2—Q275 钢；3—高强钢($\sigma_s >$ 320 MPa)；4—木材；5—铸铁

图 14-16

例 14-7 图 14-17 所示一机器的连杆，截面为工字形，材料为碳钢，$E = 210$ GPa，$\sigma_s = 306$ MPa。连杆所受最大压力为 $F = 30$ kN，规定的稳定安全因数 $[n_{st}] = 5$，试校核连杆的稳定性。（图中长度单位为 mm）

解：由于连杆受压时，在两个平面的抗弯刚度和约束情况均不同，因而连杆在 x-y 平面和

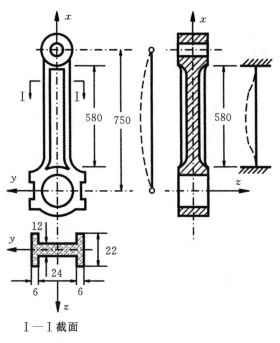

图 14-17

x-z 平面内都有可能发生失稳，在进行稳定性校核时必须首先计算两个平面内的柔度 λ，以确定弯曲平面。若连杆在 x-y 平面内弯曲（横截面绕 z 轴转动），两端可以认为是铰支，$\mu_z = 1$；若连杆在 x-z 平面内弯曲（横截面绕 y 轴转动），由于上下销子不能在 x-z 平面内转动，故两端可以认为是固定端，$\mu_y = 0.5$。

1) 柔度计算

$$A = 24 \times 12 + 2 \times 6 \times 22 = 5.52 \text{ cm}^2$$

在 x-y 平面内

$$I_z = \frac{12 \times 24^3}{12} + 2 \times \left(\frac{22 \times 6^3}{12} + 22 \times 6 \times 15^2\right) = 7.42 \text{ cm}^4$$

$$i_z = \sqrt{\frac{I_z}{A}} = \sqrt{\frac{7.42}{5.52}} = 1.16 \text{ cm}$$

$$\lambda_z = \frac{\mu_z l}{i_z} = \frac{1 \times 75}{1.16} = 64.7$$

在 x-z 平面内

$$I_y = \frac{24 \times 12^3}{12} + 2 \times \frac{6 \times 22^3}{12} = 1.41 \text{ cm}^4, \quad i_y = \sqrt{\frac{I_y}{A}} = \sqrt{\frac{1.41}{5.52}} = 0.505 \text{ cm}$$

$$\lambda_y = \frac{\mu_y l}{i_y} = \frac{0.5 \times 58}{0.505} = 57.4$$

因为 $\lambda_z > \lambda_y$，压杆先在 x-y 平面内失稳，只需校核连杆在 x-y 平面内的稳定性。

2) 稳定性校核　　由于 $\lambda_s < \lambda_z < \lambda_p$，连杆属于中长杆，用直线公式计算临界应力。由表 14-2 查得，$a = 460$ MPa，$b = 2.567$ MPa。因此，临界应力为

$$\sigma_{cr} = a - b\lambda_z = 460 - 2.567 \times 64.7 = 293.9 \text{ MPa}$$

连杆工作应力

$$\sigma = \frac{F}{A} = \frac{30 \times 10^3}{5.52 \times 10^{-4}} = 54.4 \text{ MPa}$$

连杆的实际稳定安全因数

$$n_{st} = \frac{\sigma_{cr}}{\sigma} = \frac{293.9}{54.4} = 5.4 > 5$$

所以连杆稳定性足够。

讨论：① 压杆的临界力与杆的抗弯刚度和杆端约束有关，当杆在两个平面的抗弯刚度和杆端约束不相同时，必须分别计算杆在两个平面内的临界力；② 对于连杆能否采用空心圆管？为什么？

例 14-8 图 14-18(a) 所示结构由 AB 杆和 CB 梁组成，杆和梁材料均为 Q235 钢，$E = 200$ GPa，$[\sigma] = 160$ MPa。CB 梁由 22a 工字钢制成。AB 杆两端为球铰支座，直径 $d = 80$ mm，规定稳定安全因数 $[n_{st}] = 5$。试确定许可载荷 q 的值。

解：1) 由梁的强度条件确定 q 如图 14-18(b) 所示梁的受力分析，由静力平衡方程可以求出：$F_C = F_B = ql/2$。作梁的弯矩图如图 14-18(c) 所示，最大弯矩 $M_{max} = ql^2/8$，由型钢表(附录 C)可以查得 22a 工字钢，$W_z = 309$ cm³。由梁的弯曲强度条件

$$\sigma_{max} = \frac{M_{max}}{W_z} = \frac{ql^2}{8W_z} \leqslant [\sigma]$$

得

$$q = \frac{8W_z[\sigma]}{l^2} = \frac{8 \times 309 \times 10^{-6} \times 160 \times 10^6}{3^2}$$

$$= 43.9 \text{ kN/m}$$

2) 由压杆 AB 的稳定性条件确定 q 压杆 AB 两端铰支，$\mu = 1$，惯性半径和柔度分别为

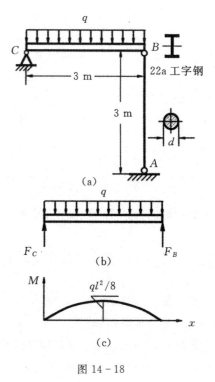

图 14-18

$$i = \sqrt{\frac{I}{A}} = \sqrt{\frac{\pi d^4/64}{\pi d^2/4}} = \frac{d}{4} = 20 \text{ mm}$$

$$\lambda = \frac{\mu l}{i} = \frac{1 \times 3000}{20} = 150 > \lambda_p$$

故杆 AB 属于细长杆。临界应力和临界力分别为

$$\sigma_{cr} = \frac{\pi^2 E}{\lambda^2} = \frac{\pi^2 \times 200 \times 10^9}{150^2} = 87.7 \text{ MPa}$$

$$F_{cr} = \sigma_{cr} A = \sigma_{cr} \frac{\pi d^2}{4} = 87.7 \times 10^6 \times \frac{\pi \times 80^2 \times 10^{-6}}{4} = 441 \text{ kN}$$

压杆所受压力 $F_B = ql/2$，由压杆稳定性条件

$$n_{st} = \frac{F_{cr}}{F_B} = \frac{2F_{cr}}{ql} \geqslant [n_{st}]$$

$$q \leqslant \frac{2F_{cr}}{[n_{st}]l} = \frac{2 \times 441 \times 10^3}{5 \times 3} = 58.8 \text{ kN/m}$$

所以,许可载荷为 $[q] = 43.9$ kN/m。

讨论:此例为梁与柱组合结构,在确定许可载荷 q 值时,既要满足梁的弯曲强度条件,又要满足压杆的稳定性条件,这样才能保证整个结构的安全。

例 14-9 图 14-19 所示压杆,下端固定,上端铰支,杆的外径 $D = 200$ mm,内径 $d = 100$ mm,杆长 $l = 12$ m,材料为 Q235 钢,$[\sigma] = 160$ MPa,试求该压杆的许可载荷。

解:压杆一端固定,一端铰支,$\mu = 0.7$。

$$i = \sqrt{\frac{I}{A}} = \sqrt{\frac{\pi(D^4 - d^4)/64}{\pi(D^2 - d^2)/4}} = \frac{\sqrt{D^2 + d^2}}{4} = 55.9 \text{ mm}$$

$$\lambda = \frac{\mu l}{i} = \frac{0.7 \times 12 \times 10^3}{55.9} = 150$$

由图 14-16 中曲线查得折减系数 $\varphi = 0.32$。稳定许用应力

$$[\sigma_{st}] = \varphi[\sigma] = 0.32 \times 160 = 51.2 \text{ MPa}$$

由压杆稳定性条件

$$\sigma = \frac{F}{A} = \frac{4F}{\pi(D^2 - d^2)} \leqslant [\sigma_{st}]$$

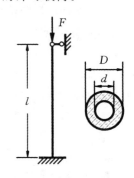

图 14-19

可得

$$F \leqslant [\sigma_{st}] \times \frac{\pi(D^2 - d^2)}{4} = 51.2 \times \frac{\pi(200^2 - 100^2)}{4} = 1206 \text{ kN}$$

此压杆的许可载荷为 $[F] = 1206$ kN。

14.5 提高压杆稳定性的措施

提高压杆的稳定性,就是要提高压杆的临界力或临界应力。由以上分析可知,压杆的稳定性与材料的性质和压杆的柔度 λ 有关,由临界应力总图(图 14-14)可知,压杆的临界应力随柔度 λ 的减小而增大,因此,提高压杆稳定性,可从合理选择材料和减小柔度两个方面进行,也可从合理分布材料方面考虑,设计最优的压杆形式。

14.5.1 合理选择材料

由欧拉公式(14-6)可知,细长压杆临界应力的大小与材料的弹性模量 E 有关,弹性模量越高,临界应力越大。因此,选用高弹性模量的材料可以提高细长压杆的稳定性。但是,由于各种钢材的弹性模量相差不大,因此,选用优质钢材与选用普通钢材相比对提高压杆稳定性作用不大。

对于中长杆,临界应力与材料的强度有关。由图 14-14(a) 所示的临界应力总图可知,临界应力随着屈服极限 σ_s 和比例极限 σ_p 的提高而增大,因此,选用优质钢材可以提高中长压杆的稳定性。

14.5.2 减小柔度

1) **尽量减小压杆的长度** 由 $\lambda = \frac{\mu l}{i}$ 可知,压杆的柔度与压杆的长度成正比,因此,在结构允许的情况下,尽量减小压杆的实际长度,或增加中间支座,可提高压杆的稳定性。

2) 改善支承情况，减小长度因数 μ　压杆的约束条件不同，其临界力大小就不一样。例如，在压杆长度、截面形状和尺寸均相同的情况下，两端固定细长压杆($\mu=0.5$)的临界力是两端铰支细长压杆($\mu=1$)临界力的四倍，是一端固定、一端自由的细长压杆($\mu=2$)临界力的16倍，因此，加强压杆两端的约束，可减小压杆的长度因数，从而减小了柔度，提高了压杆的临界力。

3) 选择合理的截面形状　由 $\lambda=\dfrac{\mu l}{i}$，$i=\sqrt{\dfrac{I}{A}}$ 可知，比值 $\dfrac{I}{A}$ 越大，λ 越小。因此，当横截面面积一定时，应尽可能地提高截面的惯性矩 I，从而提高压杆的临界应力。

当压杆两端在各弯曲平面内具有相同的约束条件时，应使截面对任一形心轴的惯性半径尽可能相等，使得压杆在各个方向尽可能具有相同的稳定性。对于工程上常用的型钢，可以通过组合使压杆在各弯曲平面内具有相同的稳定性，如图14-20(b)用两根槽钢组合的截面比图14-20(a)组合截面的稳定性更好。

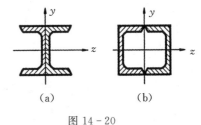

图 14-20

若压杆两端在各弯曲平面内具有不同的约束条件，则应综合考虑压杆的长度、约束条件、截面形状和尺寸等因素，使得压杆在各个弯曲平面内的柔度尽可能相等，从而提高压杆的稳定性，这种结构称为**等稳定性结构**。

14.5.3　沿长度合理分布材料

压杆通常沿杆长是等截面的，但是如果希望压杆重量最小，等截面压杆就不是最优的形状。在材料用量一定的条件下，只要在弯矩大的区域取大的截面，压杆的临界载荷就会随形状的变化而增加。例如，图14-21(a)所示的两端铰支的实心圆截面，其临界载荷比相同体积材料的等截面圆杆的要大。但图14-21(a)所示压杆形状制造加工较为困难，可采用图14-21(b)所示阶梯状的近似最优形状。因此沿压杆长度合理分布材料，也可提高稳定性。

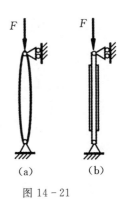

图 14-21

思　考　题

14-1　两端为球铰的压杆，横截面如图所示，试问压杆失稳时，横截面将绕哪一根轴转动？

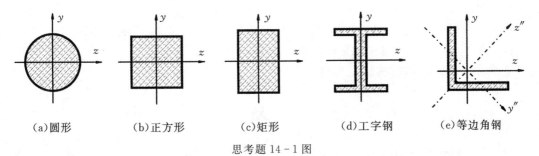

(a)圆形　　(b)正方形　　(c)矩形　　(d)工字钢　　(e)等边角钢

思考题 14-1 图

14-2 试分析图示两种桁架的承载能力是否相同？

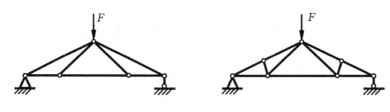

思考题 14-2 图

14-3 对于两端固定的压杆，由压杆挠曲线的微分方程推导其临界力公式时所需的边界条件是什么？

14-4 在稳定性计算中，对于中长杆，若误用欧拉公式计算其临界力，则压杆是否安全？对于细长杆，若误用经验公式计算其临界力，能否判断压杆的安全性？

14-5 由四根等边角钢组成一压杆，其组合截面的形状分别如图(a)和图(b)所示，试问哪种组合截面的承载能力好？

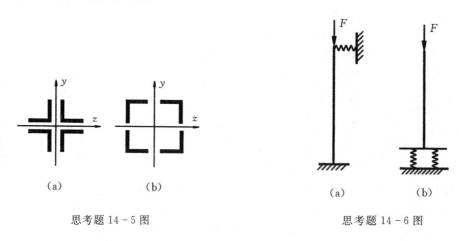

思考题 14-5 图　　　　　　　　　思考题 14-6 图

14-6 试分析图示两种压杆的长度因数 μ 的取值范围。

14-7 对于钢质细长压杆，由于钢材的 E 值差别不大，故采用优质钢并不能提高压杆的稳定性，但由稳定计算的折减系数法可知，优质钢的许用应力 $[\sigma]$ 较高，显然是有利的，这一矛盾如何解释？

14-8 在高层建筑工地上，常用塔式起重机，其主架非常高，属细长压杆，工程上采取什么措施来防止失稳？

14-9 薄壁圆管扭转时，如果壁厚太薄，则管壁会产生皱折。试分析其原因？

14-10 为了提高压杆的稳定性，将压杆的内径和外径同时增大一倍，此时压杆的许可载荷是否增大为原来的四倍？试说明理由。

习　题

14-1 两端铰支的圆截面细长压杆，直径 $d = 75 \text{ mm}$，杆长 $l = 1.8 \text{ m}$，弹性模量 $E = 200$

GPa,试求此压杆的临界力。

14-2 图示四根钢质圆截面细长压杆,直径均为 $d = 25\text{ mm}$,材料的弹性模量 $E = 200\text{ GPa}$,但各杆的支承和长度不同,试求各杆的临界力。(图中长度单位为 mm)

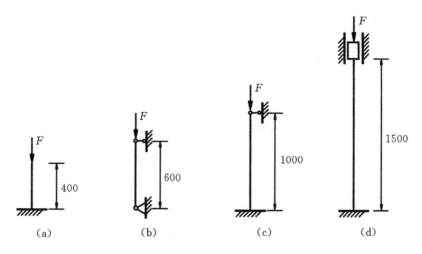

题 14-2 图

14-3 图示三根压杆长度均为 $l = 30\text{ cm}$,截面尺寸如图(d)所示,材料为 Q235 钢,$E = 210\text{ GPa}$,试求各杆的临界力。(图中长度单位为 mm)

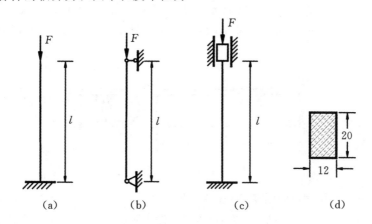

题 14-3 图

14-4 试求图中细长压杆的临界力。

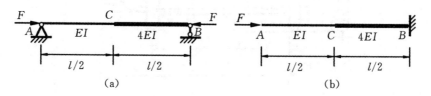

题 14-4 图

14-5 图示两端固定圆截面压杆,其直径 $d = 40$ mm,长度 $l = 2$ m,材料均为 Q235 钢,$E = 200$ GPa,试用类比法求该杆的临界力。

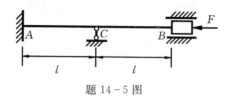

题 14-5 图

14-6 图示两端固定的压杆,材料为 Q235 钢,横截面面积 $A = 32 \times 10^2$ mm^2,$E = 200$ GPa。试分别计算图示正三角形、正六边形两种截面压杆的临界载荷并与例 14-6 中的几种截面形式进行比较。(正三角形截面的惯性矩为 $I = \dfrac{\sqrt{3}}{96}c^4$,正六边形截面的惯性矩为 $I = \dfrac{5\sqrt{3}}{16}h^4$)

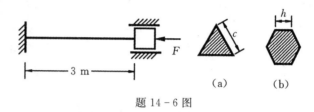

题 14-6 图

14-7 图示外径 $D = 100$ mm,内径 $d = 80$ mm 的钢管在室温下进行安装,安装后钢管两端固定,此时钢管两端不受力。已知钢管材料的线膨胀系数 $\alpha = 12.5 \times 10^{-6}$ K^{-1},弹性模量 $E = 210$ GPa,$\sigma_s = 306$ MPa,$\sigma_p = 200$ MPa,$a = 460$ MPa,$b = 2.57$ MPa。试求温度升高多少度时钢管将失稳。

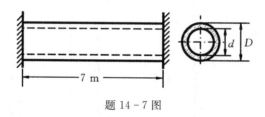

题 14-7 图

14-8 图示空气压缩机的活塞杆 AB 承受压力 $F = 100$ kN,长度 $l = 110$ cm,直径 $d = 7$ cm,材料为碳钢,$E = 200$ GPa。试求活塞杆的实际稳定安全因数(活塞杆两端可简化成铰支座)。

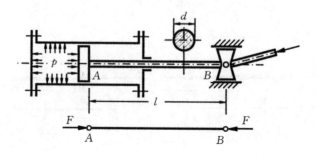

题 14-8 图

14-9 图示压杆的横截面为矩形,杆长 $l = 2$ m,材料为 Q235 钢,$E = 210$ GPa,在正视图(a)的平面内弯曲时,两端可视为铰支,在俯视图(b)的平面内弯曲时,两端可视为固定,试求此杆的临界力 F_{cr}。(图中长度单位为 mm)

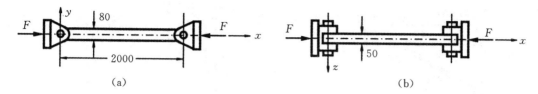

题 14-9 图

14-10 图示桁架结构,A、B、C 三处均为球铰,AB 及 AC 两杆皆为圆截面,直径 $d = 8$ cm,材料为 Q235 钢,$E = 210$ GPa。试求该结构的临界力 F_{cr}。

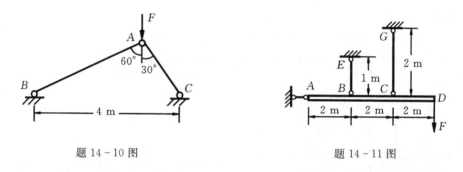

题 14-10 图　　　　　　　　　　　题 14-11 图

14-11 图示结构中,横梁 AD 为刚性杆,BE 及 CG 为圆截面杆,已知两杆的直径 $d = 50$ mm,材料为 Q235 钢,若强度安全因数 $n = 3$,稳定安全因数 $[n_{st}] = 3$,求结构的许可载荷 $[F]$。

14-12 图(a)所示正方形桁架,边长 $a = 1$ m,各杆均为直径 $d = 40$ mm 的圆截面杆,材料均为 Q235 钢,$E = 200$ GPa,试求该结构的临界力;若将外力 F 改为拉力,如图(b)所示,试问许可载荷是否改变?若有改变,则临界力又为多少?

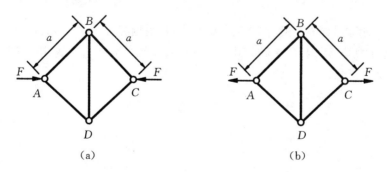

题 14-12 图

14-13 图示托架,$F = 20$ kN,CD 杆为 14 工字钢,AB 为圆管,外径 $D = 50$ mm,内径 $d = 40$ mm,两杆材料均为 Q235 钢,许用应力 $[\sigma] = 160$ MPa,弹性模量 $E = 200$ GPa,AB 杆的稳定安全因数 $[n_{st}] = 2$。试校核此托架是否安全。

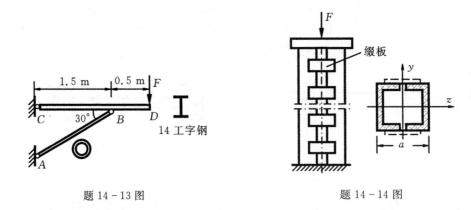

题 14-13 图　　　　题 14-14 图

14-14 图示由两根18槽钢组成的承压立柱，为使两个方向的柔度相等（$\lambda_y = \lambda_z$），试求 a（不记缀板的局部加强）。

14-15 图示结构，横梁 AD 可视为刚性的，圆截面杆 CG 的直径 $d_1 = 100$ mm，杆 EB 的直径 $d_2 = 50$ mm，材料均为 Q235 钢，$[\sigma] = 160$ MPa，弹性模量 $E = 200$ GPa。若 $[n_{st}] = 2$，试求许可载荷 $[F]$。

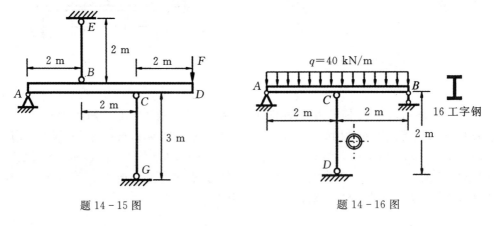

题 14-15 图　　　　题 14-16 图

14-16 图示梁柱结构，梁由 16 工字钢制成，柱由内径 $d = 70$ mm、外径 $D = 80$ mm 的圆管制成，材料均为 Q235 钢，$E = 200$ GPa。若强度安全因数 $n = 1.4$，稳定安全因数 $[n_{st}] = 2$，试校核该结构是否安全。

第 15 章 连接件的强度

本章提要

本章讨论连接件的强度计算。因为连接件不是杆件,其受力后的变形和应力分布都比较复杂,所以介绍工程中采用的实用算法,对典型的各种连接件进行具体分析。本章内容比较简单,但是应用广泛。

15.1 连接件的实用算法

15.1.1 常见的连接件

工程中除了杆件以外,还经常用到连接件,如连接钢板的铆钉、齿轮和轴之间的键、链条上的销钉、木结构中的榫等,如图 15-1 所示。

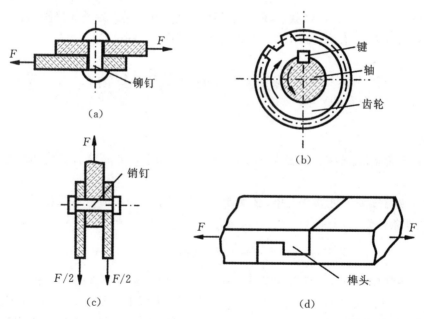

图 15-1

连接件一般不是杆件,受力后变形和应力分布比较复杂,对这类构件要通过理论分析作精确计算比较困难。在工程实际中,常根据连接件的实际使用和破坏情况,对其受力及应力分布作出一些合理的假设,并进行简化计算,这种简化计算方法称为**实用算法**。实践证明,用此方法设计的连接件是安全可靠的。

15.1.2 剪切实用计算

以图 15-2(a) 所示的铆钉连接为例。铆钉的受力情况如图 15-2(b) 所示,铆钉两侧面上的分布外力大小相等、方向相反,合力作用线相距很近,在这样的外力作用下,铆钉上、下两部分将沿着与外力作用线平行的 $m-m$ 截面发生相对错动,如图 15-2(c) 所示,这种变形称为**剪切**。发生相对错动的 $m-m$ 截面称为**剪切面**。当作用的外力过大时,铆钉将沿剪切面被剪断。这种只有一个剪切面的铆钉,称为**单剪**。

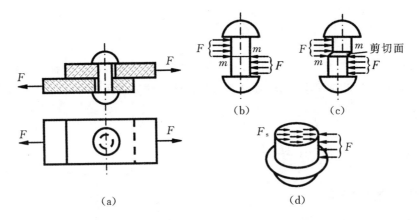

图 15-2

假想沿剪切面 $m-m$ 将铆钉截开,取下半部分作为研究对象,为了保持平衡,剪切面上必有平行于截面的剪力 F_s 存在,如图 15-2(d) 所示,由平衡条件可得

$$F_s = F$$

铆钉发生剪切变形时,剪切面上切应力 τ 的分布情况比较复杂。在实用计算中,假设切应力 τ 在剪切面上均匀分布,即

$$\tau = \frac{F_s}{A_s} \tag{15-1}$$

式中:A_s 为剪切面面积。若铆钉直径为 d,则 $A_s = \pi d^2/4$。用式(15-1)计算的切应力称为**名义切应力**。

为了保证铆钉能安全可靠地工作,必须使其剪切面上的切应力 τ 不超过许用切应力 $[\tau]$,因此,剪切强度条件为

$$\tau = \frac{F_s}{A_s} \leqslant [\tau] \tag{15-2}$$

材料的许用切应力 $[\tau]$,一般通过剪切试验确定。试验时要求试件的形状和受力情况尽可能与构件实际受力情况类似。试验测得破坏载荷 F°,从而求得剪断时的剪力 F_s°,并按式 (15-1) 得出名义极限切应力 $\tau^\circ = F_s^\circ/A_s$,除以适当的安全因数 n,即得材料的许用切应力 $[\tau]$,这个许用切应力 $[\tau]$ 其实也是名义许用切应力 $[\tau]$,即

$$[\tau] = \frac{\tau^\circ}{n} \tag{15-3}$$

常用材料的许用切应力 $[\tau]$ 可以从有关材料手册和设计规范中查到。

15.1.3 挤压实用计算

连接件除了发生剪切破坏外,在传递压力的接触面上经常还发生局部受压的现象,称为**挤压**。如图 15-2(a) 所示的铆钉连接中,铆钉和钢板在接触面上相互挤压,当压力过大时,在铆钉或钢板接触处的局部区域将产生塑性变形(也称为**压溃**),这是一种**挤压破坏**,可能使连接件失效,如图 15-3(a) 为钢板的圆孔被铆钉挤压成椭圆孔的情况。连接件和被连接件相互挤压的接触面称为**挤压面**,在接触面上的压力称为**挤压力**,用 F_{bs} 表示。挤压力引起的应力称为**挤压应力**,用 σ_{bs} 表示。挤压应力在挤压面上的分布也比较复杂,钢板和铆钉之间的挤压应力在挤压面上的分布大致如图 15-3(b)、(c) 所示。为了简便,计算时同样采用实用计算法,假设挤压应力在挤压面上均匀分布,即

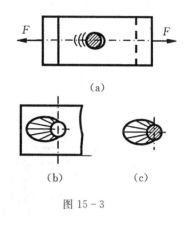

图 15-3

$$\sigma_{bs} = \frac{F_{bs}}{A_{bs}} \tag{15-4}$$

式中:A_{bs} 为挤压面的计算面积。

挤压面的计算面积,视接触面的具体情况而定。对于螺栓、铆钉、销钉等一类圆柱形构件,一般实际挤压面是接近半圆柱面的圆弧形柱面,为了简化计算,一般取圆柱的直径平面作为挤压面的计算面积,如图 15-4(a) 所示,取 $A_{bs} = dl$,实验表明这样的计算结果与真实的最大挤压应力比较接近;若接触面为平面,如图 15-4(b) 所示的键,则取实际挤压面积为计算面积,即 $A_{bs} = lh/2$。

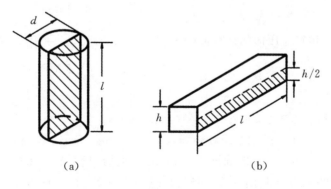

图 15-4

为了防止挤压破坏,保证连接件能安全可靠地工作,连接件应满足挤压强度条件

$$\sigma_{bs} = \frac{F_{bs}}{A_{bs}} \leqslant [\sigma_{bs}] \tag{15-5}$$

式中:$[\sigma_{bs}]$ 为**许用挤压应力**,其实也是名义许用挤压应力,可通过与确定许用切应力 $[\tau]$ 类似的方法来确定。其具体数值,也可从有关设计手册中查到。对于钢材,许用挤压应力 $[\sigma_{bs}]$ 与许用拉应力 $[\sigma]$ 之间存在大致的经验关系式

$$[\sigma_{bs}] = (1.7 \sim 2.0)[\sigma]$$

15.2 实用算法应用

例 15-1 如图 15-5(a) 所示拖车挂钩用销钉连接,已知挂钩部分的钢板厚度 $t=8\text{ mm}$,销钉的材料为 20 钢,其许用切应力 $[\tau]=60\text{ MPa}$,许用挤压应力 $[\sigma_{bs}]=100\text{ MPa}$,拖车的拉力 $F=18\text{ kN}$。试选择销钉的直径 d。

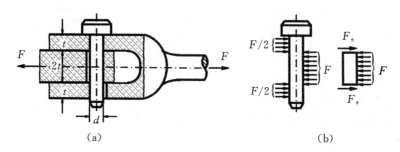

图 15-5

解:1) 剪切强度 取销钉为研究对象,其受力如图 15-5(b) 所示。

销钉有两个剪切面,这种情况称为**双剪**。应用截面法将销钉沿剪切面截开,由平衡条件可得剪切面上的剪力为

$$F_s = \frac{F}{2} = \frac{18 \times 10^3}{2} = 9 \text{ kN}$$

销钉剪切面的面积 $A_s = \pi d^2/4$,则由剪切强度条件式(15-2)可以求得销钉的直径为

$$d \geqslant \sqrt{\frac{4F_s}{\pi[\tau]}} = \sqrt{\frac{4 \times 9 \times 10^3}{\pi \times 60 \times 10^6}} = 13.8 \text{ mm}$$

2) 挤压强度 销钉挤压面的计算面积 $A_{bs} = td$,挤压力 $F_{bs} = F/2$,挤压应力为

$$\sigma_{bs} = \frac{F_{bs}}{A_{bs}} = \frac{F}{2td} = \frac{18 \times 10^3}{2 \times 8 \times 13.8 \times 10^{-6}} = 81.5 \text{ MPa} < [\sigma_{bs}]$$

销钉的挤压强度足够。

综合考虑剪切和挤压强度,可选取 $d=14\text{ mm}$ 的销钉。

例 15-2 图 15-6(a) 所示凸缘联轴器,$D_1 = 200\text{ mm}$,$D_2 = 80\text{ mm}$,轴与联轴器用键连接,键的尺寸为 $l=140\text{ mm}$,$b=24\text{ mm}$,$h=14\text{ mm}$,两凸缘用 4 个 M16 螺栓连接,螺栓内径为 $d=14.4\text{ mm}$,键和螺栓材料相同,许用切应力 $[\tau]=70\text{ MPa}$,许用挤压应力 $[\sigma_{bs}]=200\text{ MPa}$,试根据键和螺栓的强度,求此联轴器所能传递的最大力偶矩 M_{emax}。

解:1) 键的剪切强度 由图 15-6(c) 轴的力矩平衡可得键的剪力 $F_{s1} = 2M_e/D_2$,剪切面面积 $A_s = bl$,由剪切强度条件式(15-2)有

$$M_e \leqslant bl[\tau]\frac{D_2}{2} = 24 \times 140 \times 10^{-6} \times 70 \times 10^6 \times \frac{80 \times 10^{-3}}{2} = 9.4 \text{ kN} \cdot \text{m}$$

2) 螺栓的剪切强度 螺栓的剪切面面积 $A_s = \pi d^2/4$,由图 15-6(b) 的力矩平衡可得剪切面上的剪力 $F_{s2} = M_e/2D_1$,由剪切强度条件式(15-2)有

$$M_e \leqslant 2D_1 \frac{\pi d^2}{4}[\tau] = 2 \times 200 \times 10^{-3} \times \frac{\pi \times 14.4^2}{4} \times 10^{-6} \times 70 \times 10^6 = 4.56 \text{ kN} \cdot \text{m}$$

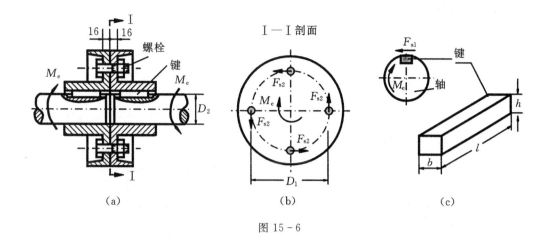

图 15-6

取 $M_{emax} = 4.56 \text{ kN} \cdot \text{m}$。

3) 键的挤压强度　键的挤压面面积 $A_{bs1} = lh/2$，挤压力 $F_{bs1} = F_{s1} = 2M_{emax}/D_2$，挤压应力为

$$\sigma_{bs1} = \frac{F_{bs1}}{A_{bs1}} = \frac{4M_{emax}}{lhD_2} = \frac{4 \times 4.56 \times 10^3}{140 \times 14 \times 80 \times 10^{-9}} = 116 \text{ MPa} < [\sigma_{bs}]$$

键的挤压强度足够。

4) 螺栓的挤压强度　螺栓的挤压面面积 $A_{bs2} = dt$，挤压力 $F_{bs2} = F_{s2} = M_{emax}/2D_1$，挤压应力为

$$\sigma_{bs2} = \frac{F_{bs2}}{A_{bs2}} = \frac{M_{emax}}{2dtD_1} = \frac{4.56 \times 10^3}{2 \times 14.4 \times 16 \times 200 \times 10^{-9}} = 49.5 \text{ MPa} < [\sigma_{bs}]$$

螺栓挤压强度足够。

综合上述计算结果，此联轴器所能传递的最大力偶矩 $M_{emax} = 4.56 \text{ kN} \cdot \text{m}$。

例 15-3　冲床冲压下料受力如图 15-7(a) 所示。在厚度 $t = 5 \text{ mm}$ 的钢板上，冲成直径 $d = 18 \text{ mm}$ 的圆孔，钢板的极限切应力 $\tau^\circ = 400 \text{ MPa}$。试求冲床必须具有的最大冲力 F。

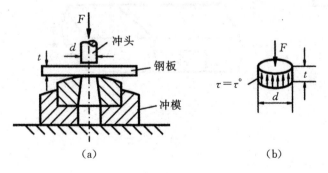

图 15-7

解：钢板的剪切面面积等于圆孔侧面的面积 $A_s = \pi dt$，如图 15-7(b) 所示，要在钢板上冲成圆孔，钢板所受的切应力 τ 应达到钢板的极限切应力 τ°，即

$$\tau = \frac{F_s}{A_s} = \frac{F}{A_s} = \tau^\circ$$

所以，冲床所需要的冲压力为

$$F = \tau_s^\circ A_s = \tau_s^\circ \pi d t = 400 \times 10^6 \times \pi \times 18 \times 10^{-3} \times 5 \times 10^{-3} = 113 \text{ kN}$$

思考题

15-1 故宫中的柱子下面都垫一个石鼓如图所示，试问石鼓起什么作用？属于何种受力状态？可能会发生什么破坏？

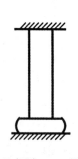

思考题 15-1 图

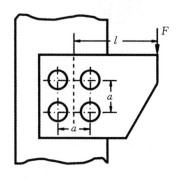

思考题 15-2 图

15-2 图示钢板铆钉连接，铆钉直径为 d，钉距为 a，若在钢板上作用集中力 F，试分析各铆钉的受力情况，并判断哪个铆钉的受力最大。

15-3 试指出图中各零件的剪切面、挤压面和拉断面。

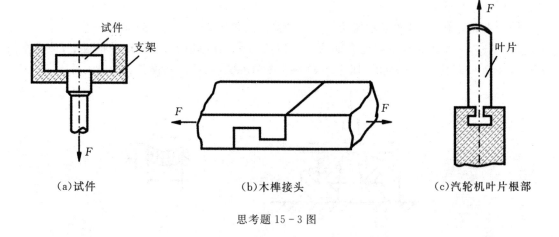

(a) 试件　　　　(b) 木榫接头　　　　(c) 汽轮机叶片根部

思考题 15-3 图

习 题

15-1 图示一销钉受拉力 F 作用，销钉头的直径 $D = 32$ mm，$h = 12$ mm，销钉杆的直径 $d = 20$ mm，许用切应力 $[\tau] = 120$ MPa，许用挤压应力 $[\sigma_{bs}] = 300$ MPa，许用拉应力 $[\sigma] = 160$

MPa。试求销钉可承受的最大拉力 $F_{\max}$。

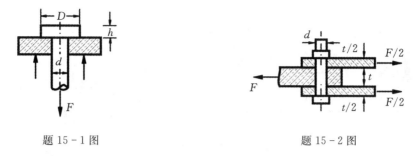

题 15-1 图　　　　　　　　题 15-2 图

15-2　图示螺栓连接,已知外力 $F = 200$ kN,厚度 $t = 20$ mm,板与螺栓的材料相同,其许用切应力 $[\tau] = 80$ MPa,许用挤压应力 $[\sigma_{bs}] = 200$ MPa。试设计螺栓的直径。

15-3　两矩形截面木杆,用两块钢板连接如图所示,设截面的宽度 $b = 150$ mm,承受轴向拉力 $F = 60$ kN,木材的许用拉应力 $[\sigma] = 8$ MPa,许用切应力 $[\tau] = 1$ MPa,许用挤压应力 $[\sigma_{bs}] = 10$ MPa。试求接头处所需的尺寸 δ、l 和 h。

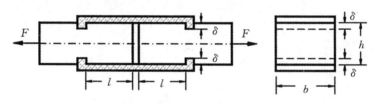

题 15-3 图

15-4　图示直径为 30 mm 的轴上安装一个摇柄,摇柄与轴之间用一个键 K 连接,键长 36 mm,截面为正方形,边长 8 mm,材料的许用切应力 $[\tau] = 56$ MPa,许用挤压应力 $[\sigma_{bs}] = 200$ MPa。试求摇柄右端 F 力的最大许可值。

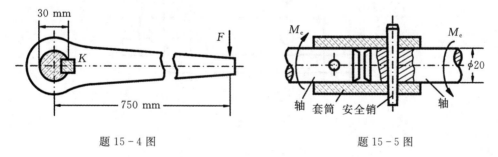

题 15-4 图　　　　　　　　题 15-5 图

15-5　车床的传动光杆装有安全联轴器如图所示,当超过一定载荷时,安全销即被剪断。已知安全销的平均直径为 $d = 6$ mm,材料的极限切应力 $\tau^\circ = 370$ MPa。试求安全联轴器所能传递的最大力偶矩 M_e。

15-6　图示斜杆安置在横梁上,作用在斜杆上的力 $F = 50$ kN,$\alpha = 30°$,$H = 200$ mm,$b = 150$ mm,材料为松木,许用拉应力 $[\sigma] = 8$ MPa,顺纹许用切应力 $[\tau] = 1$ MPa,许用挤压应力 $[\sigma_{bs}] = 8$ MPa,试求横梁端头尺寸 l 及 h 的值,并校核横梁削弱处的抗拉强度。

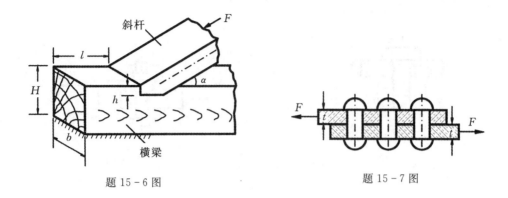

题 15-6 图   题 15-7 图

15-7 图示两块钢板用直径 $d = 20$ mm 的铆钉搭接,钢板与铆钉材料相同。已知 $F = 160$ kN,两板尺寸相同,厚度 $t = 10$ mm,宽度 $b = 120$ mm,许用拉应力 $[\sigma] = 160$ MPa,许用切应力 $[\tau] = 140$ MPa,许用挤压应力 $[\sigma_{bs}] = 320$ MPa。试求所需的铆钉数,并加以排列,然后校核板的拉伸强度。

15-8 图示铆接件,是由中间钢板(主板)通过上、下两块钢板(盖板)对接而成,铆钉直径 $d = 26$ mm,主板厚度 $t = 20$ mm,盖板厚度 $t_1 = 10$ mm,主板与盖板宽度 $b = 130$ mm,铆钉与钢板材料相同,许用切应力 $[\tau] = 100$ MPa,许用挤压应力 $[\sigma_{bs}] = 280$ MPa,许用拉应力 $[\sigma] = 160$ MPa,试求该铆接件的许可载荷 $[F]$。

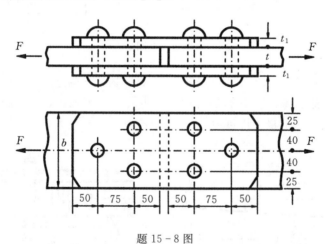

题 15-8 图

附录 A   截面图形的几何性质

计算杆件在外力作用下的应力和变形时，需要用到与杆件横截面图形有关的几何量，例如计算圆杆扭转时所用到的横截面极惯性矩 I_p、抗扭截面系数 W_p，计算弯曲应力时所用到的惯性矩 I_y、I_z 和抗弯截面系数 W_y、W_z 等。与截面图形的形状和尺寸有关的几何量统称为**截面图形几何性质**。本附录介绍与材料力学相关的一些平面图形几何性质的定义及其计算方法。

A.1   静矩和形心

A.1.1   静矩的定义

设有一任意截面图形，其面积为 A，位于坐标系 Oyz 中（图 A-1）。在坐标 y、z 处，取一微面积 dA，则 ydA 和 zdA 分别称为微面积 dA 对于 z 轴和 y 轴的**静矩**（若将 dA 看作微元力，则 ydA、zdA 即相当于静力学中的力矩，故称其微静矩）。ydA、zdA 对整个截面面积 A 的积分则为截面图形对于 z 轴、y 轴的静矩

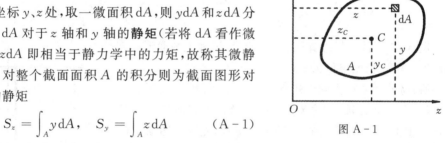

图 A-1

$$S_z = \int_A y dA, \quad S_y = \int_A z dA \quad (A-1)$$

静矩是对某一坐标轴而言的，同一截面图形对不同坐标轴的静矩不同。静矩的数值可能为正，可能为负，也可能为零，其量纲为[长度^3]，常用单位为 m^3 或 mm^3。

A.1.2   形心的计算

静矩可用于确定平面图形的形心位置。按照静力学条件可知，各分力对某轴的力矩之和等于合力对同一轴之矩，此处的 dA 可视为垂直于平板的微元力，因此有

$$\int_A y dA = y_C A, \quad \int_A z dA = z_C A \quad (A-2)$$

式中：y_C、z_C 为截面的形心在 Oyz 坐标系中的坐标。上式代入式(A-1)，可得

$$S_z = y_C A, \quad S_y = z_C A; \quad y_C = S_z/A, \quad z_C = S_y/A \quad (A-3)$$

由上式可知，已知截面的面积及形心坐标，即可计算此截面对于 z 轴和 y 轴的静矩；反之，已知截面面积及截面对于 z 轴和 y 轴的静矩，可以确定截面形心的坐标。

由式(A-3)可知：截面对于通过其形心的坐标轴的静矩恒等于零；反之，截面对于某一轴的静矩若等于零，则该轴必通过截面的形心。

例 A-1   试计算图 A-2 所示半圆形截面对 z 轴的静矩 S_z 及形心 C 的纵坐标 y_C。

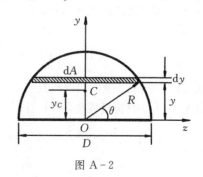

图 A-2

解：取平行于 z 轴的狭长条作为微面积 dA，即 $dA = 2R\cos\theta dy$。由于 $y = R\sin\theta$，$dy = R\cos\theta d\theta$，因此，$dA = 2R^2\cos^2\theta d\theta$。

将其代入式(A-1)，得

$$S_z = \int_A y dA = \int_0^{\pi/2} R\sin\theta \times 2R^2\cos^2\theta d\theta$$

$$= -\frac{2}{3}R^3\cos^3\theta \Big|_0^{\pi/2} = \frac{2}{3}R^3$$

由式(A-3)得形心 C 的纵坐标为

$$y_C = \frac{S_z}{A} = \frac{2R^3}{3} \cdot \frac{2}{\pi R^2} = \frac{4R}{3\pi} = \frac{2D}{3\pi}$$

A.1.3 组合图形的形心

当截面是由若干简单图形组成时，由静矩的定义可知，各简单图形分别对于某一轴的静矩之和等于该截面对于同一轴的静矩。因此，对于形状较复杂的截面，可将其划分为若干简单图形，先计算出每一简单图形的静矩，然后求其代数和，即得整个截面的静矩。

设整个截面可划分为 n 个简单图形，则组合图形形心坐标为

$$y_C = \frac{S_z}{A} = \frac{\sum S_{zi}}{\sum A_i} = \frac{\sum A_i y_{Ci}}{\sum A_i}, \quad z_C = \frac{S_y}{A} = \frac{\sum S_{yi}}{\sum A_i} = \frac{\sum A_i z_{Ci}}{\sum A_i} \quad (A-4)$$

例 A-2 截面尺寸如图 A-3 所示。试确定截面形心 C 的位置。(图中长度单位为 mm)

解：将截面看成由两个矩形 1 和 2 组成。由于截面左右对称，故有一对称轴。现令对称轴为 y 轴，则截面的形心必然在 y 轴上。为确定形心在 y 轴上的位置，先选一辅助坐标轴 z，取 z 轴平行于底边，并通过矩形 2 的形心，如图所示，则由式(A-4)可得

$$y_C = \frac{A_1 y_{C1} + A_2 y_{C2}}{A_1 + A_2} = \frac{140 \times 20 \times 80}{140 \times 20 + 100 \times 20} = 46.7 \text{ mm}$$

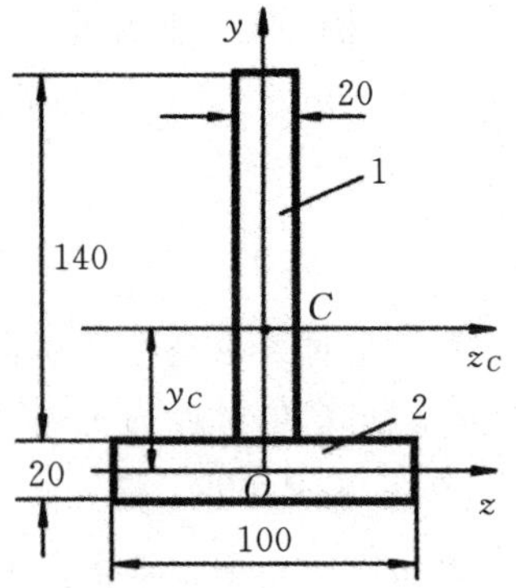

A.2 惯性矩和惯性积

在截面图形内的任意坐标 y、z 处取一微面积 dA，如图 A-4 所示。则 $z^2 dA$ 和 $y^2 dA$ 分别定义为微面积 dA 对 y 轴和 z 轴的**惯性矩**。整个图形对 y 轴和 z 轴的惯性矩分别为

$$I_y = \int_A z^2 dA, \quad I_z = \int_A y^2 dA \quad (A-5)$$

微面积 dA 到坐标原点 O 的距离为 ρ，定义 $\rho^2 dA$ 为微面积 dA 对 O 点的**极惯性矩**，整个图形对 O 点的极惯性矩为

$$I_p = \int_A \rho^2 dA \quad (A-6)$$

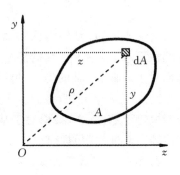

图 A-3

图 A-4

由图 A-4 可知 $\rho^2 = y^2 + z^2$，所以有

$$I_p = \int_A \rho^2 dA = \int_A (y^2 + z^2) dA = I_z + I_y \quad (A-7)$$

即图形对任意一对正交轴的惯性矩之和，等于它对该两轴交点的极惯性矩。

惯性矩 I_y、I_z 和极惯性矩 I_p 恒为正值，其量纲为 $[L^4]$，常用单位为 m^4 或 mm^4。微面积 dA 与两坐标 y、z 的乘积 $yzdA$，定义为该微面积对此正交轴的**惯性积**，整个截面对于正交轴 y、z 的惯性积为

$$I_{yz} = \int_A yz \, dA \quad (A-8)$$

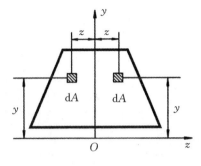

图 A-5

惯性积 I_{yz} 的数值可能为正或负，也可能等于零，其量纲为 $[长度^4]$，其常用单位为 m^4 或 mm^4。

当坐标 y 或 z 中至少有一个是截面的对称轴时，如图 A-5 中的 y 轴，在 y 轴两侧的对称位置各取一微面积 dA，则两个微面积的 y 坐标相同，z 坐标则数值相等而正负号相反，因而两个微面积的惯性积数值相等，正负号相反，它们在积分中相互抵消，最后得其惯性积等于零。所以正交坐标轴中只要有一个轴为截面的对称轴，则截面对该正交坐标轴的惯性积必等于零。

在计算中，有时可以把惯性矩写成图形面积与某一长度平方的乘积，即

$$I_y = A i_y^2, \quad I_z = A i_z^2 \quad (A-9)$$

式中：i_y、i_z 分别称为截面图形对 y 轴、z 轴的**惯性半径**（或回转半径）。

例 A-3 试计算图 A-6 所示矩形截面对于其对称轴 y、z 的惯性矩。

解：取平行于 z 轴的狭长条作为微元面积，即 $dA = bdy$，由式（A-5）得

$$I_z = \int_A y^2 dA = \int_{-h/2}^{h/2} b y^2 dy = \frac{bh^3}{12} \quad (A-10)$$

同理可得 $I_y = \dfrac{b^3 h}{12}$。

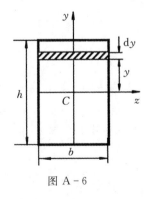
图 A-6

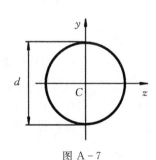
图 A-7

例 A-4 计算圆截面对于其直径轴 z 的惯性矩（图 A-7）。

解：在第 3 章已求出圆截面对 y、z 轴的极惯性矩为 $I_p = \pi d^4 / 32$，利用式（A-7）并注意到圆截面 $I_y = I_z$，可求得

$$I_y = I_z = \frac{1}{2} I_p = \frac{\pi d^4}{64} \quad (A-11)$$

例 A-5 计算图 A-8 所示直角三角形截面对 yz 的惯性积。

解：直角三角形斜边方程为 $y = hz/b$，取微面积 $\mathrm{d}A = \mathrm{d}y\mathrm{d}z$，由式(A-8)可得

$$I_{yz} = \int_0^b \int_0^{\frac{h}{b}z} yz\,\mathrm{d}y\mathrm{d}z = \frac{1}{8}b^2 h^2$$

A.3 平行移轴公式

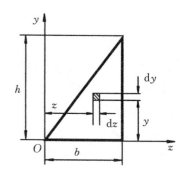

图 A-8

同一截面图形对不同坐标轴的惯性矩和惯性积并不相同，图 A-9 所示为一任意截面图形，它对任意一对坐标轴 y、z 的惯性矩和惯性积分别为 I_y、I_z、I_{yz}。C 点为图形形心，y_C 轴和 z_C 轴为一对分别与 y 轴和 z 轴平行的形心轴，图形对形心轴的惯性矩和惯性积分别为 I_{y_C}、I_{z_C}、$I_{y_C z_C}$。形心 C 在 Oyz 坐标系的坐标为 a、b，这样，微面积 $\mathrm{d}A$ 在两个坐标系中的坐标关系为 $y = y_C + a$，$z = z_C + b$，因此

$$I_y = \int_A z^2 \mathrm{d}A = \int_A (z_C + b)^2 \mathrm{d}A$$
$$= \int_A z_C^2 \mathrm{d}A + 2b\int_A z_C \mathrm{d}A + b^2 \int_A \mathrm{d}A$$
$$I_z = \int_A y^2 \mathrm{d}A = \int_A (y_C + a)^2 \mathrm{d}A$$
$$= \int_A y_C^2 \mathrm{d}A + 2a\int_A y_C \mathrm{d}A + a^2 \int_A \mathrm{d}A$$

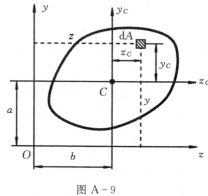

图 A-9

由于图形对其形心轴的静矩等于零，即 $\int_A z_C \mathrm{d}A = 0$，$\int_A y_C \mathrm{d}A = 0$，上式可写成

$$I_y = I_{y_C} + b^2 A, \quad I_z = I_{z_C} + a^2 A \tag{A-12}$$

同理可得

$$I_{yz} = I_{y_C z_C} + abA \tag{A-13}$$

式(A-12)、式(A-13)称为惯性矩和惯性积的**平行移轴公式**。应用平行移轴公式，可以使较复杂的组合图形惯性矩和惯性积的计算得以简化。

例 A-6 试计算例 A-1 中半圆形截面对过形心和 z 轴平行的轴 z_C 的惯性矩 I_{z_C}。

解：利用式(A-11)可得半圆形截面对 z 轴的惯性矩为

$$I_z = \frac{1}{2}\frac{\pi d^4}{64} = \frac{\pi d^4}{128}$$

由式(A-12)可得半圆形截面对形心轴 z_C 惯性矩为

$$I_{z_C} = I_z - y_C^2 A = \frac{\pi d^4}{128} - \left(\frac{2d}{3\pi}\right)^2 \frac{\pi d^2}{8} = \frac{\pi d^4}{128} - \frac{d^4}{18\pi} = 0.00686 d^4$$

例 A-7 计算例 A-2 的 T 形截面对其形心轴 z_C 的惯性矩 I_{z_C}。

解：由式(A-12)得

$$I_{z_C}^{(1)} = I_{z_{C1}} + a_1^2 A_1 = \frac{1}{12} \times 0.02 \times 0.14^3 + 0.0333^2 \times 0.02 \times 0.14 = 7.69 \times 10^{-6} \, \text{m}^4$$

$$I_{z_C}^{(2)} = I_{z_{C2}} + a_2^2 A_2 = \frac{1}{12} \times 0.1 \times 0.02^3 + 0.0467^2 \times 0.1 \times 0.02 = 4.43 \times 10^{-6} \, \text{m}^4$$

整个图形对 z_C 轴的惯性矩为

$$I_{z_C} = I_{z_C}^{(1)} + I_{z_C}^{(2)} = 7.69 \times 10^{-6} + 4.43 \times 10^{-6} = 12.12 \times 10^{-6} \, \text{m}^4$$

A.4 转轴公式、主惯轴与主惯矩

A.4.1 转轴公式

设任意截面图形(图 A-10)对 y 轴和 z 轴的惯性矩和惯性积分别为

$$I_y = \int_A z^2 \, dA, \quad I_z = \int_A y^2 \, dA, \quad I_{yz} = \int_A yz \, dA$$

若将坐标轴 y、z 绕 O 点旋转 α 角,逆时针为正,旋转后得新的坐标轴 y_1、z_1,图形对 y_1、z_1 轴的惯性矩和惯性积则分别为

$$I_{y_1} = \int_A z_1^2 \, dA, \quad I_{z_1} = \int_A y_1^2 \, dA, \quad I_{y_1 z_1} = \int_A y_1 z_1 \, dA$$

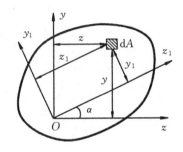

图 A-10

旋转前后两个坐标系中的坐标 (y_1, z_1) 和 (y, z) 之间的关系为

$$y_1 = y\cos\alpha - z\sin\alpha, \quad z_1 = z\cos\alpha + y\sin\alpha$$

将以上两式代入 I_{y_1}、I_{z_1}、$I_{y_1 z_1}$ 的表达式整理后得

$$I_{y_1} = \frac{I_z + I_y}{2} - \frac{I_z - I_y}{2}\cos 2\alpha + I_{yz}\sin 2\alpha$$

$$I_{z_1} = \frac{I_z + I_y}{2} + \frac{I_z - I_y}{2}\cos 2\alpha - I_{yz}\sin 2\alpha$$

$$I_{y_1 z_1} = \frac{I_z - I_y}{2}\sin 2\alpha + I_{yz}\cos 2\alpha \tag{A-14}$$

由式(A-14)可知

$$I_{y_1} + I_{z_1} = I_y + I_z \tag{A-15}$$

这说明图形对互相垂直的两轴的惯性矩之和恒为一常数。

A.4.2 主惯轴、主惯矩

由公式(A-14)可见,对于没有对称轴的图形也能找到惯性积为零的情形。设在某位置有一对 y_0、z_0 轴,图形对 y_0、z_0 轴的惯性积为零;这时 y_0、z_0 轴与 y、z 轴的夹角为 α_0,由式(A-14)得

$$I_{y_0 z_0} = \frac{I_z - I_y}{2}\sin 2\alpha_0 + I_{yz}\cos 2\alpha_0 = 0$$

$$\tan 2\alpha_0 = -\frac{2 I_{yz}}{I_z - I_y} \tag{A-16}$$

也就是说,当坐标轴绕 O 点旋转时,总能找到一对正交轴 y_0、z_0,图形对这对坐标轴的惯性积恰好等于零。这一对坐标轴称为**主惯轴**。对主惯轴的惯性矩称为**主惯矩**。由式(A-16)求得

$\sin2\alpha_0$、$\cos2\alpha_0$ 值，代入式（A-14）分别得到对 y_0、z_0 轴的主惯矩为

$$I_{y_0} = \frac{I_z + I_y}{2} - \frac{1}{2}\sqrt{(I_y - I_z)^2 + 4I_{yz}^2}, \quad I_{z_0} = \frac{I_z + I_y}{2} + \frac{1}{2}\sqrt{(I_y - I_z)^2 + 4I_{yz}^2} \quad (A-17)$$

显然，当坐标轴之一为对称轴时，图形对这两个坐标轴的惯性矩都是主惯矩。

主惯矩 I_{y_0} 和 I_{z_0} 是图形对通过 O 点的各轴的惯性矩中的最大值和最小值。现证明如下：将式（A-14）对 α 求导一次，并令其为零，即

$$\frac{dI_{y_1}}{d\alpha} = (I_z - I_y)\sin2\alpha + 2I_{yz}\cos2\alpha = 0$$

$$\tan2\alpha = -\frac{2I_{yz}}{I_z - I_y}$$

这个 α 角恰与式（A-16）的 α_0 相等，因此主惯矩具有最大或最小的极值性质。实际上因 $I_{y_1} + I_{z_1}$ 是常数，当 I_{y_1} 为最大时，I_{z_1} 必为最小，反之也是这样。

在弯曲理论中，需要把坐标原点放在梁的横截面的形心上。通过形心的主惯轴称为**形心主惯轴**，对形心主惯轴的惯性矩称为**形心主惯矩**。

例 A-8 试求图 A-11 所示 L 形截面形心主惯轴及相应的形心主惯矩。（图中长度单位为 mm）

解：1) 求形心位置 选辅助坐标 Oyz，则

$$y_C = \frac{S_z}{A} = \frac{10 \times 120 \times 60 + 70 \times 10 \times 5}{10 \times 120 + 10 \times 70}$$

$$= \frac{75500}{1900} = 39.7 \text{ mm}$$

$$z_C = \frac{S_y}{A} = \frac{10 \times 120 \times 5 + 70 \times 10 \times 45}{10 \times 120 + 10 \times 70}$$

$$= \frac{37500}{1900} = 19.7 \text{ mm}$$

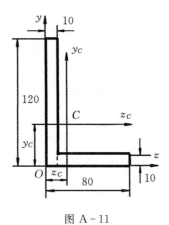

图 A-11

2) 求 I_{y_C}、I_{z_C}、$I_{y_C z_C}$

$$I_{z_C} = \frac{10 \times 120^3}{12} + 10 \times 120 \times (60 - 39.7)^2 + \frac{70 \times 10^3}{12} + 70 \times 10 \times (39.7 - 5)^2$$

$$= 2.78 \times 10^6 \text{ mm}^4$$

$$I_{y_C} = \frac{120 \times 10^3}{12} + 10 \times 120 \times (19.7 - 5)^2 + \frac{10 \times 70^3}{12} + 70 \times 10 \times (35 + 10 - 19.7)^2$$

$$= 1.003 \times 10^6 \text{ mm}^4$$

$$I_{y_C z_C} = -10 \times 120 \times (60 - 39.7) \times (19.7 - 5) - 70 \times 10 \times (39.7 - 5) \times (35 + 10 - 19.7)$$

$$= -9.73 \times 10^5 \text{ mm}^4$$

3) 求形心主惯轴的位置

$$\tan2\alpha = -\frac{2I_{y_C z_C}}{I_{z_C} - I_{y_C}} = 1.091, \quad \alpha = 23.8° \text{ 或} 113.8°$$

4) 求形心主惯矩

$$I_{y_0} = \frac{I_{z_C} + I_{y_C}}{2} - \frac{1}{2}\sqrt{(I_{y_C} - I_{z_C})^2 + 4I_{y_C z_C}^2} = 0.574 \times 10^6 \text{ mm}^4$$

$$I_{z_0} = \frac{I_{z_C} + I_{y_C}}{2} + \frac{1}{2}\sqrt{(I_{y_C} - I_{z_C})^2 + 4I_{y_C z_C}^2} = 3.214 \times 10^6 \text{ mm}^4$$

思 考 题

A-1 截面图形对形心轴的几何性质一定为零的是_____。
(A) 静矩 (B) 惯性矩
(C) 惯性积 (D) 回转半径

A-2 图示T形截面、形心轴 z_C 将整个截面分成上下两部分，分别称为 Ⅰ 和 Ⅱ，则两部分对 z_C 轴的静矩为_____。
(A) $S_{z_C}^{Ⅰ} = S_{z_C}^{Ⅱ}$ (B) $S_{z_C}^{Ⅰ} = -S_{z_C}^{Ⅱ}$
(C) $S_{z_C}^{Ⅰ} \geqslant |S_{z_C}^{Ⅱ}|$ (D) $S_{z_C}^{Ⅰ} \leqslant |S_{z_C}^{Ⅱ}|$

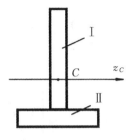

思考题 A-2 图

A-3 图示三个图形对 y 轴的惯性矩 I_y^a、I_y^b、I_y^c 之间的关系为_____。

(A) $I_y^a = I_y^b = I_y^c$ (B) $I_y^a > I_y^b > I_y^c$ (C) $I_y^a > I_y^c > I_y^b$ (D) 无法确定

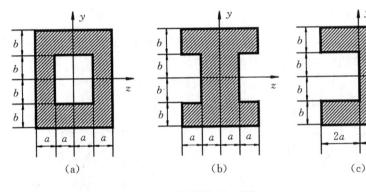

思考题 A-3 图

A-4 已知图示三角形截面对 z 轴的惯性矩为 $bh^3/12$，如果用平行移轴公式求该截面对 z_1 轴的惯性矩为：$I_{z_1} = I_z + h^2 A = \dfrac{bh^3}{12} + h^2 \times \dfrac{bh}{2} = \dfrac{7}{12}bh^3$，此结果是否正确？为什么？

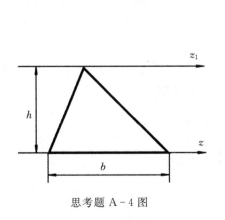

思考题 A-4 图

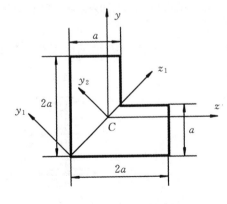

思考题 A-5 图

A-5 图示截面中有三对轴分别为 y-z 轴、y_1-z_1 轴、y_2-z_1 轴，C 为截面的形心。试判断

哪一对轴为主惯轴？哪一对轴为形心主惯轴？

习 题

A-1 试求图示三角形形心至其底边的距离。

A-2 试求由20b 工字钢与14b 槽钢焊接在一起所形成组合截面的形心坐标 y_C 及 z_C。

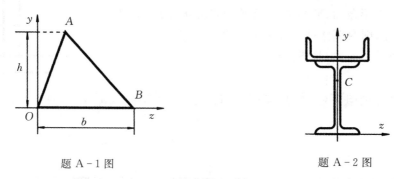

题 A-1 图　　　　　　题 A-2 图

A-3 一矩形 $b = 2h/3$，从左右两侧切去半圆形（$d = h/2$）。试求：(1) 切去部分面积占原面积的百分比；(2) 切后的惯性矩 I'_z 与原矩形的惯性矩 I_z 之比。

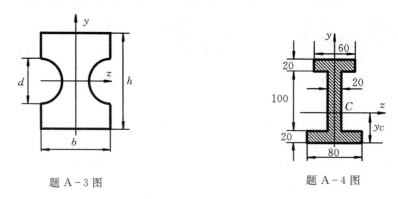

题 A-3 图　　　　　　题 A-4 图

A-4 试求图示工字形截面的形心坐标 y_C、惯性矩 I_z 和惯性积 I_{yz}。C 为形心。（图中长度单位为 mm）

A-5 求图示两个10槽钢组成的组合图形的惯性矩 I_z 和 I_y。

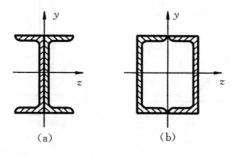

题 A-5 图

A‑6 图示两个20a槽钢组成的图形，C点为组合图形的形心。试求b为多少时，图形对两个形心轴的惯性矩相等。

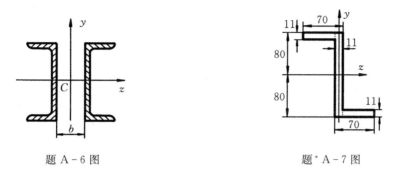

题 A‑6 图　　　　　　　　题*A‑7 图

*A‑7** 试确定图示图形的形心主惯轴的位置，并计算形心主惯矩。（图中长度单位为 mm）

A‑8 试证明通过正三角形、正方形、正六形截面形心的任意轴均为形心主惯轴，且截面对所有形心轴的惯性矩都相等。

附录 B 简单载荷下梁的变形表

序号	支承及载荷情况	梁端转角	挠曲线方程	最大挠度
1	(简支梁，中点集中力 F，跨度 l)	$\theta_1 = -\theta_2 = -\dfrac{Fl^2}{16EI}$	当 $0 \leqslant x \leqslant l/2$: $v = -\dfrac{Fx}{12EI}\left(\dfrac{3l^2}{4} - x^2\right)$	$v_{\max} = -\dfrac{Fl^3}{48EI}$
2	(简支梁，偏心集中力 F，a、b)	$\theta_1 = -\dfrac{Fab(l+b)}{6lEI}$ $\theta_2 = \dfrac{Fab(l+a)}{6lEI}$	当 $0 \leqslant x \leqslant a$: $v = -\dfrac{Fbx}{6lEI}(l^2 - x^2 - b^2)$ 当 $a \leqslant x \leqslant l$: $v = -\dfrac{Fb}{6lEI}\left[(l^2 - b^2)x - x^3 + \dfrac{l}{b}(x-a)^3\right]$	若 $a > b$, 在 $x = \sqrt{\dfrac{l^2 - b^2}{3}}$ 处: $v_{\max} = -\dfrac{\sqrt{3}Fb}{27lEI}(l^2 - b^2)^{3/2}$ $x = l/2$ 处: $v_{l/2} = -\dfrac{Fb}{48EI}(3l^2 - 4b^2)$
3	(简支梁，均布载荷 q，跨度 l)	$\theta_1 = -\theta_2 = -\dfrac{ql^3}{24EI}$	$v = -\dfrac{qx}{24EI}(l^3 - 2lx^2 + x^3)$	$v_{\max} = -\dfrac{5ql^4}{384EI}$
4	(简支梁，端部力偶 M_0，a、b)	$\theta_1 = -\dfrac{M_0}{6lEI}(l^2 - 3b^2)$ $\theta_2 = -\dfrac{M_0}{6lEI}(l^2 - 3a^2)$	当 $0 \leqslant x \leqslant a$: $v = \dfrac{M_0}{6lEI}[x^3 - x(l^2 - 3b^2)]$ 当 $a \leqslant x \leqslant l$: $v = \dfrac{M_0}{6lEI}[x^3 - 3l(x-a)^2 - x(l^2 - 3b^2)]$	$x = \sqrt{\dfrac{l^2 - 3b^2}{3}}$ 处: $v_{\max} = -\dfrac{M_0}{9\sqrt{3}EI}[l^2 - 3b^2]^{3/2}$ $x = \sqrt{\dfrac{l^2 - 3a^2}{3}}$ 处: $v_{\max} = \dfrac{M_0}{9\sqrt{3}EI}[l^2 - 3a^2]^{3/2}$

续表

序号	支承及载荷情况	梁端转角	挠曲线方程	最大挠度
5	悬臂梁，自由端受集中力 F	$\theta = -\dfrac{Fl^2}{2EI}$	$v = -\dfrac{Fx^2}{6EI}(3l-x)$	$v_{\max} = -\dfrac{Fl^3}{3EI}$
6	悬臂梁，自由端受力偶 M_0	$\theta = -\dfrac{M_0 l}{EI}$	$v = -\dfrac{M_0 x^2}{2EI}$	$v_{\max} = -\dfrac{M_0 l^2}{2EI}$
7	悬臂梁，受均布载荷 q	$\theta = -\dfrac{ql^3}{6EI}$	$v = -\dfrac{qx^2}{24EI}(x^2 + 6l^2 - 4lx)$	$v_{\max} = -\dfrac{ql^4}{8EI}$

附录 C 型 钢 表

表 1 热轧普通工字钢（GB706—88）

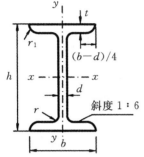

符号意义：h——高度　　　　r_1——腿端圆弧半径
　　　　　b——腿宽　　　　I——惯性矩
　　　　　d——腰厚　　　　W——抗弯截面系数
　　　　　t——平均腿厚　　i——惯性半径
　　　　　r——内圆弧半径　S——半截面的静矩

型号	尺寸/mm						面积/cm²	理论重量/(kg·m⁻¹)	参考数值						
									x—x				y—y		
	h	b	d	t	r	r_1			I_x/cm⁴	W_x/cm³	i_x/cm	$I_x:S_x$/cm	I_y/cm⁴	W_y/cm³	i_y/cm
10	100	68	4.5	7.6	6.5	3.3	14.3	11.2	245.00	49.00	4.14	8.59	33.000	9.720	1.520
12.6	126	74	5.0	8.4	7.0	3.5	18.1	14.2	488.43	77.529	5.195	10.85	46.906	12.677	1.609
14	140	80	5.5	9.1	7.5	3.8	21.5	16.9	712.00	102.00	5.76	12.00	64.400	16.100	1.730
16	160	88	6.0	9.9	8.0	4.0	26.1	20.5	1130.00	141.00	6.58	13.80	93.100	21.200	1.890
18	180	94	6.5	10.7	8.5	4.3	30.6	24.1	1660.00	185.00	7.36	15.40	122.000	26.000	2.000
20a	200	100	7.0	11.4	9.0	4.5	35.5	27.9	2370.00	237.00	8.15	17.20	158.000	31.500	2.120
20b	200	102	9.0	11.4	9.0	4.5	39.5	31.1	2500.00	250.00	7.96	16.90	169.000	33.100	2.060
22a	220	110	7.5	12.3	9.5	4.8	42.00	33.0	3400.00	309.00	8.99	18.90	225.000	40.900	2.310
22b	220	112	9.5	12.3	9.5	4.8	46.40	36.4	3570.00	325.00	8.78	18.70	239.000	42.700	2.270
25a	250	116	8.0	13.0	10.0	5.0	48.50	38.1	5023.54	401.88	10.18	21.58	280.046	48.283	2.403
25b	250	118	10.0	13.0	10.0	5.0	53.50	42.0	5283.96	422.72	9.938	21.27	309.297	52.423	2.404
28a	280	122	8.5	13.7	10.5	5.3	55.45	43.4	7114.14	508.15	11.32	24.62	345.051	56.565	2.495
28b	280	124	10.5	13.7	10.5	5.3	61.05	47.9	7480.00	534.29	11.08	24.24	379.496	61.209	2.493
32a	320	130	9.5	15.0	11.5	5.8	67.05	52.7	11075.50	692.20	12.84	27.46	459.930	70.758	2.619
32b	320	132	11.5	15.0	11.5	5.8	73.45	57.7	11621.40	726.33	12.58	27.09	501.530	75.989	2.614
32c	320	134	13.5	15.0	11.5	5.8	79.95	62.8	12167.50	760.47	12.34	26.77	543.810	81.166	2.608
36a	360	136	10.0	15.8	12.0	6.0	76.30	59.9	15760.00	875.00	14.40	30.70	552.000	81.200	2.690
36b	360	138	12.0	15.8	12.0	6.0	83.50	65.6	16530.00	919.00	14.10	30.30	582.000	84.300	2.640
36c	360	140	14.0	15.8	12.0	6.0	90.70	71.2	17310.00	962.00	13.80	29.90	612.000	87.400	2.600
40a	400	142	10.5	16.5	12.5	6.3	86.10	67.6	21720.00	1090.00	15.90	34.10	660.000	93.200	2.770
40b	400	144	12.5	16.5	12.5	6.3	94.10	73.8	22780.00	1140.00	15.60	33.60	692.000	96.200	2.710
40c	400	146	14.5	16.5	12.5	6.3	102.00	80.0	23850.00	1190.00	15.20	33.20	727.000	99.600	2.650
45a	450	150	11.5	18.0	13.5	6.8	102.00	80.4	32240.00	1430.00	17.70	38.60	855.000	114.00	2.890
45b	450	152	13.5	18.0	13.5	6.8	111.00	87.4	33760.00	1500.00	17.40	38.00	894.000	118.00	2.840
45c	450	154	15.5	18.0	13.5	6.8	120.00	94.5	35280.00	1570.00	17.10	37.60	938.000	122.00	2.790
50a	500	158	12.0	20.0	14.0	7.0	119.00	93.6	46470.00	1860.00	19.70	42.80	1120.00	142.00	3.070
50b	500	160	14.0	20.0	14.0	7.0	129.00	101.0	48560.00	1940.00	19.40	42.40	1170.00	146.00	3.010
50c	500	162	16.0	20.0	14.0	7.0	139.00	109.0	50640.00	2080.00	19.00	41.80	1220.00	151.00	2.960
56a	560	166	12.5	21.0	14.5	7.3	135.25	106.2	65585.6	2342.31	22.02	47.73	1370.16	165.08	3.182
56b	560	168	14.5	21.0	14.5	7.3	146.45	115.0	60512.5	2446.69	21.63	47.17	1486.75	174.25	3.162
56c	560	170	16.5	21.0	14.5	7.3	157.85	123.9	71439.4	2551.41	21.27	46.66	1558.30	183.34	3.158

表 2　热轧普通槽钢(GB707—88)

符号意义：h——高度　　　　r_1——腿端圆弧半径
　　　　　b——腿宽　　　　I——惯性矩
　　　　　d——腰厚　　　　W——抗弯截面系数
　　　　　t——平均腿厚　　i——惯性半径
　　　　　r——内圆弧半径　z_0——y—y轴与y_0—y_0轴间距

型号	尺寸/mm						截面面积 /cm²	理论重量 /(kg·m⁻¹)	参考数值						
									$x-x$			$y-y$			y_0-y_0	z_0 /cm
	h	b	d	t	r	r_1			W_x /cm³	I_x /cm⁴	i_x /cm	W_y /cm³	I_y /cm⁴	i_y /cm	I_{y0} /cm⁴	
5	50	37	4.5	7.0	7.0	3.50	6.93	5.44	10.400	26.000	1.940	3.550	8.300	1.100	20.900	1.350
6.3	63	40	4.8	7.5	7.5	3.75	8.444	6.63	16.123	50.786	2.453	4.500	11.872	1.185	28.380	1.360
8	80	43	5.0	8.0	8.0	4.00	10.24	8.04	25.300	101.300	3.150	5.790	16.600	1.270	37.400	1.430
10	100	48	5.3	8.5	8.5	4.25	12.74	10.00	39.700	198.300	3.950	7.800	25.600	1.410	54.900	1.520
12.6	126	53	5.5	9.0	9.0	4.50	15.69	12.37	62.137	391.466	4.953	10.242	37.990	1.567	77.090	1.590
14a	140	58	6.0	9.5	9.5	4.75	18.51	14.53	80.500	563.700	5.520	13.010	53.200	1.700	107.100	1.710
14b	140	60	8.0	9.5	9.5	4.75	21.31	16.73	87.100	609.400	5.350	14.120	61.100	1.690	120.600	1.670
16a	160	63	6.5	10.0	10.0	5.00	21.95	17.23	108.300	866.200	6.280	16.300	73.300	1.830	144.100	1.800
16	160	65	8.5	10.0	10.0	5.00	25.15	19.74	116.800	934.500	6.100	17.550	83.400	1.820	160.800	1.750
18a	180	68	7.0	10.5	10.5	5.25	25.69	20.17	141.400	1272.70	7.040	20.030	98.600	1.960	189.700	1.880
18	180	70	9.0	10.5	10.5	5.25	29.29	22.99	152.200	1369.90	6.840	21.520	111.000	1.950	210.100	1.840
20a	200	73	7.0	11.0	11.0	5.50	28.83	22.63	178.000	1780.40	7.860	24.200	128.000	2.110	244.000	2.010
20	200	75	9.0	11.0	11.0	5.50	32.83	25.77	191.400	1913.70	7.640	25.880	143.600	2.090	268.400	1.950
22a	220	77	7.0	11.5	11.5	5.75	31.84	24.99	217.600	2393.90	8.670	28.170	157.800	2.230	298.200	2.100
22	220	79	9.0	11.5	11.5	5.75	36.24	28.45	233.800	2571.40	8.420	30.050	176.400	2.210	326.300	2.030
a	250	78	7.0	12.0	12.0	6.00	34.91	27.47	269.597	3369.62	9.823	30.607	175.529	2.243	322.256	1.065
25b	250	80	9.0	12.0	12.0	6.00	39.91	31.39	282.402	3530.04	9.405	32.657	196.421	2.218	353.187	1.982
c	250	82	11.0	12.0	12.0	6.00	44.91	35.32	295.236	3690.45	9.065	35.926	218.415	2.206	384.133	1.921
a	280	82	7.5	12.5	12.5	6.25	40.02	31.42	340.328	4764.59	10.91	35.718	217.989	2.333	387.566	2.097
28b	280	84	9.5	12.5	12.5	6.25	45.62	35.81	366.460	5130.45	10.60	37.929	242.144	2.304	427.589	2.016
c	280	86	11.5	12.5	12.5	6.25	51.22	40.21	392.594	5496.32	10.35	40.301	267.602	2.286	462.597	1.951
a	320	88	8.0	14.0	14.0	7.00	48.70	38.22	474.879	7598.06	12.49	46.473	304.787	2.502	552.310	2.242
32b	320	90	10.0	14.0	14.0	7.00	55.10	43.25	509.012	8144.20	12.15	49.157	336.332	2.471	592.933	2.158
c	320	92	12.0	14.0	14.0	7.00	61.50	48.28	543.145	8690.33	11.88	52.642	374.175	2.467	643.299	2.092
a	360	96	9.0	16.0	16.0	8.00	60.89	47.80	659.700	11874.2	13.97	63.540	455.000	2.730	818.400	2.440
36b	360	98	11.0	16.0	16.0	8.00	68.09	53.45	702.900	12651.8	13.63	66.850	496.700	2.700	880.400	2.370
c	360	100	13.0	16.0	16.0	8.00	75.29	50.10	746.100	13429.4	13.36	70.020	536.400	2.670	947.900	2.340
a	400	100	10.5	18.0	18.0	9.00	75.05	58.91	878.900	17577.9	15.30	78.830	592.000	2.810	1067.70	2.490
40b	400	102	12.5	18.0	18.0	9.00	83.05	65.19	932.200	18644.5	14.98	82.520	640.000	2.780	1135.60	2.440
c	400	104	14.5	18.0	18.0	9.00	91.05	71.47	985.600	19711.2	14.71	86.190	687.800	2.750	1220.70	2.420

中英文名称对照

A

安全系数　safety factor

B

比例极限　proportional limit
变截面梁　beam of variable cross-section
边界条件　boundary condition
变形　deformation
变形能　strain energy
变形体　deformable body
变形协调方程　compatibility equation of deformation
标距　gauge length
表面力　surface force
表面质量因数　surface quality factor
薄壁杆件　thin-walled member
薄壁筒　thin-walled cylinder
薄壁压力容器　thin-walled pressure vessel
泊松比　Poisson's ratio
不稳定平衡　unstable equilibrium

C

材料力学　mechanics of materials
材料失效　material failure
残余应变　residual strain
残余应力　residual stress
长度因数　coefficient of length
超静定结构　statically indeterminate structure
超静定梁　statically indeterminate beam
持久极限(疲劳极限)　endurance limit
尺寸因数　dimensional factor
冲击　impact

冲击韧度　impact toughness
冲击载荷　impact loading
纯剪切　pure shear
纯剪切应力状态　stress state of pure shear
纯弯曲　pure bending
脆性　brittleness
脆性材料　brittle materials
脆性破坏　brittle failure

D

单位力法　method of unit-force
单元体　element
等截面梁　uniform beam
等强度梁　beams of constant strength
低碳钢　mild steel
叠加法　superposition method
动应力　dynamic stress
动载荷　dynamic loading
断裂　fracture
断面收缩率　percentage reduction of area
对称轴　symmetric axis
对称循环　symmetric reversed cycle
对称载荷　symmetric loading
多余约束力　redundant reaction

F

非对称载荷　unsymmetrical loading
非圆截面杆　noncircular member
分布载荷　distributed load
分离体　free body
腹板　web
符号法则　sign convention
复合材料　composite material

附加力　additional force

G

杆件　bar
刚度　stiffness
刚度条件　stiffness condition
刚架　frame
刚体　rigid body
各向同性　isotropy
各向异性　anisotropy
工作应力　working stress
功　work
功互等定理　reciprocal work theorem
功率　power
构件　member
固定端　fixed support
惯性半径　radius of gyration
惯性积　product of inertia of an area
惯性矩　inertia moment of an area
广义胡克定律　generalized Hooke's law
广义力　generalized force
广义位移　generalized displacement

H

合力　resultant force
合力矩　resultant moment
横截面面积　cross-section area
横向应变　lateral strain
横向载荷　transverse loading
胡克定律　Hooke's law
滑移线　slip line
灰铸铁　gray cast iron

J

积分法　integration method
基本假设　basic assumption
集度　intensity
极惯性矩　polar moment of inertia of an area
极限切应力　ultimate shear stress

极限正应力　ultimate normal stress
极限载荷　ultimate loading
极限应力　ultimate stress
挤压应力　bearing stress
挤压面积　area in bearing
集中载荷　concentrated load
剪力　shearing force
剪力流　shear flow
剪切变形　shearing deformation
剪切胡克定律　Hooke's law for shear
剪切弯曲　shearing bending
简支梁　simply supported beam
铰链　hinge
交变应力　alternating stress
交变载荷　alternating loading
铰支座　hinged support
截面法　method of section
截面核心　core of section
静定梁　statically determinate beam
静矩　static moment of an area
静应力　static stress
静载荷　static loading
颈缩　necking
均匀性　homogeneity

K

抗拉刚度　tensile rigidity
抗扭刚度　torsional rigidity
抗扭截面系数　torsional section modulus
抗弯刚度　flexural rigidity
抗弯截面系数　bending section modulus
宽翼缘工字型梁　wide-flange beam

L

拉伸　tension
拉伸试验　tensile test
拉应力　tensile stress
冷作硬化　cold hardening
连续性　continuity

梁　beam
临界应力　critical stress
临界载荷　critical loading
螺旋弹簧　spiral spring

M

铆接接头　riveted joint
名义屈服应力　nominal yield stress
莫尔强度理论　Mohr's strength theory
莫尔圆(应力圆)　Mohr's circle or stress circle

N

挠度　deflection
挠曲线微分方程　differential equation of deflection curve
内力　internal force
能量法　energy method
能量守恒原理　principle of conservation of energy
扭矩　torque
扭转　torsion
扭转角　angle of torsion

O

欧拉公式　Euler's formula

P

疲劳　fatigue
疲劳强度　fatigue strength
偏心距　eccentric distance
偏心载荷　eccentric loading
平衡方程　equation of equilibrium
平均应力　average stress or mean stress
平截面假设　plane assumption
平面弯曲　planar bending
平面应力状态　plane state of stress
平行移轴定理　parallel shift axis theorem
泊松比　Poisson's Ratio

Q

强度　strength
强度极限　strength limit
强度理论　strength theory
强度失效　strength failure
翘曲　warp
切变模量　shear modulus
切线弹性模量　tangent modulus of elasticity
切应变　shearing strain
切应力　shear stress
切应力互等定理　theorem of conjugate shearing stress
屈服　yield
屈服极限　yield limit
屈服准则　yield criterion
曲率半径　radius of curvature
屈曲　buckling

R

热膨胀　thermal expansion
热膨胀系数　linear coefficient of thermal expansion
韧性　ductility
柔度(长细比)　slenderness ratio
蠕变　creep

S

三向应力状态　three-dimensional state of stress
设正法　method of positive assumption
圣维南原理　Saint-Venant's principle
失效　failure
试样　specimen
双剪强度理论　twin-shear strength theory
塑性　plasticity
塑性变形　plastic deformation
塑性材料　plastic material or ductile material

塑性应变	plastic strain

T

弹性	elasticity
弹性变形	elastic deformation
弹性极限	elastic limit
弹性模量	elasticity modulus
弹性应变	elastic strain
体积弹性模量	bulk modulus of elasticity
体积应变	dilatation strain
体力	body force
图乘法	diagrammatic multiplication method

W

外力	external force
外力功	work of external force
外伸梁	overhanging beam
弯矩	bending moment
弯曲	bending
弯曲中心（剪切中心）	shear center
微裂纹	micro-crack
微元体	microelement
危险截面	dangerous cross-section
位移	displacement
位移互等定理	reciprocal displacement theorem
温度（热）应变	thermal strain
温度（热）应力	thermal stress
稳定安全因数	safety factor for stability
稳定平衡	stable equilibrium
稳定性	stability

X

线弹性变形	linear elastic deformation
线应变	normal strain
相对位移	relative displacement
相当系统	equivalent system
相当应力	equivalent stress
小变形	small deformations
斜弯曲	skew bending
形心	centroid of an area
形心轴	centroidal axis
修正系数	correction factor
虚功	virtual work
许可载荷	allowable load
许用应力	allowable stress
悬臂梁	cantilever beam
循环特征	cyclical character

Y

压杆（柱）	strut or column
压缩	compression
压缩试验	compressive test
压应力	compressive stress
延伸率	percentage elongation
杨氏模量	Young's modulus
翼缘	flange
引伸计	extensometer
应变	strain
应变比能	strain energy density
应变花	strain rosette
应变片	strain gage
应力	stress
应力幅	stress amplitude
应力集中	stress concentration
应力集中因数	stress concentration factor
应力-寿命曲线	stress-number curve
应力松弛	stress relaxation
应力-应变曲线	stress-strain curve
应力循环	stress cycle
应力状态	state of stress
有效应力集中因数	effective stress concentration factor
永久变形	permanent deformation
圆轴	circular shaft

Z

载荷	loading

载荷循环　loading cycle
正应力　normal stress
正则方程　canonical equation
支座　support
支座反力　support reaction
纵向应变　longitudinal strain
轴　shaft
轴力　axial force
轴线　axis
轴向拉伸与压缩　axial tension and compression
轴向位移　axial displacement
轴向载荷　axial loading
周(环)向应力　circumferential stress
主单元体　principal element
主惯矩　principal moment of inertia
主惯轴　principal axes
主平面　principal plane

主应变　principal strain
主应力　principal stress
转角　angle of rotation
转轴定理　inclined-axis theorem
装配应力　assembly stress
组合梁　built-up beam or combination beam
组合变形　combined deformation
组合图形　composite areas
最大拉应变理论　maximum-normal-strain theory
最大拉应力理论　maximum-normal-stress theory
最大切应力理论　maximum-shear-stress theory
最大形状改变比能理论　maximum-distortion-energy theory

部分习题参考答案

2-1 (a) $F_{N1}=50$ kN, $F_{N2}=10$ kN, $F_{N3}=-20$ kN
   (b) $F_{N1}=F$, $F_{N2}=0$, $F_{N3}=F$
   (c) $F_{N1}=0$, $F_{N2}=4F$, $F_{N3}=3F$

2-2 $\sigma=31.9$ MPa$<[\sigma]$,安全

2-3 $\sigma=158.4$ MPa$<[\sigma]$,安全

2-4 (1) $D=24.43$ mm;
   (2) $\sigma=119.4$ MPa$<[\sigma]$,安全

2-5 $d \geqslant 23.03$ mm

2-6 $b=32.2$ mm, $h=109.5$ mm

2-7 $\sigma=63.7$ MPa$<[\sigma]$,安全

2-8 $[F]=41$ kN

2-9 $F_{max}=8.66$ kN

2-10 $[F]_1=36$ kN, $[F]_2=12$ kN

2-11 (1) $30.1°$; (2) $F_{max}=92.2$ kN

2-12 $\Delta l=0.075$ mm

2-13 (1) $A_1=200$ mm^2, $A_2=50$ mm^2;
   (2) $A_1=267$ mm^2, $A_2=50$ mm^2

2-14 $\sigma=78.75$ MPa, $F=6.31$ kN

2-15 $\Delta l=\dfrac{4Fl}{\pi E d_1 d_2}$

2-16 (1) $\Delta l=\dfrac{\gamma l^2}{2E}$; (2) $l_{max}=\dfrac{\sigma^0}{\gamma}$

2-17 $\Delta_{BV}=3.9$ mm, $\Delta_{BH}=2.15$ mm, $\Delta_B=4.45$ mm

2-18 $\Delta_{AC}=\dfrac{3.414Fa}{EA}$

2-19 $\Delta_{CV}=1.038$ mm, $\Delta_{CH}=0.517$ mm

2-20 144 MPa, 0.75 mm

2-21 $A_1=1732$ mm^2, $A_2=1750$ mm^2; $\Delta_H=0.37$ mm, $\Delta_V=1.78$ mm

2-22 $\varepsilon=0.5\times10^{-3}$, $\sigma=100$ MPa, $F=7.85$ kN

2-23 (1) $A\geqslant833$ mm^2; (2) $d\leqslant17.8$ mm, (3) $F\leqslant15.7$ kN

2-24 $\sigma_s=249.6$ MPa, $\sigma_b=430.4$ MPa, $\delta=16.6\%$, $\psi=61.6\%$

2-25 $\varepsilon=2.5\times10^{-3}$

2-26 $F_A=F_B=F/3$

2-27 $\sigma_1=66.7$ MPa, $\sigma_2=133.3$ MPa

2-28 $F_{NBD}=0.739F$, $F_{NBC}=0.369F$

2-29 $F_{N1}=F_{N3}=\dfrac{F}{2\sin\alpha}$, $F_{N2}=0$

2-30 (1) $F=31.4$ kN
   (2) $\sigma_1=\sigma_2=131$ MPa, $\sigma_3=-34.3$ MPa

2-31 $F_{N1}=F_{N2}=0.707F$, $F_{N3}=0$

2-32 $F_N^{AB}=-0.293F$, $F_N^{BC}=0.707F$, $F_N^{AD}=F_N^{AE}=0.207F$

2-33 (1) 10 kN, 0.12 mm;
   (2) $a=0.625$ m 时, $\Delta F=6$ kN

2-34 $A_1=1384$ mm^2, $A_2=692$ mm^2

2-35 $F_1=13.9$ kN, $F_2=4.2$ kN

2-36 $F_{N1}=7.93$ kN, $F_{N2}=10.19$ kN, $F_{N3}=21.89$ kN

2-37 $e=\dfrac{b}{2}\dfrac{E_1-E_2}{E_1+E_2}$

2-38 $\Delta=7.2$ mm, $\sigma=96.0$ MPa

*2-39 $\sigma_{钢}=75$ MPa, $\sigma_{铜}=18.75$ MPa

*2-40 (1) $\sigma_{钢}=113.7$ MPa, $\sigma_{铜}=68.2$ MPa;
   (2) $\Delta\sigma_{钢}=36.4$ MPa, $\Delta\sigma_{铜}=21.8$ MPa

3-1 (a) $|T|_{max}=30$ N·m;
   (b) $|T|_{max}=30$ N·m

3-2 (3) $d=74$ mm

3-3 (1) $\tau_A=46.6$ MPa, $\gamma_A=5.82\times10^{-4}$ rad;
   (2) $\tau_{max}=51.8$ MPa, $\tau_{min}=41.4$ MPa

3-4　1.95 倍；1.192 倍。

3-5　$\varphi = \dfrac{m_0 l^2}{2GI_p}$

3-6　$\varphi_B = 1.404 \dfrac{16M_e l}{G\pi d^4}$, $\delta = 2.7\%$

3-7　$d_1 = 45$ mm, $D_2 = 46$ mm

3-8　$\varphi_{CA} = 0.597°$, $\Phi_{max} = 1.4°/m$

3-9　(1) $P_{max} = 18.5$ kW；(2) $\tau'_{max} = 30$ MPa

3-10　(1) $G = 79.7$ GPa

3-11　BD 段：$\tau_{max} = 21.3$ MPa $<[\tau]$
　　　　　$\Phi_{max} = 0.435°/m$
　　　AC 段：$\tau_{max} = 49.4$ MPa
　　　　　$\Phi_{max} = 1.77°/m < [\Phi]$

3-12　$\tau = 56.6$ MPa

3-13　(1) $\tau_A = 40.26$ MPa，
　　　　$\tau_B = 34.62$ MPa, $\tau_C = 0$；
　　　(2) $\Phi = 0.564°/m$

3-14　$\tau_{max} = 25$ MPa, $\varphi = 3°35'$

3-15　$\tau_a : \tau_b : \tau_c = 1 : 1.273 : 1.433$,
　　　$\varphi_a : \varphi_b : \varphi_c = 1 : 1.621 : 2.053$

3-16　$M_A = \dfrac{4}{7} M_e$, $M_B = \dfrac{3}{7} M_e$

3-17　$T_1 = T_2 = \dfrac{\alpha \cdot G_1 I_{p1} \cdot G_2 I_{p2}}{l_2 \cdot G_1 I_{p1} + l_1 \cdot G_2 I_{p2}}$

3-18　$T = \dfrac{31}{48} \pi R^3 \tau_s$

4-1　(a) A^+：$F_s = 0$, $M = qa^2$；
　　　　B^-：$F_s = 0$, $M = qa^2$；
　　　　B^+：$F_s = -qa$, $M = qa^2$；
　　　　C：$F_s = -qa$, $M = 0$；
　　　　D^-：$F_s = -2qa$, $M = -3qa^2/2$
　　　(b) A^+：$F_s = 0$, $M = 0$；
　　　　C^-：$F_s = 0$, $M = 0$; C^+：$F_s = -F$,
　　　　$M = 0$；
　　　　D^-：$F_s = -F$, $M = -Fa$；
　　　　D^+：$F_s = 0$, $M = -Fa$; B^-：$F_s = 0$,
　　　　$M = -Fa$；

4-4　$x_0 = \dfrac{l}{2} - \dfrac{d}{4}$, $|M|_{max} = \dfrac{F}{2l}(l - \dfrac{d}{2})^2$

*4-5　$x_0 = 0.828l$, $M_{max} = 0.0857ql^2$

5-1　$\sigma_a = \sigma_c = 18.85$ MPa, $\sigma_{max} = 23.56$ MPa

5-2　$b = 32.8$ mm

5-3　$\sigma_{max} = 108.6$ MPa $< [\sigma]$, 安全

5-4　$\sigma_实 = 159.2$ MPa, $\sigma_空 = 93.6$ MPa,
　　　$[q_空] : [q_实] = 1.7 : 1$

5-5　(1) $\sigma_{max} = 350$ MPa；(2) $D = 420$ mm

5-6　$[q] = 12.56$ kN/m

5-7　(1) 最大正弯矩所在截面应力：
　　　$\sigma_{max}^+ = 45.9$ MPa, $\sigma_{max}^- = 107.2$ MPa
　　　(2) 最大负弯矩所在截面应力：
　　　$\sigma_{max}^+ = 70$ MPa, $\sigma_{max}^- = 30$ MPa

5-8　$d_{max} = 115$ mm

5-9　(1) $[F] = 38.25$ kN；
　　　(2) $\sigma_{max} = 102$ MPa；
　　　(3) $\sigma_{max} = 306$ MPa

5-10　$a = 1.385$ m

5-11　$\beta = 16$, $t = 23.2$ mm

5-12　$\dfrac{b_1}{b_2} = \dfrac{2\beta - 1}{2 - \beta}$

5-13　$[q] = 14.65$ kN/m

5-14　(1) $x_0 = 4.17$ m；(2) 28a 工字钢

5-15　$F = \dfrac{4Ebh^3 \varepsilon}{9le}$

5-16　(1) $\sigma_{max}/\tau_{max} = 5$；(2) $\Delta l = \dfrac{ql^3}{2Ebh^2}$

5-17　(1) AC 中点；
　　　(2) $b = 138.7$ mm, $h = 208$ mm

5-18　$W \geqslant 220$ cm^3，取 20a 工字钢

5-19　$\sigma_{max} = \dfrac{128}{27} \dfrac{Fl}{\pi d^3}$

6-1　(a) $v_{max} = -\dfrac{Fl^3}{3EI} - \dfrac{Fl^2 a}{2EI}$；
　　　(b) $v_{max} = \dfrac{M_0 l^2}{6EI}$

6-2　(a) $v_C = -\dfrac{29qa^4}{3EI}$, $\theta_B = 3\dfrac{qa^3}{EI}$
　　　(b) $v_C = -\dfrac{13Fa^3}{18EI}$, $\theta_B = \dfrac{8}{9}\dfrac{Fa^2}{EI}$
　　　(c) $v_C = -\dfrac{11Fl^3}{384EI}$, $\theta_B = \dfrac{3Fl^2}{32EI}$

(d) $v_C = \dfrac{qa^4}{24EI}$, $\theta_B = \dfrac{qa^3}{3EI}$

6-3 (a) $v_C = \dfrac{11qa^4}{12EI}$, $\theta_B = \dfrac{qa^3}{2EI}$;

(b) $v_C = \dfrac{65qa^4}{48EI}$, $\theta_B = \dfrac{7qa^3}{6EI}$;

6-4 $v_B = 8.22$ mm

6-5 16a 槽钢

6-6 $d = 76.8$ mm

6-7 $a = \dfrac{l}{2}$, $v_A = \dfrac{ql^4}{384EI}$

6-8 $v = \dfrac{Fx^2}{3EIl}(l-x)^2$

6-9 (1) $[F] = \dfrac{16W[\sigma]}{3l}$;

(2) $\Delta = \dfrac{Fl^3}{144EI}$, $[F'] = \dfrac{6W[\sigma]}{l}$

6-10 (a) $F_B = \dfrac{9M_0}{16a}$; (b) $F_C = \dfrac{7}{4}F$;

(c) $F_C = \dfrac{5}{8}ql$;

(d) $F_C = qa$, $M_A = M_B = \dfrac{qa^2}{12}$

6-11 $|M|_{max} = \dfrac{9}{128}ql^2$, $|F_s|_{max} = \dfrac{5}{8}ql$

7-2 (a) $\sigma_a = 37.5$ MPa, $\tau_a = 39.0$ MPa,
$\sigma' = 60$ MPa, $\sigma'' = -30$ MPa,
$\alpha_0 = 0°$, $\tau_{max} = 45$ MPa。

(b) $\sigma_a = 49.0$ MPa, $\tau_a = 11.0$ MPa,
$\sigma' = 132.4$ MPa, $\sigma'' = 47.6$ MPa,
$\alpha_0 = -22.5°$, $\tau_{max} = 42.4$ MPa。

(c) $\sigma_a = -6.0$ MPa, $\tau_a = 19.6$ MPa,
$\sigma' = -10$ MPa, $\sigma'' = 90$ MPa,
$\alpha_0 = -18.4°$, $\tau_{max} = 50$ MPa。

(d) $\sigma_a = 0$, $\tau_a = 30$ MPa,
$\sigma' = 72.4$ MPa, $\sigma'' = -12.4$ MPa,
$\alpha_0 = -22.5°$, $\tau_{max} = 42.4$ MPa。

7-3 (a) $\sigma_a = 70$ MPa, $\tau_a = 17.3$ MPa,
$\sigma' = 80$ MPa, $\sigma'' = 40$ MPa,
$\alpha_0 = 0°$, $\tau_{max} = 20$ MPa。

(b) $\sigma_a = -50$ MPa, $\tau_a = 0$ MPa,
$\sigma' = 50$ MPa, $\sigma'' = -50$ MPa,
$\alpha_0 = -45°$, $\tau_{max} = 50$ MPa。

(c) $\sigma_a = -30$ MPa, $\tau_a = 52$ MPa,
$\sigma' = 60$ MPa, $\sigma'' = -60$ MPa,
$\alpha_0 = 0°$, $\tau_{max} = 60$ MPa。

(d) $\sigma_a = 94.6$ MPa, $\tau_a = 14.6$ MPa,
$\sigma' = 96.6$ MPa, $\sigma'' = -16.6$ MPa,
$\alpha_0 = 22.5°$, $\tau_{max} = 56.6$ MPa

7-4 (a) $\sigma_x = 33.3$ MPa, $\tau_x = 57.7$ MPa,
$\sigma' = 0$ MPa, $\sigma'' = 133.4$ MPa,
$\alpha_0 = 30°$

(b) $\sigma_x = 560$ MPa, $\tau_x = -277$ MPa,
$\sigma' = 687$ MPa, $\sigma'' = -46.5$ MPa,
$\alpha_0 = 24.5°$

(c) $\sigma_y = 60$ MPa, $\tau_a = 10$ MPa,
$\sigma' = 72.4$ MPa, $\sigma'' = 27.6$ MPa,
$\alpha_0 = -31.7°$

7-5 (1) $\sigma_x = 5.45p$, $\sigma_y = 2.19p$, $\tau_x = 0$,
$\alpha_0 = 0°$; (2) $\alpha = 90°$

7-6 (a) $\sigma_1 = 80$ MPa, $\sigma_2 = 20$ MPa,
$\sigma_3 = -40$ MPa, $\tau_{max} = 60$ MPa

(b) $\sigma_1 = 80$ MPa, $\sigma_2 = 0$,
$\sigma_3 = -20$ MPa, $\tau_{max} = 50$ MPa

(c) $\sigma_1 = 80$ MPa, $\sigma_2 = 50$ MPa,
$\sigma_3 = -50$ MPa, $\tau_{max} = 65$ MPa

(d) $\sigma_1 = 110$ MPa, $\sigma_2 = 10$ MPa,
$\sigma_3 = -40$ MPa, $\tau_{max} = 75$ MPa

7-7 $\sigma_x = 80$ MPa, $\sigma_y = 0$

7-8 $\Delta_{AC} = 372 \times 10^{-6} a$

7-9 $p = -28$ MPa

7-10 $\delta = 8.1\%$, $\varepsilon_B = 566 \times 10^{-6}$

7-11 $F = -\dfrac{2bhE}{3(1+\mu)}\varepsilon_{45°}$

7-14 $M_0 = 318$ N·m, $M_e = -225$ N·m

7-15 $\sigma_1 = 38.4$ MPa, $\sigma_3 = -28.9$ MPa,
$\sigma_2 = 0$
$\varepsilon_1 = 235 \times 10^{-6}$, $\varepsilon_2 = -14 \times 10^{-6}$,
$\varepsilon_3 = -202 \times 10^{-6}$

8-1 $\sigma_{r3} = 150$ MPa, $\sigma_{r4} = 131$ MPa,

$\tau_{yu} = 120$ MPa

8-2 $\sigma_{r1} = 30$ MPa, $\sigma_{r2} = 36$ MPa

8-3 $\sigma_{r3} = 900$ MPa, $\sigma_{r4} = 843$ MPa

8-4 $\sigma_{r3} = 122$ MPa, $\sigma_{r4} = 111.4$ MPa

8-5 $\sigma_{r3} = 300$ MPa, $\sigma_{r4} = 264.6$ MPa

8-6 $p = 1.39$ MPa

8-7 $t = 5$ mm

9-1 $b = 90$ mm, $h = 180$ mm

9-2 16 工字钢, $\sigma_{max} = 159.6$ MPa

9-5 $\sigma_{max} = \dfrac{Fl}{I_z} a \cos 15°$

9-6 $\sigma_{max}^- = 120.95$ MPa

9-7 $F = 19.0$ kN

9-8 $\sigma_{max}^+ = 26.8$ MPa, $\sigma_{max}^- = 32.4$ MPa

9-9 $e = \dfrac{\varepsilon_1 - \varepsilon_2}{\varepsilon_1 + \varepsilon_2} \dfrac{h}{6}$, $F = \dfrac{\varepsilon_1 + \varepsilon_2}{2} bhE$

9-10 $\sigma_A = 3.67$ MPa, $\sigma_B = -0.33$ MPa, $\sigma_C = -5.33$ MPa, $\sigma_d = -1.33$ MPa
中性轴位置 $15y - 4z = 0.25$

9-11 矩形: $e_y = \mp \dfrac{h}{6}$, $e_z = \mp \dfrac{b}{6}$;

圆形: $e = \mp \dfrac{d}{8}$

9-12 $\sigma_{r3} = 58.2$ MPa $< [\sigma]$, 安全

9-13 $d = 75.6$ mm

9-14 $d = 51.1$ mm

9-15 $\sigma_{r4} = 75.7$ MPa $< [\sigma]$, 安全

9-16 $\sigma_{r4} = 54.6$ MPa $< [\sigma]$, 安全, $\tau_{yu} = 50.8$ MPa

9-17 $M_e = 204.7$ N·m, $M_0 = 265$ N·m

9-18 (1) $F = 1.45$ kN;
(2) $\sigma_{r4} = 56.2$ MPa $< [\sigma]$, 安全

*9-19 $\sigma_{r3} = 89.1$ MPa $> [\sigma]$, 不安全

*9-20 (2) $\sigma_{r3} = 32 M_z / \pi d^3$

*9-21 $\varphi = \dfrac{32 M_e l^3}{3 l^2 G \pi d^4 + 12 a^2 E \pi d^4}$

10-1 $U_a : U_b = 16 : 7$

10-2 $U = \dfrac{M_0^2 l}{3EI}$, $\theta_A = \dfrac{2 M_0 l}{3EI}$

10-3 $U = \dfrac{776}{81\pi} \dfrac{M_e^2 l}{G d_1^4}$, $\varphi = \dfrac{1552}{81\pi} \dfrac{M_e l}{G d_1^4}$

10-4 $U = 0.957 \dfrac{F^2 l}{EA}$, $\Delta_{CH} = 1.914 \dfrac{Fl}{EA}$

10-5 $\nu_C = \dfrac{4 F l^3}{243 EI} + \dfrac{F}{9k}$

10-6 $\nu_D = \dfrac{5 q l^4}{384 EI} + \dfrac{q l a}{4 EA}$

10-7 $\theta_A = \dfrac{7 q a^3}{48 EI}$

10-8 $\theta_A = \dfrac{M_0 a}{6 EI}$, $\nu_B = \dfrac{5 M_0 a^2}{6 EI}$

10-9 $\theta = \dfrac{7 q l^3}{24 EI}$

10-10 $\Delta_{DV} = \dfrac{5 F l^3}{384 EI}$, $\theta_B = -\dfrac{F l^2}{96 EI}$

10-11 $\Delta_{BH} = -0.144 \dfrac{Fl}{EA}$, $\theta_{BC} = 1.443 \dfrac{F}{EA}$

10-12 $\Delta_{AV} = 8.657 \dfrac{Fl}{EA}$

10-13 $\Delta_{DV} = \dfrac{29 F a^3}{6 EI} + \dfrac{4 q a^4}{3 EI}$

10-14 $\Delta_{AV} = -\dfrac{F a^3}{EI}$, $\theta_C = \dfrac{F a^2}{EI}$

10-15 $\Delta_{AB} = \dfrac{F a^3}{3 EI}$

10-16 (a) $\Delta_{BH} = \dfrac{17 F l^3}{24 EI}$; (b) $\Delta_{BH} = \dfrac{M_0 l^2}{3 EI}$

10-17 $\Delta_{AH} = \dfrac{2 F h^3}{3 EI} + \dfrac{F h^2 l}{EI}$

10-18 $\Delta_{BH} = -\dfrac{F R^3}{2 EI}$, $\Delta_{BV} = -0.215 \dfrac{F R^3}{EI}$

10-19 $\Delta_{CV} = 0.178 \dfrac{F R^3}{EI}$

10-20 $\Delta_{BH} = \dfrac{F R^3}{2 EI}$, $\Delta_{BV} = 3.356 \dfrac{F R^3}{EI}$

*10-21 $\varphi_B = \dfrac{32(2+\mu) M_e R}{E d^4}$

10-22 $\Delta_{AV} = \dfrac{F}{EI} \left(\dfrac{a^3}{3} + \dfrac{b^3}{3} + \dfrac{c^3}{3} - a c^2 + a^2 c \right) + \dfrac{F}{G I_p} (a^2 b + b^2 c)$

10-23 $\Delta_{AB} = \dfrac{5 F l^3}{6 EI} + \dfrac{3 F l^3}{2 G I_p}$

10-24　$\Delta_{AB} = \dfrac{\pi F R^3}{EI} + \dfrac{3\pi F R^3}{GI_p}$

10-25　距 A 端 $0.559l$

*10-26　$\Delta V = \dfrac{(1-2\mu)}{E} 2FR$

11-1　(a) $F_A = \dfrac{3aF}{2l}, M_A = \dfrac{Fa}{2},$

　　　　$F_B = \dfrac{F(2l+3a)}{2l}$

　　　(b) $F_A = \dfrac{qa}{16}, F_B = \dfrac{5qa}{8}, F_C = \dfrac{7qa}{16}$

11-2　$M_{max} = \dfrac{12FEIl}{kl^3 + 48EI}$

11-3　$\nu_B = \dfrac{5Fl^3}{48EI + 16kl^3}$

11-4　$\nu_B = \dfrac{13Fl^3}{64EI}$

11-5　$m_A = \dfrac{3ql^2}{16}, F_{AV} = \dfrac{3ql}{16}, m_C = \dfrac{5ql^2}{16},$

　　　　$F_{CV} = \dfrac{13ql}{16}$

11-6　$F_C = \dfrac{3EI\Delta}{2l^3}$

11-7　(a) $F_{AD} = \dfrac{F}{2\sin\alpha}, F_{BD} = -\dfrac{F}{2\sin\alpha},$

　　　　$F_{CD} = 0$

　　　(b) $F_{AC} = \dfrac{\sqrt{2}}{2}F, F_{BD} = -\dfrac{\sqrt{2}}{2}F,$

　　　　$F_{AB} = F_{BC} = -\dfrac{F}{2}, F_{CD} = F_{AD} = \dfrac{F}{2}$

　　　(c) $F_{AC} = \dfrac{\sqrt{2}}{2}F, F_{BD} = -\dfrac{2-\sqrt{2}}{2}F,$

　　　　$F_{AB} = F_{BC} = F_{CD} = F_{DA} = \dfrac{\sqrt{2}-1}{2}F$

11-8　(a) $F_{CV} = \dfrac{ql}{8};$

　　　(b) $F_{AH} = \dfrac{F}{4};$ (c) $F_C = \dfrac{29}{64}F$

11-9　(a) $F_B = \dfrac{\sqrt{2}}{4}F;$ (b) $F_B = \dfrac{2}{\pi}F$

11-10　$F_{CD} = \dfrac{5a^2 AF}{5a^2 A + 3(3+4\sqrt{2})I}$

11-11　(a) $F_{AH} = \dfrac{3abF}{4h^2 + 6hl}, F_{AV} = \dfrac{Fb}{l},$

　　　　$F_{BH} = \dfrac{3abF}{4h^2 + 6hl}, F_{BV} = \dfrac{Fa}{l}$

　　　(b) $F_{AH} = \dfrac{F}{2}, F_{AV} = \dfrac{Fh}{l},$

　　　　$F_{BH} = \dfrac{F}{2}, F_{BV} = \dfrac{Fh}{l}$

11-12　$F_{弹} = \dfrac{F(2l^3 + 3l^2 h) - 3EI\Delta}{2l^3 + 3l^2 h + \dfrac{3EI}{k}}$

11-13　$|M|_{max} = 0.389FR$

11-14　$\Delta l_{AB} = \dfrac{\pi R^3 F}{4EI + \pi R^2 EA}$

11-15　(a) $|M|_{max} = \dfrac{M_0}{2};$

　　　(b) $|M|_{max} = \dfrac{5ql^2}{72}$

*11-16　$\Delta_F = \dfrac{FR^3}{2EI}\left(\dfrac{2\pi}{9} - \dfrac{3}{\pi} + \dfrac{\sqrt{3}}{6}\right)$

11-17　$F_{OA} = F_{OF} = \dfrac{\sqrt{2}F}{4},$

　　　　$F_{OC} = F_{OD} = -\dfrac{\sqrt{2}F}{4},$

　　　　$F_{OB} = F_{OE} = 0$

11-18　(a) $|M|_{max} = \dfrac{3Fa}{16}, \Delta_{AB} = \dfrac{5a^3 F}{192EI},$

　　　(b) $|M|_{max} = \dfrac{\sqrt{2}Fa}{8}, \Delta_{AB} = \dfrac{a^3 F}{24EI}$

11-19　(a) $F_A = F_B = \dfrac{ql}{2}, M_A = \dfrac{ql^2}{12},$

　　　　$M_B = \dfrac{ql^2}{12},$

　　　(b) $F_A = \dfrac{11F}{16}, M_A = \dfrac{3Fa}{8},$

　　　　$F_B = \dfrac{11F}{16}, M_B = \dfrac{3Fa}{8}$

　　　(c) $F_A = \dfrac{Fb^2(l+2a)}{l^3},$

　　　　$F_B = \dfrac{Fa^2(l+2b)}{l^3},$

　　　　$M_A = -\dfrac{Fab^2}{l^2}, M_B = -\dfrac{Fa^2 b}{l^2}$

*11-20 $\Delta_{FV} = \dfrac{47Fa^3}{32EI}$

*11-21 $|M|_{max} = \dfrac{Fa}{4}$

12-1 钢索:$\sigma_d = 41.7$ MPa$<[\sigma]$,
梁:$\sigma_{max} = 35$ MPa$<[\sigma]$,安全

12-2 160 mm

12-3 $\sigma_{max} = 12.56$ MPa

12-4 杆:$\sigma_d = 2.26$ MPa$<[\sigma]$
梁:$\sigma_{max} = 67.82$ MPa$<[\sigma]$,安全

12-5 $n = 116$ r/min,$\Delta_C = 24$ mm

12-6 (a)70.7 kPa;(b)15.41 MPa;
(c)3.72 MPa

12-7 $h = 389$ mm,$h' = 9.67$ mm

12-8 $\sigma_{d\,max} = 151$ MPa$<[\sigma]$,梁安全;
$\Delta_d = 2.62$ mm

12-9 $\sigma_{dmax} = (1 + \sqrt{1 + \dfrac{3EIh}{2Ga^3}})\dfrac{Ga}{W}$

12-10 $\sigma_d = \dfrac{32W\sqrt{l^2+a^2}}{\pi d^3} \cdot$

$\left(1 + \sqrt{1 + \dfrac{2H}{\dfrac{64Wl^3}{3E\pi d^4} + \dfrac{4Wa^3}{Ebh^3} + \dfrac{32Wa^2 l}{G\pi d^4}}}\right)$

12-11 $\sigma_{dmax} = \dfrac{Gl}{4W} \cdot$

$\left(1 + \sqrt{1 + \dfrac{48EI(v^2+gl)}{gGl^3}}\right)$

12-12 $(1 + \sqrt{1 + \dfrac{16EIh}{13Gl^3}})\dfrac{5Gl^3}{12EI}$

12-13 $\Delta K_v^{st} = 0.605$ mm,$K_d = 6.836$;
$\sigma_{BD}^d = 8.04$ MPa;$\sigma_{BC}^d = 16.08$ MPa
$\sigma_{ABmax} = 193.9$ MPa

12-14 $M_{Bst} = 47.78$ N·m,
$\Delta_{st} = 0.614$ mm;
$K_d = 10.94$,$\Delta_d = 6.717$ mm,
$\sigma_d = 196.0$ MPa

13-1 $\sigma_m = 200$ MPa,$\sigma_a = 100$ MPa,$r = 0.333$

13-2 $\sigma_m = -70.7$ MPa,$\sigma_a = 113.08$ MPa,
$r = -4.333$

13-3 $r(1) = -1$,$r(2) = 0$,
$r(3) = 0.866$,$r(4) = 0.5$

14-1 946 kN

14-2 (a)59.1 kN;(b)105 kN;
(c)77.2 kN;(d)67.3 kN

14-3 (a)16.54 kN;(b)49.7 kN;
(c)56.4 kN

14-4 (a)$F_{cr} = \dfrac{14.6EI}{l^2}$;(b)$F_{cr} = \dfrac{6.061EI}{l^2}$

14-5 $F_{cr} = 126.6$ kN

14-6 667 kN,638 kN

14-7 66.1℃

14-8 8.99

14-9 828.7 kN

14-10 694.6 kN

14-11 76.9 kN

14-12 341.5 kN,124 kN

14-13 AB 杆:$n_{st} = 2.23 > [n_{st}]$;
CD 杆:$\sigma_{max} = 120$ MPa$<[\sigma]$;安全

14-14 16.8 cm

14-15 392.7 kN

14-16 CD 杆:$n_{st} = 2.63 > [n_{st}]$;
AB 杆:$n = 1.78 > n$;安全

15-1 50.3 kN

15-2 50 mm

15-3 $\delta = 20$ mm,$l = 200$ mm,$h = 90$ mm

15-4 323 N

15-5 210 N·m

15-6 $l = 289$ mm,$h = 36$ mm;
横梁:$\sigma_{max} = 1.76$ MPa$<[\sigma]$;安全

15-7 $n = 4$

15-8 250 kN

A-1 $y_C = h/3$

A-2 $y_C = 140.9$ mm,$z_C = 0$

A-3 (1)$A'/A = 29.45\%$;
(2)$I_z'/I_z = 94.5\%$

A-4 $y_C = 6.5$ cm,$I_z = 1172$ cm^4,$I_{yz} = 0$

A-5 (a)$I_z = 396.6 \times 10^4$ mm^4,

$I_y = 110 \times 10^4$ mm^4;

(b) $I_z = 396.6 \times 10^4$ mm^4,

$I_y = 325.3 \times 10^4$ mm^4

A-6 $b = 11.12$ cm

***A-7** $\alpha_0 = 18.5°(108.5°)$,

$I_{y_0} = 0.85 \times 10^6$ mm^4,

$I_{z_0} = 12.1 \times 10^6$ mm^4

参考文献

[1] 孙训方,方孝淑,关来泰. 材料力学(Ⅰ、Ⅱ)[M]. 5版. 北京:高等教育出版社,2009.
[2] 单辉祖. 材料力学(Ⅰ、Ⅱ)[M]. 北京:高等教育出版社,1999.
[3] 刘鸿文. 材料力学(上、下)[M]. 3版. 北京:高等教育出版社,1992.
[4] 赵九江,张少实,王春香. 材料力学[M]. 哈尔滨:哈尔滨工业大学出版社,1992.
[5] 陈心爽,袁耀良. 材料力学[M]. 上海:同济大学出版社,1996.
[6] 林毓锜,陈翰,楼志文. 材料力学[M]. 西安:西安交通大学出版社,1986.
[7] 陆才善. 材料力学[M]. 西安:西安交通大学出版社,1989.
[8] 闵行,岳愉,凌伟. 材料力学[M]. 西安:西安交通大学出版社,1999.
[9] 蔡怀崇,闵行. 材料力学[M]. 西安:西安交通大学出版社,2004.
[10] 闵行,武广号,刘书静. 材料力学重点难点及典型题精解[M]. 西安:西安交通大学出版社,2001.
[11] 闵行,武广号,刘书静. 材料力学重点与解题[M]. 西安:西安交通大学出版社,2008.
[12] 闵行,武广号,刘书静. 材料力学学习指导典型题解[M]. 西安:西安交通大学出版社,2008.
[13] 费奥多谢夫 ВИ. 材料力学[M]. 赵九江等,译. 北京:高等教育出版社,1985.
[14] 苟文选. 材料力学(Ⅰ、Ⅱ)[M]. 2版. 北京:科学出版社,2010.